写真４（右上）
ヨルダンで発見された新石器時代の遺跡 WF16。ピゼイ（粘り土）で作られた壁と床のある半地下の住居が見える。

写真５（右中）
ヨルダン南部にある新石器時代の集落ベイダ。

写真６（右下）
ジャフル盆地（ヨルダン）のワジ・アブ・トレイハ遺跡で発見された新石器時代の「堰」。

写真７（左下）
シャール・ハゴラン遺跡（イスラエル）で見つかった新石器時代の井戸の発掘現場。

写真 1
マイク・オキャラハン－パット・ティルマン・メモリアル・ブリッジから見たフーバーダム。

写真 2
1 万 9600 年前のオハロ遺跡はティベリアス湖岸にあり、1999 年 9 月に発掘が行なわれた。丸い小屋の跡が左下に見える。

写真 3
現代の町に囲まれたエリコのテル・エッ・スルタン遺跡。

渇きの考古学

水をめぐる人類のものがたり

Thirst:
Water & Power
in the Ancient World

スティーヴン・ミズン

赤澤威＋森夏樹＝訳

青土社

写真８（上）
復元されたミノア期のクノッソス宮殿北西玄関（クレタ島）。

写真９（左）
ミノア期クノッソス宮殿跡の排水渠。

写真 10（右）
ファイストスのミノア期神殿の中庭。おそらく降雨を集める手段として機能していたのだろう。一段高い行進用の歩道がある。ファイストス歩きをして見せているのは、ヘザー、ニック、スーのミズンファミリー。

写真 11（右下）
穀物倉あるいは貯水槽？　ファイストスのミノア期神殿にて（ギリシア）。

写真 12（下）
ティリンス（ギリシア）の城壁。西側には「巨大な」（キュプロクスのような）ミュケナイの石積みが見える。

写真 13（左）
ナバテアの都市ペトラの宝物庫が間近に迫る。

写真 14（左下）
ペトラのシークの中に残る、テラコッタ製の導水管や水路の跡（ナバテア）。

写真 15（右上）
ヨルダンのフマイマ遺跡。写真の上部に見えるのはローマ時代の長方形をした要塞の跡。要塞の前をナバテア時代の水路が走っている。ナバテア時代や、そのあとの時代に建てられた数多くの建造物の跡が見える。

写真 16（上）
ヨルダンのフマイマ北部にあるナバテアのアイン・ジャマム水路の一部。

写真 17（右中）
ヨルダンのナバテア都市ペトラを、東に岩場の墓を見ながら通り抜けていくと、右手に大神殿が見える。

写真 18（右下）
ペトラの「大神殿」。列柱の向こう側に人工池と庭園がある。

写真 19（上）
ローマのパルコ・デッリ・アクエドッティにあるアクア・クラウディア水道を運ぶアーチ。

写真 20（左）
ローマ中心部のアクア・クラウディア。二層になった水路が見える。

写真 21（下）
カラカラ浴場のカルダリウム（高温浴室）。

写真 22（右上）
ビザンティン時代のワレンス水道。現在はボズドーアン・ケメリという名で知られている（コンスタンティノポリス／イスタンブール)。

写真 23（右中）
ギュミュシュプナル近郊の水道橋クルシュンルゲルメ。ヴィゼからコンスタンティノポリスまで、長いビザンティン水道を運ぶ。

写真 24（下）
イスタンブールにあるビザンティン時代のバシリカ貯水槽イエレバタン・サラユ。

写真 25
紀元前 270 年から建設された中国の都江堰灌漑システム。放水路と二分された岷江に沿って、東方に広がる四川盆地を秦堰楼から遠望。

写真 26
中国の都江堰公園にある噴水。そこでは、毎年、川から沈泥を除去する基準位置を示すために李冰が使った鉄柱や、川筋を二分する島の建設に、石を詰めて使われた竹籠（竹蛇籠）などが見られる。

写真 27
中国、都江堰の魚嘴。もともとは李冰が岷江を分けて二つの水路を作るために建設したもの。

写真 28（右）
中国、都江堰の二王廟にある李冰像。

写真 29（下）
中国の三峡ダム。

写真 30（上）
カンボジアのアンコール・ワット。

写真 31（下）
カンボジアのタ・プローム。

写真 32
アンコールのバンテアイ・スレイ。環濠を隔てた内側の囲み部分の眺め。

写真 33
王の浴場（スラ・スラン）の南西側（アンコール）。

写真 34
西バライの水浴風景（アンコール）。

写真 35（上）
アリゾナ州ソルト川。ソノラ沙漠の中に緑の回廊地帯を作り出している。それは 1 世紀にホホカム人を喜ばせたものに似ていないこともない。

写真 36（左）
アリゾナ州メサ市の運河公園にあるホホカム運河の溝。大きさを示すために著者が立っている。

写真 37（下）
アリゾナ州ジラリバー盆地のクーリッジ市にあるカサ・グランデのビッグハウス。

写真 38
メキシコ、エズナのマヤ遺跡。「月の家」神殿の階段から東を望む。「五層の建物」を支える大アクロポリスが右側に見える。

写真 39
エズナのマヤ遺跡。球技場の中央から西を望む。球が通り抜ける石製の輪が、右側のスロープの中ほどに見える。

写真 40
睡蓮。マヤの「聖なる王」のシンボル。

写真 45
マチュピチュの噴水 10。機能的で技巧的な水の供給を示す一例。中央階段に沿って整列する 16 の噴水の一つ。

写真 41（上左）
ペルーのマチュピチュ。2011 年 8 月 6 日の日の出直後。中央広場の北向こうにワイナピチュの頂きを望む。下の谷底では音を立ててウルバンバ川が流れている。

写真 42（上右）
アルマス広場にあるインカ・パチャクテクの像（ペルーのクスコ）。

写真 43（中右）
マチュピチュの東側のテラス。中央広場を望む。

写真 44（左）
マチュピチュ山の東側の泉から要塞まで飲料水を送る水路。距離は 749 メートル。

写真 46（左上）
13 段のテラスを挟んで東方を望む。皇帝の居住区が見える（ペルーのティポン遺跡）。

写真 47（右上）
3 段目のテラスの泉。流水口には装飾が施されている（ティポン遺跡）。

写真 48（右中）
テラスの擁壁に作られた階段。脇の水路を水が滝のように落下して流れている（ティポン遺跡）。

写真 49（右）
ピサク遺跡のテラス。ウルバンバ川の聖なる渓谷に沿って北西方向を望む（ペルー）。

渇きの考古学　目次

渇きの考古学　水をめぐる人類のものがたり

ヘザー・ミズンへ、愛と感謝をこめて

1 渇き
――過去を知り、未来の教訓とするために

ネバダ州とアリゾナ州の州境を走る国道九三号（US-93）の脇に狭い歩道がある。ふだんは私もあまりこの四車線の幹線道路に沿って歩きたいとは思わない。とりわけここでは一日に二万台の車が行き交い、七月の午後には気温が四三度にまで上がる。しかし、コロラド川の水面から二七〇メートルの高さに架けられた橋の中央へ行って、フーバーダムをよく見ようとすれば、この歩道を使わざるをえない。(1)七〇年ほど前に建設されたダムは今もなお、地球上のもっとも貴重な資源――水だ――をコントロールする人間の試みとして、その印象的な象徴であり続けている。

フーバーダムは一九三一年から一九三六年にかけて作られた。洪水から居住地を守り、灌漑用水を供給し、水力電気を生み出すためである。ボールダー・キャニオンの両側に差し渡され、凹形をした灰色のコンクリート壁は、藍色の川の水をせき止めて背後にミード湖を作り出した。このダムは工学上の勝利と同時に現代芸術の勝利でもあった――それは自然世界を変形する人間の能力を雄弁に物語っていた（写真1）。

一九三五年九月三〇日朝、フランクリン・ルーズベルトはダムに捧げた演説の中で、私の気持ちを正

確に先取りしていた。演壇に立った彼は一万の聴衆を前にして、「今朝、私はここにきた。私は見た。そして、これをはじめて目の当たりにした人なら誰しも感じるように、私も人類のこの偉業に圧倒された」[2]と言明した。二〇一一年七月の午後、私とならんで立っている数人の人々が、声も立てずに眺める姿は、彼らもまた「圧倒された」ことを暗に示していた。

フーバーダムの案内所では、ダムがロサンゼルスやフェニックス、デンバー、ソルトレークシティー、サンディエゴの諸都市を発展させ、それによって、アメリカ西部をどれほど変貌させたかについて説明してくれる[3]。ダムはそのことでまたアメリカ合衆国を変えた。同じように一九七〇年に完成したアスワンダムはエジプトを変えたし、二〇〇九年に完成した三峡ダムもまた、中国に同じ効果をもたらすかもしれない[4]。

このようなダムは単純に考えても、現代世界の根本的な真実をこの上なくはっきりと物語っている。現代の世界やわれわれは、管理された水の供給に、つまり水力工学に完全に依存しているからだ。この本では単純な問いかけをする。同じような依存関係が古代世界――メソポタミア、ギリシア、ローマ、それに古代マヤやインカ、その他長い年月忘れ去られていたすべての文化――においても、はたして存在していたのだろうか?

しかし、これは単にダムや水道橋、貯水槽などの存否を問う質問ではない。つまり、単なる考古学上の問いかけではない。本書が扱うのは、文明の興亡の背後にある推進力、古代の王たちによる権力の追求、そして人間と文化と自然の長期にわたる関係である。さらにはまた、過去は現在にはたして教訓を与えうるものなのかどうか、この点についても検討を重ねる。

過去の探求

古代文明の興亡ほど強く、われわれの興味をかき立てるテーマは少ない。熱帯雨林の奥や不毛の砂漠の真ん中で、あるいは隔絶した山頂で見つかった神殿や宮殿の廃墟に思いを馳せれば、今もなお興奮がともなう。そしてそれは一九世紀や二〇世紀初頭に、探検家たちがはじめてそれらを発見したときの興奮と変わりがない。古代シュメール人、エジプト人、マヤ人などが芸術上、科学上で成し遂げたことは、彼らの考え方や政治の複雑さと同じように、今なおわれわれを驚かせる。考古学上の発掘や新しい科学的方法の応用によって、古代に対する知識が広がるにつれ、そこにはまだ学ぶべきものが数多くあることをわれわれは改めて発見する。が、しかし、古代文明について言えば、いかに多くのデータを集めてみても、なお満足できる説明は得られないだろう。それは、われわれに重要と感じられるものがつねに、われわれと同時代の関心に左右されているからだ。

このような現代の関心の一つが水である。水供給の管理は近年ますます重要になってきた。巨大ダムは観光名所であるとともに教育センターの役割も果たしている。フーバーダムには毎年、少なくとも一〇〇万の人々が訪れ、ダムの建造技術を目の当たりにする。さらにわれわれの日常生活でも、ペットボトル入り飲料水、氾濫区域の建築物、水道メーター、新しい貯水池、水漏れする水道管、水道会社の利潤などについて、国民的な議論が活発に行なわれるようになった。イギリスはもとより世界中で、干ばつや洪水がますます頻繁に、ますます激しく起きているようにも思われる。そのためもあって、われわれわれの水に対する意識は否応なく高まってきた。

これは人間社会に新しい時代が到来したということなのか？　それとも、水管理やその欠落あるいは失敗の影響が、人間の歴史を通して、もっとも重要な事柄だったということなのか？　古代世界の考古学研究が現在強調しているのは、職人や役人や政界のエリートたちを養うに足る、十二分な食料の果たした重要な役割、それに食料や外国産の品物を供給する交易の役割、そして統治する神の権限を主張し、加えて、少なからぬ暴力の使用をも当然のこととして要求する王の役割などだ。(5)それでは、水管理や水利事業の役割についてはどうなのだろう？　もしこれらが古代文明の盛衰の中で、何らかの役割を果たしていたとしたら、今日、われわれは水供給の管理法を決定するに際して、よりいっそう、このような問題に注意を向けるべきではないだろうか？

二一世紀の水管理——失敗と成功

フーバーダムやアスワンダム、それに他の巨大なダムが存在するにもかかわらず、世界はなお水危機に直面している。飲み水を欲する人々や体を洗うことのできない人々、そして洪水で水浸しになった人々の数は凄まじい。一〇億の人々——世界人口の七分の一——が安全な飲み水を確保することができず、二〇億の人々が十分な衛生設備に与ることができない。二〇二五年までには、世界の国々の半数以上が真水の不足した状態に陥るだろう。そして二〇五〇年には、世界人口の七五パーセントがこの状態になると予測されている。(6)

二〇一一年一一月一二日（私がこれを書いている日）、ＢＢＣがタイで起きた壊滅的な洪水のニュースを伝えていた。いくつもの町が丸ごと浸水し、少なく見ても一〇万に上る人々がやむなく避難せざるをえなかった。米作も四分の一が失われ、経済に与えた損害は四七五億ドルに達する。これは簡単に言えば、タイのダムや運河や遊水池などが、モンスーンの激しい雨に立ち向かうには不十分だったということだ。その前日のニュースは、アメリカ南東部のフロリダからテキサスへかけて干ばつが発生したと報じていた。それはこの六〇年間で起きた最悪の干ばつだった。小麦の収穫は三分の一が損なわれ、帯水層も枯渇した。幸いなことに二〇一〇年に降った雨が貯水池を満たしていたために、家庭への給水と灌漑用の給水のいくぶんかは引き続き可能となった——少なくとも当面の間だけは。[7] 二〇一一年の七月から八月にかけて私が注視していたのは、「アフリカの角」（アフリカ東北端の突出部）で起きた、一三〇〇万の人々の命を脅かす干ばつのレポートである——これは単に管理すべき水の不足によるものだった。二〇一〇年の秋には、パキスタンで洪水が起きている。強いモンスーンの雨によって生じたもので、二〇〇〇万の人々がその影響を被った。[8] 洪水制御のプロジェクトのために、パキスタン連邦洪水委員会は九億ドルの金を注ぎ込んだのだが効果はなかった。[9] 私のできたことと言えば、慈善の寄付と、水危機としてはどれが最悪のタイプなのかを考えることくらいだ——これではあまりに多すぎるのか、あるいはあまりに少なすぎるのか？

　将来に希望をなくし、陰々滅々に陥ってしまうのはよくあることだ。が、水管理の話にはもちろんもう一つの側面がある。一〇億の人々が安全な飲料水に与ることができないのは、一方から言えば、六〇億の人々がこれを手に入れているということで、これはこれで注目に値する。私個人は、何一つ制約を受けることなく水の供給を享受している。両親もその親たちも同じだ。願わくば子供たちも、その子供たちも変わらずこれを享受できればいいのだが。われわれの町の計画立案者や政治家たちは、ダムを誇示して水のコントロールの成功を祝っていた。その一方で世界中の都市は、深刻な水不足に悩みながら、片方では噴水により水を浪費し、これ見よがしに地面を水であふれさせている。

われわれの政治リーダーたちが建てたものは、噴水をはるかに凌駕したものだった。そんな巨大ダムに匹敵するのが大運河である。ヨルダンでは死海の海水面低下を押しとどめるために、紅海から死海へ、真水を輸送する二〇〇キロに及ぶ運河の建設を計画している。(10) 中国では「南水北調」プロジェクトにより、四〇〇億立方メートルを超える水を北方地域へ送り込む計画だ。(11) リビア砂漠では部分的だが、三五〇〇キロにまで伸びた送水管が完成している。これは人工河川とでも言うべきもので、送水管は中をトラックが走れるほど巨大だった。もともとカダフィ大佐によって立案されたこの計画は、砂漠の掘り抜き井戸から真水を地中海沿岸へ運ぶ目的で進められた。(12)

答えられない質問

このようなプロジェクトははたして、現在のあるいは今後予想される水危機をどの程度まで解決できるのだろう？　あるいは少なくとも、それをどの程度まで改善できるのか？　巨大プロジェクトは、水供給を公益のために管理する方法として、もっとも合理的な判断によって運営されたものだが、はたしてそれにはどれほどの価値があるのだろう？　未来はまだ未知なのに、判断を下すこと自体そもそも可能なのだろうか？

事細かな歴史研究を、たとえばフーバーダムについて行なったとしても[13]、このような質問に満足な答えを与えることはできない。第一にプロジェクトは完成までに何十年もの歳月を必要とする。そのため成否の評価は百年単位、千年単位でしか下すことができないからだ。したがって、結論を出すにはあまりに時間が不足しすぎている。フーバーダムは一九三六年に建設されたが、一九八三年になってはじめて、洪水を制御する能力の真価が問われた。その年、異常な降雨によってコロラド川は荒れ狂う川と化した。ダムの力不足は明らかだった。何百という家々、農場、それに観光リゾートが破壊し押し流された。二つ目の試練は干ばつである。それは一九九九年にはじまって今もまだ続いている。二〇〇二年には、川の水位が一九〇六年以来最低となった[14]。フーバーダムやそれにならって多くのダムが作られたが、アメリカ南西部はなお深刻な水ストレスに悩まされている。無尽蔵の水というオプティミズムが、維持することの不可能な都市部の発展を生じさせた。水管理の取り組みは、今や巨大な公共事業から水の保存と再利用へと移行している。

大きなダムや運河の建設動機については、おそらくわれわれはあまりに深く現在に組み込まれすぎているために、真相を的確に評価できないのかもしれない。ダムや運河は公共の利益のために企てられたものなのか？　あるいは権力者や権力を手に入れたいと願う者の、自己強化のために着手されたものなのか？　このような疑問を明らかにするには、歴史を検証し直して判断を下すことが必要だ。フーバーダムで言えば、それは放水路を作るために岩を通り抜けるトンネルを掘り、ダムを作るためにコンクリートを流し込むという手順だけではなく、そこには政治的な内紛や経済上の競争があり、個人的名声を打ち立て、財政的成功を得ようとする画策もあった。さらに一九三〇年代に対するわれわれの理解も、それ自体がたえず変化しているし、そのためにも、フーバーダムの歴史は書き換える必要が出てくるだろう。ハーバート・フーバーがダムに投資した公共支出は四九〇〇万ドルに達した。これは世界大恐慌への対応であり、仕事を生み出し、経済に弾みをつける方策だった。そして今日、世界はもう一つの恐慌の瀬戸際にあって、アメリカ南西部の水ストレスは深刻さを増している。このような現状が見えてくると、ハーバート・フーバーに対するわれわれの見方も変化せざるをえない。

水利事業と人間の歴史

過去から引き出すことのできる教訓は三つある。一つは、水利事業が歴史の中で果たした役割を造作なく学べること。それは長期的な見通しの下で、現代を眺めることを可能にしてくれる。われわれは歴史のターニング・ポイントと言われるものに精通している。一万年前に定住農耕社会を生み出した新石器革命と呼ばれるものから、一八、一九世紀の産業革命を経て、二一世紀のデジタル革命へと至る各時代がそれだが、はたしてそこに水革命は存在したのだろうか？　古代文明が登場する際、水利事業はどんな役割を果たしたのだろう？　もし果たしたとすると、それはどのような方法で機能したのだろう？

今日われわれは、大掛かりな水管理のプロジェクトをつい何か目新しいことのように見なしがちだ。プロジェクトに誇りを持つにしろ、それに狼狽してぞっとするにしろ、ともかくわれわれは、プロジェクトに注ぎ込まれる金と時間と資材の量に圧倒されている。中国の三峡ダムを考えて見るとよく分かる。ダムがはじめて議題に上ったのは一九一九年だったが、建設が開始されたのは一九九二年である。ダムの運転が可能になるまでにはさらに一七年の歳月を要した。プロジェクトに費やされた金は一七三億ポンド、二七〇億トンのコンクリートが使用された。[15] しかしこのような規模の仕事は、実際に目新しいものだったのだろうか？ 古代世界に生きたわれわれの先祖もまた、同じスケールのプロジェクトに従事していたのではないのか？ おそらくそれはさらに大規模なものだったかもしれない。それにくらべれば、リビア砂漠に人工の川をこしらえようとしたカダフィ大佐の願いでさえ、――一九八三年にスタートして、二〇〇七年の時点で、少なく見積もっても二七〇億ドルの費用が注ぎ込まれ、[16] カダフィの死によってプロジェクトの将来は不確かなものとなっている――慎み深い人によって計画された、取るに足りない事業にしか見えないのだろうか？

直近の過去と現在の両方を理解するためには、何百年、何千年の長期にわたる歴史の理解が必要不可欠だ。が、それでも他の点については、その理解は限定されたものとなる。古代文明を詳しく調査しても、個人の生活や経験の本質にまで迫れることはめったにない。そんなときに注意を向けるのは、まれに残された碑文に記された人々で、それはどちらかといえば王であり、支配的エリートである。われわれに欠けているのは古代のダムや水道橋を作った労働者たちの情報、日々の生活のために水を利用した人々、洪水や干ばつによってもっとも大きな被害を被った人々の情報だ。

ここでわれわれはふたたびフーバーダムに目を向けてみよう。こんどは水利事業がともなう人間の感情やドラマを正しく評価するために。政治家たちの陰謀やエンジニアたちの熟考と同様に、恐慌のさなかにダム建設のために集まった、何千という労働者の日々の状態についても、われわれはその噂を聞いている。平均気温が四八・八度という一九三一年の夏に、人々を苦しめた炎暑。溺れたり、岩盤滑り、トラックの衝突、トンネル内の熱中症や一酸化炭素中毒などで命を落とした一一二名の人々。さらには労働者たちの貧窮、抗議行動、そして歴史的価値のあるダムの建設という究極の誇り。本書の中でわれわれわれは、少なくともフーバーダムと等価の古代世界の建造物に出会い、その役割を長期間の歴史の中で評価するだろう。が、しかし、そのためにこつこつと働いた人々に関する情報については、それを欠くことになる。

水と権力

過去から引き出しうる第二の教訓は、水と権力の関係に関わるものだ。現代の世界では、給水の支配が権力を獲得し、それを維持する手段であることをわれわれはますます感じている。このような権力は政治的なものとなりうる。そのため、選出されたにしろ別の形にしろ、ともかく指導者となった者たちによって行なわれたダムや運河建設への投資は、それが給水の実現を目指す、心からの心配によるものであるとともに、給水を可能にしうる力の誇示でもあった。水を支配することで手に入れた権力はまた、それが本来持っている営利的なものでもありえた。そのために今日でさえ、多国籍企業の水道会社間で、お金を収奪する熾烈な競争は十分に起こりうる。

「水戦争」はわれわれにはなじみの言葉だが、これは水資源へのアクセスをめぐる国家間の、あるいは、多国籍企業と水源を開拓した地元住民との間の広汎な闘争を表わしている。二〇世紀や二一世紀には、国家が水をめぐる戦争へと突入するケースはめったにないし、あったとしてもごくまれだ。[17] が、帯水層へのアクセスやダムの影響に関連した紛争は、国民国家間の大きな緊張の原因となってきた。とりわけ中東（イスラエル、パレスチナ、シリア、ヨルダン）やナイル盆地（エジプト、エチオピア、スーダン）ではそれが顕著だった。このような紛争と水不足の解消は、条約や国際貿易協定の内容でも、またそれゆえに、国民国家間の勢力関係の仲裁においても根本的な役割を果たしてきた。[18]

それでは昔はどうだったのか？　水を支配することがつねに権力へと通じる道だったのか？　あるいはおそらくその主要なプロセスですらあったのだろうか？　もしそうだったとしたら、それはどのような形をなしていたのか？　過去においても、水は相競う都市国家間で紛争の原因となっていたのか？　あるいは、国家間の協力と相互発展のための媒介となっていたのだろうか？

考古学者たちはすでにこうした問題に取り組んでいる。カール・ウィットフォーゲルは一九五七年に書いた『Oriental Despotism：A Comparative Study of Total Power』（邦訳『オリエンタル・デスポティズム――専制官僚国家の生成と崩壊』）で、古代文明は大規模な利水工事に依拠していたと述べている。[19]　彼は、このような工事が必要としたのが、「専制支配」の特徴でもある強制労働と巨大な官僚制度だったという水利上の仮説を提示した。最近になって、シンシナティ大学の考古学教授ヴァーノン・スカーバラは、二〇〇三年に発表した古代における水システムの異文化間分析に『The Flow of Power』（権力の流れ）というタイトルをつけている。[20]　水管理と権力の関係が要求しているのは、新たに入手可能な考古学上の証拠を利用すること、そしてそれが現在の理解に及ぼす影響を考察することにより、この問題がいっそう深く探求されることだ。

どうすれば生き延びることができるのか？

世界的規模の水危機は年ごとに深刻さを増しているようだが、これが実際に本当のことなのか、あるいは思い違いなのかは判然としない。それは瞬時に世界を巡るマスコミ報道が、世間の忘れっぽさと相まって誤解を生み出す可能性があるからだ。が、七〇億を超える世界の人口、止むことのないメガ都市化の現象、降雨分布を地球規模で変化させる気候変動、そして極端な出来事が生起する頻度の高さなどから考えてみても、未来は寒々としている。干ばつや洪水で苦しむ人の数が、ますます増えるのは避けがたいことなのだろうか？　不衛生な状態で生活する人の数が、これからもなお増え続けるのだろうか？　環境の劣化は弱まることなく続いていくのだろうか？　水力工学の最新式システムにしてなお、満たすことのできない水需要の転換期を、われわれは今迎えようとしているのだろうか？

過去はこのような疑問には答えることができない。が、古代世界で、水利事業が成功していたかどうかについては、長期的な見通しを提供することができる（第三の教訓）。もしいくらかでも成功例があるとしたら、そのもっとも成功した古代のシステムとはいったい何だろう？　そこにはわれわれが見ならうべきもの、あるいは忌避すべきものがあるのだろうか？

そして、そこに成功例がないとしたら、古代の水利システムはなぜ最終的に失敗したのだろう？　過去についてさらに理解を深めることで、われわれは未来に対する楽観的な感覚を――おそらくそれは、水危機の技術的工学的な解決法が見つかる、という確信を高めることで――持つことができるのだろうか？　あるいは、この解決法の不十分なことを――フーバーダムの例で見られたように、たえまなく変化する環境や人口状態、そして社会的、政治的状況にそれがとても対応できないという理由で――過去は立証するのだろうか？

古代世界への旅

古代文明を一つだけ取り出して、それを深く研究するより、私はむしろ古代世界をグローバルに見渡すことを選んだ。紀元前三〇〇〇年にメソポタミアで栄えたシュメール文明から、ペルーを中心に興隆し、五〇〇年を満たすことなくスペイン人によって亡ぼされたインカ帝国まで、ここでは九つの事例を取り上げる（図1・1）。

月並みな言い方だが、この本は私にとって知的な旅であると同時に、まったく文字通りの旅そのものだった。読者はナイル川の水に依存していた古代エジプトが、本書に含まれていないのを奇妙に思われるかもしれない。が、思うに、エジプトの水利用についてはすでに広く知られていて、詳細な情報は古代エジプト関連の本で簡単に手に入る。(21) さらにその上、ナイル川がもともと持っていた水文学《ハイドロロジー》が、古代エジプトの水管理を、メソポタミアのような他の古代世界にくらべて、はるかにたやすいものにしている。メソポタミアでは必要なものを手に入れようとすれば、自然世界のコントロールに、人々は多大な努力を注がなければならなかったからだ。(22) エジプトを取り上げるより、私はむしろカンボジアのクメール文明やアメリカ南西部のホホカム文化のように、あまり広く知られていない文明の研究を選んだ。この両方には水管理の注目すべき歴史がある。

本当に包括的な研究ということなら、そこに入れなければならないのは古代エジプトだけではない。アッシリア人、インダス文明、アステカ族、西アフリカのヨルバ＝ベナン文化、シンハラ文明（古代セイロン）、一九世紀のバリ島、その他多くの古代世界の文化が達成した水利事業の業績も、ここには含まれなければならない。[23] それはまたあらゆる水利事業の技術にも触れる必要があるだろう。私は自分のケーススタディに、いくつかの事例が欠落しているのを知っている。とりわけ中近東で広く分布し、ヨーロッパや新世界にまで広がった地下水路のカナート。他には水汲み水車（ノリア）もある。大きな水車にひと続きのバケツがついていて、その水車を牛に綱で引かせて回す。ナイルから水を汲み上げるために紀元前六世紀に使用されたものだ。[24] 包括的な研究をするためには、本も数巻にならざるをえなかっただろうし、過去に対する洞察力はその重さで押しつぶされていただろう。私の心づもりは比較的地味だった。が、それでも、古代世界で企てられた水管理と水利事業システムの典型的な事例を九つ選んだ。そこには低地や高地の文明、砂漠や熱帯雨林の文明、石器時代や鉄器時代の文明もあれば、文字を持った文明や持たない文明もある。

が、私は文明からはじめるのではなく、中近東でもっとも早い時期に存在した先史時代のコミュニティから、とくにレバント地方——現在のシリア、レバノン、イスラエル、パレスチナ、ヨルダン——からはじめたい。レバント地方では紀元前九五〇〇年ののち、しばらくして最古の農村社会が出現し、その後紀元前三〇〇〇年頃には、最初の都市コミュニティが形成された。この章（2章）でわれわれは、水利事業の最古の形を追い、旧世界の至る所で文明の基礎を築くことになる農業や都市生活の起源と水力工学の技術が、もしいくらかでも関係があるとしたら、その跡をたどってみるつもりだ。

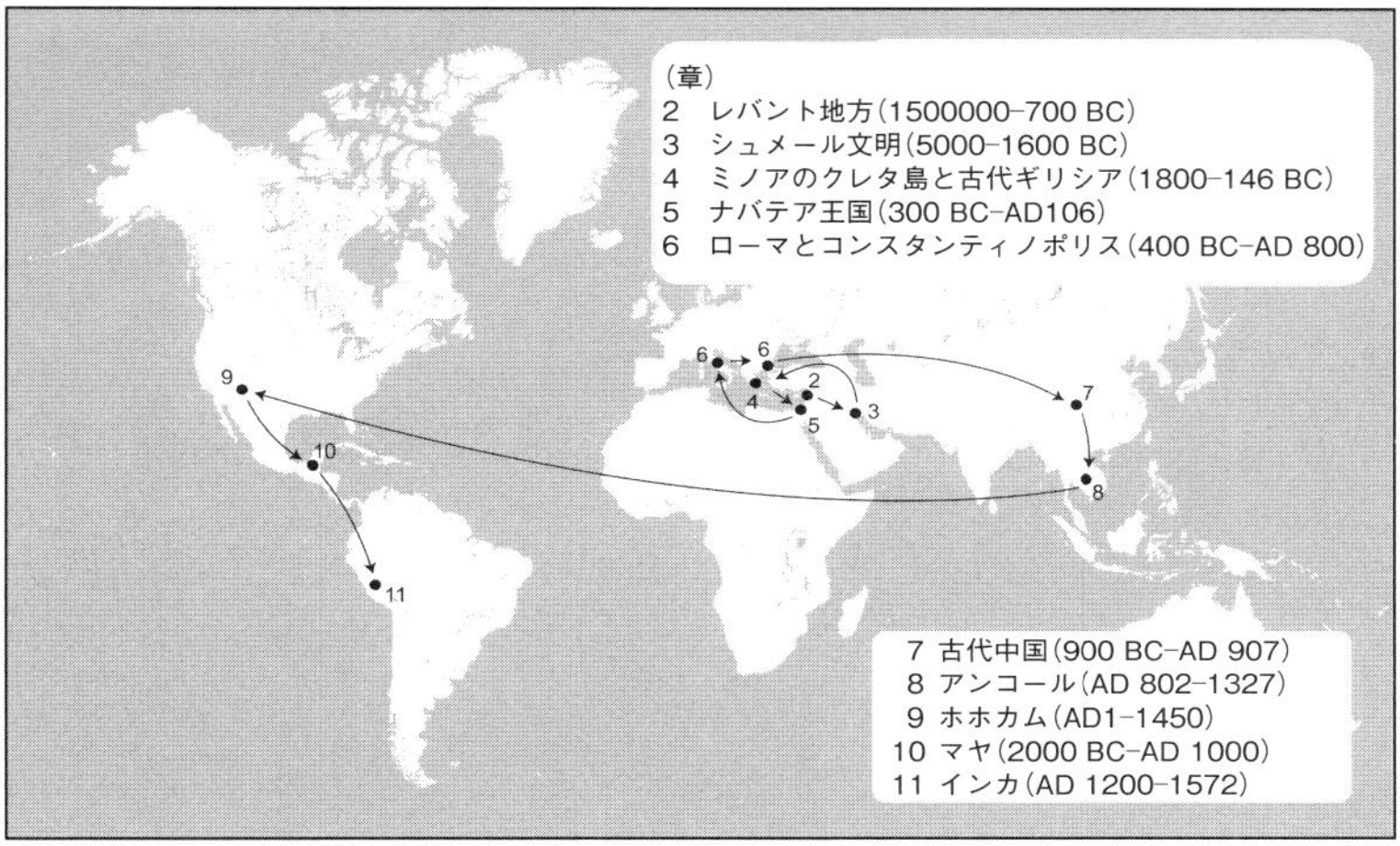

図 1.1　本書で訪れた古代世界の社会。

もっとも早い古代文明はメソポタミア（現在のイラク）で興った。それが3章のテーマである。そこから私の世界一周の旅がはじまり、読者とともに古代ギリシア（4章）、ヨルダン南部と首都のペトラで栄えたナバテア王国（5章）、さらにはローマ世界（6章）へと向かい、ここでは二つの首都ローマとコンスタンティノポリスに焦点を合わせる。それからアジアへと飛び、まず古代中国（7章）へ、そして現代のカンボジアに位置する古代アンコール（8章）に。これは熱帯雨林に開化した二つの文明の最初の例だ。次にわれわれは西へと向かい、アメリカにある三つの事例を訪ねる──アメリカ南西部のホホカム（9章）、第二の熱帯雨林文明メソアメリカのマヤ（10章）、そして最後はインカ帝国（11章）。ここでは古代文明の象徴的な場所であるマチュピチュでしばらく時を過ごす。最終章（12章）でわれわれは二一世紀にもどり、過去について、そして地球の未来のためにどのような教訓を学ぶことができたのか、それを検証してみるつもりだ。

まずはこのせわしないアメリカのハイウェイから、

読者のみなさんを中東へとお連れしよう。世界の中心と私が考えたい、あの目立たない道路の待避所《レイバイ》へ。

2 水革命
——レバント地方における水管理の起源（一五〇万年前‐紀元前七〇〇〇年）

アンマンから車で南へ下り、紅海へと通じる港アカバを目指して車を走らせると、突然視界が開けて、死海のきらめくようなブルーの水が見えてくる。水の広がりが現われると、私はしばしば車を待避所へ入れ、息詰まるような暑さの中に降り立って休憩した。そしてたどり着いたこの地球のきわめて特殊な場所について、しばし思いを巡らせた。

南へさらに数キロ走ると地球上でもっとも低い地点、死海断層の真ん中、海抜マイナス四二三メートル（一三八八フィート）の死海に到達する――これこそ地質学上の驚異の一つだ。アンマンから続く道は険しくそびえ立つ崖の下を通る。崖は水による堆積物からできていて、それはこの一〇〇万年の間に、地球の気候が氷河期に出入りするにつれて、死海や前身のリサン湖の水位が上下する、そのドラマチックな変化を記録している。

駐車した場所の西方、紛争が起きているヨルダン渓谷の向こう側の西岸地区《ウェスト・バンク》には、考古学上の驚異エリコの遺跡がある。そこでは一万年前にはじめて農耕が行なわれ、都市生活が営まれていたと主張する者もいる。周辺に開けた現代の都市は、天気さえよければ待避所からでも見ることができる。さらに二〇キロほど先には、建築上、宗教上、そして政治上の驚異でもあるエルサレムがある。エルサレムはユダヤ教、キリスト教、イスラム教の聖なる都市であり、その未解決の状態は今もなおイスラエル・パレスチナ紛争の原因となっている。

が、待避所からはエルサレムを見ることはできない。しかし、死海道路に沿ってさらに南下すると、カラクの東方に都市の兆しが見えてくる。巨大な十字軍の城は、エルサレムの支配を巡って戦われた大会戦の一つを思い出させる。また、イエス・キリストが洗礼を受けたとされる場所や、青銅器時代のバブ・エ・ドゥラーとヌメイラの遺跡の近くを通り過ぎる。ここを聖書に出てくる都市ソドムとゴモラだと言う者もいた。待避所の近くにはさらに多くの遺跡がある。それはローマ帝国やビザンティン帝国、イスラムのカリフたちの城、オスマン帝国の支配、イギリスの植民地主義、現在のヨルダン・ハシミテ王国の創建などの検証を手助けしてくれる遺跡だ。

死海を眺めることができるこの場所は、四六時中ごみで汚れている。アンマンから坂を降りてくる大きなトラックのおかげで、臭いはくさいし音はうるさい。が、こんな気を散らすものがまわりにあっても、それに気づかずにすむのは、世界の中心にいるという強い思いに、私が圧倒されていたからだ。まさしく私は地質学史と人類史の核心いた。待避所で私は、レバント地方のただ中に、つまりアフリカとアジアとヨーロッパが出会う騒々しい場所に立っていたのである。

ときに肥沃な三日月地帯の西の腕として知られているレバント地方は、今日、トルコ南部、シリア、イスラエル、レバノン、パレスチナ領を含んでいる。肥沃な三日月地帯は農耕と文明がはじめて出現した場所だった。

古代世界にとって、水管理が二一世紀と同じくらい重要なことだったとしたら、最初に井戸を掘り、最初にダムを建設したその起源を、レバント地方以外のどこで探せと言うのだろう？　水管理は紀元前八〇〇〇年のエリコのような、初期新石器時代の農村コミュニティではじまったのではないのか？　おそらくそれは、さらにそれより前に現われていて、二万年前か、さらにはそれ以前に、狩猟採集民たち

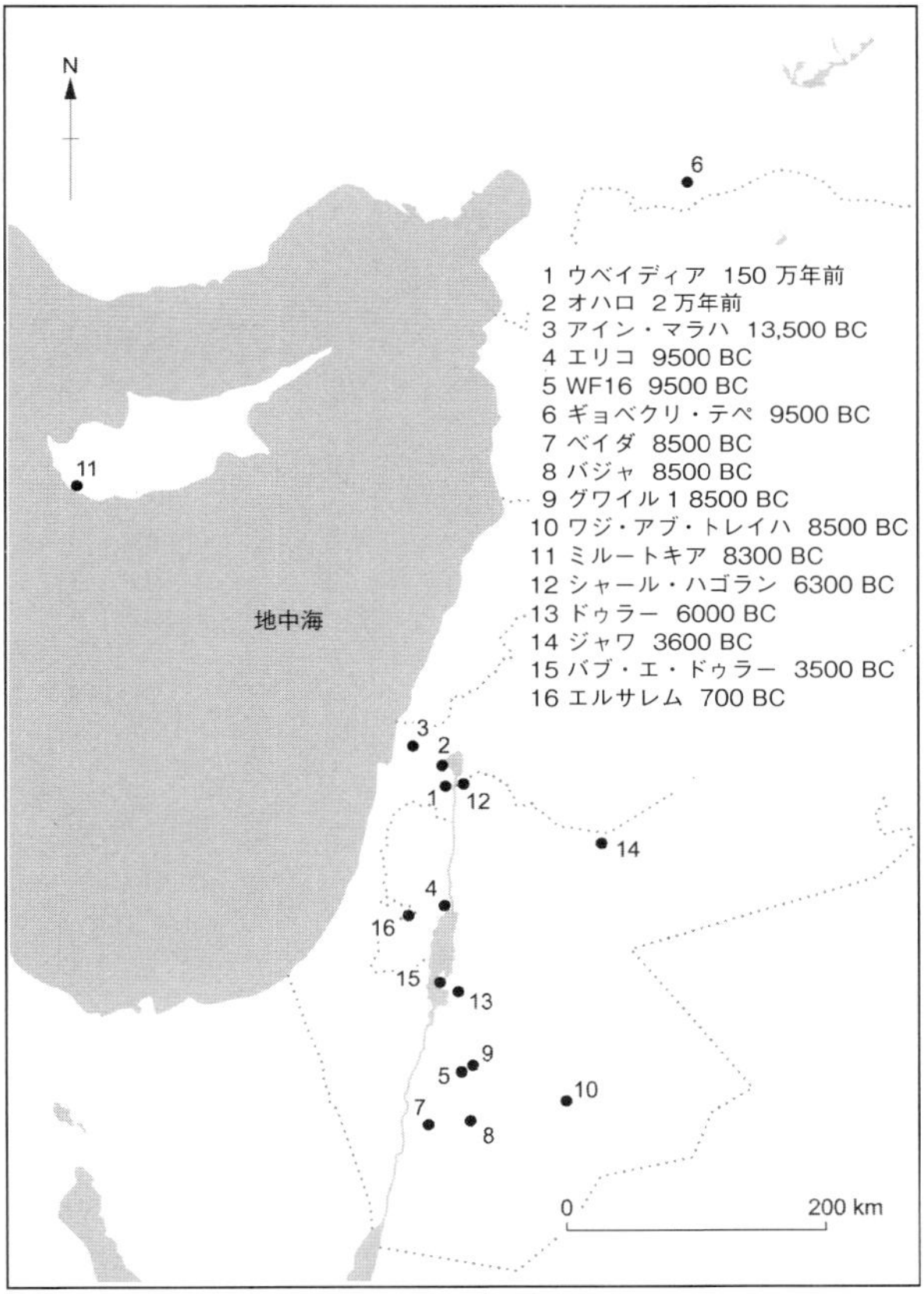

図 2.1　2 章で触れる遺跡と、その位置を示したレバント地方の地図。

の手で発達したものではないのか？　あるいはそうではなく、水管理は比較的新しい発明なのか？　つまりそれは紀元前三五〇〇年頃、新石器時代の村落を青銅器時代の町へと変貌させる触媒の働きをしたのか？　あるいはまたそれは町を都市へ、コミュニティを文明へと変えた、都市化そのものの結果だったのかもしれない。

この章で私は、以上のような問いかけの答えを、あるいは少なくとも、レバント地方に関した答えだけでも見出すために、考古学上の痕跡を追跡する旅へみなさんをお連れしようと思う（図２・１）。が、たとえレバント地方が、世界でもっとも早く農耕や都市生活の出現した場所だったとしても、そこがまた一番早く水管理が行なわれた場所である必要はない。水管理の起源と歴史は世界の各地域でさまざまに異なっているので、それぞれが個々に追跡され解明されることが必要だ。それはまた、われわれがレバント地方で発見するものと、経済的、社会的、文化的発展とのかね合いで、まったく異なったものを示す可能性もある。たとえば新世界では、メキシコのサン・マルコス・ネコストラで井戸が発見されたことにより、はじめて、水管理が一万年前にはじまったと考えられるようになった[1]。そして同じような年代が、たとえば中国やインドやオーストラリアから上がってきても私は驚かないだろう。が、この本が提供できる報告はわずかに一つだけだ。そして私の目標は、旧世界の初期文明の中で水管理の果たした役割を調査する前に、レバント地方ではいつの時点でどの場所で水管理がはじまったのか、それを解き明かすことである。

レバント地方から出てくる考古学上の証拠は断片的なものばかりで、それを解釈することは難しい。とどのつまり、われわれが取り上げるのは文献資料のない先史時代である。解釈の手助けとなる文書証拠が欠けている。膨大な量のものを今なお未発見のままにして、現存する考古学上の証拠だけで、水管理の発達の様子を物語るのはたしかに不十分だ。だが、それでも手持ちの証拠だけで、レバント地方の歴史の、重要な時期をいくつか明らかにすることは可能だ。それは井戸がはじめて掘られた時期、最初のダムが建造された時期、貯水槽と水路が最初に作られた時期などである。このような時期は少なくとも、播種や銅の精錬がはじめて行なわれた時期と同じくらい、文明の出現を推しはかる上で重要な要素となる。

農耕の起源はかつて石器革命として、また都市の起源は都市革命として説明された。私が今書こうとしているのは、同じ重要性を持つ第三の革命――水革命――についてである。

ウベイディアからはじまる

水管理の歴史を書きはじめるのに、われわれはどこからスタートすればよいのか？　人々――それはホモ・サピエンスやわれわれの祖先とその親族だが――はチンパンジーと先祖を共有していた六〇〇万年前から、おそらく何らかの方法でつねに水を管理してきたにちがいない。チンパンジーは葉っぱをスポンジのようにくしゃくしゃにして使い、木の幹のへこみに溜まった水を、それで移動させていたことが知られている。(2)そのことから推測されるのは、われわれの祖先もまた同じことをしていたということだ。が、それだけではない。両手で、あるいは葉っぱを折り重ねて、また皮で容器を作り、それに水を入れて、短い距離を運んだのではないか。こうして水を運んだという考古学上の直接証拠はないが、水のありかから遠く離れた場所で発見された、野営の遺跡や活動現場の遺跡に残った遺物から、暗にそれを推測することはできる。しかし、このような証拠にはそれ自体たしかに問題もある。それというのも、十分に詳細な環境を復元し、河川の流路の特別な場所や、至近の溜まり水のありかをつきとめることは、それが先史時代の初期であるだけに非常に難しいからだ。

先史時代初期の考古学的遺跡——前期旧石器時代と中期旧石器時代の遺跡——は、少なくとも一五〇万年前からレバント地方の至る所で見つかっている。ホモ・エルガステルがレバント地方へやってきたのがその前後だった。おそらく五〇万年ほど前のことだろう。この種が進化したのは東アフリカにおいてだが、そこからナイル渓谷を経由して散り散りになり、レバント地方へ入った。さらに違ったタイプのヒト属がそのあとに続く——五〇万年前からホモ・ハイデルベルゲンシス（ハイデルベルク人）、二五万年前からはホモ・ネアンデルターレンシス（ネアンデルタール人）(3)。これはすべて気候の変化による降水量の増加に対応したものだ。気候変動が作り出したのは、狩猟や採集に最適で、飲み水に事欠かない豊かな河畔の森林地帯だった。が、到着した者たちは誰もが、必ずしも長期間そこにとどまっていたわけではない。それは乾燥状態への回帰が彼らを追い立て、あるいは局所的な死滅へと追いやったからだ。やがて気候が好転すると、アフリカからふたたび新しい者たちがやってきた。おそらくそれは以前と同じタイプか、あるいは新しい人類だったのだろう。

レバント地方には、ホモ・エルガステルやハイデルベルゲンシス、ネアンデルターレンシスの存在した証拠を示す何千という遺跡がある。が、そこにあった遺物の圧倒的多数は、あちらこちらにまき散らされた石器だけだった。動物の死骸を切り刻むため、植物を切り根を掘るために使われた鋭い石の塊や石片だ。木や骨でできた道具の名残はどんなものでも、はるか昔に朽ち果ててしまっている。それはまた彼ら自身の遺骨の運命でもあり、彼らが狩りをしてあさった動物たちの遺骸の運命でもあった。幸いなことにそこには、地質と乾燥と湛水とが相まって稀有な状況を作り出し、そこから良好な保存状態によって生じたまれな例外もある。

そのもっとも注目すべきものは、イスラエルのウベイディア遺跡だ。遺跡はティベリアス湖、またの名をガリラヤ湖として知られている湖の南方数キロメートルに位置している。[4] この遺跡へは一五〇万年から八五万年前の間に、初期の人類が繰り返し訪れている。その現実の生活面――動物を屠殺して食べるために使用された道具と、骨の断片がぎっしりと詰まった空間――と信じられていた場所には、何千というおびただしい数の石器とともに、シカの骨やすでに絶滅種となっているカバの骨などが残されていた。一九九九年にニューヨーク大学のジョン・シア教授の手により発掘が行なわれたが、発掘の過程で彼が訪れた遺跡の中では、ウベイディア遺跡がもっとも注目すべきものだと私は思った。教授が挑んだのは驚くべき発掘だった。というのも、地殻の変動によって古代の生活面が水平面から七〇度傾いていたからだ。地面を掘るというより、むしろ、ほとんど直角に近い岩肌を横から掘り進み、考古学的な発見物を寄せ集めて調査した。[5]

前期旧石器時代の多くの、いやおそらく大多数の遺跡と同様に、ウベイディア遺跡ももともとは、古代の湖、ティベリアス湖の前身に近接した場所にあったようだ。これが示しているのは、その場所が一時的なかりそめのものだったということだ。湖畔にはハイエナやライオンが徘徊するため、とりわけ火の使用を知らなかった初期の祖先たちにとって、そこは夜間住むのに安全な場所とはとても思えなかった。ウベイディアだけではなくこうした初期の遺跡には、いかなる方法にしろ、ともかく湖や川の水が管理されていた証拠はどこにも見当たらない。たとえば野営地に向けて水路を掘ったり、飲み水や洗い物用の溜まり水を作るために、川をせき止めたりした証拠がないのだ。

われわれが直面するジレンマは、このような作業をした考古学上の痕跡が必ずしも残されていないことだ。私は以前砂漠でベドウィンとともに過ごしたことがあった。そこで目撃したのだが、彼らは暴風雨のあとで石や砂を使って小さなダムを作っていた。それはすぐに押し流されてしまうのだが、彼らはそれで満足だった。必要なときにはまた作ればよかったからだ。初期の人類も同じようなことをしていたのかもしれない。道具の洗練さから判断しても、その能力が彼らに備わっていたことは確かだ。が、われわれはその証拠を見つけることができない。それに彼らの、短期間だけ滞在する狩猟採集民の生活スタイル——たえず移動している——が、はたしてダムを必要としたかどうかも疑わしい。

最初の現生人類とオハロ遺跡

水管理の起源をたどって次の遺跡へ向かうには、ティベリアス湖の西岸を、ウベイディアから北へ二〇キロほど旅すればよかった。そこにはオハロ遺跡がある。距離にするとほんのわずかだが、旅した時間は一五〇万年前から二万年前へとはるかな歳月だ。オハロはレバント地方で、最終氷河期のピーク時に狩猟採集民が生活していたもっとも保存状態のいい遺跡だった。それは北半球の多くが氷河に覆われていた時期である(写真2)[6]。これがレバント地方を、それより前やそれよりあとの時代とくらべて、比較的寒冷で乾燥した場所にした。前後の時代には、広範囲に及ぶ草原と見渡すかぎりの森林地帯が現出していた。二万年前には、ネアンデルタール人やそれ以前のヒト属の種はすべて死に絶えている。オハロや世界の残りの多くはホモ・サピエンスに占領されていた。

現生人類のホモ・サピエンスがレバント地方へやってきて、恒久的にそこにとどまることになったのは、今からおよそ四万五〇〇〇年前である。が、初期のホモ・サピエンスの中には、それより早くすでに一二万年前に、一時的ではあるがレバント地方に住んだ者たちがいた。そのあとで到着してレバントに居着いた者たちは、やはりアフリカから分散してきたのだが、やってくるのに回り道をしたようだ。はじめにアフリカの角から東方へ散り散りになって向かい、アラビア半島へ出て、中央アジアを経由しながらレバント地方へ入った。(7)

象徴能力と音声言語という、先行する人類に追加された利点を持つホモ・サピエンスは、やがてレバント地方に残っていたネアンデルタール人を絶滅に追い込んだ。(8) 現生人類の考古学上の遺跡はおびただしいほど残されているが、保存状態のいいものはめったにない。例外が二、三あるだけで、あとは石器を除けば、今なお何一つ見つかっていない遺跡ばかりだ。そこでは新しいタイプの道具が作られていた。それはより効果的な狩猟の技術をほのめかすとともに、個人や社会の独自性を示す情報を記号化し、それを矢じりのデザインにしていたことがうかがわれる。その他の点では、ホモ・サピエンスの生活スタイルは、ウベイディアでカバの死体を解体していた初期の人類のそれに非常によく似ていた。狩猟民や採集民はつねに移動していて、親族の絆で結ばれた二五人から五〇人のグループで生活していたが、「通過儀礼」、結婚式、情報や物資の交換などが行なわれる期間中は、断続的に大規模な集団となった。

中でも、オハロ遺跡はまったくの例外だった。おびただしい数の植物遺物や骨が、炉床や小屋の床面、墓所などの主要な遺跡とともに保存されていたからだ。これについては気候の変動と水の両方に感謝しなくてはならない。一万九四〇〇年前の野営地はティベリアス湖岸にあった。当時は氷河時代だったために湖の水位はとりわけ低かった。ソダで作られていた小屋が火事で焼けると、小屋は遺棄されてしまったようだ。そして次の数百年、いやおそらくは数千年の間には、気候も回復して雨量が増えた。湖水の水位は上昇し、野営地の瓦礫や焼けこげた小屋の残骸を徐々に水浸しにした。その結果、遺跡は水によって腐朽から守られた。

一九八九年の干ばつで湖の水位は九メートル下がり、考古学的遺跡がふたたび姿を見せた。ハイファ大学のダニ・ナデル教授は細部にまで行き届いた発掘をしはじめ、やがて、最後の氷河期のほぼまっただ中に、レバント地方で食されていた多様な植物や動物を提示したことで、世界中の考古学者たちを驚かせた。六つの住居跡が発掘され、そこには野草、果物、ナッツ類の種子がおよそ一〇〇種ほど、木製のひき臼のまわりで厚い層をなしていた。ガゼルの猟が行なわれ、遺跡ではそれが解体されていた。魚は湖で捕獲された。おそらく植物繊維で編んだ網を使って捕ったものだろう。発掘から二年後に干ばつは終わり、遺跡はふたたび湖水に没した。ダニ・ナデルはもう一度干ばつがやってくる一九九九年まで待機した。一九九九年になると湖水はふたたび後退し、発掘の再開が可能となった。幸運なことに、当時私はイスラエルを旅していて、この驚くほど保存状態のいい遺跡を訪れることができた。そして、これまで見たことがないほど状態のいい、石器時代と氷河時代の生活をかいま見ることができた。

氷河時代の狩猟採集民が行なった水管理、その証拠を見つけるまたとないチャンスを、オハロ遺跡はわれわれに与えてくれるはずだった。たしかに、きわめてすぐれた保存状態をもたらしたのは、すぐ近くにあった水の存在である。が、皮肉なことにそれはまた、当初の住人たちにとって、オハロで水管理をする必要がまったくないことを意味した。しかしその彼らも、もしかすると水の管理を選択したかもしれない。たとえば水を小屋のすぐ近くまで呼び込んだり、魚取りを容易にするために運河を掘ったりして、湖岸に改良を施したのでは、と想像することもできるだろう。

が、水管理のいかなる形跡もオハロには存在しない。またそれは、レバント地方の狩猟採集民が住んだ他の遺跡にもなかった。これを説明するものとしてもっとも考えられるのは、まったく単純に水管理の必要がなかったということだ。狩猟採集民は比較的小さくて動きやすいグループを構成していた。そのために彼らは、つねに水資源の近くに定住することが可能だったし、それが枯渇しても、他の場所へたやすく移動することができたのである。

「定住する」

オハロの狩猟採集民から五〇〇〇年のちに、レバント地方に住んでいたのは、他の地域ではなお標準的な「小さくて動きやすい」グループから逸脱した狩猟採集民たちだったかもしれない。一万四五〇〇年から一万三〇〇〇年前、レバント地方の狩猟採集民は最大一〇〇人までのグループで「定住し」、永住しはじめたのかもしれない。そのチャンスが訪れたのは、この時期——専門的には「氷河期後期亜間氷期」として知られる——に気温が著しく上昇し、湿度も高くなったからである。このことはグリーンランドの氷床コアや、レバント地域の堆積証拠から得た、地球規模の温度のさまざまな測定値によっても確認される(9)。その影響は植物性の食物や野生の獲物を格段に豊富にさせ、狩猟採集民たちが食料を求めて、新たな土地をたえず見つけなければならない必要性を軽減させた。

この時代の遺跡には、オハロのものにくらべてはるかに大きな、石壁の住居のある遺跡がいくつか見られる。そこには墓地もあった。考古学者たちはしばしば墓地を、自分たちの先祖がそこにいたことの兆しとしてとらえている。というのも、墓地は狩猟採集民の動きの少なさを示しているからだ。大きな石臼や磨石《すりいし》は、野生の植物の採集とその処理がさかんに行なわれていた証拠だった。そして、新たな美術品や身のまわりの装飾品は社会組織の変動を暗示している。それは富と高い地位の両方、あるいはそのいずれか一方を有する個人の出現である。これはたえず移動し、財産を集積することのできない狩猟採集民には起こりそうにないことだった。

このような特性を持つ遺跡は、初期ナトゥフ文化のものと見なされている。食料はなお野生の植物や動物に依存していた。そして、コミュニティの定住した程度については、今も考古学者の間で実質的な論議が交わされている。しかし、初期ナトゥフ文化の狩猟採集民が、相変わらず完全に自然の水利に依存していたことに異論を唱える者は誰一人いない。新たな建物群や遺物を見ても、そこに川の流れを変えたり、降雨を確保するために作られた井戸や貯水槽、テラス壁、あるいは水路などの痕跡を見つけることはできないからだ。(10)

一万四五〇〇年前まで遡る、初期ナトゥフ文化のアイン・マラハ遺跡はこの典型的な例である。(11) 遺跡は残念ながら今は下水処理場に近接しているが、ここを訪れた者はたくさんの石造の住まいと、巨大な石臼の残骸を目にすることができる。それが与える印象は、この遺跡が人でにぎわっていたこと、そして短期間しか滞在しない野営地とは、とても同等と見なすことのできないほど、住人たちが強い力を建造物に注いでいたことだ。アイン・マラハからは美しい動物の彫像もいくつか発掘されている。それに住人の中には、みごとな貝製の頭飾りをつけて埋葬された者たちもいた。が、にもかかわらず、ここでも水管理の証拠は見当たらない。井戸もなければ、貯水槽、ダム、水路もない。ふたたび言えることは、ここでも水管理の必要は何一つなかったということだ。アイン・マラハは地名の由来でもある地元の泉に依存していた。「アイン」はアラビア語で「泉」を意味する。泉は飲み水を供給するだけではなく、おびただしい魚が泳ぐ池を作り、池は渡り鳥を呼んだ。一つの資源が三つの貴重な資源となっていた。

おそらく定住していたと思われる、初期ナトゥフ文化の狩猟採集民のより複雑なライフスタイルは、それほど長くは続かなかった。最大で二〇〇〇年ほどだっただろう。一万三〇〇〇年前になると、さらに寒くて乾燥した状況がもどってきた。これもやはり、グリーンランドの氷床コアで記録されていて、おそらくそれは北アメリカの氷床が崩れて、大西洋に落ちた結果だろうと考えられている。氷河期の状態がもどってきたことはレバント地方よりも、むしろ北の地方で強く感じられた。[12]が、このレバント地方でさえ、寒冷と乾燥は食用の野生植物や野生動物の数を減らし、そのために狩猟採集グループはふたたびより小さく、より動きやすいものとなっていった。アイン・マラハは完全に遺棄されたわけではないが、それは（半?）定住の村と言うより、むしろ季節によって狩猟採集民がやってくる野営地となった。死者は遠くから運び込まれ、野営地の墓地に埋葬された。

エリコで——土器の不在

一五〇〇年の間、寒冷で乾燥した状態が続いたのちに、ふたたび気候がもとへともどった。今度は永遠に——少なくともこれまでのところは。およそ一万一五〇〇年前、地球規模で気温が急激に上昇し、これが氷河時代を決定的に終焉させた。そして、はじまったのが氷河期後の完新世である。それがもたらしたのは、われわれが現在享受し、最初の農耕社会の出現にとって重要となる、比較的温暖で雨の多い安定した気候だった。

レバント地方の狩猟採集民の反応は、一万四五〇〇年前のそれに酷似していた。より大きく、より定住に適した集落の再登場である。それにともなって新たに行なわれたのが豊富な植物性食物、とりわけ野生の穀類の集中的な開発だった。その中にはわれわれが現在食している大麦や小麦の原種が含まれていた。

二〇世紀のイギリスで、もっとも偉大とされている考古学者の一人キャスリーン・ケニヨン(一九〇六‐七八)が、一九五〇年代にエリコのテル・エッ・スルタンを発掘していたとき、この時代のものと思しい最初の遺跡を発見した。[13] テルは日干しれんがで作られた長方形の建物が崩壊してできた巨大な山だ。それはおもに、青銅器時代や鉄器時代の間に積み重ねられてできたものだった(写真3)。ケニヨンは山の基底部を調べるために深部探査を行なった。そして発見したのが、数多くの日干しれんがでできた円形の建造物である。それはのちの時代に、この山で作られたどの建物とも異なっていた。西側は巨大な石壁と大きな円形の塔で囲まれている。建物の規模は当時も今も、青銅器時代以前にはまったく前例のないものだった。

ケニヨンが発掘作業をしていたとき、すでにヨーロッパでは、新石器時代が最初の農耕村落の時代であったことが確認されていた。ケニヨンはテル・エッ・スルタンの基底で見つけた建造物や遺物と、ヨーロッパ新石器時代の最古層から出土したものとの間に、多くの類似点を見い出した。そして彼女は、自分が今現に扱っているのものは農業経済に違いないと思った。しかし、そこには一つ重要な差異があった。土器の不在である。一九三〇年代、戦前期のもっとも偉大な考古学者であり、ケニヨンの考え方に多大な影響を及ぼしたゴードン・チャイルド(一八九二‐一九五七)は、ヨーロッパ新石器時代を定義づける重要な要素の一つとして土器を挙げていた。[14] が、テル・エッ・スルタンの基底には土器の痕跡がなかった。土器は今もなお発見されていない。その結果として、ケニヨンは自分の発見を「先土器新石器時代」(Pre-Pottery Neolithic) に属するものとした。この言葉は二つの言葉をいっしょにしただけではなく、さらに二つに分けられている。先土器新石器時代A期 (Pre-Pottery Neolithic A) と先土器新石器時代B期 (Pre-Pottery Neolithic B)、略語で記してPPNAとPPNBである。[15]

PPNAは今では一万一五〇〇年前から一万二〇〇〇年前まで、ほんの一〇〇〇年とちょっと続いたことが知られている。そしてそれは、狩猟採集から農耕様式へと移行するキーとなる時代だった。この時代に狩猟採集民は野生の穀物やマメ類を栽培しはじめる——散水、除草、苗木栽培、害虫駆除。これが徐々に多彩な栽培物の進化へとつながっていく。「耕作者たち」が頼りにするのは何と言っても、今生産されつつある収穫量の大きさだが、同じように、何を栽培するかを決めるのは耕す者たちの判断による。したがって、農業のはじまりは意図的なものであると同時に、偶然によるものでもあった。[16] ひとたび植物が栽培化されると、人々は集落を作り定住するようになった。そして周囲の畑を耕し、羊やヤギを家畜化して、やがては畜牛を飼うようになる。

次のPPNBの時代は、一万二〇〇年前から八三〇〇年前まで続き、穀物の栽培と動物の家畜化をともなう農耕集落が定着を見た時代である。それを特徴づけているのは、建築や技術、集落の規模——すでに二〇〇〇人、あるいはそれ以上の人口を抱えたものもある——の劇的な変化だ。そして次には「土器新石器時代」が続く。これは読んで字のごとく、土器の発明によってこのように呼ばれた。しかしこの時代はまた、羊やヤギの移動放牧をともなう農業経済への重要な変化を特徴としている。そして五六〇〇年前には、最初の都市社会を招来する青銅器時代がやってくる。

ここでわれわれは年代を記すのに、「〜年前」から「紀元前」（BC）に変更する必要がある。旧石器時代を研究している考古学者は「〜年前」を使いたがる。が、新石器時代や青銅器時代の専門家はBCかBCE（西暦紀元前）のどちらかを好んで使う。差異はおよそ二〇〇〇年ほどだが、本書ではこのレベルの近似値で十分に通用する。[17] したがってこの年代表記にすると、PPNAは一万一五〇〇年ではなく、紀元前九五〇〇年からはじまり、PPNBは紀元前八二〇〇年から紀元前六三〇〇年まで続き、青銅器時代は紀元前三六〇〇年からスタートする。

農業の起源に水管理は必要だったのか？

年代を定める専門用語の唐突な差し替えはひとまず横に置いておき、われわれはふたたび水管理の起源を探すことにしよう。PPNAのエリコや他の所に、水管理の証拠ははたして存在するのか？　いくつかの存在を期待することはできるかもしれない。穀物には散水が必要だから。それが野生のまま耕されるにしろ、栽培して育てられるにしろ水は必要だ。そして、最古のPPNAの農民たちには、さらなる水資源にアクセスするために井戸を掘り、水を田畑に引くための水路や、穀物に給水するための灌漑用運河、さらには、穀物が発芽したり成熟する重要な時期に、襲いくる干ばつに備えるために貯水槽を作る必要があった、などと想定することは理不尽ではない。

たしかに「想定」は可能だが、そこにはどのタイプにしろ、水管理の証拠が完全に欠落している。ケニヨンは壁や塔や、遠隔地からの頭蓋骨の移動を含む複雑な埋葬儀式についてはその証拠を見つけ出したが、水への接近に関しては、一万四五〇〇年前（紀元前一万二五〇〇年）のアイン・マラハや一万九四〇〇年前のオハロの人々――そしてはるかに遠い一〇〇万年前のウベイディアの人々――の接近の仕方と異なるものを何一つ発見できなかった。

エリコにもまたアイン・エッスルタンという泉があった。この泉でおそらく住人たちは、必要とする水の需要をすべてかなえることができたのだろう。その一方で穀物は、近くの川から十分に水分が補給される沖積土の上で生長した。[18] したがってここでもまた、「場所、場所、場所」がふたたび水管理の必要性を軽減していた。あるいは水管理の実践の欠如が、エリコの住人たちに集落の場所を否応なく限定させた。

考古学においてはつねにそうなのだが、用心深さが要求される。というのも、青銅器時代や鉄器時代の日干しれんがの建物が崩壊して巨大な表土をなしている中を、掘って作った狭くて深いトレンチの底で行なう発掘作業は、せいぜいが、PPNAの住居の一〇パーセントかそれ以下しか掘り起こすことができないからだ。テルによって覆われた残りの地域に、われわれが見落としている、井戸や水路や貯水槽の証拠が隠されている可能性があるかもしれない。

たしかにそれはそうだろう。が、はたしてそうだろうかと私は思う。ケニヨンがエリコで発掘作業をはじめて以来、おびただしい数のPPNAの集落が掘られた。が、何ひとつ水管理の痕跡は見つかっていない。エリコからさほど遠くない、ヨルダン川西岸地区にあったネティヴ・ハグドゥドとギルガルの遺跡では、一九七〇年代から一九八〇年代にかけて、大規模な発掘が行なわれた。[19] 後世に堆積した瓦礫の表土がそれほど多くなかったために、とりわけネティヴ・ハグドゥドでは、広い範囲で集落を発掘することができた。が、ここでもエリコとまったく同じように、住人たちは完全に自然の給水に依存していた。ネティヴ・ハグドゥドでは、アイン・ドゥユクの泉の水が使われていたし、死海へと注ぐヨルダン川の三角州が近くにあったので、その湿地帯が活用された。[20]

つい最近、さらに南へ下ったヨルダン渓谷の東側で、PPNAの遺跡が三つ発掘された。ザラット・エドゥラー、ドゥラー、それに私が自分で名づけた奇妙な名前の「WF16」(ワジ・フェイナンの考古学調査中に見つけられた一六番目の遺跡)[21]の三つである。三つの遺跡がとりわけ興味深いのは、ヨルダン川西岸地区と違って、ヨルダン渓谷の水分を十分に含んだ沖積土の上ではなく、ヨルダン高原へと通じているワジ(涸れ川)の支流にできた段丘(テラス)に作られていたことだ。遺跡は三つとも複雑な構造をしていて、農耕とは言えないまでも、植物栽培をしていた定住共同体の存在をうかがわせるモルタルや磨石《すりいし》がそこにはあった。が、ここでもふたたび、水管理が行なわれた形跡はない。しかし、それでも私は、WF16を短い期間訪問しただけだったが、今ではひどく乾燥した地形となっている所で、どのようにしてPPNAの住人たちが水の欠乏に対処していたのか、それを調査する必要を思い知らされた。

ワジ・フェイナンの水流の力と、それが象徴する意味

一九九六年、同僚のビル・フィンレイスンと私は、ワジ・フェイナンの河床を見下ろす小さな丘の上で、石の遺物が散らばっていたWF16を見つけた。一九九七年から二〇〇三年、そして二〇〇八年から二〇一〇年にかけて発掘した結果、泥の壁を持つ、半ば地中に掘られた住居や作業場、それに貯蔵場などの密集した広い地域が現われてきた(写真4)。隣接して巨大な壁を持つ建造物があったが、それ

は共同の活動のために作られた建物のようだった。床に埋め込まれたモルタルから推測すると、そこでは種子をすり潰すような、何らかの儀式が行なわれていたのかもしれない。

ワジ・フェイナンはきわめて乾燥している。雨が降るのは冬場の数カ月だけで、降雨量は年間を通して一〇センチを越えることはめったにない。そこにあったのは、川や湖から水を引くことのない農業のはじまりだ。WF16の周囲の風景には、ほぼ完全と言っていいほど植物がない。ワジの川床は冬に雨が降ったあとのほんの短い期間を除くと、完全に乾き切っている。冬場の雨はしばしば激しい鉄砲水を引き起こした。

WF16の近くにはローマ時代の住居跡がある。これは古典期のテクストの中でファイノという名で知られていた場所で、集落には隣接の墓地があり、そこには、周囲の山々で銅の鉱石の採掘に従事した奴隷たちが埋葬されていた。泉から送水する水路や、大きな貯水槽、それに水を畑に導き入れ、鉄砲水から畑を守る一連の仕切り壁など、精緻な水管理のシステムにもっぱら依存していた。現在、ワジ・フェイナンに住むベドウィンもまた同じ泉に頼っているが、トマトやメロンの畑に水を導入するのに利用しているのは、石造の水路ではなく、黒いプラスチック製のパイプだった。

WF16にいたPPNAの住人の数は、ローマ時代や今日の集落にくらべて、かなり少なかったかもしれない。が、彼らにとって水の需要はまぎれもなく存在したにちがいない。もちろん飲料水は必要だったろうし、野生や栽培に関わりなく、穀物への給水も欠かすことはできない。しかし、それだけではない。建物を作るためにも水は必要だったろう。泥の壁や床を持つ建物の集落を作り上げるためには、何千リットルという水が入り用となる。ほんの小さな建物を試しに作ってみただけでも、壁と床に使う泥を十分にこねあげるためには、三〇〇〇リットルもの水が必要だ。しかしそこには、泉から水をもたらすＰＰＮＡの水路やその他、水をコントロールする手段の証拠は何一つない。

ＰＰＮＡに降る雨の程度が、今の雨量と著しく変わっていた様子はない。また、雨の降る季節も同じで、長い乾燥した夏と、断続的に嵐となる冬の雨というパターンに変わりはない(22)。だが、ＰＰＮＡのワジで流れる水の勢いはまったく違っていて、それはローマ人や今日のベドウィンのやり方で水を分配する際に、調停の必要を軽減させるほど豊かでゆるやかなものだったかもしれない。われわれが発掘した証拠が暗示していたのは、現在周囲の風景で見られるより、はるかに多量の植物——草やハーブや木々など——が生えていたことだ。これらの植物は、ＰＰＮＢ以降に家畜化されたヤギの過放牧と、青銅器時代以降、銅を溶かすための燃料として木々が伐採されたことによりことごとく失われてしまった。

草木で被われていないと、冬に降った雨はすぐに日に焼けた土地の表面を伝ってワジに集まり、鉄砲水を生じさせる。が、植物さえ植えられていれば、降った雨は地面に染み込み、土地に水の貯えをもたらす。そして貯えられた水は泉となって湧き出てくる。このようにしてＰＰＮＡの間は、破壊的な鉄砲水ではなく、ワジに沿ってたえず小川の流れがあったのだろう。そしてそれはワジ・フェイナンの住人たちに、ローマ人や現代の人々が享受するより、いっそう利用しやすい水を供給していた。

ＰＰＮＡではたしかに「水ストレス」はなかったかもしれない。が、私は泥壁の住まいに住む人々や、とくに大きな共同の建造物の中で儀式を執り行なっていた人々の心の中に、たえず水に対する思いがあったのではないかと感じている。ＷＦ16でわれわれはたくさんの「美術」品を掘り出した。その中には人間や動物の小さな像があったが、大半の像には抽象的な幾何学模様が見られた。中でも頻繁に現われ、とくに人目を引いたのが波線のモチーフである。これは石板に彫り込まれていたり、共同の建造物の壁に記されていた——泥が乾かないうちに指でトレースしている。私はこのモチーフを目にするたびに、それは水を表わしたもので、ワジ・フェイナンの屈曲と、水面に現われるさざ波の両方を写したものだとつい思ってしまう。もちろん、これが正しいという証拠はない。が、たとえ水が意図的に管理されていなかったとはいえ、古代人の意識の中で、水が重要な位置を占めていたことは確かだと思う。

私が同じ印象を受けたのは、レバント地方の最北端、トルコ南部にあった、実に驚くべきPPNAの遺跡ギョベクリ・テペを訪ねたときだった。[23] 二〇〇一年に発見されたこの遺跡は、かつて目にしたPPNAのどの遺跡とも違っていることで考古学界を仰天させた。遺跡は石灰岩でできた丘の頂上に位置していて、たくさんの石でこしらえた囲いがあった。その中には巨大な柱が数本立っている。柱には野生の危険な動物――キツネ、イノシシ、ヘビ、猛禽――の画像が彫り込まれていた。これは丘の上に作られた新石器時代の神聖な場所で、たぶん共同の儀式のために、レバント中から、おそらくそれよりはるかに遠くからやってきた人々の集会場所だったのだろう。彼らにとって水の需要は欠かすことのできないものだったにちがいない。が、そこにはそれに対応した証拠が何一つ残されていない。水管理をした形跡がまったくない。遺跡はストーンヘンジとラスコー洞窟をいっしょにしたような感じで、壮観な高地の立地条件からくる高揚した気分をともなっていた。

ギョベクリ・テペについて解説する者たちの大半は、柱に描かれた危険な動物に言及する。野生動物に対する関心が、自然――野生穀物類、羊、ヤギ――が人間環境に適応（家畜化、栽培化）した時期に一致しているのが興味深いというのだ。が、二〇〇三年にギョベクリ・テペを訪れたときに、私が強い印象を受けたのは、他のものとはまったく違う図柄が描かれた一本の石柱だった。そこには交差する波形模様の上にカモや水鳥たちが彫り込まれていた。波形の線は水を表現したものにちがいない。ここでもまた、水は新石器時代の人々の心の中にあったのである。

農村が現われる

ＰＰＮＡに水管理の形跡が見当たらなかった理由として、集落が小さく、居住者たちが農民よりむしろ狩猟採集者たちだったということは言えるかもしれない。が、ＰＰＮＢを通しても、水管理はほとんど見られない。その例外として知られている遺跡が二つある。が、ともにレバント地方のきわめて周辺部にあり、考古学上の記録や人々の過去の行動は――あるいはその両方ともに――今なお不可解な状態だ。

ＰＰＮＢは農業の集落――他に適当な言葉がないが村落《ヴィレッジ》――の存在が実証された時代（紀元前八二〇〇―六五〇〇）である。円形の半ば地下に掘られた住居をともなうＰＰＮＡの小さな集落と違って、ＰＰＮＢにはがっしりとした長方形の家や作業場、貯蔵庫や中庭などのある「厳密な意味での」建築があった。こうした遺跡はレバント地方の至る所で発見されている。最初に発達したのはレバント北部で、シリアのジェルフ・エル・アフマル遺跡には、円形住居が方形へと移行する一連の建築様式が見てとれる。(24) ＰＰＮＢの建造物はしばしば漆喰の部厚い床を敷き、二階を構えていて、従来の建築と比較すると、建築に投入された時間や努力や材料の点でも、完全に新しい段階へ入ったことを示していた。

ＰＰＮＢの人々はすでにひとかどの農民で、小麦や大麦の畑を持ち、十分に家畜化されていなかったとはいえ、ヤギを飼育していた。狩猟も続けていたが、すでに大きな矢じりの矢を使用している。これは今で言う高級「野生」肉――英国ビクトリア朝時代人によって仕留められたシカのようなもの――を狩りするためだったかもしれない。このような開発に歩調を合わせて、芸術や宗教の活動においても同等の発展を見せている。頭蓋骨礼拝《スカル・カルト》がこの地域全体で行なわれていた。墓から掘り出した頭蓋骨に漆喰を塗りつけ、目にはコヤスガイを使って生前の顔を再現することもした。再現した頭部は宗教儀式の際に装飾として使われ、そのあとでふたたび埋葬された。ある遺跡——アンマンに近いアイン・ガザル——では、藁を骨組みにして粘土で作った半身の人形が一式見つかっている。学者の中にはＰＰＮＢの神々を再現したものだろうと言う者もいる。[25]

ＰＰＮＢの集落は非常に多くが知られているが、それらが示しているのは、農業が大幅な人口増加をもたらしたことだ。かなり大きな居住者数に達した遺跡もある。アイン・ガザルやバスタなど、ヨルダン高原の縁に沿って作られた遺跡の中には、考古学者たちによって「巨大遺跡」として記述されているものもあった。その人口は二〇〇〇人以上に達していたと推測されている。しかし遺跡の中に、井戸や貯水槽、水路、ダムの痕跡は皆無である。これは注目すべきことだと思う。紀元前八二〇〇年のＰＰＮＢ当初に、人々はすでに石で斧やナイフや矢じりを作り、泥を使って壁や床をこしらえ、野生の動物を飼いならし、植物を栽培する方法を知っていた。が、このような農業集落の中で行なわれていた水へのアクセスは、狩猟採集民のもっとも簡単なアクセスの仕方とまったく変わっていないようだ。しかし、そこには二つだけ例外があった。レバント地方で作られた最古の井戸と最古のダムだ。この二つはＰＰＮＢの集落が集中した場所から離れた、地理的にはレバント地方の周縁部にあった。そこへ行く前にわれわれはしばらく、ＰＰＮＢと水との関係をもう少しくわしく調べるために、三つの遺跡を訪ねる必要がある。

ベイダ、バジャ、グワイル1を訪ねる

まずわれわれはレバント地方の南へ行って、ベイダ遺跡を訪問しなくてはならない。このPPNBの村落は一九六〇年代に、ダイアン・カークブライド（一九一五－九七）によって発見され、発掘された（写真5）[26]。八回のフィールド調査の間に、彼女は六五の建造物を発掘した。そのことで、狩猟採集民の小さな野営地から、しっかりとした農耕村落へと成長していった跡をたどることができる。ベイダがとりわけ注目に値するのは、そこに残されていた二階建てで「廊下」のついた、数多くの建物群のためである。下の階は小さな作業場や貯蔵庫に使われたようだ。上の階はすばらしい漆喰で床が塗られていて、だだっ広い空間を構成している。おそらく食事や楽しみ事をしたり、寝るスペースとして使用されたものだろう。集落には大きな公的建造物もあった。コミュニティの集会所として使われたものかもしれない。

ベイダの遺跡はペトラの近くの美しい砂岩の土地にあった。ペトラは紀元前八〇〇年から紀元一〇六年の間、ナバテア王国の首都だった所だ。本書でものちに（5章）ペトラを訪れて、ナバテア人たちがこの乾燥した地域で、わずかな水をいかに見事にやりくりして暮らしていたかを学ぶつもりだ。今のベイダは文字通り、ナバテア人が作ったわずかな量の降水をとらえて貯える、岩の水路や貯水槽などに取り囲まれている。が、それとは対照的に新石器時代のベイダの住人たちは、複雑な建築やさまざまな手仕事、それに農業などに巧みな腕前を発揮していたが、水についてはもっぱらこの土地の泉に頼り切っ

ていた。その報いをやがて彼らは受けることになる。

クレア・ランボー博士は、レディング大学で私の同僚として働くかたわら、このような泉の水が残した堆積岩の沈殿物を見つけた。そしてさまざまな科学的技術を駆使して、水が流れていた時代を再現し、この土地の気温を推測した。[27] そして彼女は、水の流れと居住との間に強い相互関係があることを発見した。この場所の居住が最初に打ち切られたのは一万三〇〇〇年前、氷河期後期亜間氷期に続く冷たく乾燥した時代である。ナトゥフ文化の狩猟採集民たちはベイダの野営地を遺棄した。流れる水がもどってきたのは紀元前九五〇〇年頃である。やがて人々はもどってきて、新石器時代の農民たちがベイダに住むようになった。が、水の流れはふたたび紀元前六五〇〇年頃に止まる。人々はまた集落をあとにした。ここで当然疑問に感じるのは、のちのナバテア文化の時代に効率的に行なわれた水の供給が、なぜ新石器時代のベイダの人々の手によって行なわれなかったのかということだ。

ベイダからそれほど離れていない所に、もう一つ同じように好奇心をかき立てるPPNBの集落がある。そこには水管理――あるいはその欠如――に関する興味深い物語があった。それはバジャ遺跡で、想像しうるかぎり、もっとも近づき難い場所に位置していた。一九九七年から二〇〇七年にかけて、この遺跡を発掘したハンス・ゲーベルの言葉を借りると、遺跡は「ペトラの山々の中に隠れて」いた。[28] バジャへ行くためには、鋭く曲がりくねった渓谷の狭い山あい――「シーク」と呼ばれている――に沿って、数キロ歩かなくてはならない。そしてしばしばワジが上へ行くにつれて、険しい岩肌を登らなくてはならない。山あいの壁は数千年にわたって流れた水によって、人の頭の高さあたりまですべすべに磨かれていた。冬の暴風雨のあとに、ほとばしり渦を巻いて、ワジを流れ落ちてくる激流を思い描くことはたやすいし、それはむしろ恐ろしい。数時間歩いて、一〇〇〇メートル以上の高さまで登るとバジャに到着する。遺跡はワジの河床の段丘上に作られていて、石の壁で囲まれた長方形の家々の集落だった。ハンス・ゲーベルはそこに、かつて六〇〇人ほどの人々が住んでいたと推測している。

バジャまで歩いて行くのは一仕事で喉が乾く。それは新石器時代を通して変わらなかったにちがいない。が、遺跡には泉もなければ、渇きを癒すいかなるタイプの水路も見当たらない。バジャで水を見つけるためには、少なくともさらに一時間登り続けて、三〇〇メートルほど先へ行かなくてはならない。そこでは今でも、季節に限って水の湧く泉がある。

ハンス・ゲーベルは思案した。なぜバジャの遺跡はこれほどまでに人の近づき難い、しかも水のない場所に建てられたのだろう。穀物を栽培するにしろ、動物を飼育するにしろ——ともにバジャではきわめて難しい——、ともかく得心のいく説明がそこにはない。可能性として一つ考えられるのは、バジャの住民たちが、この時期に発展を遂げたPPNBの「巨大遺跡」から追放された者たちだったということだ。そのために、彼らはやむなく隠れて住まざるをえなかった。さらにもう一つ考えられるのは、砂岩でこしらえた指輪のように、贅沢な品物がバジャで作られていたのではないかということ。そのために遺跡は防備しやすい場所にあることが必要だった。三番目に考えられるのは、ゲーベルの言葉を引用すると、遺跡の環境が「宗教的に見て魅力的だったから。遺跡に近づくには、ヴァギナのようなシークの狭い道を通って行くしかなかったからだ」。

が、ゲーベルにとって、これらの説明はことごとく信じがたいものだった。それは私にとっても同じだ。ゲーベルをもっとも納得させた答えは、シークの水を自然に集めるのに、バジャがとりわけ便利な場所に位置していたというもの。彼の示した根拠はこうだ。シークは立て続けに次から次へと鋭く直角に曲がっていく。そしてそれは、シークの中で水の流れを緩やかにする働きをした。ゲーベルはそこから次のような推測をする。水が広い範囲で貯えられていたのと、今もかなり見ることのできる植物のおかげで、水は一年中シークを流れていたのではないか。まっすぐで比較的水平なシークはしばしば鋭く曲がる。おそらく、次にシークが下りにかかる前に石でダムをこしらえることで、自然の貯水池ができたのではないだろうか。これは魅力的であると同時に、十分に説得力のある推論だった。今日ではまったく荒涼として人を寄せつけない所で、このようなコミュニティがどのようにして生き延びたのか、推論はそれを説明してくれる。もちろんこれを検証することはできない。かつて建造されたダムははるか以前に、その後の鉄砲水ですべて押し流されてしまっているからだ。

グワイル1遺跡を見つけるためには、ワジ・フェイナンへいったんもどって、WF16のPPNAの遺跡からわずかに五〇〇メートルほどだが歩かなくてはならない。グワイル1は中規模のPPNBの遺跡で、ワジをヨルダンの断崖へ向かって東方へ少し遡った所にある。ワジはそこでは名前をワジ・フェイナンからワジ・グワイルに変えている[29]。グワイル1に人が住みはじめたのは、WF16での居住が終わりを迎えた直後で、およそ紀元前八二〇〇年頃だった。私の推測では、大麦畑用にさらに広い段丘を求めたのと、新しいタイプの――農民たちに適した――集落を建設するために、PPNAの人々が単に移動したにすぎないのではないだろうか。新しい村落には二階建ての建物や貯蔵庫があったが、相変わらず水管理の兆候はなかった。が、近くには泉があり、それはのちにローマの水道に水を供給し、現代もベドウィンのパイプに水を送り込んでいる。

ベイダと同様にグワイル1も紀元前六五〇〇年頃には遺棄されている。考えられる理由としては、ヤギの過放牧や薪用、建築用に木を伐採したために、土壌が不安定になったことが挙げられる。それが浸食を引き起こし、土壌に雨が染み込む能力を減少させてしまった。その結果として、ワジ・フェイナンの水流の勢いに変化が生じた。水流は鉄砲水を招き、それが今日まで続いている。グワイル1遺跡は放棄されざるをえなかったのである。

他のPPNB遺跡の多くも――とりわけ「巨大遺跡」が――ほぼ同じ時期に遺棄されている。おそらく同じ理由からだろう。が、遺棄されることなく、なお居住され続けていたのがエリコだった。ケニヨンはPPNAの村落を取り巻いていた壁を、敵に対する、それもおそらくは泉へ近づきたいと願う人間に対する防御の手段だと解釈した。が、これは新石器時代に部族闘争の証拠がないことから見ても疑問の余地がある。一九八六年に、近東先史学の第一人者、ハーバード大のオファー・バー＝ヨゼフ教授はもう一つの解釈を提示した。それは壁が人々の侵入を防ぐためではなく、泥流をストップするためのものだったという。[30] 私にはこれがもっとも妥当な見方のように思われる。ワジ・フェイナンで起きたこととまったく同じで、ヤギが草や葉を食べたり、燃料用や建築の材料として木を集めたりすることで生じる植物の払底は、周囲の斜面の土壌を不安定にし、住人や馬を水や泥による恐怖で怯えさせた。が、グワイル1と違ってエリコの集落は持続した。エリコには壁によって泥流から守られ、しかも水量の豊かな泉を持つという強みがあった。土石流を水流と見なせば、壁自体が水管理の一つの方法ではないのかという者がいるかもしれない。もしそうだとすると、これはレバント地方で、そしておそらく世界でもっとも早い時期の水管理建造物となるだろう。

最初のダム――ジャフル盆地で

ＰＰＮＢにおける水管理の欠如には二つの例外がある。知られているものの中で最古のダムと井戸がそれだ。ダムを見つけるためには、ヨルダンの最南部、サウジアラビアとの国境地帯の、極度に乾燥したジャフル盆地を訪れなくてはならない。日本の金沢大学の藤井純夫教授は一九九七年以来、この盆地で引き続き発掘作業を行なっていて、数多くの先史時代の集落を発見している。(31) 盆地は基岩と砂とからなる平坦な広がりで、その中にいると、あらゆる方向感覚と時間感覚があっという間に失われてしまう。私はジャフル盆地でこれを経験したのでよく分かる。見渡すかぎり何一つ目に入るもののない風景の中、焼けつくようなまばゆい太陽の下で私は途方に暮れた。

今日にくらべて新石器時代には、若干雨量が多かった可能性があるが、ジャフル盆地に、エリコや他のわずかながらＰＰＮＡやＰＰＮＢの村落が享受した、水の豊富なオアシス風景が広がっていた形跡はない。実際、そのことがまさしく、世界最古の洪水制御の証拠がこの場所で発見された理由かもしれない。

二〇〇一年、藤井教授はワジ・アブ・トレイハでＰＰＮＢの小さな集落を見つけた。二〇〇五年の発掘で明らかになったのは、集落にいた住人たちが穀類やマメ類を栽培して、羊を飼育していたことだ。教授によると、おそらく住人たちは、この集落を移動放牧して巡回する際に立ち寄り、一年の内の数カ月間だけ滞在する「前哨地」として利用していたのだろうと言う。集落の中で最後に建てられた建造物はおよそ紀元前七五〇〇年頃のものだ。集落の近く、ワジの基底部に大きく不定形な構築物がある。藤井教授はこれを、人間や彼らが飼育する動物に飲料水を供給するために、ワジの水を貯えた貯水槽だと考えた。彼の解釈は、その構築物の作られた場所と形と深さ——二メートル以上——、それに構築物が瓦礫ではなく、沈泥《シルト》で埋まっていた点にもとづいたものだった。それはこの構築物が作られたのが、集落の居住時期（年代は定かではない）の初期段階だとする藤井教授の主張とともに、十分に説得力のある解釈である。

藤井教授の算出によると、この貯水槽で貯えることのできた水の量は六〇立方メートルほどで、それは数十人の人間と家畜が約一カ月間、この前哨地に滞在するのに十分な水量だと言う。さらにここから一〇〇メートルほど離れた場所で、もう一つの構築物が見つかった。それはワジを横切るようにして作られたV字形の壁だ。藤井教授はこれを堰《バラージ》——つまりダム——と記している。状況証拠はこの堰が年代的に貯水槽よりあとに作られていたことを示していた。春がくる毎に貯水槽の沈泥を浚う作業が困難を極めたために、徐々に貯水槽が使用されなくなり、その代わりに、堰が流水管理システムとして利用されたのではないか、と藤井教授は説明している（図2・2、写真6）。わざわざ貯水槽をこしらえるより、堰を作る方がむしろ、水の地面への浸透が高まるし、栽培に役立つ沈殿物の回収もたやすくなる。栽培が行なわれていたことは、藤井教授が発掘した穀類やマメ類からだけではなく、臼石や杵からも推測することができた。

ＰＰＮＢの年間雨量で、栽培に必要な水を十分にまかなえたとはとても思えない。そこで藤井教授は次のような主張をしている。つまりこの堰が、曲がりくねったワジの流れに沿って、数ヘクタールの畑を耕すことを可能にしたという。同じような堰は八キロほど離れた所で、やはりワジ（ワジ・ルウェイ

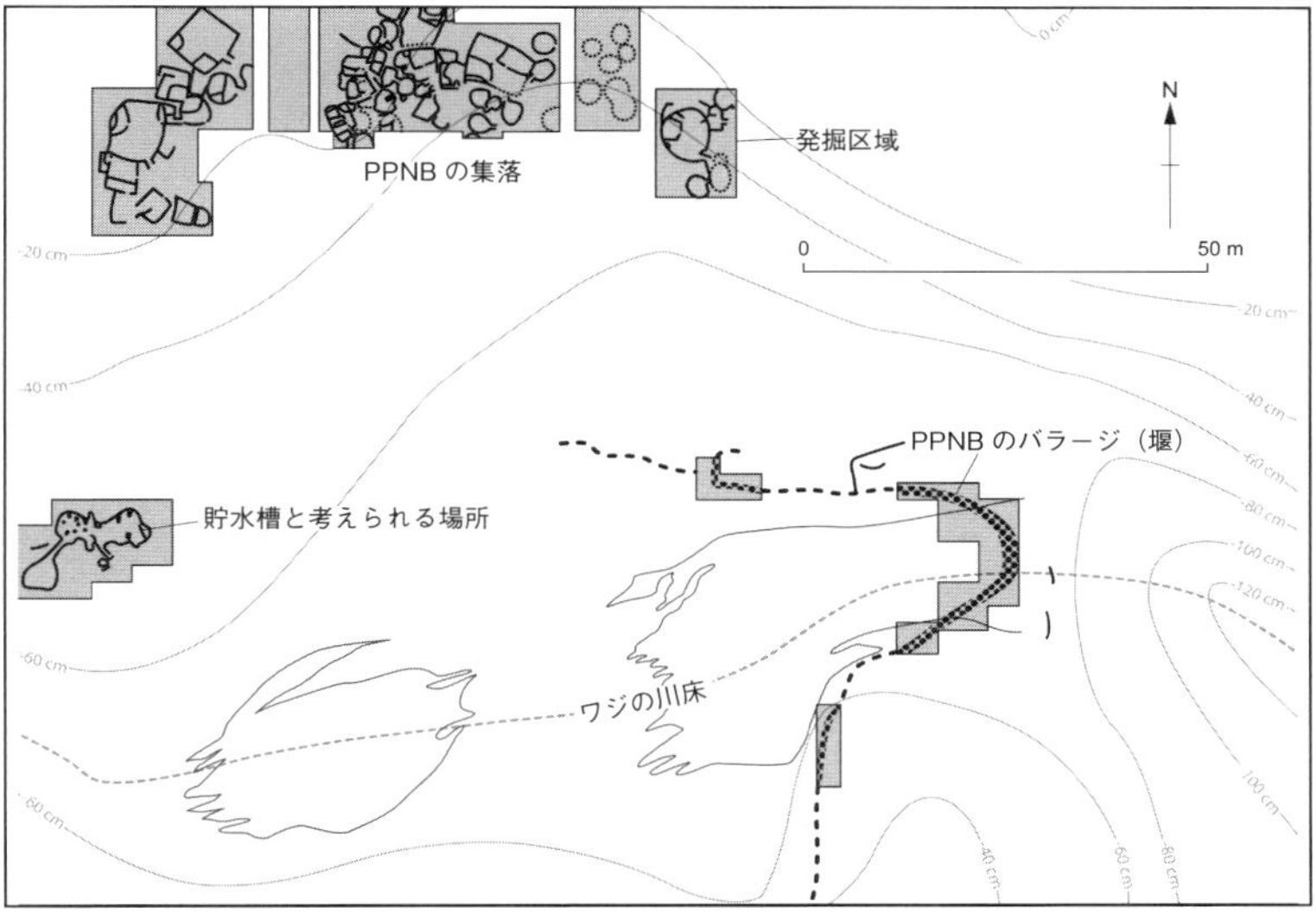

図 2.2　ジャフル盆地のワジ・アブ・トレイハ遺跡で発見された新石器時代の堰（「Fujii, S. 2007a」より）。

シッド）を横切る形で見つかっている。そこには関連した集落が何一つない。が、堰の壁から発掘された特色のある遺物や、近隣に他の集落がないことから、この堰も年代的にはPPNBに作られたもので、とりわけ乾燥した地域において、盆地の灌漑による穀物畑や牧草地を可能にしたものと推測されている。

最初の井戸——キプロス島や海中で

もっとも早い時期の井戸が、ジャフル盆地のように水の非常に貴重な、極端に乾燥した環境で発見されたのなら、それはさほど驚くべきことではないかもしれない。が、比較的水の潤沢な地形の中で最古の井戸が発見されたとなると、それは意外なことかもしれない。われわれがこれから向かわなければならない先は、レバント地方のはるか南ではなく、はるか西のキプロス島である。

年代についてはさまざまな異論があるが、キプロス島に最初に移住してきたのは、PPNA文化を担う農耕コミュニティだった。おそらくそれは紀元前九〇〇〇年頃、シリア海岸から舟でやってきたのだろう。キプロス島の西海岸ミルートキア地方では、新石器時代の井戸がいくつか発掘されているが、それらの集落を含めて、キプロス島で発見された最古の集落にはPPNBの特色が見られる。(32) 井戸は直径が二メートル、堆積物は少なくとも八メートルの深さに掘られていて、地下の水流まで達していた。地下水は基盤岩の溝を伝って海へと流れている。井戸の内部は小さな窪みを除くと、何一つ内部の骨組みや内張りは施されていない。窪みはおそらく、井戸の建設中や掃除の際に、手や足を掛けてアクセスを可能にするために作られたものだろう。遺棄された井戸は日常生活のゴミで満たされていた。ゴミから推測される年代はおよそ紀元前八三〇〇年頃。それは井戸が建設された年代か、あるいはその直前の年代を示している。

井戸にはいくつか興味深い特徴がある。その一つは、地下八メートルの水流の位置を示す証拠が、地上のどこを探しても見当たらないことだ。だとすると、新石器時代の人々はどのようにして井戸の場所を探し当てたのだろう。もう一つは、だいたい何のために井戸が掘られたのだろう。というのも、今日、ミルートキアの近くにはどこにでも泉があるからだ。新石器時代にそれがなかったと考える理由はまったくない。

私が井戸を訪ねたのは二〇〇一年の九月である。そのときまでには少なくとも六つの井戸が知られていた。その内のいくつかはまだ未発掘で、大型ホテルの各部屋が取り囲む、その真ん中の地面に、黒い土の輪を描いて姿を見せていた。実際、地元の考古学者たちに案内されたときには、その近くで観光客たちが、フェイクストローの傘の下でカクテルを飲んでいた。ジャフル盆地でこんな光景を目にしたことはなかった。

井戸を掘ることについては、単に飲み水を十分に確保する必要からというより、むしろ社会的、イデオロギー的な動機について考える必要があるだろう。実際発掘は、井戸について二つほど目につく特徴を明らかにしている。一つは井戸に摩滅した兆候がほとんどないこと。人為的な行為によっても、自然浸食によっても損傷した形跡がない。これが示しているのは、井戸が建設されたすぐあとで埋められたということだ。井戸は早い時期に汚染してしまったのかもしれない。が、埋めもどされた土の中には、儀礼活動をほのめかすものが含まれていた。ある井戸に埋められていたのは五人の遺骨と二二頭のヤギの骨だ。ヤギの小さな群れは井戸に埋めるためだけに屠殺されたものだろう。したがって全体として見ると、ミルートキアで見つかった新石器時代の井戸は、単に新鮮な水へのアクセスということを越えて、何か重要な意味を持っているようだ。

やや時代は下るが、他にも興味をそそる井戸がアトリット・ヤムで発見されている。アトリット・ヤムはイスラエルの海岸に、紀元前七五〇〇年から紀元前六〇〇〇年の間に作られた新石器時代の村落だ。[33]が、村は海面上昇——北半球で氷河時代の氷河が最後に溶け出した結果だった——のために海へと沈んで、今では沖合三〇〇メートルの所にある。アトリット・ヤムに人が住みはじめたとき、村落は砂岩と川が作り出した潟湖《ラグーン》に隣接していた。村落は農業と漁労を営む集落だった。ラグーンは季節特有の洪水を引き起こし、住人たちに内水面漁業のチャンスを与えた。

アトリット・ヤムでは三つの井戸が見つかっている。ともに直径が一・五メートルあり、深さは五・七メートルまで掘り下げられていた。その地点で井戸は新石器時代の地下水面に到達したのだろう。ミルートキアの井戸と違って、内側は四・七メートルの所まで石のブロックで内張りがされていて、その先は基盤岩まで掘り抜かれていた。考古学上の発掘は、水面上昇のために井戸が放棄されたことを明らかにしている。塩で真水が汚されたためだ。放棄された井戸は集落全体が遺棄されるまで、ゴミ捨て用の穴として使用された。

土器新石器時代の水管理

ジャフル盆地のダム、キプロス島やアトリット・ヤムの井戸は正確に年代を確定することが難しいが、たぶんそれはPPNBの終わりから、土器新石器時代のはじめにかけて作られたものだろう。土器の発明と製造と使用が、水への新たなアプローチの出現した、もっとも明らかな兆候かもしれない。それまでに使用されていたものは、石の器と皮や枝編み細工の入れ物で、それに死海の沈殿物から集めた歴青《ビチューメン》を塗りつけて防水を施していた。このような容器に取って代わったのが土器だった。なぜ土器が使用されるようになったかについては、さまざまな意見がある。が、単純に考えても、水の保存と移動を容易にさせた土器の役割は軽視されるべきではないだろう。

土器新石器時代のもっとも大きな遺跡の一つがわれわれに示してくれるのは、三番目に古い、そしてこの上なく感動的な井戸で、紀元前六三〇〇年頃に作られたものだ。シャール・ハゴラン遺跡の井戸である。(34) 遺跡はヨルダン渓谷の北部地域、ヤルムーク川とシリアの国境近くにあり、これまで発見された新石器時代の村落の中では最大のもの。「通り」を背にして、一列に並んで建てられた家々や中庭の様子からうかがわれるのは、他の遺跡にくらべてはるかに高度な「都市計画」が行なわれていたことだ。遺跡は広い範囲で発掘が進み、周辺で井戸が発見されている。エルサレムのヘブライ大学教授ヨッシ・ガーフィンケルは、単純に井戸の埋蔵物を掘り出すのではなく、その完全な垂直横断面を見せるようにして掘った。そのために井戸の建造当初の姿をはっきりと理解することが可能となった（図2・3、写真7）。

井戸は当初、自然の堆積物を段階的に掘り進み、やがて深さ四・二六メートルの所で、小石の層にあった地下水面に到達している。縦穴の上部は二・五メートルほど石のブロックで内張りがされていた。内部の水が穴の側面を浸食した様子から見て、おそらく井戸はかなり長い間使用されていたものと思われる。ミルートキアやアトリット・ヤムの井戸と同様、シャール・ハゴランの井戸もやはり、真水の水源の近くに位置している。この場合はヤルムーク川だ。これは必ずしも、井戸の実用的な使用を排除するものではないが——井戸の水の方が川の水よりきれいだったかもしれない——、社会的、あるいはイデオロギー的な要因が、新石器時代の井戸の設置場所に影響を及ぼしていたことを、それとなく示しているのかもしれない。おそらく

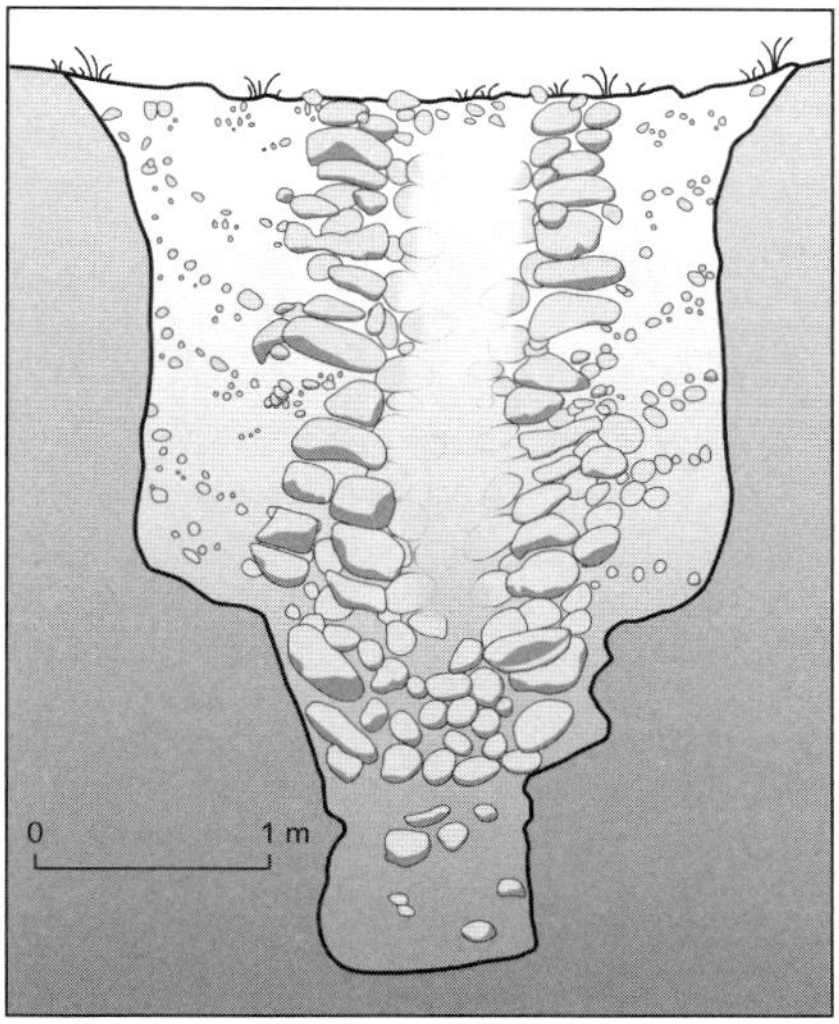

図 2.3　シャール・ハゴラン遺跡（イスラエルのヨルダン渓谷）で発掘された新石器時代の井戸の断面図（「Garfinkel et al. 2006」より）。

シャール・ハゴランの井戸は個人的に使用されていたのではないだろうか。新石器時代後期は、所有や社会的地位の問題が徐々に重要となりはじめた時代だったからである。

土器新石器時代はまた、もっとも早い時期のテラス壁を作り出した時代でもあった。この壁は土壌の浸食を防ぎ、畑の中で水の利用を最大限にするために築かれた。テラス壁は、死海の段丘（テラス）上にあった土器新石器時代のドゥラーの集落で見ることができる。それは死海を隔てて向こう側にすばらしい光景を見せてくれる。が、そこを訪れるにはあまりに暑くて、体力の消耗を強いられる。ましてや、そこを発掘するとなればなおさらだ。[35] 発掘作業はビル・フィンレイスンと同僚たちによって行なわれた。彼らが発掘したのは、新石器時代の集落の建物近くにあった九つのテラス壁だった。壁は斜面に垂直に築かれていて、水の流れに向かって壁をしっかり固定させるために、露出した岩盤の真向かいに作られていた。

壁の中には、高さがほとんど一メートルに達するものもあり、長さも二〇メートル以上続くものがあった。それは畑を作るために、かなり大きな労力が壁に注ぎ込まれたことを明かしていた。壁は水の流れやそれがもたらす土砂の粒子を集めて、段丘内にとどまらせる機能を果たしたのだろう。壁の背後に集められた土壌は水を含むスポンジとして働いた。壁の近くでは、散乱した土器や生活の塵芥が発見されている。おそらくそれは、土を肥沃にさせるために肥料を施そうとしたものだろう。

青銅器時代の発展

ダム、井戸、テラス壁が現われるまでに、ずいぶん長い時間がかかったように見えるが、紀元前三六〇〇年頃にはその全部が出そろった。水管理の三つの方法は次の文明へ向けて、欠くことのできないインフラ工学を提供することになる。紀元前三六〇〇年の時点で、この三つがどれくらい行き渡っていたかについては不明だ。考古学者たちはつねに遺跡の保存状態の悪さや発見の不足と格闘し続けている。しかし、青銅器時代が発展するにつれて、都市コミュニティの出現に重要な意味を持つと思われる、水力工学の急速な進歩が見られるようになった。

発展の規模をもっともよく理解するためには、ジャワ——別名「黒砂漠の失われた都市」[36]として知られる初期青銅器時代の遺跡——を訪れることだ。この城壁都市の遺跡は紀元前三六〇〇年頃の青銅器時代からはじまる。遺跡はシリアとヨルダンの国境にほど近い、乾燥した玄武岩の砂漠の中にあった。しかし、それを見つけ出すことは容易ではない。私が訪れたときには、前もって遺跡がワジ・ラジルの源にあることは知っていた。が、実際、ワジはどれもがそうなのだが、岩がごろごろした砂漠の広大な広がりの中で、当のワジを見つけるのは非常に難しい。砂漠の中で私は迷った。それに、パトロール中の兵士のために数時間引き止められてしまった。しかし、国境の近くで怪しい行動をしていたわけだから、これも驚くほどのことではない。そんなことでやっと遺跡を見つけたのだが、遺跡を取り巻く壁の大きさに驚いてしまった。壁は玄武岩のブロックで作られていた。が、そのために遠くから見ると壁が風景の中に埋もれていて、他の断崖と見分けがつかなかった。

砂漠は紀元前三六〇〇年当時も今日とほとんど変わりがなく、人間の集落にとってはきわめて厳しい環境だったろう。集落の床には玄武岩の大きな石が転がっていた。それはかつてジェベル・ドルーズ（ドルーズ山地）近くの火山から噴出した溶岩で、火山も今は死火山となっている。短い冬の雨――ときには激しく降ることもある――でワジの中を流れる、季節が限られた束の間の水流を除くと、砂漠の表面には水分がまったくない。今日、この砂漠に降る雨の量は年間で一〇センチ以下。青銅器時代にジャワに人が住み着いていたときでも、雨量は一二センチから三三センチの間だと推測されている。泉もむろんない。帯水層は玄武岩の岩盤の下深くにあり、とても井戸を掘って届く距離ではない。ジャワで唯一利用できる水は雨水だけだった。

遺跡は一九七〇年代にスベン・ヘルムズによって発掘された。壁の内部にあった家の数から、彼は住人の数を三〇〇〇から五〇〇〇と推定したが、この都市が栄えた期間は五〇年足らずだったろうと考えた。居住期間の立証を困難にさせていたのは、遺跡に残された土壌がまったくないことだ。土は風によってすべて浸食されていた。そのために、発掘に必要な地層学がここではまったく役に立たない。しかし、土壌と植物がないことが図らずもヘルムズにさせたことは、都市や壁の外側の隣接地域を詳細に調査することだった。地面の起伏の微細な変化まで調べた。そこで彼が見つけたのは、城壁の外側を囲むように作られ、少なくとも七つはある貯水池へ、ワジ・ラジルの水を引き入れるために工夫された運河だった。池は推定で二万八〇〇〇から五万二〇〇〇立方メートルの水を貯えることができた（図2・4）。水がワジを流れるのは冬の数カ月だけである。そのために、あとに続く長くて乾燥した夏の間、貯水システムが水を供給した。人々や動物たちの飲料水とおそらくは灌漑用の水を。

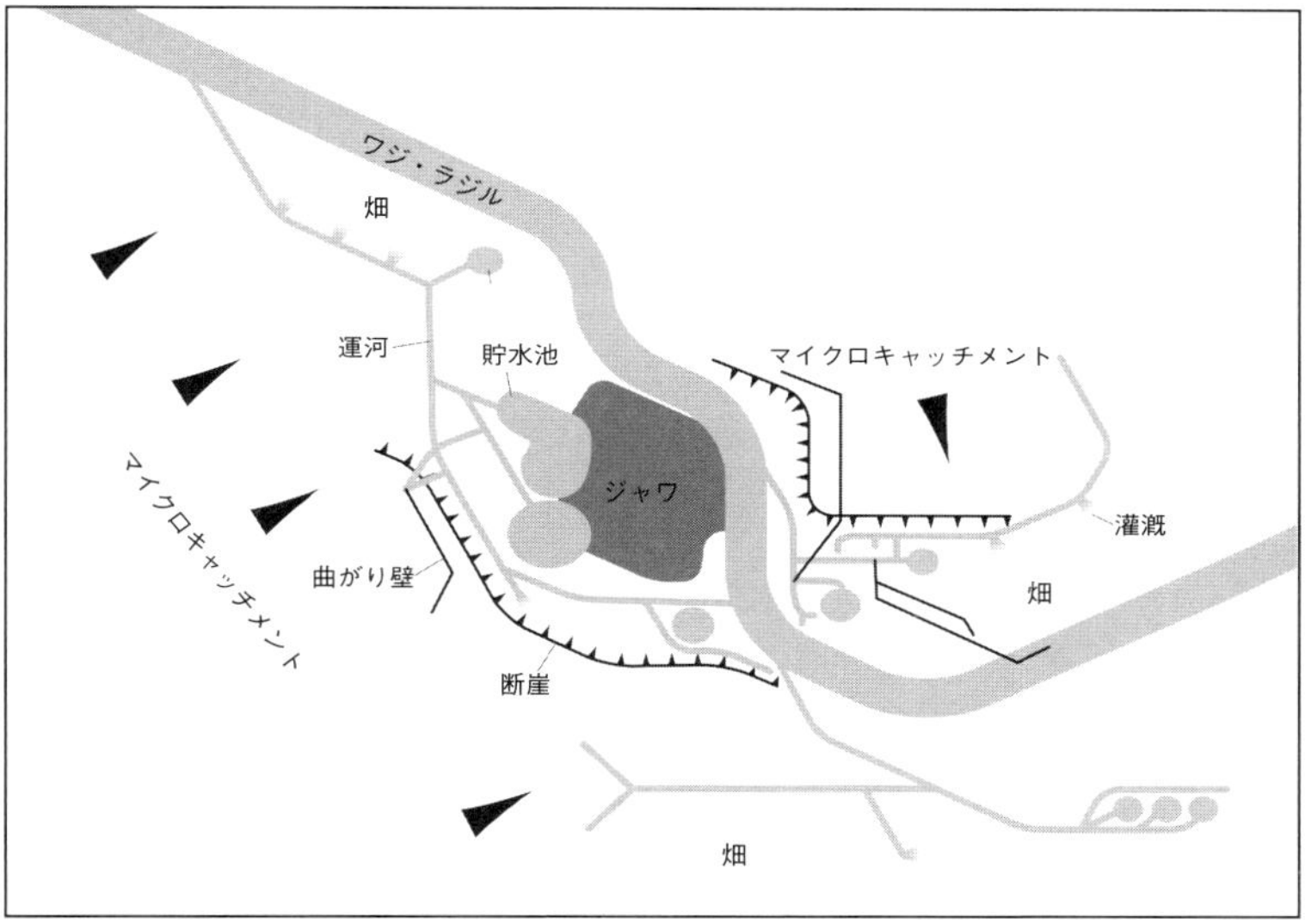

図 2.4　青銅器時代のジャワに存在した水管理システムの略図（「Whitehead et al. 2008」より）。

近年、レディング大学のポール・ホワイトヘッド教授と同僚たちの手により、ヘルムズが再現したジャワの貯水システムをコンピューター・シミュレーションする研究が行なわれた(37)。彼らはさまざまな環境データや環境モデルを利用して、青銅器時代の降雨の型を再現し、人や動物や灌漑に必要な水量の推計を出した。その結果確認しえたのは、貯えた水を灌漑用に使用しないという条件で、一年間の雨量が二〇ミリ以上あれば、ヘルムズが推計で出した人口は十分にうなづける数だということだった。が、ひとたび雨量が二〇ミリを下回ると——紀元前三〇〇〇年頃には頻繁に起こったことだろう——、ジャワで生活しうる人口は急速に低下する。それは都市がやがては遺棄されることを意味した。

　ジャワに人々が長い期間居住したかどうかはともかく、黒砂漠に集落を作ったこと自体驚くべきことだった。単にそれは熟達した水力工学の能力を必要とするだけではない。この上なく厳しい環境の中でそれを行なうためには、自信と熱意が必要だった。

同じような印象は、紀元前三六〇〇年頃かそれ以降のものと思われる、レバント地方の初期青銅器時代の遺跡からも感じ取ることができる。[38]ジャワから南西へ二〇〇キロメートルの所に同時代の城壁都市バブ・エ・ドゥラーがある。位置としては死海の東側に当たり、土器新石器時代のドゥラー遺跡に近い。人口は一〇〇〇人ほどだったと考えられているが、そこには二万もの墓を擁する巨大な墓地があった。その多くは一族の墓で、死者は一度ならず数度、継ぎ足すようにしてそこに葬られたようだ。それが意味しているのは、この都市が何世代にもわたって居住されていたことだった。今日、ここを訪れる人が誰しもすぐに気づくように、遺跡は非常に乾燥していて埃だらけだ。紀元前三〇〇〇年当時、ここに人々が住んでいたときには、水へのアクセスは驚くほど大変なことだったにちがいない。城壁の中では、内部に漆喰の内張りが施された貯水槽が見つかっている。また、灌漑が行なわれた証拠として、膨らんだ亜麻の種子が回収された。[39]

バブ・エ・ドゥラーから北へ一〇〇キロ行った所では、初期青銅器時代の遺跡テル・ハンダククの住人たちが、近接のワジ・サラルで、季節毎に起きる洪水を貯めるダムを建設していた。[40]一方、さらに北へ五〇キロ行ったキルベト・ゼラクオンでは、都市へ水を供給するために、岩をくり抜いて作った地下トンネルが発掘された。[41]ヨルダン渓谷の西側では、アイやアラドの都市で貯水槽が作られている。

このような例が示している通り、それぞれの都市の環境に見合った方法を使用することで、初期青銅器時代には水力工学を駆使した方法が大幅に増加した。都市の成長にとってこのような水管理は、たしかに欠かすことができない要素だ。が、それだけでは都市を維持するのに十分とは言い難い。理由は定かではないが――おそらくそれは気候変化と関係があるだろう――、初期青銅器時代の都市は、その多くが紀元前三〇〇〇年後間もなく遺棄された。そして集落の型はおおむね分散した村落や農村へともどっていった。青銅器時代は都市の成長とその崩壊を繰り返しながら、紀元前一二〇〇年まで続いた。この地域で、都市コミュニティが長い間存続することができなかったのは、土地に特有の環境が制約を加えていたためで、都市の崩壊はそれを反映したものだ。それは南西のナイル渓谷や東方のメソポタミアとはまったく事情が異なっている。エジプトやメソポタミアでは、初期青銅器時代の都市の発展が衰えることなく、もっとも早い時期の都市や文明を創造し続けた。それは次章で見る通りだ。

レバント地方の南部では、十分に水利事業として記述されうるもののさらなる発展が見られたが、鉄器時代を通して都市の成長と崩壊のサイクルが継続する。ヨルダン渓谷の東側にあったテル・デイル・アッラーでは、近くのワジ・ザルカから灌漑用に水を引くために、ダムや水路網が建造された。[42] 今日このテルを訪れた者は、灌漑が行き届いた農業研究所の畑を見渡すことができる。そして、鉄器時代の畑もこのようなものだったかもしれないという印象を持つだろう。

現代のイスラエルでわれわれは、かつて密集した都市コミュニティの遺跡だった大きなテルをいくつか発見している。遺跡はそれぞれが数千人の人々の住んでいた都市で、中でもメッギディオ、ハゾル、ベール・シェバなどが名高い。これらの都市はことごとく地下水システムと貯水槽を完備していた。

歴史の中へ――そして、聖書の霊的な水

この章のまとめに入る前に、ひと休みして次のことに注目すべきだろう。つまり多くの人々によって、青銅器時代と鉄器時代の考古学は、旧約聖書中の物語の単なる道具立てだと信じられている。[43] バブ・エ・ドゥラーは「創世記」一三と一九で言及されている「平野の五つの都市」の一つだと考えられていた。また中には、それをソドムだと言い、近くのヌメイラの考古学上の遺跡をゴモラだとほのめかす者もいる。さらに、聖書に出てくる用語をそのまま使って、鉄器時代の特殊な文化について、ペリシテ人やイスラエル人、カナン人などへ言及する者もいる。そのために旧約聖書の物語は、レバント地方南部の青銅器及び鉄器時代のライフスタイルや、おそらくは水に対する態度とも関わりがあると言われるのかもしれない。

が、もっとも人目につきやすい点ははっきりとしている。それは旧約聖書全体を通して、水に関する言及が至る所で見られることだ。「創世記」では、水は草木や大地、それに光よりも先に創造されたと書かれている。神は水を使って彼の選んだ民を助けた。砂漠の中で難儀をしているハガルと息子に井戸を見せる（「創世記」二一・一九）。神はモーセに、約束の地へ導きつつある人々のために水を見つけるには、部下たちとともにどの岩を叩けばよいのかを告げた（「出エジプト記」一七・四）。井戸や泉が持つ生命を与える力を描くとともに、そこではまた、洪水の破壊的な性質も描かれている。神はモーセや彼に従う者たちに道を与えるために紅海の水を分けた。そして今度は水を洪水にして放ち、追ってきたエジプトの軍隊を亡ぼした（「出エジプト記」一四・一六）。もちろんそこには洪水とノアの方舟の物語（「創世記」七・一七）もある。

こうした物語で述べられているように、洪水や井戸や泉の重要性は、考古学上の証拠からでもすぐに理解することができる。が、旧約聖書はまた、水がどのようにして洗浄や浄化に使われていたかも説明している。これはバブ・エ・ドゥラーの遺跡からはけっして見つけることのできないものだった。神に従う者たちが、供犠の前に動物を洗うような宗教的儀式の記述や、死体に触れたあとで人間の汚れを取り除くときに、水を使う記述がそこにはたくさんある。概して言うと、水は汚れているものすべてを洗い清めるために使用されていた。

このような物語を機能主義者のように、単によい衛生状態を推奨するためのものだと解釈する人もいるだろう。が、それとは別に、レバント地方南部の青銅器時代や鉄器時代のコミュニティでは、水が霊的な重要性を帯びていたと考える人もいるかもしれない。それも、もし本当に旧約聖書が、あの時代のコミュニティと何らかの関係を持っていたらの話だが。

最後にエルサレムで

新しい水利事業の扉は、紀元前七〇〇年かそれに近い時期に、エルサレムで建設された「シロアムのトンネル」によって開かれる。(44) これは長さが五三三メートルのカーブしたトンネルで、城壁の外にあったギホンの泉から、城内のシロアムの池まで水を送るために作られた（図2・5）。両端から同時に掘りはじめて、真ん中で出会うやり方で掘られた最初のトンネルである。地下の技術者や労働者たちは、地上で地面をハンマーで打つ音によって指図を受けたという。このトンネルは旧約聖書にも出てくる。そこではユダ王国の王ヒゼキアの統治期間に、間近に迫ったアッシリア人によるエルサレム包囲に備える方策として建築されたとしている。(45) トンネルは紀元前一七〇〇年の中期青銅器時代に、やはりギホンの泉からシロアムの池へ、水を引くために作られた水路に取って代わるものだった。開水路では敵の包囲軍の目にさらされたままになるからだ。

私はまだシロアムのトンネルを訪れたことがない。が、次にエルサレムに行ったときに見物する予定のリストでは、「聖墳墓」や「岩のドーム」より上の一番目に置いている。このトンネルを見ることで、レバント地方の水管理の進化をめぐる私の旅は、はじめて完結することになるだろう。旅は一〇〇万年前のウベイディアからはじまり、私をレバント地方の周辺――北のギョベクリ・テペ、南のベイダ、西のキプロス――へと連れて行った。そしてレバント地方の中心にあった数多くの遺跡へも。オハロ、エリコ、ネティヴ・ハグドゥド、WF16、ジャワ、バブ・エ・ドゥラー、そしてこれから先だがエルサレムへ。

このような遺跡で私は水管理の手がかりを探した。それは単に手をカップのように丸めたり、あるいは葉っぱを重ね合わせたり、または土器を使ったりして水を移動する手段の、さらにその先にある水管理の痕跡を探したのである。氷河時代が終わると、植物の栽培や動物の飼育がはじまり、たとえ何千人ではないにしても、何百人の人々が住む村落が作られた。が、そこに水管理の兆候は発見できなかった。新石器革命と都市革命は水管理を何一つ必要とせずに行なわれた。ダムや井戸やテラス壁がはじめて登場したのは、新石器時代が終わりに近づいた頃だった。そして初期青銅器時代になると、それらは広く行き渡ることになった。そのあとでやってくるもの——この本では次章で明らかになる——を知っている私は、自信をもってこれを「水革命」と書くことができる。歴史の進路を変えることになった革命だ。

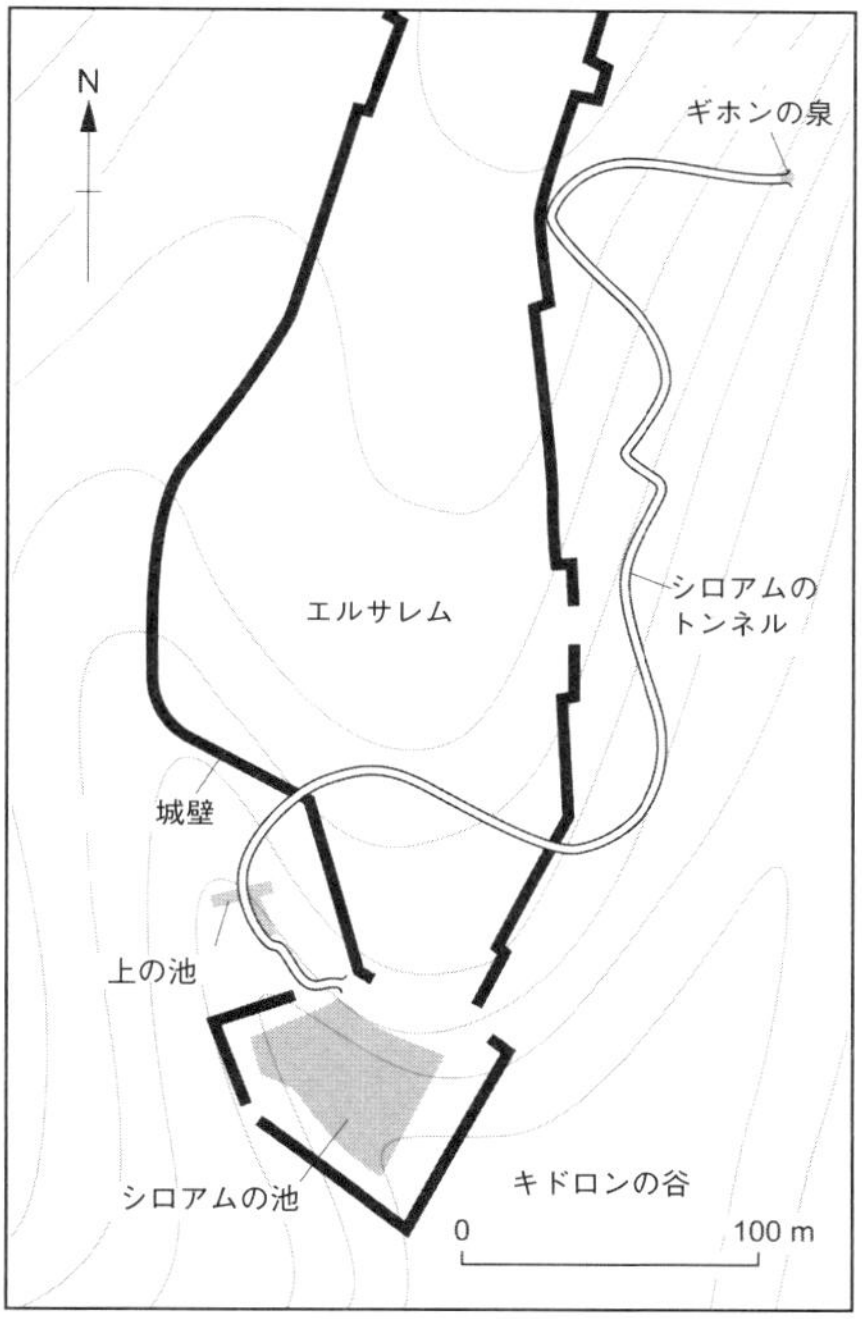

図 2.5　エルサレムにあったシロアムのトンネル。

3 「黒い畑は白くなった／広い平野は塩で窒息した」

——水管理とシュメール文明の興亡（紀元前五〇〇〇年–紀元前一六〇〇年）

水を手なずけたレバント地方をあとにして、われわれは今東へ一〇〇〇キロ移動し、ティグリス川とユーフラテス川の流域に広がる沖積平野へとやってきた。ここでは紀元前四〇〇〇年の青銅器時代の都市が、とどまることのない成長を遂げて、人類史上最初の文明——シュメール文明——を作り出している。このような都市は新石器時代の村から成長したものだが、村は新石器時代の農民たちがレバント地方からやってきて、平野に住み着いてできたものか、あるいは、もともとここに住んでいた土着の狩猟採集民が、新石器時代のライフスタイルを取り入れて作り上げたものか、そのどちらかだったのだろう。われわれの関心はただ一つ、シュメール文明の興隆と凋落の時代に水利事業がどのような役割を果たしたかにある。(1)

文明の興隆については、運河の建設や灌漑が重要な役割を果たしたのかもしれない。それは水を供給して、農作物の収穫量を増大させ、交易を強化させた。そして文明の凋落について言えば、過度の灌漑が畑を塩で汚したのかもしれない。塩はナトリウム、カリウム、カルシウム、マグネシウム、ヨウ素などを含む化合物だった。このような成分が畑の土壌肥沃度を低下させ、農業破綻へと導いたのだろう。

それは私がこの章のタイトルに使った詩句——紀元前一六四〇年頃に書かれたシュメールの文書からの引用——が伝えている通りだ。(2) はじめて登場した文明、多くの人がもっとも壮大なものと考える文明の中で、水管理の果たした役割をわれわれはこれから調査していくわけだが、考古学者たちの間ではいつものように、その役割について意見が相違している。

立ち入り禁止

シュメール文明の領域はメソポタミアの南部、現在、イラクとして知られている地域である（図3・1）。イラクは今さら挙げるまでもない理由で、考古学者が立ち入ることのできない国となっている。とりわけイギリス人の考古学者は多年にわたって訪れることができない。そんなわけで私も、かつて文明の背景を形作っていた地勢や川を見ることができずにいる。したがって、さまざまな活動が行なわれた古代メソポタミアの町や市の遺跡も見たことがない。そこで演じられたドラマは人類の文化史上、注目に値する光を放っている。建築、交易、工学、文書、宗教、宇宙論、政治、戦争、揺るぎない美を持つ芸術作品。シュメール文明の世界的な権威ギジェルモ・アルガゼ教授は、この文明について「人間の空間的、社会的、政治的、経済的構造におけるまぎれもない革命」(3) と述べることで、さらに一歩先へと押し進めていく。

文明の地を訪れることができず、欲求不満に陥っている考古学者や旅行者に若干の埋め合わせをしてくれるのが、メソポタミア南部で発掘され、世界各地の博物館で展示されている数多くのすばらしい遺物だ。中でももっとも印象深いものは、大英博物館が収蔵するウル——シュメール文明の大都市——の王墓から出土した宝物である。

大英博物館の階段を昇って五六号室へ入った瞬間、最初に私の目をとらえたのは黄金の輝きだった。金や宝石でこしらえたネックレス、バングル、髪飾りなどがガラスケースの中にならんでいる。宝石は赤いカーネリアンやブルーのラピス・ラズリだ。品々はまるでボンド・ストリートの宝石店内にならんでいるように真新しい。実際、それは数多くの埋葬室や死の穴《デス・ピット》で発見されたままの姿で陳列されている。

発掘は一九二二年から一九三四年にかけて行なわれたもので、指揮を取ったのはチャールズ・レオナー

図3.1　3章に関連した遺跡とその位置。

ド・ウーリーだった。彼はその後、考古学に尽力したことによりナイトの称号を与えられている。

死者の護衛や召使いたちは立派な正装を身にまとい、主人や女主人とともに葬られていた。ある者たちは列をなして横になり、他の者たちは一カ所にかためて置かれていた。彼らはまるで楽器を演奏しているようだ。埋葬されていた場所はジッグラトだったのだが、その崩壊により主人や護衛や召使いたちの遺骨は押しつぶされた。が、彼らが被っていたヘルメットや頭飾りはそのままの形で出土した。死後の生活のために死者とともに埋葬されたものの中には、ゲーム、金の装飾品、陶器、彫刻の施された石、刻印された粘土板などがあった。

陶器や彫刻や宝石などのコレクションと同様、シュメールの楔形文字が彫り込まれた何千枚にも上る粘土板は、世界中の博物館で研究に役立っている。コレクションが存在するのは、一九世紀末から二〇世紀はじめにかけて、メソポタミア「考古学」の多くが博物館からの資金援助を受けたからだ。それは遺物の獲得競争だった。そして状況によっては、古代都市の略奪と大差のないものとなっていった。しかしだからといって、チャールズ・レオナード・ウーリーを非難することはできない。多くの人が彼こそ、詳細な記録方法を使用した最初の「現代」考古学者だと考えているからだ。ウーリーの仕事に資金を提供したのは大英博物館とペンシルベニア大学考古学人類学博物館である。両博物館は今では、もっとも重要と見なされている遺物のコレクションを収蔵している。

ウーリーはたくさんの黄金を見つけたかもしれない。が、メソポタミア南部における考古学の「黄金時代」は一九六〇年代と一九七〇年代だった。この時代に、集落の分布図を作るために大規模な地域調査が行なわれ、単なる遺物の収集ではなく、社会的及び経済的変動の問題が争点となりはじめた(4)。われわれは今もなお、大むねこのときの調査の結果に依存しているが、現在ではこの調査も、衛星やスペース・シャトルからとらえた映像によって補完されている。(5) メソポタミア北部――シリア、イラン西部、トルコ南部――では、最近調査と発掘が行なわれた。北部の地域が興隆してきたのは紀元前一八〇〇年以降だ。それはちょうどシュメール文明が、南部で宿命的な衰退期に入ったときである。文化が突出する時期になぜこのような差異が生じるのだろうか？　これは十分に検討する必要がある。が、メソポタミア北部はわれわれにとってそれほど興味の対象にはならない。北部の発展は大むね南部で起きたことの派生にすぎないからだ。ここでふたたび水管理にもどると、灌漑がメソポタミア南部の卓越した文化的達成にとって、重要な要素となっていることはほぼまちがいがない。そしてその水が――塩分を運ぶものとして――のちに迎える文明終焉の重要な要因となったと主張する者もいる。

川と川の間の土地

メソポタミアという地名は、ギリシア人が二つの大河ティグリスとユーフラテスに挟まれた土地に対してつけたもの（「川の間の地」の意味）。二つの川は西側のアラビア盾状地《たてじょうち》と、東側のザグロス山脈の間にある地溝を流れていて、ともにトルコ南東の山中に源を発していた。ティグリス川はトルコとイラクを通り抜けて一八五〇キロの距離を流れ、ユーフラテス川はトルコ、シリア、イラクを通り、三〇〇〇キロにわたって流れる。二つの川は最終的に、現在のバスラで合流してシャットゥル川となり、ペルシア湾へと注ぐ。メソポタミア北部では、これらの川とその支流は起伏のある大草原地帯を深々と流れていくが、ひとたび、メソポタミアの北部と南部を分ける山脈の端の断層崖、ジェベル・ハムリンの岩壁の先へ達すると、高地から運んできた大量の沈殿物を堆積させながら、平坦な平原を流れ下っていく。ティグリス川は流れが速く、気まぐれで予測がしがたい。ユーフラテス川の方は長い距離を旅して流れるが、シリア砂漠を横切るときには、蒸発によって川の水量の四〇パーセントを失う。川は多数の水路を編み込み、上流から運んできた沈泥は収穫物の豊穣をもたらした。シュメール文明への水の供給という点では、ユーフラテス川が主要な役割を果たした。

何千年ものあいだ二つの川は平原を横切って流れた。シュメール文明が生まれる重要な時期に——紀元前五〇〇〇年紀と四〇〇〇年紀——両河は単一の動的ネットワークを形成していた。それが二つの別々のコースを取りはじめたのは紀元前三〇〇〇年紀からである。その結果、とくにメソポタミア南部の北側では広大な沖積層の広がりが現出した。最後の一〇〇〇年には沖積層は一〇メートルもの厚さに達した。自然堤防《レヴィー》が川の両岸で高くなり、川そのものの高さも徐々に持ち上げられていった。堤は三キロの広さに達して、河岸に青々とした森林地帯をもたらした。そこにはヤナギやポプラやイチジクなどが生育し、シカやイノシシや大型のネコ科動物たちの姿が見られた。両河がペルシア湾に近づくにつれて、風景はラグーン（潟湖）や沼へと変わっていく。少なくとも、近年の排水工事の前や風景の悪化が進むまでは、この土地も以前の風景をとどめていた。二つの川は合流してシャットゥル川となり、さらに二〇〇キロほどして海へと到達するが、今日にくらべると海までの距離は短かった。海水面の低下と湾内の沈泥堆積によって今は海が後退している。

メソポタミア北部の雨量は年間で二五〇ミリ以上。これは天水農業に必要な雨量の基準をパスしている。が、南部はこの基準をクリアできていない。南部では五月から一〇月にかけて、暑くて乾燥した長い夏が続き、そのあとの冷たい冬の数カ月で降る雨の量は二〇〇ミリ以下だ。われわれが関心のある時代でも、気候はおそらく、今とそれほど変わってはいなかっただろう。ティグリス川やユーフラテス川流域では冬場の雨が今より多量に降り、その結果、冬と春には川の流れがはるかに激しさを増したと主張する者もいる。別の者は、夏に吹くモンスーンが現在ではなるかに南に下っているが、当時はさらに北で吹いていて、それが夏の降雨をもたらしたかもしれないと提言する。この雨が、動物の飼料がもっとも必要とされる時期にマグサを繁茂させたのだと言う。しかしいずれにしても、気候の差異はほんのわずかなもので、基本的なパターンは今も昔も変わりがない。メソポタミア南部では、灌漑なしで農耕を行なうには雨の量が不十分だったのである。

シュメール文明が黎明期を迎える前、紀元前五〇〇〇年紀のメソポタミア北部にあった、新石器時代及び初期青銅器時代のコミュニティは、われわれが2章で考察したレバント地方のコミュニティとほとんど変わる所がなかった。あるとすればそれは、レバント地方のコミュニティにくらべていくぶん進歩が遅れていた程度だった。メソポタミア北部のコミュニティの起源は、少なくとも紀元前九〇〇〇年まで遡ることが可能だ。その前にあるのは、石器時代の狩猟採集民が一時的に滞在した野営地の長い記録だ。一方、メソポタミア南部に最初の農耕村落ができたのは、レバント地方よりさらに時代が下ってからである。それは早くても紀元前五〇〇〇年くらいだろう。これは驚くべきことではない。というのも南部では、土地の開発に必要な、灌漑を基盤とする農業を発展させることがことのほか難しかったからだ。しかし最初の文明が出現したのは、レバント地方やメソポタミア北部ではなく、むしろこのメソポタミア南部だったのである。

文明の基盤――ウバイド、ウルク

紀元前六〇〇〇年紀や五〇〇〇年紀の時点で、レバント地方やメソポタミア北部及び南部の間で認識できる文化的な差異は、たとえあったとしてもごくわずかなものだった。小さな農耕村落や牧畜のための野営地は共通していて、狩猟採集や土器作り、その他家庭の手仕事に従事するコミュニティを形成していた。メソポタミアでは、紀元前五〇〇〇年紀の人々の暮らしをウバイド文化と呼んでいる。この言葉は共通の生活様式や文化について言及しているが、狭い意味でそれが指しているのは特色のある土器だ。土器は黒色か暗褐色をしていて、独特な水平の縞模様と動物や幾何学のモチーフが描かれていた。

ウバイド文化に関する考古学上の記録はあまり知られていない。遺跡の多くは、その後に堆積した沖積層や、のちの時代の町や市の下に埋もれてしまっているようだ。他の遺跡も川の流れの変化によって破壊されてしまったのだろう。それに簡単に言ってしまうと、メソポタミア南部の大半はこれまで一度も調査をされたことがない。すでに知られているウバイド文化の遺跡にしても、そのほとんどで高い水準の発掘――とりわけ、今利用できる現代技術や科学的応用による発掘――が行なわれていない。私の知るかぎりでは、ウバイド文化のコミュニティが依存していたのは、食べ物の生産にしても、器具や用具類の製造にしても、それは家庭規模のものだったと考えられている。コミュニティの住人たちは基本的には平等主義者だった。それは正式なリーダーの地位はまれで、その立場に立つ者も世襲ではなかったという意味だ。大きな集落の中心をなしていたのは「神殿」（中心部にある建物という意味）だったかもしれない。おそらくそれは穀物を保存し、不足したときには再分配するための場所だったのだろう。

ウバイド文化のコミュニティと言っても、メソポタミア北部と南部とではほとんど違いがないように見える。もしあるとすれば、北のコミュニティには、ラピス・ラズリから作られる宝飾品のような永続的な富の兆しがあったくらいだ。中にはそれを近い将来の文化的変化を知らせるもの、としてとらえる人がいるかもしれない。この地域(メソポタミア北部)では、ウバイド文化は直接それより前のサマラ文化に続いているか、あるいはそれと部分的に重なり合っていた。サマラ文化は(サマラ遺跡で出土した)特徴のある土器にちなんでつけられた名前で、紀元前六〇〇〇年から四五〇〇年の間に起源を持つ。メソポタミアでもっとも早い灌漑システムが、チョガ・マミの遺跡で確認されたのもこの文化圏内である。チョガ・マミはバグダッドの北東一五〇キロ、イランの国境に近いザグロス山脈の低い丘陵地帯にある。(今は)ケンブリッジ大学に本拠を置く考古学教授ジョーン・オーツが一九六六年の調査の際に発見した。[6] 一九六七年から一九六八年にかけて彼女が行なった発掘で明らかになったのは、この遺跡が小さな農耕村落で、大麦や小麦の栽培、ヤギや羊、ブタ、畜牛などを飼育していたことだ。幾筋かの灌漑用溝も発見されている。これは近くの川から水を引いたもので、メソポタミアにおけるもっとも古い水管理の証拠だった。一九六九年にオーツが発表した発掘報告の中で、彼女は次のように書いている。「繁栄したサマラ文化のチョガ・マミの集落は、北部平原の初期天水農業と……南部で開化するウバイド文化の経済活動のちょうど中間段階を表わしている。ウバイド文化の活動はかなり大規模な灌漑にもとづいたものだったにちがいない」。この結論は四〇年以上経った今もなお有効だった。

北部のチョガ・マミや他の集落は、その規模や複合性において、ゆるやかな成長を遂げていったのだが、メソポタミア南部のウバイド文化は、ウルク文化として知られる時期へと、ドラマチックに「離陸」していった。紀元前三九〇〇年頃の数百年間に生じた、集落パターンの独特な変化や、出来事が起こった順序などについて、われわれの知るところは限られている。が、シュメール文明の基盤はここではじめてしっかりと据えられた。都市コミュニティ、巨大な建造物、公衆芸術、家庭内よりむしろ集中型の生産、大規模な交易ネットワーク。灌漑と運河輸送のための水管理が、世界で最古の文明の基盤を提供した。

この文化的変容においては、技術と技能の発展がまた重要な役割を演じている。ウルクは青銅器時代の文化であり、考古学上の記録によってわれわれは、銅のみの使用（金石併用時代）から、青銅を作るために錫を含有させるまでの変化を跡づけることができる。経済の発展に金属加工職人の存在は重要だった。彼らの作る加工品は、たとえば石製に取って代わった青銅製の鎌のように、農業の効率を大いに高めたし、それはまた戦争や輸送の形態を変化させた。他に重要な職人としては毛織物の生産に従事するグループがいた。ウルク期にこのグループは何千人という数に膨れ上がり、毛織物が仕上がるまでの一連の仕事に携わった。それは羊の群れの管理から、羊毛の刈り取り、品質と色による羊毛の選別、梳き、紡いで、染色し、織り上げるまでの作業だ。(7) 毛織物は重要な輸出品だった。実際、二〇世紀でもっとも偉大なメソポタミア考古学者と言っても過言ではないロバート・マコーミック・アダムズ教授は、「織物用の羊毛が交易されることがなかったなら、……メソポタミア文明はあれほど早期に、あれほど繁栄を極めることはできなかっただろう(8)」と述べている。

金属加工職人と織物工のグループだけが今のところ、農村地域からの余剰農産物によるサポートを必要とする職人たちだった。が、そこには陶工、石工、皮革工などの集団も登場してきただろう。兵士たちとともに、彼らにわれわれがさらにつけ加えなくてはならないのは、行政官、祭司、それにむろん支配者自身——王だ。王は神の名の下に（あるいはむしろ神々の名の下に）統治すると主張した。中には自らが神だと主張した者もいたかもしれない。もっとも早い時期の統治者の名前や伝記は分からない。文字はまだ出現していなかった。が、王たちの姿は、円筒印章や彫刻が施された壷、巨大な建造物などでかいま見ることができる。それは髯を貯え、独特なスカートや帽子を身につけた姿をしていた。彼らは捕縛した捕虜たちを従えたり、ライオン狩りをしたり、女神たちの肩の上に立ったりして、典型的な王らしいポーズで彫り描かれた。

ウルク期に見られたのは、メソポタミア南部で多くの村からなる集落が増殖し、それが急速に町へと成長していった姿だ。やがて集落は発展して四つの段階を構成するようになる。もっとも大きなものがウルク——ときにそれはワルカ（その現代名）としても知られる——の町だ。沖積平野のはるか南に位置していた。初期のウルク期には、ウルクの町は大きさが最大一〇〇ヘクタールあったと推測されている。それは次に大きな四〇ヘクタールの集落の二倍以上の面積を有していた。二五ヘクタールまでの集落はおびただしく存在していたようだ。そしてその他に、さらに小さな村が散在していた。ウルク期の終わり頃には、ウルクは支配的な地位を主張するようになり、町の大きさも二五〇ヘクタールに達し、人口は少なく見ても二万人はいた。これもおそらくは非常に控えめに見積もった数字だろう。紀元前四〇〇〇年紀の中頃には、ウルクは世界でもっとも大きな集落となっていたにちがいない。ニップールのような次に大きな町も、五〇ヘクタールほどになっていただろうし、さらにそのあとに続く大小多くの町も、一五から二五ヘクタールにはなっていただろう。(9)

これは注目に値する都市化の進展だ。都市化は新たな人々の町への絶え間のない流入によるものだった。死亡率はおそらく高かっただろう。それに、多くの人々が奴隷や兵士として生きていたし、たくさんの子供を作れる状況ではなかったので、家族数も限られたものだったにちがいない。したがって実際のところ、メソポタミア南部の町は北部からの移民に依存していたのかもしれない。それが証拠に南部の拡張は、同じ時期に北部で見られた町の縮小を正確に映し出していた。

南部の町には人々を引きつけるものがたくさんあった。その一つは、都市を取り囲む城壁から考えて、おそらく「安全」だったのかもしれない。争いは日常茶飯のことだった。それは戦争の場面でしばしば描かれている通りである。争いは町同士の間で起きたのだがそれだけではない。沖積平野には東のザグロスの丘陵地帯から、そして西の砂漠から断続的に侵略が行なわれた。

ウルク文化はまた広く拡散した。メソポタミア北部——トルコやシリア、それに西イラン——でもわれわれは、ウルク文化のはっきりした特徴を持つコミュニティを見つけることができる。中には大きな集落の中にあって、交易人たちの飛び地を形成するコミュニティもあれば、交易をコントロールする重要な地理的拠点に作られ、コミュニティがいくつか集まって一つの統一体を形作り、ウルクの植民地《コロニー》のようになっていた所もあった。たとえば、トルコのハジネビ・テペのコロニーがそれで、ユーフラテス上流の自然にできた渡河場所に作られていた。やはりまたトルコのゴディン・テペのコロニーは、イラン高原へ入る陸路を規制する地点に作られている。

紀元前三二〇〇年頃には、メソポタミア南部の人口の七〇パーセントが、町か都市に住んでいたかもしれない。当時の人口は二〇万程度だったと考えられている（が、この数字は推測が困難なことで有名だ）。集落は整理統合され、平野に三〇ほどの都市が散らばった状態で、ウルク期の新たな集落の拡散は停止した。都市は守護神や神殿などによりそれぞれの独自性を保っていた。神殿の中には、巨大な記念建造物——ジッグラト——の頂上に今なお立っているものもある。

神殿は礼拝の場所であると同時に、経済上の大きな役割を担っていた。土地を所有している上に、神殿が雇った職人たちや、自前の労働力で生産の拠点となっていた。この時期になると力のある支配層の存在は、埋葬習慣の著しい相違によってまったく明らかとなった。支配層は強大な富で念入りな墓を作った。それはチャールズ・レオナード・ウーリーがウルの王墓を発掘したときに発見した通りだ。貧しい人々は今では、神の名の下に支配を主張する金と権力のある者たちに丸め込まれ、力づくで彼らとの主従関係に引きずり込まれた。

運河のネットワークで取り囲まれていた都市国家は、政治的には独立していたが、交易によって緊密に結ばれていた。そして諸都市は、半農半畜の経済的基盤と同じ文化を共有していた。ケンブリッジ大学の教授で、メソポタミアの専門家ニコラス・ポストゲートは都市について、彼の言う「土地《ザ・ランド》」――沖積平野――への帰属意識を分け持つ存在だと書いている(10)。文字はすでに今では広く行き渡っていたので、楔形文字で綴られた粘土板から、われわれは都市や支配者の名前、それに選りすぐられた出来事の物語を知ることができる。テクストでとりわけよく目にするのは、ギルス、ウンマ、ラルサ、ニップール、ウルなどの都市名だ。メソポタミアの文明が成果を達成しえたのは、このような都市国家間の相互交流によるものだと多くの学者は考えている。それは協力、競争、模倣などのリッチミックスから生じたものだった。

統一と分裂の繰り返し

比較的独立していながら、しかもたがいに交流していた都市国家の原初期は、紀元前三〇〇〇年から紀元前二三五〇年まで、およそ七〇〇年ほど続き、この時代は初期王朝時代（ウルク朝）と呼ばれている。次の七〇〇年間は、統一、反乱、侵略、そのあとには各都市国家の独立へと逆もどりして、さらにふたたび単一の支配者による統一という繰り返しだった。そして最終的にはシュメール文明の衰退へと向かって行った。

最初に登場したのがサルゴン（紀元前二四世紀末）である。都市国家群を完全に統一した支配者で、神権によらず武力によって自らの支配権を主張した。サルゴンはアッカドを創建して首都に定めたのだが、考古学者たちは今もこの都市を見つけ出せずにいる。新たな秩序のもっとも際立った兆候は、文書に新しい言語――アッカド語として知られている――が使用されたことだ。この言語はシュメール語とまったく同一の記号を使う。それはたとえば、英語とフランス語が同じアルファベットを使うのと同じだ。文書の中には翻訳の手掛かりを示すために、二つの言語がならべて書かれているものもある。が、書き言葉に付随して、話し言葉でも変化が生じたか否かはまったく不明だ。サルゴンのアッカド王朝は二〇〇年しか続かなかった。孫のナラム・シンはひどく資質が劣っていたようだ。文書には傲慢な性格だったと書かれている。都市国家がふたたび独立を主張しだすにつれて、「土地」はまた外部の部族、とくにザグロス山脈からくるグティ人たちによって侵略されはじめた。やがてメソポタミア南部は大むね独立した都市国家の集団へと立ちもどっていった。

紀元前二一五〇年までに、メソポタミア南部はふたたび統一される。今度は沖積平野の南にあった都市ウルの覇権下での統一である。ウルではウル・ナンムとして知られていた指導者が突出して、いわゆるウル第三王朝を創建し、近隣の都市国家や、さらにそれより遠くの都市国家を征服した。サルゴンの子孫と違って、ウル・ナンムの後継者たちはすぐれた能力の持ち主だった。とりわけ息子のシュルギは有能で四八年間にわたってウルを統治した。彼は度量衡の標準化を強要することで交易を容易にした。また新たな暦も導入した。ウル第三王朝の期間中には、行政文書の量が驚くほど増えている。これは官僚制度の急成長を物語っていた。一八八〇年から一九二〇年の間に不法に発掘された何千枚もの文書は、今では世界中の博物館に分散している。そして、さらにそれ以上の何千枚という文書が、なお未発掘の遺跡の中に埋もれているにちがいない。

ウル第三王朝の崩壊は、紀元前二〇〇〇年頃の数世紀間に起きた。そして、一連の都市国家がそれぞれ力を誇示しはじめると、非常に不安定な時代へと突入した。中には短命だったが帝国を打ち立てる都市もあったが、その広さは以前のものとはくらべものにならなかった。とりわけ、それはバビロンやアッシリアのような都市だ。この二つはともに南のウルの近くではなく、「土地」の北方に位置していた。そのためそれは、明確に権力の地理的な変化を表わしていた。このシュメール文明の最終段階（紀元前二〇〇〇年から一六〇〇年）は、「古バビロニア」の時代と呼ばれている。中では、ハムラビ王のいたバビロン第一王朝（紀元前一八九四頃－一五九五頃）がいくらか有名だった。

ハムラビは、はじめて文字で書かれた法典を作成したことでよく知られている。法典によって知ることができるのは、バビロニア人がもっとも関心を示していた問題だ。とりわけ水に関する問題が目立っていることは興味深い。水について言及されている法律もいくつかある。五三条では次のように記載されている。「誰かが怠けてダムを正常な状態にしておくことができないのなら、そして実際、そのようにしていないのなら、もしのちにダムが決壊して、畑がすべて水浸しになったときには、決壊したダムの持ち主は金で売られることになるだろう。そしてその金は、持ち主が破壊させたトウモロコシの代金になるだろう」(11)。

この時期、水はまた戦争の武器としても使われた。が、これはシュメールの歴史を通してつねに見られたことだ。紀元前一七一一年から一六八四年の間、バビロニアの王だったアビ・エシェフは、さらに南の都市(おそらくウルクも含まれていただろう)を支配していたと考えられているライバルのイルマ・イルと対立していた。粘土板(この場合は行政文書というより、むしろ神託といったものだが)の記録では、アビ・エシェフの統治一九年に、彼がティグリス川の流れをせき止めたと書かれている。水は向きを変えると、隣接した水路に流れ込んだ。水路は大洪水をとても受け入れることができない。その結果水はあふれて、周辺の畑は水浸しになってしまった。アビ・エシェフは敵の軍隊の動きを妨げるという作戦を見事に成功させた。

文書から知ることができるのは、ウルが(他の都市についても推測しなくてはならないのだろうが)定期的に食料の供給不足に陥っていたことだ。原因が作物の収穫高の低下なのか、あるいは配給システムの崩壊なのかははっきりとしていない。文書はまた、この時期にウルが慢性的なインフレーションに悩まされていたことを示している。それはたぶん経済の完全な衰退の兆候だったのだろう。都市国家間の闘争に加えて、そこには侵略者たちという外部の恐怖があった。中でも最たるものは西からやってくるアモリ人だ。彼らはやがて多くの都市を掌握して、自分たち遊牧民のライフスタイルの代わりに、シュメールの都市生活者の伝統的な特性を身につけていった。侵略者には他にもザグロス山脈からやってくるカッシート人がいた。そして紀元前一六〇〇年頃、最後に侵入してきたのがヒッタイト人である。その直後にメソポタミア南部の文書記録は終わっている。それが最終的な崩壊のしるしだった。が、この最後の侵略も結局はただの「とどめの一撃」にすぎなかった。ニコラス・ポストゲートによると、紀元前二〇〇〇年以来ずっと、古代都市は「崩れるように倒れて」「程度の差はあるが、ほとんど瀕死の状態だった」。重心——政治権力、経済繁栄、文化革新の重心だ——は「容赦なく北方へと移動しつつあった」[12]。

粘土板と地勢を読む

ほんの手短かに要約してきたシュメール文明の興亡は、一部は地勢を読み、集落の様式を再構築する調査から導いたものだったが、他の一部は楔形文字の粘土板から読み取った結果でもあった。粘土板の読み取りが可能となったのは、楔形文字の解読が十分に行なわれるようになった一八五七年以降である。その結果、シュメールの世界とシュメール精神への窓が開かれた。実際、シュメール文明の存在が知られるようになったのは、一九世紀もかなりあとになってからだ。

楔形文字が発明されたのはウルクの都市で、紀元前三二〇〇年頃だったと思われる。そしてそれは文明の期間中、基本的な性格を失うことなく徐々に発達していったのだろう。当初、楔形文字は象形文字の体系としてスタートした。そして記憶を助けるものへと発展し、最後は発話された音に一対一対応する記号の体系を取るようになった。文字はまだ湿り気の残る粘土板に押しつけられたり、切り込みを入れる形で書かれた。粘土板の大半は手で持てるほどの大きさだった。が、これはシュメールの書記たちにとっては不都合だった。長いテクストには数多くの粘土板が必要となるからだ。だからといって大きな粘土板は手に持って書きづらい。しかし、考古学者たちにとってこの媒体は理想的だった。たとえばパピルスの巻き物とくらべてもはるかにすぐれている。それは何千枚という粘土板が失われることなく現代まで伝えられているからだ。その内のあるものは保管されたり、捨てられたりする前に、太陽の下で固く焼かれたし、他のものは古代の図書館に収蔵される前に意図的に焼かれた。

楔形文字は時とともに徐々に発達していったのだが、それと同じように、文字の使用のされ方も時とともに変化していった。文字がもっとも多用されたのはつねに行政管理のためだった。物品の動き、土地の売買、収穫高の計測などである。その他の使用で行き渡っていたものとしてはリストの作成だ。リストは頭の中だけで整理することの困難な知識の整理手段。中でももっとも有名なリストは、紀元前二〇〇〇年紀はじめに作られたシュメール王の表だ。そこではいつものことだが、歴史的事実の記録とプロパガンダの間に引かれた線は曖昧模糊としている。初期の王の中には、何千年もの間統治したと書かれている者もいた。

販売の記録や物品のリストには、現代のわれわれが読むと退屈しそうなものがあるかもしれない。が、このような文書が経済成長に与える衝撃は強力だったにちがいない。文字で書くことには外部記憶装置の性質がある。それは人間の脳の限度容量を広げ、それなくしてはとても達成しがたい立案の高さ、問題解決、意思決定を可能にしてくれる。

初期王朝時代の期間中、そしてとりわけそののち、文字はかなりいろいろなことに使われはじめた。

法律文書、王の碑銘、手紙、箴言、神殿の賛歌、さらには天地創造や神話中の英雄や神々などを語る叙事詩的物語などに。われわれがメソポタミアの精神について、深い洞察を得ることができるのもこの叙事詩的物語のおかげだった。たとえば『ギルガメッシュの叙事詩』では、洪水やメソポタミアの宇宙論が語られている。そして、その宇宙論の中では水が中心的な役割を演じていた。

楔形文字を読み書きできたのは、限られた少数の人々だったにちがいない。それはたぶん神殿に雇われ、そこで教育を受けた書記たちだったろう。読み書きの能力が彼らに与えたのは、高い地位だけではない。少なからぬ権力も付与した。とりわけ、粘土板に行政関連の記載が集中していることから見て、それは明らかだろう。文書の量は第三ウル王朝になるといちだんと増加するが、それは識字能力がさらに広まったことを示している。シュルギ王自身も文字を書くことができると主張していた。

地勢を読むことについては、ロバート・マコーミック・アダムズが貴重な貢献をしている。それはシカゴ大学のオリエンタル・インスティチュートの同僚や学生たちの助けを借りて行なったものだ。彼は一九五〇年代から一九七〇年代にかけてチームを率いた。一帯に存在する遺跡の分布状況や大きさを地図にまとめ、表面に露出している土器のタイプによって遺跡の年代を確定した。彼が発見したことの一つは、考古学上の遺跡が数キロメートルにわたって一列に並んでいたことだった。アダムズの推測によると、これらの遺跡はかつて運河の縁に沿って作られていたのだろうと言う。このようにして彼は、粘土板や降雨のパターンがそれとなく示していた、この地方の農業にとって灌漑が必須のものだったという事実を裏付けた。アダムズの調査から五〇年後、衛星やスペースシャトルの写真によって、地上ではその多くを見ることができない、運河のコースを突きとめることができた。写真は川の曲がりくねった流れや、堤、運河、小さな灌漑用水路などの、複雑で変化する地形を明らかにしてみせた。その多くはたがいに交差していて、もつれを解くのは不可能に近い。

発掘に関しては、ロバート・アダムズの調査の前にも、重要な仕事がたくさん行なわれていた。一九三〇年代に、やはりシカゴ大学オリエンタル・インスティチュートのトーキルド・ヤコブセンが、イラクのディヤーラ地域で調査を主導した。そして、紀元前三三〇〇年から一八〇〇年にかけて作られた、カファジェ、テル・アスマル、テル・アグラブの遺跡で家屋を発掘している。これらの遺跡で発掘されたものは、さらに広い範囲で行なわれた発掘の結果と、あまり変わりのないものだった。われわれの興味のあるところでは、中にトイレと排水設備のある家々が見つかったことだ。ディヤーラ地域でヤコブセンが行なったことは、まずそれぞれの時代の遺跡を地図上に描き出し、遺跡が並んだ状態がはたして、川や運河のコースと関連があるかどうかを調査した。それをもとに、彼ははじめて集落と灌漑の関係を明らかにした。一九五七年には、ヤコブセンとアダムズ、それにイラク古代遺産総局の複合プロジェクトが、古代における灌漑の実施と排水設備の有無、さらに土壌の塩化の可能性を探るという明確な目標を掲げた。

このプロジェクトの結果がわれわれにもたらしたものは、シュメール文明衰退の推測しうる理由だった。だが、まずわれわれが最初に考察すべきは、シュメール文明の誕生にとって、はたして水管理が鍵となっていたのかどうかということだ。

灌漑の重要性

この本の冒頭で説明したように、二〇世紀中葉に発表されたもっとも刺激的な仕事の一つはカール・ウィットフォーゲルの『Oriental Despotism』（一九五七）だった。ここでは灌漑が、中央集権的な権威と密接につながっていたと書かれている。ウィットフォーゲルは、政治的、官僚的な支配層がまずはじめに存在していて、そのために灌漑システムの計画や建設、維持が可能になったと言う。そして一九五〇年代には、シュメール文明がこの説の見本のように見られていた。経済は明らかに灌漑に依存していたし、そこには灌漑システムを管理する官僚の一団をともなう王たちが存在した。

が、ロバート・アダムズの調査はこれとは違った結論を導き出していた。[13] 彼が見つけたのは次のような事実だ。多くの運河が関連していたのは単なる村落にすぎず、それはウルクの都市や初期王朝の都市国家が出現する何世紀も前のことだった。中央集権的な権力が運河の計画や建設に関与した兆しはそこにはまったくない。たとえあったとしても、それはむしろ運河や灌漑のネットワークが、中央集権的な権力の誕生にとって、欠かすことのできないものだったように見える。これはウィットフォーゲルの提案を完全に逆転させた意見だ。

実際、部族のコミュニティによって建設され、維持されていた灌漑システムの報告は数多くあったので、この意見はさして驚くほどのことでもなかった。中でももっとも重要なものは、人類学者のロバート・フェルネア教授が行なった、イラクのダハラ地域に住むエル・シャバナ族に関する研究だった。[14]

フェルネアの考えは次のようなものだ。一九世紀後半のオスマントルコ人による統治や、第一次大戦後の英国の統治によって、強制的に土地管理の変更を押しつけられるまでは、部族の伝統的な社会システムや農業システムが、イラク南部の典型的なシステムだった。エル・シャバナ族は、中央集権的な権威をまったく必要とせずに、灌漑のシステムを作ってそれを維持していた。運河は段階的に発展を遂げたもので、灌漑システムについて、人々が予測しがちな規模や整然とした見取り図のようなものは、そこにはなかった。運河は各部分で近隣のコミュニティによって、定期的にアシや沈泥が取り除かれ、修繕が施され、延長が試みられた。こうしたことのすべては、途轍もない努力を必要とすることなく、明らかに中央集権的な権威のない状態で進められた。

この点から見ると、ウバイド期や初期ウルク期に存在した都市以前のコミュニティは、おそらく、灌漑用水路やさらに大きな運河のネットワークを建設するのにも、それほど困難を感じなかったのだろう。実際、入り組んだ川の流れのおかげで、数キロほどの短い支流の運河なら、水環境の変更を最小にとどめながら掘削することができたのだろう。川は堤を築くことで自然に周囲の平野より高くなる。そのために堤に穴をあけて出口(水門)を作るだけで、重力により簡単に水は運河へ流れ込む。そして作物を取り囲む小さな水路のネットワークへと流入させることができた。ケースによっては流水の水位を上げるような、さらに余分な労働をしなくてはならない場合もあった。これはときに、アシや天日れんがやビチューメン(瀝青)で水路の中に堰をこしらえて実現させた。灌漑とともに高い生産力をもたらしたのが豊かな沖積土である。とくに穀類の実りは豊かで、生産量は従来の二、三倍にも達した。それに信頼度の点から言っても、メソポタミア北部の天水農業地域にくらべてはるかに高いものがあった。

灌漑用運河の建設は、ウィットフォーゲルが想像したほど厄介なものではなかったのかもしれない。

が、運河の建設やその使用についてはある程度の協力が必要とされただろう。短い距離の運河でも、幅が二、三メートルもあるものだと、かなりの労働力を導入しなくてはならない。おそらく、いくつかの村落間の協力と協調が必要とされただろう。そしてひとたび運河ができ上がれば、重要な問題となるのは、運河から各農民のもとへと引き入れる水の量だ。川の水門近くの農民たちが水を多く取りすぎれば、さらに下流の農民たちは水が不足してしまう。ニコラス・ポストゲートは、楔形文字で書かれた文書の中で、「グガルム」と呼ばれていた者たちによって、水の採取の調整が行なわれていたのではないかと示唆している。彼はこの人々を「運河検査官」と訳していた[15]。

川の土手は最上の土壌を提供した。ここには沈殿物のもっとも大きな粒が堆積しているために水はけがよかった。土手では多くの野菜、ヤシのような果樹が育った。ヤシからは実だけではなく、木材、それにロープやむしろを作る繊維なども採れた。他にはリンゴの木、ザクロ、イチジク、ブドウなどの木が植えられた。近くの庭や畑ではタマネギ、ニンニク、マメ類、ハーブ、スパイス、それにさまざまな観葉植物が育てられた。

穀物の畑は川からやや離れた所にあり、灌漑運河のネットワークによって水が供給された（図3・2）。主食の食材は小麦と大麦で、秋に種子が播かれて春に収穫された。麦はパンを作るためだけではなく、ビール——文書には九種類の異なるビールがあったと書かれている——や動物の飼料にも利用された。亜麻も麻の繊維や油を出す種子を採るために栽培された。

川からさらに離れると、沖積層は沈泥の細かな粒ばかりとなり、水はけが悪くなる。ここでは土地が羊やヤギ、畜牛の牧場として使われた。畜牛は肉やミルクやその他生成物などが利用できるが、輸送用としても役立った。羊毛、それを使った織物の制作は、メソポタミア経済の基本となる重要なものだった。羊やヤギもまた肉や脂質、ミルクや酪農製品をもたらしくれた。ブタも肉を利用するために飼育された。このように耕地作物と畜産物に加えて、野生の獲物の狩り、カメの捕獲、魚取り、野鳥狩り、沼地での食用植物の採集などを考え合わせると、そこには都市コミュニティを支える潤沢な経済的基盤があったことがただちに分かる。

要約するとそれには二つの特徴があった。第一に、十分に生産力のある農業基盤。それは非農民たち——職人、祭司、兵士、官僚、王——を養うのに十分な余剰を生み出すことができた。第二に、モザイク状の地勢。この地勢が、異なった地域で異なったタイプの農産物を生み出し、しかもたがいが至近距離にいるために、交易の発展を促進することができた。

不確定要素、沈泥、塩に立ち向かう

これではまるでエデンの園のような印象を与えるかもしれない。が、実際はシュメールの農民たちも幾多の困難に直面していた。その一つが毎年、山の雪解けによって起こる川の氾濫だ。しかし、それは春の播種期には遅すぎるし、冬の雨期には早すぎた。若木はつねに洗い流される危険にさらされていた。が、時折起こる大洪水は、水門やそれを管理する者たち、それに運河の土手そのものをも脅かした。起伏のない平坦な土地は、氾濫した水によってまたたく間に広い地域を水浸しにされる。その結果、堤防のネットワークは作り直しと手直しを余儀なくされた。もちろん、洪水は最小でとどまることもあっただろうし、やってこないことさえあっただろう。それに、雨量がとりわけ少ないときもあるし、干ばつになることすらあったかもしれない。そうしたときこそ、灌漑システムは可能なかぎり有効に機能する必要があるし、そのためにも、水路や運河はたえず手入れされていなければならない。水供給に関するかぎり、生活は不確定な要素でいっぱいだった。

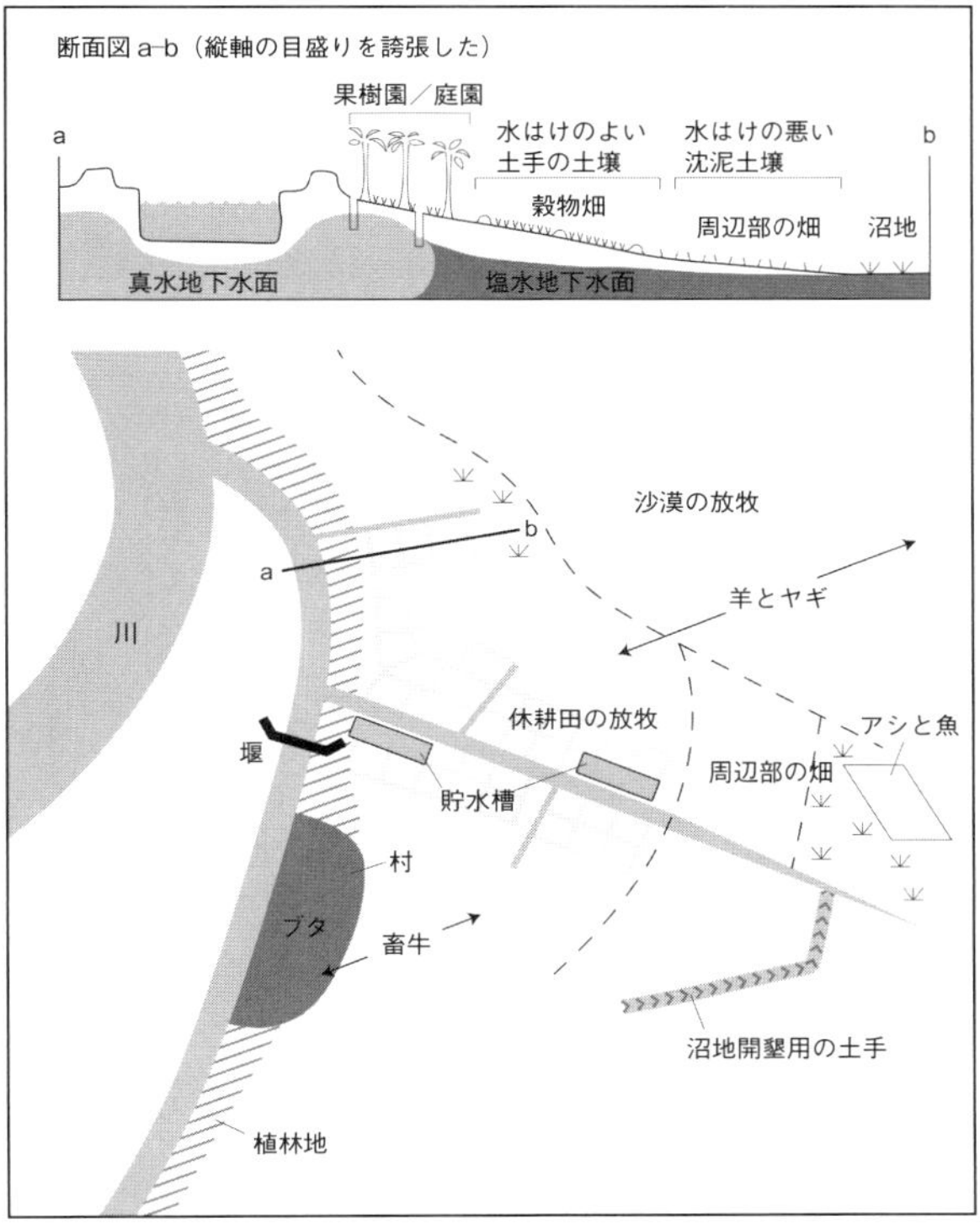

図 3.2　メソポタミア南部における農業複合体の仮定見取り図（「Postgate 1994」より）。

このような状況に対処する手段の一つが貯水である。主要な河川や運河の中には、それと並んで細長い池が作られているものがある。これは文書の中で「ナグ・クド」と呼ばれていた。中には長さが九〇メートル、幅が二メートルのものもあるが、貯水量はなお穀物の灌漑をまかなうには不十分だった。とりわけ高い蒸発率を考慮に入れると、とてもこれではまかない切れない。おそらくそれは野菜作物のための給水用に考えられたものか、あるいは生活用水のために沈泥を取り除く、沈殿槽として機能していたものかもしれない。水は土手で掘り抜かれた井戸からも引くことができただろうし、河川から直接汲み上げることさえできただろう。

河川の氾濫や干ばつはその結果として、河道のコースにかなりの変化をもたらしたかもしれない。川の土手に沿って成長していた町や町のグループは、比較的短い期間の内に、自分たちが砂漠の真ん中にいることに気づいただろう。水へのアクセスが数十年の内に変化するので、新しい世代の人々は、たえず土地の中をあちらへこちらへと居場所を変えていたのだろう。考古学上の資料でわれわれはその証拠を見つけることができる。それは町々や地域を繰り返し遺棄したり、そこに再定住するパターンだ。

降雨や水流に関する不確定な要素に加えて、そこにはたえず沈泥の挑戦があった。沈泥は灌漑用運河に堆積し、最終的には障害物となって水路をふさぐ。システムが機能するように手入れをするためには、定期的に運河を清掃する必要があった。シャベルですくって沈泥を土手にのせなくてはならない。土手の沈泥は乾燥すると風で畑に舞い降りる。したがってアシや他の野菜類もきれいにしておく必要があった。このような仕事の調整がおそらくは「グガルム」のもう一つの役割だったのだろう。そしてそこには、土壌とともに塩の堆積があった。やがてわれわれはこの問題にもどってくるつもりだ。

不確定で厳しいこの世界に対する精神上の対応は、自然の移り変わりを神々の意志のせいにすることで果たされた。この点については、シュメール人も他の多くの古代社会と大差がない。神々による天地創造と水供給の差配は彼らの神話の中心的なテーマだった。その大半はわれわれが関心のある時代の、最後の最後に向かって書き留められてきたものだが、一部はそれより数世紀あとに書かれたものだ。が、一般には一連の叙事詩こそ、もっとも早い時期からシュメール文明を支えてきた物語だと信じられている。たとえば『エヌマ・エリシュ』は、紀元前七世紀に七枚の粘土板に書かれた一〇〇〇行のテクストで、天地創造を記録している。物語の中ではマルドゥク神が主役を演じていた。彼は真水の源を天と地の両方に創造し、みずから天候の管理者をもって任じた。マルドゥクは、地上に真水を創造するために女神のティアマトの体を使い、彼女の目の中でティグリス川とユーフラテス川を切り開いた。[16]

メソポタミアのもっともよく知られた壮大な物語と言えば、それはウル第一王朝の王ギルガメッシュの叙事詩で、その中に洪水の記載があることで名高い。完全なバージョンは紀元前七世紀に書かれた一二枚の粘土板だが、物語の断片はそれ以前に由来する。中でももっとも重要なものが、シュルッパクのシュメール王、アトラ・ハシスの物語（『アトラ・ハシス叙事詩』）を記した、紀元前一八世紀の粘土板三枚だ。ここには天地創造と洪水が描かれている。神々の仕事には運河の掘削と管理があった。一枚目の粘土板では、この仕事を軽減するために人間が創造される。人間を作り出し、その数が増えていくのを目にした神々は、今度はその騒音に悩まされ、人間を絶滅してふたたび平和をとりもどそうと決意する。二枚目の粘土板には神々の決意の一端が書かれていた。「アダド（天候の神）は雨を差し控え／そして下界では、地の底から大水が湧き上がらないようにすべきだ／……／畑は収穫量を減らすように……」そして「……黒い畑は白くなった／広い平野は塩で窒息した」。塩性化によって引き起こされた飢饉がここでは、このように詩的に描かれている。が、飢饉は人間を絶滅することができなかった。それで次に送られたのが破壊的な洪水である。それは「もやい柱を根こそぎにして」「土手からあふれ出た」。

生産性、交易、水上輸送

シュメールの農民たちが、洪水や干ばつ――神々やそうでないものによって送り込まれた――に十分対抗しえたのは、この土地がもたらす農業の生産性から証明されるし、それはまた文書記録によっても裏付けられた。たとえばウンマやギルスから出土した楔形文字の粘土板には、ウルやその他の地方の倉庫へ舟で送られる穀物の量が記されている。それによると、一年間で船荷される量は四九トンから六九トンの間だという。ある文書では役人が見積もりを立てていた。ウルへ一回舟を出すのに、大麦を八七〇〇「グル」――二六一万リットルに相当――積み込む必要があるという。これを実現するためには、一二艘の舟が必要で、しかもそれぞれの舟に七六トン積み込まなくてはいけない。(17)

農業の生産力がそのまま自動的に文化の開化へとつながっていったわけではない。ましてや文明と呼ばれるものへ直行したわけでもない。たしかにそれは必要条件ではあった。が、十分条件ではない。必要条件としてもう一つ挙げられるのが交易だった。それは日常生活に入り用な原材料——石、木材、食材——を調達するためにも重要だった。が、それだけではない。交易はまた、専門職人が工芸品を作るのに、そして最終的には、上層エリートたちが権力を正当化するのに必要な、外国の品々を手に入れるためにも欠かすことのできないものだった。

メソポタミア南部も例外ではなかった。地元の交易や遠隔地との交易を発展させることは、南部の発展にとって決定的な意味を持つ重大なことだった。実際、学者の中には、カリフォルニア大学のギジェルモ・アルガゼ教授のように、北部や中東の他の地域にくらべて、メソポタミア南部がいち早く「文化的離陸」をしたのは、ひとえに交易の容易さとその広がりだったと論じる者もいる。アルガゼによると、「交易が順調に流れる所では、やがて社会的複合体や都市化の増大といった波及効果がそのあとに続く。したがって、紀元前四〇〇〇年紀を通して、メソポタミア南部がいち早く発展したことは何ら驚くに当たらない[18]」。交易が順調に行なわれたのは、何といっても水が流れていたおかげだった。交易を栄えさせ文明を出現させたのは、運河のシステム以外の何ものでもなかったのである。

メソポタミア南部に不足していた、あるいはまったく欠けていたのは、農耕集落から都市コミュニティへ移行するのに必要な多くの原材料だった。それは屋根葺き用の材木、木材、銅、錫、銀、金、石灰岩、花崗岩、チャート、半宝石などである。このような品々は周辺のあらゆるコミュニティ、とりわけ北部の高地との交易によって手に入れることができた。出所がはるか遠くの品物の中には、今のアフガニスタンで採れるラピス・ラズリのようなものもあった。そこには西の砂漠の部族と行なう奴隷貿易もあったかもしれない。また、ペルシア湾周辺からは海上貿易によってもたらされた品々、中でもオマーンの銅が運び込まれた。

このような物品の見返りとして南メソポタミアの交易人たちは、皮革、ドライフルーツ、塩漬けの魚とともに製造品、とりわけ織物を用意した。幸運なことに、平坦な沖積平野と自然あるいは人工の運河が、安い輸送費と、主要な大都市国家間の行き来を可能にしてくれた。それはまた原料だけではなく、労働力や情報や知識の移動もスムーズにさせた。輸送にはバラエティに富んだ舟が使われた——膨張させた動物の皮の上に丸太筏を載せただけの簡素な舟、網代舟、カヌー、ビチューメンを塗った舟など。

ギジェルモ・アルガゼによると、ウバイド期を通して、交易の便益さはますます大きなものとなっていったという。大きな川や運河のすぐ近くにあった村落は、果樹園の果物や野菜や穀物を手にしていた。そのためにそれを、肥沃な土壌から遠く離れて動物の群れと住む人々の持つ、羊毛、皮革、ヤギの毛、肉、それに彼らの作る乳製品と交換することができた。また、双方のグループは自分たちの産物を、ペルシア湾近くの潟湖《ラグーン》や沼の周辺に住む人々が潤沢に入手できる、魚や野鳥やアシ——重要な建築材料——と交換する必要があった。アルガゼが言うには、この生産物の交易が社会的エリートを出現させる一因にもなったという。上層エリートたちはやがて交易の経済的、社会的な意味合いを知ることになり、交易を組織化して支配しはじめた。そして、自らの地位を正当化するために、その手段として豪華な品々を手に入れた。彼らの権力と要求が強まるにつれて、交易はさらに範囲を広めていったにちがいない。やがて、前にもましてエキゾチックな品々と、支配的エリートたちの宮殿や神殿を建てる基本資材を求めて、交易は海外の土地へと向かっていった。

紀元前四〇〇〇年紀にはロバが家畜化されたが、そのことでメソポタミア南部の都市の交易ネットワークは大幅に促進された。以前は、自分で荷物を運ばなくてはならなかったが、荷を運ぶ動物の出現で、運べる荷物の量は格段に増え、距離も伸びた。それにもはや水路に制限されることもなくなった。

このようにして今では、「土地」の生産物はメソポタミアの境界を越えて、はるか遠くまで運ぶことが可能となった。その見返りとして、さらにいっそうエキゾチックな品々を持ちきたることができた。

メソポタミア内での重要な交易ルートは、北から南へ向かうルートだった。それは川の流れを使って下り、上流へもどるときにはもっぱら舟をロバに綱で引かせた。が、これと同じくらい重要だったのが、運河や小さな川のネットワークを利用して、沖積平野を横断するルートだ。この方法によって、すべての都市国家はたがいにつながっていた。そしてこのことにより交易は、経済成長や知識の普及、上流階級の出現などに非常に大きな刺激的効果を及ぼした。

南部には――アルガゼによると――メソポタミア北部との間に重要な差異があった。北では紀元前五〇〇〇年紀の時点で、村落や町はまだ南のような文明への「離陸」を経験していなかった。ティグリス川やユーフラテス川、そしてその支流は、北では深く地勢に刻み込まれていて、そのことが横断する運河の建設を妨げた。町はたがいにいくぶん孤立気味で、交易は陸路に頼らざるをえなかった。品物は動物の背に載せたり、車輪つきの車で運ぶか、あるいは人間の手で運んだ。いずれにしてもそれは、南部の水上輸送にくらべると、スピードや容量の点で劣った。実際、効率の点から言っても、陸路にくらべれば、水上輸送の方が一七〇倍以上はまさっていただろう、とアルガゼは推測している。

したがって、紀元前四〇〇〇年紀に出現したシュメール文明の要因としては、一つではなく「三つ」の要素を考えなくてはならない。一つは沖積層の地勢。灌漑を施すことによりそれは、多種多様な農産物と畜産物、そして十分に主食となりうる穀物の豊かな収穫を生み出すことができた。二つめは、メソポタミア南部がモザイク状の地形をなしていたこと。それぞれ異なる地域でバラエティに富んだ作物や原材料が産出され、それが各コミュニティに交易への従事を促した。そして三つめが運河のネットワークだ。それには自然のものもあれば、それに改良を加えたもの、はじめから人間が作り出したものもあった。この運河の網の目が比較的迅速に、そしてかなりの規模で交易を行なうことを可能にした。

シュメール文明の出現について、三つの要因だけではたして十分かどうかは未解決の問題だ。労働力を組織化した新たな手段に言及することもできるだろう。アルガゼは、新石器時代の村落が動物を飼いならしたのと同じやり方で、町が「人々を飼いならした」という説を唱えている。その結果、巨大な労働力が形成されたのだと言う。記録と書記システムの重要性も強調されてしかるべきだろう。が、多くの人は、欠くことのできない第四の要因として挙げるべきは、突出して野心的な個人の存在だと主張している。それは、並外れたリーダーシップと管理能力を持つ者たち、あるいは権力への渇望が強く、それを勝ちとるためには暴力をも厭わないという者たち、あるいはそのすべての特徴を合わせ持つ者たちだ。が、われわれはこの問題をここで議論する必要はない。いずれにしても、初期ウバイド期に関するわれわれの知識は、答えを見つけるにはなお不十分だ。とりあえずわれわれが認識しておかなければならないのは、水管理——灌漑と輸送——がシュメール文明の出現から盛期へと至る一五〇〇年を通して、非常に重要な要素だったということだ。さてわれわれはここでようやく、シュメール文明の衰退へと向かうことができる。

塩性化——原因、結果、回避

こんなことを耳にしたことがある。今のイラクを、とくにバグダッドの南の土地を訪れてみると、その大部分は荒れ果てて平坦な褐色の大地が広がっているという。その広がりは時折、運河や灌漑された畑でさえぎられているらしい。(19) 地域の中には土壌に塩が集積しているために、表面が白く固まっている所もあるようだ。このような場所はもはや肥沃な畑とはなりえない。高濃度の塩分が種子の発芽を妨げ、根の養分吸収を阻止する。大麦のように比較的対塩性のある植物でも産出量は少ない。かつて土手で生育していたヤナギやポプラは、より対塩性の高いタマリスクの鬱蒼とした茂みに取って代わられていた。メソポタミア南部における塩性化のプロセスは、シュメール文明の期間中、つまり数千年前からすでにはじまっていたのだろうか？ それは文明のさらなる発展を阻止するほど、あるいはその終焉の原因となるほど深刻なものだったのだろうか？

文書の記録はアッカド帝国、ウル第三王朝、バビロン第一王朝（古バビロニア王国）など一連の崩壊を、「土地」内部の軍事衝突や政治紛争、それにザグロス山脈や西の砂漠からやってきた侵入者の侵略によるものとしている。だが、このような不安定な状況や、一つの都市国家がメソポタミア全域を掌握し、それを維持することができなかったことの背後には、はたして何があるのだろう？ それは低下する農産物の収穫量からくる、経済の全面的な落ち込みだったのではないのだろうか？

灌漑を大いに利用する地域にとって、土壌の塩性化はいつまでも続く、終わることのないリスクだった。塩分は水によって運ばれてくる。そして植物の根が水分を吸収したあとに、土壌の中にとどまる。それを取り除かないかぎり、塩分は根域に集積され、その結果最終的には植物を枯らしてしまう。が、雨が十分に降る地域（メソポタミア北部のように）では、塩分はさらに下へ濾過されて、根の部分からなくなってしまう。

塩分の濾過はまた、植物に必要な水量をはるかに越えて、過剰な灌漑を行なうことでも達成されうる。

が、これはあくまでも一時的な解決法だった。というのも、塩分を多く含んだ水は底土に蓄積され、地下水面を上昇させはじめる。これが表土に近づくにつれて毛管現象が生じ、水を表面に吸い上げる。表面では蒸発が起こり、ふたたび土壌には塩分が注入される。結局のところ、塩性化を防ぐただ一つの道は、地下水の排水システムを導入することだった。それは排水路を作るか地下にパイプを設置するか、二つの内のどちらかだ。どちらのやり方を取るにしても、塩分をたくさん含んだ地下水は、さらに土地を汚さない方法で処理されなければならない。海へ流すことが理想的だ。

一九世紀や二〇世紀初頭にイラクにあった部族コミュニティ――これは人類学者のロバート・フェルネアによる研究の通り、イギリスの支配が及ぶ以前のコミュニティ――は土壌の塩性化の恐怖に対して、隔年の休閑地というシステムで対抗した。[20] 毎年、耕作に適した土地を最大で半分まで、作物を作らずに放置しておく。収穫を済ませたあとで、休閑地として選ばれた畑は、二種類の砂漠植物――ショクとアグル――が生えるがままに捨ておかれた。二つの植物はとりわけ深い根を張る。冬の数カ月間休閑地は休眠状態だが、春になると砂漠植物が生い茂った。植物は成長するにしたがって、地下水面から水分を吸い上げる。そして表土と底土を深さ二メートルほど、完全に水気をなくした状態にしてまう。その一方で砂漠の植物は風食を軽減させた。植物はマメ科だったためにふたたび土壌に窒素を補給した。秋がくると、放置されていた休閑地ではまた耕作がはじまる。そのときには、底土は十分に乾いていて灌漑の水を吸収し、塩分は根域から洗い流された。

しかしながら、最終的には底土に蓄積した塩分は完全に除去されることがないし、砂漠植物のショクとアグルも完全に土地の水分を乾燥させることはできなかった。そうなると農民たちは、塩の染み込んだ表土を取り除かなくてはならない。そして畑をもとの状態にさせるために、五〇年か一〇〇年もの間、放置しておかなければならなくなったのだろう。
　休閑地システムはたしかに効果的だが、それは毎年、豊かな生産性のある土地を耕作せずに休ませておかなくてはならない。そのためにも、土地保有という伝統的な部族のシステムは非常に重要だった。部族は交互に休閑地を作るシステムに対応できる十分な土地を部族全体で維持していた。その一方で農耕する土地は、グループのメンバーの間でたえず変わっていた。低い生産性のリスクや休閑にともなう負担は部族全体で共有する。これを確かなものにしていたのは、親族の絆と手厚いもてなしという部族の掟だった。全体として言えることは、休閑地システムを部族という社会組織に組み込むことで、塩性化の威嚇は最小限に抑えられた。地理学者のJ・C・ラッセル――トーキルド・ヤコブセンの同僚――はかつて、休閑地システムについて、それは「塩性化とともに生きるための美しいシステム」だと書いた。[21]
　オスマン帝国やとりわけイギリスの支配が及ぶようになると、広域の休閑地の必要性や部族の社会的機構の重要性は等閑に付された。土地所有のシステム――しばしば不在地主による――が強要され、現地の知識にうとい労働者や農民たちが、土地の耕作に導入された。賃貸料、税金、債務などを強制的に押しつけられた小自作農は、短期の需要に応じるために休閑地という慣習を破棄せざるをえなかった。これがもたらしたのは家畜の減少である。これまでは休閑地が動物の餌を供給していたからだ。そしてそれが全体に及ぼした影響としては、一九世紀と二〇世紀を通して進展した塩性化だった。新たに作られた巨大な運河によって、塩性化はさらに深刻さを増した。

シュメール塩性化論

トーキルド・ヤコブセンとロバート・アダムズの指揮した「ディアラ盆地考古学プロジェクト」が出した報告の一つが、塩性化がメソポタミアの農業に深刻な影響を与えたという提言だった。経済力や政治権力が南部から北部へ移行したおもな理由は塩性化だ、と彼らは主張した。一九五八年、二人は一流科学誌の『サイエンス』に、「古代メソポタミア農業における塩と沈泥」[22]というタイトルの独創的な記事を載せた。そしてこの記事で、塩性化がシュメール文明に実際に影響を与えたと主張するその論拠を示した。さらに二人は、塩性化は今日まで引き続き存続している、したがって、イラク政府が計画している新しい灌漑プロジェクトを踏まえた上で、塩性化には十分な理解が必要だと説明した。

古代メソポタミアにとって、塩性化の潜在的なリスクは避けがたいものがあった。ティグリス川とユーフラテス川は北部の山々の堆積岩から溶け出した塩を南へと運んでくる。そして灌漑のために水が引き入れられると、塩分は畑の中へと入り込む。水が蒸発すると、カルシウムやマグネシウムは炭酸塩として凝結した。そして土壌溶液の中はナトリウムイオンが優勢となった。肝心かなめの問題は塩性化の程度だ。問題は、それがはたして古代において、シュメールの農業の生産性に重大な影響を及ぼすほど深刻なものだったのかどうかということだ。ディアラ盆地考古学プロジェクトは楔形文字のテクストを仔細に調べた。そして実際には昔も、塩性化が非常に深刻な状態だったと結論づけた。中でもとりわけ深刻だったのは紀元前二四〇〇年から一七〇〇年の間である。これはまさにシュメール文明の崩壊を目の当たりにした時代だった。

ヤコブセンとアダムズは、ある具体的な歴史上の出来事を提示している。地下水面を上昇させ、塩で土壌を悪化させたことについては、次の出来事が主要な役割を果たしていると彼らは断言した。すでに前に述べたように、独立した都市国家はしばしばたがいに係争関係になった。ギルスとウンマの両都市間でも係争が長い期間続いていた。二つの都市は、ユーフラテス川に端を発した水路に沿ってできた隣り同士である。この隣り同士が、たがいの間に広がる肥沃な土地を巡って衝突していた。ひとまずギルスがこの土地の支配権を得た。が、西側の水路に沿った上流域に位置していたウンマは、灌漑の水をもたらす運河を破壊することもできれば、詰まらせて妨害することもできた。これに抗議をしたが無視されたギルス王のエンテメナクは、新たに運河を作り、ティグリス川から水を引いて、自分の土地の灌漑を果たした。ティグリス川はギルスの東方を流れていたために、新しい運河はウンマの統制圏外にあり、ウンマはまったく手の出しようがなかった。紀元前一七〇〇年頃、新運河は大量の水をギルスの西に広がる広大な地域に供給した。それはユーフラテス川がかつて供給した量をはるかにしのぐものだった。実際、新しい運河はすでに、運河自体がティグリス川の名で呼ばれていたくらいだ。ヤコブセンとアダムズによると、これが結果として過剰な灌漑を招いたという。続いて地下水面の決定的な上昇が起こり、それが塩性化と肥沃度の劇的な低下をもたらした。

ヤコブセンとアダムズは彼らの主張の根拠として、三つの証拠資料を引き合いに出している。第一は、エンテメナクの統治直後に、文書にはすでに塩性地についての記述や、塩でいっぱいになった特定の畑への言及が現われはじめていたこと。第二は、シュメール文明の過程において、より実りの多い小麦から、より耐塩性の高い大麦への移行が見られたこと。紀元前三五〇〇年の時点では、これら二つの穀物の生産比率は同じだった。あるいは少なくとも、それが発掘された土器の中の穀物から得た印象にもとづく主張だった。が、紀元前二五〇〇年頃――エンテメナクの統治時代――の文書は、小麦の収穫量がすでに穀物全体のわずか六分の一になっていることを示していた。さらに文書は、それがいっそう減り続けて、紀元前一七〇〇年頃には、小麦の栽培がまったく行なわれていなかったことをほのめかしている。第三は、生産力の全体的な低下だ。それは対塩性の高い大麦の生産量さえ徐々に減少させてしまった。その原因となったのが塩性化だったのである。ヤコブセンとアダムズは、紀元前二四〇〇年まで遡るギルスの文書を引用している。そこには一ヘクタール当たり二五三七リットルの収穫量があったと書かれていた。これは現代の基準に照らし合わせても大きな収穫量だ。しかし、紀元前二一〇〇年になると、これが一四六〇リットルに減少する。一方、近隣のラルサは紀元前一七〇〇年頃に起源を持つ都市だが、その近くから出た文書によると、平均の収穫量は八九七リットルだったという。

このような収穫量の劇的な低下に見舞われて、はたして都市生活に必要とされる官僚、祭司、職人、兵士、商人たちをまかなうに足る、食料の余剰を生み出すことができたのだろうか？　もし神々が繰り返し穀物の不作を押しつけることで、王たちを見損なうようなことになれば、王たちはどのようにして自らの権威を主張することができたのだろう？　ヤコブセンとアダムズは塩性化こそ、経済力や政治権力が「土地」の北へと、つまりバビロニアへ、そして最終的にはメソポタミア北部へと移行した決定的要因だとし、その触媒となっていたにちがいないと考えた。塩性化が生産力の「悲惨な全体的低下」を招き、そのためにシュメールの諸都市は完全に放棄されたり、荒廃するがままに捨ておかれたり、あるいは徐々に縮小して村落へともどっていった。

反塩性化論

考古学上の学説が反論されずに、そのまま受け入れられることはまずありえない。とくにそれが、文明の興亡のようなテーマを扱っているときはなおさらである。ヤコブセンとアダムズの塩性化説に対するおもだった反論は、学説が発表されてからほぼ三〇年経った一九八五年に現われた。長くて詳細な反対意見が掲載されたのは、学問的には高名だがやや近づきがたい『ツァイトシュリフト・デア・アッシュロロギー』誌である。(23) 寄稿したのは北イリノイ大学を本拠にして、楔形文字のテクストを専門に研究するマーヴィン・パウエルだった。

パウエルはヤコブセンとアダムズが、原文の記録を不完全に、ときには間違って分析していると論難した。おもに問題とされたのは、塩性化説が拠り所としている楔形文字で書かれた単語の意味だ。たとえば、「グナビ」と転写された言葉は「収穫量」と「歳入」の二つの意味を持つ。状況によってはたしかにこの二つは同一であるかもしれない。が、通常はまったく意味が異なっている。したがって誤って読むと、誤解を招くような印象を与える。パウエルによると、ヤコブセンとアダムズは収穫量を伝える情報と、歳入の情報を混ぜ合わせて、紀元前二一〇〇年の一四六〇リットルのような推測を引き出した。彼らはまた、異なった時代の異なった耕作地の情報を考慮に入れていないし、収穫量の低下が塩性化と関係のない要因によるものかもしれないという事実に、まったく着目していない。

エンテメナクの運河建設のあとに書かれたおびただしい数のテクストが、土壌の塩性化に言及していることはパウエルも認めた。が、彼はそこに原因と結果の関係を結論づける十分な証拠があるとする説に異議を唱えている。彼が主張しているのは、そこで使われていた小麦と大麦の耐塩性に関する情報がなお不十分だと言う。そして彼は小麦から大麦へと、栽培する穀物が変化したとする証拠は疑わしいと言い、もし変化があったとしても、それは塩性化とは関係のない理由によるものであることを示唆した。そのあとでパウエルは、ヤコブセンとアダムズが犯したもう一つの過ちが、播種量に関するテクストを誤って解釈したことだと主張している。だいたいどれほど多くの種子が播かれたか、その量を知ることなしには、正確な収穫量を推測することなど不可能だと言う。ある特定の土地に播かれた種子の量と、そこから収穫された作物の量の両方を記録した文書など、一つとして存在しない。したがって、農業生産性の衰退を論じる際、そこには多くの憶測が入り込まざるをえない。パウエルはヤコブセンとアダムズが利用した各テクストを、細心の注意を払って再調査し、楔形文字で書かれた言葉やフレーズや数などに見られた、多くの誤った解釈を指摘している。

バウエルの批判の最後は、ヤコブセンとアダムズがシュメール人の能力を評価しそこなったことだ。休閑地と濾過を使って、塩性化の威嚇に十分に立ち向かうことができた点を見落としている。二人が証拠文書を誤って解釈していたもう一つの例がそれだ。粘土板にはある土地が「ガナ・キムン」と名づけられていたことが書かれている。これは「塩原」と訳すことができる。そしてこの土地が「ダグ・ギシュバル」だと書かれていた。ヤコブセンとアダムズはこれをパウエルと同じように「休閑地」と読んだ。ここでパウエルは疑問を投げかける。もしこれが再生のプロセスでなかったとしたら、なぜ塩性地が休閑地だという記録を残したのだろう？　同じようにパウエルは異議を唱える。ヤコブセンとアダムズが「湿原」と翻訳した「キドゥル」という言葉は、実際には「耕す直前に水浸しにした」土地という意味だ。そしてそれは、塩性化に対抗するために人工的な濾過が行なわれていたことを裏付ける証拠だった。

全体としてパウエルは、シュメール人が塩性化の恐怖に直面していたこと自体を否定はしていない。ただ、塩性化が農業生産にインパクトを与えるほど深刻だったという証拠に対して、疑問を呈しているだけなのである。そしてシュメール人が、交代する休閑地システムや濾過など、近年部族コミュニティで行なわれていた方法と同じことをしていたらしい、という点に注意を促した。

塩性化論の弁護——州政府の不手際

パウエルの議論に対する反論が出てくるまで、学界はほんの三年ほど待てばよかった。それは比較的短い覚え書きの形で、『ジオアルケオロジー』誌というアカデミックな雑誌に発表された。筆者はこの問題にふさわしい、考古学者のマイケル・アルツェイ（ハイファ大学）と土壌科学者のダニエル・ヒレル（マサチューセッツ大学）の二人である。[24] アルツェイとヒレルは、パウエルによる楔形文字の再解釈への挑戦というより、むしろメソポタミア南部のような環境では、塩性化のプロセスを止めることの不可能さを指摘するにとどめた。彼らが主張していたのは、パウエルが基本的な事実を見落としていたことだ。それは、現代のポンプによる徹底した地下排水をしなければ、このような環境の下で行なう灌漑農業は、長期的には必ず維持することができなくなるという事実だ。

しかし、それなら休閑地を交互に利用するというのはどうなのか？——J・C・ラッセルが「塩性化とともに生きるための美しいシステム」と書いたあの方法は？　たとえパウエルが引用した証拠文書が、ヤコブソンとアダムズが使ったものと同じように曖昧なものだったとしても、このような休閑地が南メソポタミアで行なわれていた、というパウエルの言い分はたしかに正しい。それでは、休閑地やおそらくは人工濾過の利用が、なぜ塩性化の衝撃を避けるのに十分でなかったのだろう？　この疑問に対する説得力のある答えは一九七四年に提出されていた。それはやはり、シカゴ大学オリエンタル・インスティチュートのマガイア・ギブソンによって書かれた「メソポタミア文明における休閑地の侵害と人工の災害[25]」という記事だった。ギブソンが言うには、イギリスがイラクにもたらした比較的最近の衝撃が、ロバート・フェルネアによって再現された土地管理に対する部族の調整を破壊した。が、それは単に、農業の集約化のプロセスによって、不注意にも経済上の衰退を招いてしまった州政府のもっとも近い例にすぎない。

紀元前三二〇〇年のウルク期の初頭、都市国家が形成されはじめるまで——紀元前五〇〇〇年からウバイド期を通して——ほぼ二〇〇〇年の間、メソポタミア南部のコミュニティでは灌漑農業が行なわれていた。証拠はないのだが、塩性化に立ち向かい、それでも土地をいくらか肥沃な状態に維持するために、休閑地を交代する何らかのシステムが実施されていなかったとすれば、それは驚くべきことだ。

都市国家の形成には当然都市化への大きな移行のプロセスがあった。かつて自給自足の農民たちだった人々は、今では集団で新しい町へと押し寄せてきた。彼らはそこで職人や役人、商人、兵士たちという新しい役職の人々を見出した。農産物の余剰は、新たに神殿や宮殿を建てる肉体労働者たち——十中八九、それは奴隷と強制労働者たちだった——とともに、このような都市の住人たちを支えなくてはならない。支配者は軍事的冒険や海外交易に資金を注ぎ込む必要に迫られていた。彼らはそこで農民たちへの課税という、筋金入りの方法によってそれを実現した。農産物の増産を求める声はいちだんと強まっていたのである。

こうした状況でただちに想像できるのは、短期的な目先の利益が土地の長期的管理に優先しはじめたということだ。近年起こったように、農業についてまったく知識のない、あるいは土地に強い関心を抱いていない労働者たちが、畑仕事に従事させられたにちがいない。砂漠の周辺からやってきた彼らは、新しい世代の農民として働いたかもしれない。牧畜民だった彼らは爽やかな沖積平野を目の当たりにして、すっかりその文化的魅力に引きつけられた。が、土壌の肥沃度を維持する方法についてはまったく理解が欠けていた。伝統的なウバイド期の部族社会は崩壊して、農耕はいっそう集約化を増し、長期的な土地管理を犠牲にして、ともかく目先の必要なものを生産した。土壌が必要としたものは怠惰に等しい無知によって無視された。

より高い生産性への意欲は、アッカド期やそのあとのウル第三王朝、バビロン第一王朝の期間中に行なわれた灌漑計画の熱意の中にも見られるかもしれない。計画はギルスのエンテメナクが行なった、ティグリス川の流れの向きを効果的に変えるといった類いの大規模なものだった。そしてプロジェクトを達成するためには中央の権力が必要とされた。ウルク期に行なわれた運河の建設は、めったに文書に記載されていない。おそらくそれは地方のレベルで行なわれたからだろう。組織立った新たな計画は王の碑文に記された。

この増産は灌漑やその管理に関わる役人の急増に反映している、とマガイア・ギブソンは言う。その傾向は水管理に関する数々の規則をならべた法典にも見ることができる。そしてそれはまた、現地の知識の欠落をほのめかすものでもあった。たとえば、ウル第三王朝のウル・ナンム（紀元前二一一五–

二〇八五）の法律は、他人の畑を水浸しにした者が直面する懲罰に言及している。マガイア・ギブソンによると、規則や法規や役人の増加は、これまで以上の灌漑計画を考え、あるいはその運営管理の改革を計画することで、収穫量の落ち込みの中断を図ろうとする王の試みの反映だった。

しかし、結局は集約農業のシステムを維持することはできなかった。その結果、都市国家の政府の権限は弱くなり、都市生活の魅力は失われた。そして部族にもとづいた農耕システムが、暫定的ではあるがふたたび横行することになる。が、やがて、都市国家の成長のサイクルが、都市化、課税、集約農業への転換とともにふたたびはじまる。当初は収穫量の増加があり、そして土地がもう一度塩でいっぱいになるにつれて収穫量は下落へと向かう。しかし、これはただの循環ではない。下方へと螺旋を描いて落ちていく。そして最終的には、休閑地を交代する伝統的なシステムへふたたびもどることはできなかった。

ヤコブセンとアダムズによって、一九五八年にはじめて提唱された塩性化説が、堅固な理論だったことは明らかなようだ。たしかに彼らは、楔形文字の文書をいくつか誤って解釈したり、証拠文書を妥当な限界を越えてむりやり使用した。が、二人の議論のエッセンスには非常な説得力があり、これに抵抗することはできない。灌漑は土壌に塩分を引き入れることで、シュメール文明の崩壊に主要な役割を演じた。ちょうどそれが文明の最初の勃興を可能にさせたように。

4 「あらゆるものの中で水は最良だ」（テーバイのピンダロス、紀元前四七六年）

――ミノア人、ミュケナイ人、古代ギリシア人の水管理（紀元前二二〇〇年－紀元前一四六年）

一九〇三年九月一二日、『ブリティッシュ・メディカル・ジャーナル』（BMJ）誌に、つい先頃発見された水洗トイレに関する次のような記事が載った。

幅一メートル、奥行き二メートルの小さな部屋がある。形や大きさは現代の家にある同様な部屋に似ている。ドアのリンテル（まぐさ石）の外には敷石があり、それが穴の方に傾斜していて、穴は床下の短い排水管に通じている。排水管にはものを洗い流すためや、家族の「排泄物」を流すために水が投げ入れられる。壁に残された溝から推測すると、地上から五七センチほどの所に、木製の座席が取りつけられていたようだ。[1]

キャプテン・T・H・M・クラーク――MB（医学士）、DSO（殊勲章）、RAMC（英国軍医団）、クレタ島高等弁務官の指導医、そしてこのレポートの筆者——は、さらに続けてある「好奇心をそそる工夫」について思いを巡らせている。その工夫とは、土器の水盤、つまり排泄物用の容器を支えるためのものだったかもしれないと彼が考えたものだ。「この容器は空洞の形から判断すると、前方が垂直で後方が傾斜している。簡単に言うと、形体が今日の水洗トイレの「洗い流し《ウォッシュ・アウト》」に似ている。容器には縁まで一定量の水が入っていて、その水で勢いよく排泄物を流した(2)」。

このような生き生きとした言葉で、『ＢＭＪ』誌の読者の心に想起させたトイレは、ミノス王の宮殿（紀元前一八〇〇年にまで遡る）と思しいクノッソス宮殿で、つい先頃発見されたばかりのものだ。それは、オックスフォード大学の考古学者アーサー・エヴァンスが行なっていた発掘中の出来事だった。それは、今日、クノッソス宮殿を訪れる何千人もの旅行客に、この部屋は「王妃のトイレ」という名で公開されている。

キャプテン・クラークはこの発見を非常に喜んだ。彼がすでに説明していたのは、アーサー・エヴァンスが三年間の発掘の間に見つけた数多くの遺物の中でも、「優雅な彫像、大きなアンフォラ型容器、美しい花瓶、先史時代の王たちが座った大理石の玉座、あるいは色鮮やかなフレスコ画で描かれた、まるで生きているような人物たち」などは、それを鑑賞するのに、取り立てて特別な訓練をする必要などないということだった。しかし、キャプテン・クラークは続けて、『ＢＭＪ』の読者に次のように書いている。「クノッソス宮殿跡に散乱するミノア文明の残骸の中には、われわれ専門家たちの興味をとりわけ掻き立てた発見があった。それは宮殿内の大きくて見事に工夫された下水設備のシステムだ(3)」。ミノア文化をヨーロッパではじめて出現した文明として決定づけたものが、キャプテン・クラークにとっては、優美な彫刻やすばらしいフレスコ画ではなく、下水設備だったことはほとんど疑う余地がない。

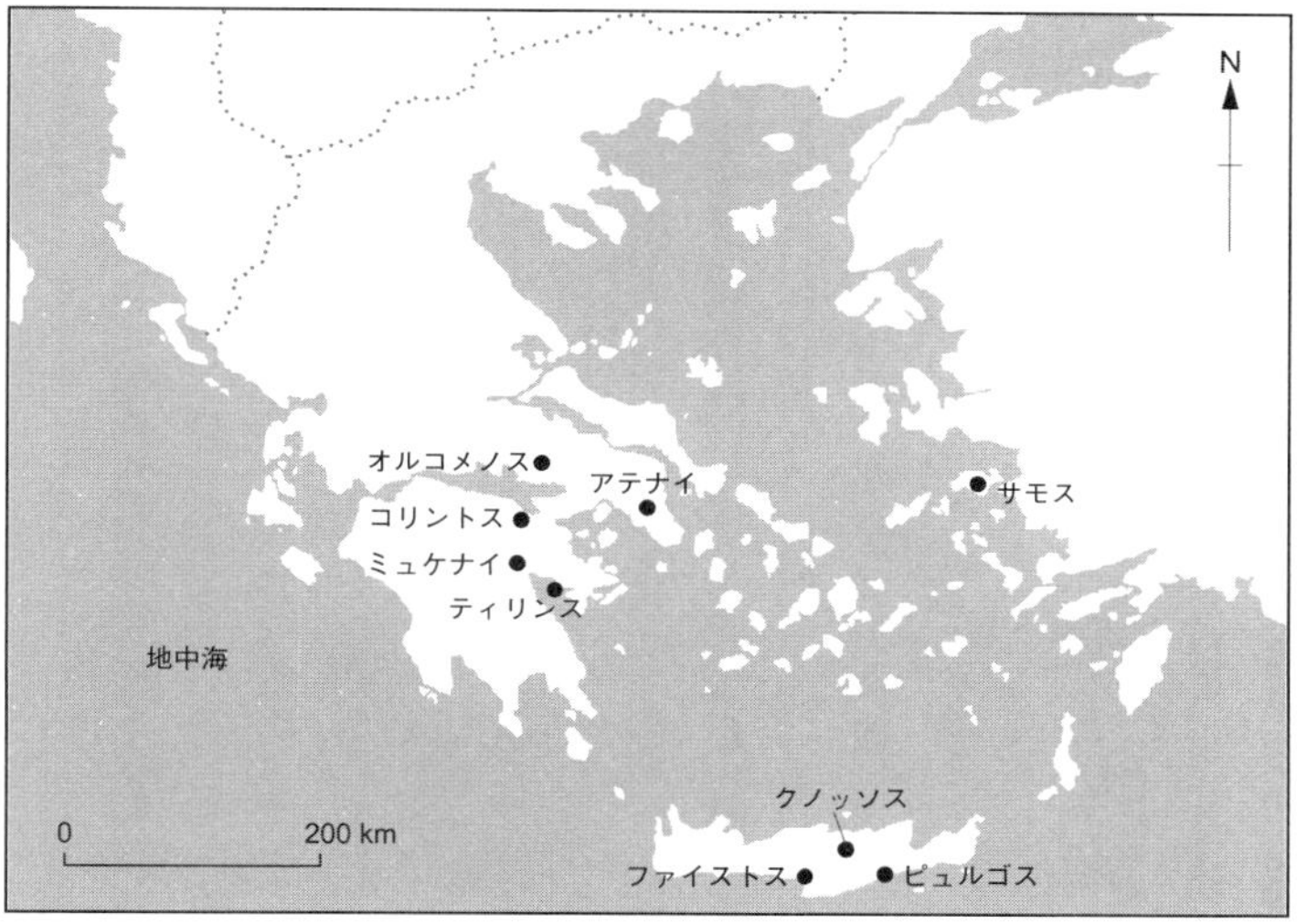

図4.1　4章で言及される考古学上の遺跡を示すギリシア地図。

ミノア文明

クノッソス宮殿の床に開けられていた穴は、紀元前一八〇〇年頃に作られた、知られているかぎりでは世界最古の「水洗トイレ」だった。だがそれは、中期青銅器時代にクレタ島で発展したミノア文化の、偉大な文化的業績を語る上で欠かすことのできない、洗練された水管理システムのほんの一要素にすぎない（図4・1）[4]。

クレタ島のミノア文明は、ギリシアやエーゲ海の島々の青銅器期文化の中では、群を抜いて複雑で精緻だった。たとえ先行する新石器時代が、クレタ島も含めて、すべての地域でまったく同じように見えたとしても——小さな村落と、羊やヤギを飼いながら穀物やマメ類の栽培をする農地——、建築や芸術の分野においては、同時代のギリシア本土や他の島々のコミュニティが、クレタ島のレベルに到達することなどけっしてなかった。

クレタ島でこれまでに知られている最古の集落は新石器時代のものだった。それに先行する狩猟採集民のいた証拠はこの島にはない。新石器時代の入植者たちがどこからやってきたのか、それも実は定かではない。が、結局のところ彼らのライフスタイルは、すでに2章で述べたような、レバント地方で発達したスタイルに由来していた。これはその発想や技術、それに栽培用の種子などが、トルコやギリシアの土着コミュニティに広がり伝播したことや、あるいは新石器時代の農民たちが各地へ拡散したことによって生じたものだ。

青銅器時代のギリシア本土の町々は、クレタ島のそれにくらべると「平凡で単調」だったとされている。(5) ミノア文明の達成には、欠くことのできない要因が二つあったように思う。

第一は本土の初期青銅器文化が、おそらくは新来の人種の到来によって破壊の波にさらされていたことだ。それとは対照的にクレタ島では、初期青銅器時代（紀元前二七〇〇－二一六〇）から中期青銅器時代（紀元前二一六〇－一六〇〇）に至るまで、文化の発展期が中断されることなく続いた。そして中期青銅器時代には大きな宮殿が建造された。第二はちょうど海上貿易が繁栄を見た時代に、クレタ島はアジア、アフリカ、ヨーロッパの十字路に位置していたことだ。これは理想的だった。クレタ島を古代世界の文化的中心地に押し上げたのはまさしくこの立地条件だったのである。

ミノア文化の諸都市はどこも殷賑をきわめていた。クノッソスの都市集合体には、八万から一〇万の人々が住んでいたと推測されている。大きな人口は他のミノア文化の中心地でも見られたが、地方の人口もそれに劣らず大きかった。クノッソス、ファイストス、マリア、ザクロス、少なくともこの四つの大きな都市はいわゆる宮殿を中心に集落をなしていた。宮殿はどれも同じ作りをしている。大きな建物にはたくさんの部屋があり――クノッソス宮殿には一〇〇〇室以上あった――、部屋は長方形をした中庭の四辺を巡るように設計されている。そしてさらに、建物の西側にも中庭がもう一つ作られていた。中庭のアイディアは、ミノアの旅行者や交易商人たちによって、同時代のアナトリアやシリアの宮殿からもたらされたものだったかもしれない。が、それはまたクレタ島の初期青銅器文化の集落で、平石板で舗装された中庭として自然に発展したようにも見える。

ミノア人は本土やエーゲ海諸島の人々と交易をした。彼らはさらに遠くまで出かけて、シリアやエジプトから銅、錫、金、象牙、貴重な石などを手に入れた。クレタ島で発見されたものの中にはこの交易を証明するものがあった。中でも有名なのは、エジプトの中王国からきたスカラベ（石製印章）やおそらくシリアのものと思われる、ヘマタイト（赤鉄鉱）で作られたバビロニアの円筒印章だ。こうした品々とともに、クレタ島には知識やアイディア、それにインスピレーションも流入した。そしてそこには水管理に関する知識も含まれていた。このような知識が、地元で発展してきた技術――新石器時代の先人から受け継いで築き上げた技術――と結びつき、王、祭司、農民、交易人、職人、そしておそらくは奴隷などからなるコミュニティを支えることのできる、水利事業のインフラを作り出したのだろう。

紀元前一七〇〇年頃に起きた大地震によって、すべての宮殿が手ひどい被害を被った。そのあとで、人々は前にもまして大きな宮殿を再建した。階段のついた高層の建物、行進用の歩道、堂々とした入口、玉座の部屋のある王の住まい、一九〇三年に、キャプテン・クラークに強い印象を与えた「優雅な彫像、大きなアンフォラ型容器、美しい花瓶、（そして）色鮮やかなフレスコ画で描かれた生きているような人物たち」。さらには、今日の考古学者や旅行者、それにまちがいなく医師たちを今なお感動させ続けているファイアンス（彩釉陶器）製のビーズ、金の装身具、小さな立像などは言うまでもない。

雨量が少ないのと泉の利用も限られていたために、水利事業が必要とされた。青銅器時代のクレタ島の気候が、今日とかなり違っていた可能性はなさそうだ。[6] 雨の量は島の三つの山――ホワイト、イダ、ディクティ――から大きな影響を受けている。山の多い西側では一年に一八〇〇ミリの雨が降った。一方、東側では三〇〇ミリ以下しか降らない。ミノア文化の中心は降雨量の少ない地域で発展した。そこは今日でも年間の雨量が五〇〇ミリ以下。加えて、雨量の多くはほとんど瞬時に失われてしまう。灼熱の太陽と風のせいだ。蒸発速度は一年間で二〇〇〇ミリ以上に達している。

水利事業を必須とさせるさらに重要な要因――これは昔も今も変わらない――は、一年を通して雨量が一様でないことだ。夏は雨がほとんど降らないが、冬は大雨になる。このような理由から、ミノアの水管理は三つの厄介な問題に取り組まなければならなかった。夏の干ばつ、冬の鉄砲水、そしてどんなときでも、一年を通じて人々を支えるに足る水を確保すること。おそらくそこには、これに加えて第四の問題があっただろう。それは人類史上もっとも芸術的でエレガントな文化にふさわしい――そして、海外からやってくる訪問者たちに、高度な文化のイメージを与えることのできる――、一定水準の公衆衛生を植えつけることだ。

クノッソス宮殿の内外で水を得る

島の宮殿の中ではクノッソス宮殿がもっとも大きかった。[7] それはケファラの丘上にあった青銅器時代の大きな町の中心部を占めていた。丘はカイラトス川の東側、今日ではイラクリオン市から五キロの所にあった。クノッソス宮殿の遺跡がある場所には、もともと、紀元前七〇〇〇年から間もない時期に、新石器時代の入植者たちが住み着いていた。入植者たちの残した瓦礫の山は、新たな泥壁の住まいが古いものの上に建てられて、徐々に積み重なっていき、これが初期青銅器時代のコミュニティの瓦礫によってさらに堆積されていった。紀元前一九三〇年頃、瓦礫の山は意図的に平らにならされて最初の宮殿が建造された。当初中庭を囲むようにして一連の建物が離ればなれに建っていたが、のちに一つの建物につなぎ合わされ、貯蔵室やテラス、作業場、すばらしい進入路、大きな入口などがつけ加えられた。クノッソス宮殿はこの地域の単なる経済上、行政上の中心であるばかりではなく、それはまた宗教上、儀式上の中心でもあった。聖なるものと俗なるものの境界線は、今日われわれが馴染んでいるものよりはるかに流動的だった。

クノッソスが文化の最盛期に達したのは紀元前一七〇〇年から一三五〇年の間である。その後、クノッソスは打ち捨てられて人々の記憶から失われた。再発見がはじまったのは一八七八年に、クレタ島の商人で古物収集家でもあったミノス・カロカイリノスが、ケファラの丘の片隅を掘り、貯蔵室の一部を発見してからだ。遺跡を所有していたトルコ人たちは、カロカイリノスに発掘の続行を禁じた。ドイツ人の実業家で考古学者でもあったハインリヒ・シュリーマン——彼はすでにトロイやミュケナイで発掘をしていた——がケファラの丘を買おうとしたが、トルコ人たちはこれにも妨害を加えた。が、結局、遺跡はアーサー・エヴァンスによって買い取られた。エヴァンスは富裕なイギリス人で、オックスフォード大学のアシュモレアン博物館の館長をしていた。一九〇〇年、エヴァンスは発掘を開始する。三年間で彼は宮殿の遺構をすべて白日の下にさらした。これは今日ではとても容認しがたい、想像を絶するような発掘のスピードだ。発掘は一九三一年まで続いたが、それは遺跡を人目にさらすだけではなかった。彼はまた、自分がもっとも妥当だと思える復元作業を行なったのである（写真8）。

今日、クノッソス宮殿を訪れてみると、もともと存在していたものと、発見以降に復元されたものとの識別がまったく不可能なことに気づく。考古学者の中で、現在、エヴァンスが「もっとも妥当だと考えた」復元作業を、それ相応にふさわしいと評価する者はほとんどいない。たとえば玉座の間に入ると、まずアラバスター（雪花石膏）で作られた玉座のような椅子が目につく。それはもともとあった場所にそのまま残されていた。そこには玉座が出た当時の様子を写した発掘現場の写真がある。が、玉座を囲む絵画はフィクションめいたものだった。横たわるグリフィン（ワシの頭と翼を持ち胴体がライオンの怪物）が玉座の左右に一頭ずつ描かれている。それは恐ろしく威厳があるように見える。グリフィンはミノア人にとって神話上の重要な生き物だった。それだけに至る所で描かれている。が、玉座のグリフィンはエヴァンスに雇われた父子のチームが描いたもので、それがそこに描かれなくてはならない理由はほとんどなかった。同様に、神殿内のフレスコ画や品物、それに部屋などにつけられた名前には、きわめて注意を払う必要がある。そこにはしばしば、まったく裏付けのない解釈が含まれているからだ。「百合の王子」のレリーフ、「ヘビの女神」「行進の廊下」、むろん「王妃のトイレ」も。

幸いなことに管や排水渠は気まぐれな解釈にさらされることが少なかった（写真9）。エヴァンスによって発見されたもっとも印象的な証拠は、かつてクノッソスの給水システムの大半を構成していたテラコッタ製の導管である。(8) この配管されたパイプは長さが五〇から七六センチの導管からなる。それぞれの管は片側の先端が幅一三センチで、もう一方の先端は幅九・五センチと先細にデザインされている。つまり管はたがいにフィットするように工夫されていた。接合部分は水漏れしないように、おそらくセメントで固められていたのだろう。先細の作りが管内で水圧を作り、それがパイプ内で沈殿物を洗い流すのに役立った。このような管が宮殿の床下でネットワークを構成していた。管は降雨から集めたり、井戸から引いたり、送水路によって泉から送られてきた水を循環させた(9)。

もっとも古い送水路は、クノッソス宮殿の五〇〇メートル南、やや小高い所に位置するマヴロコリュトボスの泉からきていたようだ。石を切ってこしらえた暗渠とテラコッタ製の管の組み合わせが、峡谷の斜面に沿って水を宮殿にもたらした。さらに長い送水路が、アルカネスの泉からクノッソスへ水を送り込んでいたのかもしれない。距離はおよそ一〇キロ。枝分かれして宮殿と町の両方へ導水していた(10)。このような送水路の恩恵をはたして誰が受けていたのか——すべての住民だったのか、あるいは選ばれた者たちだけだったのか——、それは不明のままである。水の大半はおそらく、粘土や皮や木でこしらえた容器に入れて、山あいの泉から人の手によって、あるいは、ロバの背に載せてクノッソスまで運ばれていたのだろう(11)。

一年を通してクノッソスへ十分な水を供給することはなかなか至難の業だった。が、その一方で、冬場の大雨を排水させたり、家庭で使用された水を処理することも必要だった。そのためには、建物の下を走る石作りの排水システムが作られていた。家庭では上階から垂直に下ろされた、少なくとも四本の導管によって下水の処理が行なわれていたようだ。おそらくそれによって、屋根からの流水も排水できたのだろう。排水溝は石灰岩の厚板で作られていて、セメントによって内張りがされている。その一つが「王妃のトイレ」の下を走っていた。そして最終的にすべての水はカイラトス川へと流れ出ていった。

ファイストスの流出水集水システム

冬の降雨で流出する水は、もちろん泉の水の補足として、また主要な水源として貴重なものだった。流出水を「集めていた」かもしれない遺跡の一つにファイストスがある。ファイストスは、二番目に大きなミノア文明の中心地として知られ、クレタ島の南側の丘上に位置する。丘からは南にメッサラ平野をはさんで散在する村々、北にはイダ山の頂きというすばらしい眺望が開け、西を見ると、アギア・トリアダの丘――ここにかつてはミノア人のカントリー・ハウス（田舎家）があった――の彼方にはメッサラ湾のきらきら輝く青い海がある。

ファイストスを訪ねてみると、その満足感はクノッソスよりはるかに大きかった。そこにはまず旅行者の大集団がいないし、うさんくさい復元の跡がない。実際そこにあるのは、むんむんとしたマツの匂い、途切れることのないセミの声、そして地中海の照りつける太陽だ。それはまさしく完全無欠の考古学の喜びだった。宮殿のレイアウトはクノッソスに似ている。建物が隣接する中央の中庭と西中庭、それに油、穀類、オリーブなどを入れる巨大なピトス（貯蔵用の甕）。大きな階段や劇場。残っている建物は、第一段階で作られた宮殿と第二段階の宮殿が混在したものだった。が、遺跡にはクノッソスではいくぶん欠けていた誠実さがあるように思う。歩き回っているとたえずそこには、長く伸びたテラコッタ製の管と石製の暗渠があった、クノッソス宮殿の複雑な水施設を思い出させるものがある。が、ファイストスには、水供給と排水計画を連結させる試みがあったことを示す証拠はなかった。

水管理について言えば、ファイストスでもっとも刺激的な痕跡は西中庭にあった。それは劇場の下の石板舗装が施された大きなスペースで、そこを横切って、いわゆる「一段高くなった行進用の歩道」が通っている（写真10）。最近そこを訪ねたときには、歩道は歴然としていてすぐにそれと分かった。石畳より一五センチほど高くなり、広場を対角線上に横切って伸びていた。私は以前読んだことがあるのだが、この広場は流出する水を集めるために使われていたという。当初、私はきょろきょろと面食らったようにあたりを見回した。それというのも、どこにもそれらしき証拠が見えないからだ。[12] が、そのときやっと分かりはじめた。私は暑い太陽の下で参っていたにちがいない。中庭全体が集水の装置だったのである。中庭は南へ向かうにしたがってゆるやかな傾斜をなしていた。そして、手元のガイドブックでは「貯蔵穴」と記されている、丸い構造物へと水を導いていく浅い水路が何本かあった。穴は直径と深さがともに数メートルあり、たしかに貯水槽でありえた（写真11）。劇場や階段、それに周囲の建物の屋根に降った雨は広場の石畳の上へ排水される。そしてそれがこの貯水槽をいっぱいに満たした。一段高くなっている歩道は、儀式で行進中、ファイストスの支配的エリートたちを、少し高く持ち上げるためのものだったのかもしれない。が、それはまた足を濡らさずに広場を横切るために考えられた、現実的な解決策だったのかもしれない。

「クールーラス」は貯水槽？　ピュルゴスの痕跡

ミノア文明のクレタ島にはたして貯水槽は存在したのか、あるいは存在しなかったのか。これは実際、考古学者の間で論争の的となっている。ファイストスにはこのような丸い構造物（ピット穴）が五つある。それとほとんど同じ構造物がクノッソスでも四つ見つかっている。クノッソスでそれは「クールーラス」と呼ばれていた。一つの例外を除くと、あとのすべてはクノッソス宮殿の西中庭にあるか、それに隣接している。そして特別な歩道と何か関連を持っているようだ。その構造物が何であるにせよ、中に入っていたものはむしろ特殊なものだったにちがいない。それが貯水槽だったという考えは、おもに漆喰の内張りがされていないという理由で反対されている。それに代わる考えとしては、聖なる捧げものの保管場所、穀物倉、ゴミの穴、効能を持つとされる木を植えるための穴、あふれた地上水の排水穴などがある。が、クノッソスにはもう一つ貯水槽の候補がある。岩を切り開いたスペースで、直径八・三二メートル、そして少なくとも深さは一五メートル。宮殿の南側にあり、ヒュポゲウムという名で知られている。が、われわれはこれを発掘の記録で知っているだけだ。というのも、一部は露呈していたのだが、のちにふたたび埋められてしまったからだ。この穴には側面に螺旋状の階段が切り込まれていた。そのために警備の家、貯蔵室、穀物倉だったという意見が出された。エヴァンスはそれを貯水槽だとする考えに反対している。穴の側面に漆喰が施されていないし、岩を切り込んで作られているのは、それがあまり重要でなかったからだと言う。

さらにいっそう論議を呼ぶ例がザクロスのミノア期宮殿にあった。(13) ここでは宮殿の中央中庭のすぐ隣りに広々とした長方形の広間がある。これは「貯水槽の広間」と呼ばれてきた。広間の中に石でできた丸い地下構造物があり、どう見ても貯水槽のように見える。泉から水を集めていたが、今日では海水の侵入のために塩辛い水でいっぱいだ。構造物は直径が七メートルで壁はセメントで被われている。そして周囲が五本の柱で取り巻かれていた。これはミノア文明のクレタ島では唯一無二できわめて独特だった。この保水構造物については、単なる水の貯蔵場所ではないのではないかという意見がいくつか出されている。プール、アクアリウム（魚や水生植物を育てる水槽）、聖なるボートを保存する水など。

このようなミノアの構造物が水を保存する貯水槽だったという可能性は、さらに二つの構造物によっていっそう高められた。この二つはクレタ島東部の南部海岸にあったピュルゴスのミノア期の遺跡で発見された。[14] クノッソスやファイストスにくらべてやや小ぶりな丘の上の集落は、わずか〇・五ヘクタールほどしかない。南東側、南側、西側ともに険しい上り坂だ。丘はミュルトス川のすぐ東側に横たわっている。降雨の流出する水をとらえる手段がなければ、地質そのものも井戸を掘るには不向きなので、唯一の水源は川となるだろう。水は手桶に入れて手で運ぶか、ロバを使って丘の上に持って上がらなければならなかったにちがいない。

紀元前一七〇〇年頃、ピュルゴスではかなり活発に建築活動が行なわれた。その中には二つの丸くて大きな構造物が含まれていた（図4・2）。ミノア考古学の優れた専門家ジェラルド・カドガンは、少なくとも二つの構造物の内一つは流出水をとらえるために使われた貯水槽だと確信していた。二つの構造物は垂直の壁と丸みを帯びた底を持つ。底のベースには川の小さな小石を敷きつめ、その上に白漆喰が施されている。壁は表面を荒削りにした石ブロックで内張りされていた。二つはともに屋根がないが、日よけで簡単に被うことができたのだろう。

二つの内で貯水槽としてもっとも似つかわしいのは、丘の頂上から下へ五メートルほどの所にある。ピュルゴスの「カントリー・ハウス」として知られている大きな建物の隣り、舗装が施された平坦な中庭の中だ。このカントリー・ハウスは建設活動の後半期に建てられたものだが、先行した建物——建造時期は円形の構造物と同時代——の跡にそっくりそのまま建てられたと推測されている。カドガンはこの円形構造物の四分の一だけを発掘した。そしてその直径がほぼ三・五メートルあり、深さは少なくとも二・五メートルあることをつきとめた。中庭から構造物へ流出水が流れ入るのを妨害するものは何一つなかったので、穀類をここで貯蔵することはまったく意味がない。いったいそれは貯水槽より他の何でありえたのだろうか？

第二の構造物は第一にくらべて容量が三倍ある。直径が五・三メートル、深さは少なく見ても三メートル。しかし、形が不規則だ。集落の端からわずか二メートルの所にあり、その一部は丘の斜面にかかるようにして作られている。建物の屋根から流出する水をとらえるのには最適な位置だ。たくさんの下水溝があり、それが水を「貯水槽」へ導き入れていたように見える。が、一つ設計上のミスがあったのかもしれない。というのは、斜面を下る側で構造物がすでに古代の時点で破壊されていたからだ。石が外側に散乱していた。それは水の重量があまりに大きかったために、「貯水槽」を打ち破って丘の下へ溢れ出てしまったのだろう。

カドガンは、すぐ下の川で水を利用できるのに、ピュルゴスではなぜ貯水槽が丘の上に作られたのだろうと問いかけている。水を丘へ運ぶ労働力に事欠いたのだろうか？　だが、この場所で発生した建設計画の労働需要を考えてみると、これはありえないことのように思われる。谷にはマラリアを運ぶ蚊がはびこっていたのだろうか？　もしそうなら、貯水槽の中の淀んだ水も蚊の発生を免れることはできなかったにちがいない。

カドガンは防御という考えに心惹かれている。考古学者たちは伝統的に次のようなことを信じていた。島は挙げて「パックス・ミノイカ」（ミノアの平和）の状況にあり、それが継続的な平和をもたらして、文化的発展を可能にさせた。が、カドガンは火による集落の破壊の証拠を数多く指摘している。した

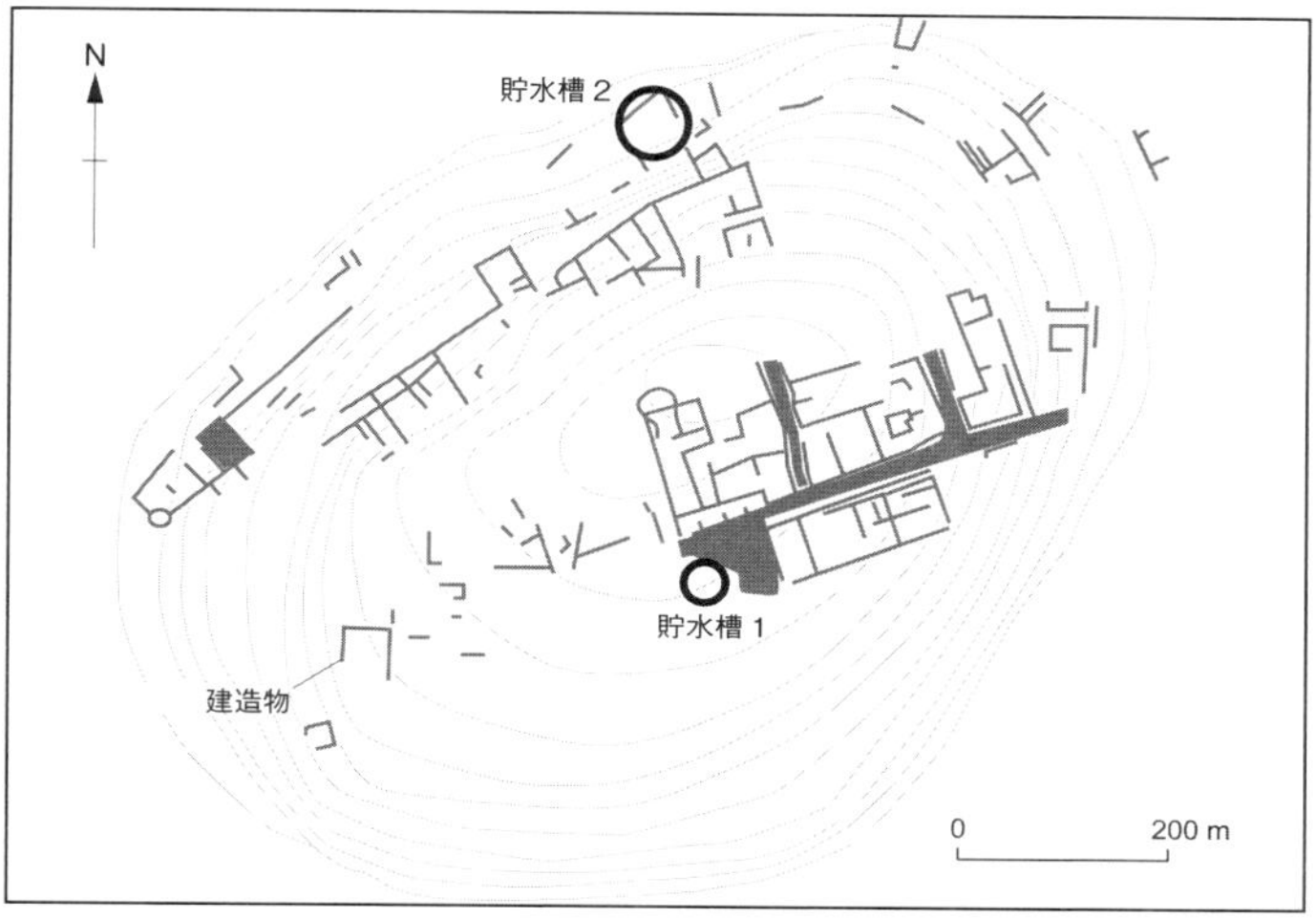

図 4.2　クレタ島、ミュルトス＝ピュルゴスの青銅器時代の集落。二つの貯水槽の位置が示されている（「Cadogan 2007」より）。

がって、おそらく、包囲攻撃の脅威のために貯水槽が作られたのだろうと言う。貯水槽のすぐ上の斜面には、塔型の堡塁とともに防御用と思われるテラス壁があった。しかし最終的には、彼もまた社会生活上の説明への支持を表明している。

ここでわれわれは次の結論――当時もそののちも、ミノア文明のクレタ島ではユニークなことだ――を得ることになる。それは丘の上の集落で十分な水供給を可能にするため、つまり（実質的には）必需品の無制限な供給を集落に与えるということだ。……これはクレタ島内の他の集落に対して、大きな宣伝戦略の効果を持ったのだろう（おそらくそれは戦闘的な競争関係さえ招きかねないものだった）。その一方でピュルゴスの人々に対しては、自給自足の潤沢な水という贅沢を楽しむことを可能にさせた。そこには、この贅沢が地中海でつねに願望の的となっていたという状況があった。(15)

しかし、貯水槽——たとえそれが従来のまま使われていたとしても——は長い間使用されることはなかった。やがてふたたび河川が唯一の水源となる。ピュルゴスの次の発展段階では、大きな円形構造物（貯水槽2）の方は、その周辺と同様、ゴミ捨て場となってしまった。興味深いことだが、カントリー・ハウスに隣接した貯水槽（貯水槽1）もまた、意図的に埋め立てられていた。が、それは注意深く選定された川の小石——白い筋の入った灰色の石灰石——で埋められている。これは象徴的だとカドガンは考えた。「こんな風にして、人々を支えた小石や以前の貯水槽は、コミュニティの歴史と水供給の変遷の豊かな記憶を人々の心にとどめることができた。そしてそれらは、社会的一体化の重要な手段として働き、使用された」[16]。

ミュケナイの水力学（紀元前一九〇〇－一一五〇）

クレタ島でミノア文明が花開いていたとき、その後継者がギリシア本土で登場しつつあった——ミュケナイ文化である[17]。名前は一八七六年にハインリヒ・シュリーマンによって最初に発掘されたミュケナイの要塞にちなんでつけられた。ミュケナイ文化の社会は戦士主導型だったが、それが生み出した文化は、建築や工芸、それにすばらしい芸術品などで、優にミノア文化と対抗しえた。紀元前一三世紀にミュケナイ文化はピークに達する。この文明はギリシアの南部と中央部で生まれ、のちにエーゲ海の島々へと広がり、紀元前一四五〇年の地震でクノッソス宮殿が破壊されてからは、そのあとを引き継いだ。

ミュケナイの世界については、われわれも大規模な考古学上の調査――現地や研究所で最新式の科学的方法により行なわれた――を通して知っている。しかしどれほど試みても、物的証拠の解釈をホメロスの『イリアス』――トロイ戦争の物語――を引き合いに出さずに行なうことはほとんど不可能だ。ホメロスの物語は紀元前七世紀か八世紀になってはじめて書かれたものだが、にもかかわらず、それは戦士主導の勇壮な社会について語っていて、ミュケナイ世界のよく知られた多くの宮殿や要塞に言及している。ミュケナイでシュリーマンが、「竪穴墓」と呼ばれる墓の中でももっとも豪華な墓を発掘したとき、彼は自分がトロイ戦争の英雄アガメムノンの埋葬用黄金マスクを発見したと確信した。

考古学的現実とホメロス神話

シュリーマンが発見したものを表現するのに、「豪華な」という言葉だけではとても十分とは言い難い。発見した品々は装飾品、ダイアデム（宝石で飾られた帯状の髪飾り）、指輪、腕章、金銀で作られたさまざまな器、アフリカからきたダチョウの卵殻、水晶を彫って作ったボウル、この上なく精緻に装飾が施された青銅製の剣や短剣などだ。それがアガメムノンであろうとなかろうと、たしかにこれらは戦士王の墓にちがいない。多くの読者にとっては、このようなミュケナイの財宝は親しみのあるものだろう。が、それは工芸品に限ったことではない。ミュケナイのライオンの門――私が学校の生徒だった頃、はじめてギリシアを訪れたときに目にした、もっとも忘れがたい光景がこれだった――のようなドラマチックな建築上の財宝、それにギリシア中で発見された巨大な「トロス式」墳墓なども、読者には馴染みのものだ。このような文化的業績がもっぱら依存していたのが、肥沃な沖積土で行なわれる穀類、オリーブ、穀草などの集約栽培だった。これによって生み出された余剰が支えていたのは、職人、軍隊、宮殿の官僚たちばかりではない。それはまた広範囲に及ぶ交易ネットワークをもサポートしていた。交易は戦士王のステータスを維持するために必要なエキゾチックな品々を調達した。

食料調達の管理は重要だが、これと同じくらい重要だったのが水の管理だ。穀物の灌漑用に、都市の飲料水に、水管理は欠かせない。そしてそれは地勢全体にとっても重要だった。というのも、ミュケナイ人はヨーロッパで最初に土地干拓を行なった人々だったからだ。実際、私の考えでは、黄金のマスクや水晶のボウル、青銅の短剣など、単にこれ見よがしの装飾品とくらべてみても、ミュケナイの水利事業の方が、彼らの文化的業績の度合いではるかに重要だと思う。

ホメロスをはじめとして、古代ギリシアの作家たちは、ミュケナイにおける水管理の重要性を認めている。しかし、彼らはそれをはっきりと明確に言うことはしていない。が、洗浄はホメロスの『イリアス』や『オデュッセイア』の一貫したテーマだった。ホメロスは祈りの前に手を洗ったり、兵士たち全員を水で清める場面を描いている。[18] 旅人たちは長くて苦労の多かった旅のあとでは、沐浴することで身も心も浄化された。沐浴はまた社会的儀式の役割を果たした。それはよく知らない家庭に迎え入れられる前の通過儀礼だった。男たちはそれほど親しくない女性たちの手で、体を洗われ、油を塗られて服を着せられる。彼女たちには困惑した様子もなければ、自分たちの苦境に対する恐れもない。[19] そのために考古学者たちは、ミュケナイ期のピュロスの遺跡――ホメロスの作品で描かれたネストル王の宮殿跡と信じられていた――を発掘して、漆喰（石膏）で塗られたバスタブや、水を入れる大きなかめ、スポンジを置く土器製の杯などがある部屋を発見すると、考古学をホメロスの物語で潤色することは、もはやほとんど避けがたくなってしまった。それはこんな物語だ。テレマコス（オデュッセウスの息子）がネストル王の宮殿に到着すると、美しいポリュカステ（ネストルの娘）がテレマコスの体を洗い、油を塗りつけて、彼が不死の神に見えるようにチュニックを着せた。

ギリシア神話を知っている人なら、ヘラクレスの一二功業の話も知っているだろう。一二功業の一つは、エリス王アウゲイアスの牛小屋をわずか一日で掃除をして、きれいにするというものだった。ヘラクレスはアルペイオス川の流れを変え、汚物で汚れた牛小屋へ水を引き入れて見事清掃に成功した。彼はギリシアのアルゴス平野にあったティリンスの要塞にいながら、労働者たちを指揮したと言われている。ティリンスは、その巨大な壁と浴室、井戸などで、ミュケナイ文明の遺跡中もっとも印象に残るものの一つだ。注目すべきはその町と周辺の地勢調査の結果、ミュケナイ人の支配者たちが、実際にヘラクレスが行なったことを遂行していたことだ。彼らは川の流れを変えていた。これはおそらく牛小屋をきれいにするためではなく、町を洪水による氾濫から守るためだったのだろう。

ミュケナイの土地干拓

ほどなくわれわれはティリンスに行くことになる。が、その前に、ミュケナイ世界の中で、灌漑や排水システム、貯水槽やバスルーム、そしてダムや堰などの考古学上の証拠を見つけることに留意すべきだろう。[20] アテナイやティリンスやミュケナイでは、岩を切り削って作った導水路が地下の泉から水を要塞へともたらしてくれた。ピュロスではテラコッタ製の管を通って、神殿や作業地域のあたりに水が導き入れられた。水は遠く離れた泉から、一キロに及ぶ木製の導水管を経由して都市へと送られてきた。ミュケナイではカオス川に橋が架けられている。冬の雨が川を荒れ狂う奔流にするので、カオスという川の名前はふさわしい。その堤を主要な道路が通っているために、橋には堤の浸食を防ぐ特別な工夫が施されていた。橋は大きくて粗い石灰岩の塊に、小石や粘土を詰め込んで型通りに作られているが、その真ん中に奔流を通すために「アーチ形を逆さにしたV字形の」溝が作られていた。これが川の流れを抑制し、それによって浸食する力をも制限した。(21)

このような事例はわれわれがすでにミノア世界で目にしたものと、それほど異なっているわけではない。が、ミュケナイ人はまた大がかりな排水計画を行なっている。結局はこれがヨーロッパでもっとも早い時期の開拓事業となった。彼らが直面していた課題は、肥沃となりうるギリシアの内陸盆地が、つねに洪水にさらされがちだということだった。広い平野は周囲を山で囲まれているために、雨の多い冬季には、流出する水やほとばしる泉、激流となった川によってすぐに浸水してしまう。春は春で、雪を戴いた山頂から雪解けの水により氾濫が起きる。自然の排水はただ一つ、石灰岩基盤に生じた陥没穴、亀裂、地下水路などよって行なわれるだけだった。今日、この盆地は精緻な近代的排水計画によって管理されている。考古学上の調査で明らかになったのは、現代の排水計画が紀元前一五〇〇年から一二〇〇年の間に、ミノア人によって行なわれたものとそれほど大差がないということだった。

盆地の中には、ミュケナイ人が堰やダムを作って洪水を貯めたり、場合によってはそれを水路で解き放ったりした痕跡があった。もっとも印象的な計画は、中部ギリシアのコパイス湖の排水を行なうために、オルコメノスのミュケナイ人たちが考案したものだ。彼らの業績は後代の作家たちによって記されている。ストラボンは紀元七年に『地誌』を書いた古典期の偉大な旅行家だが、彼が次のように記している。「彼らが言うには、今コピアス（コパイス）湖のある所は昔は乾いた地面だった。そしてその場所が、近くに住むオルコメノス人たちの支配下にあったときには、あらゆる方法で耕されていたと。したがって、この事実が彼らの豊かさの証拠として挙げられる」。

コパイス湖の調査はミュンヘン工科大学、水力学及び水資源研究所のヨースト・クナウス教授によって行なわれた。彼は考古学調査を通して発見した水利システムについて、三冊に及ぶ技術報告書を書いている。(22)クナウスが発見したのは、ミュケナイ人が当初たくさんの堤防を築いていたことだ。簡単な土のダムで、地形的に見て盆地の中の有効と思われる地点にそれを作った。たぶん紀元前一五〇〇年頃だろう。堤防によって守られた土地は、そののち農業や住まいとして使用された。堤防は岩だらけの孤立した丘グラの近辺でもいくつか見つかっている。この丘にはすばらしいミュケナイの要塞が作られた。

が、堤防のシステムでは持ちこたえることができず、開拓した農地や新しい集落はふたたび水浸しとなった。おそらくそれは紀元前一五〇〇年以後に増加した降雨量のせいだろう。これに対するミュケナイ人の対応は、前にもましてはるかに高機能の排水システムを構築することだった。幅が四〇メートル、全長二五キロという巨大な運河が掘削され、おもに流入する川や泉から、盆地の北東部にある自然が作った陥没穴へ直接水を引き入れた。これによって水位が下がったために、前に作った堤防がふたたび機能するようになった。運河はまた、乾燥した夏の間は集落に真水を供給したし、内陸のナビゲーションシステムとして重要な役割を果たした。古い堤防は粘土の中に石灰岩を埋め込んだ壁として再建され、さらに作られた運河はグラの要塞のために役立った。ミュケナイ人は二〇〇万立方メートル以上の土と、四〇万立方メートル以上の石を移動させたとクナウスは推測している。

だが、このシステムもふたたび持ちこたえることができなくなる。今度は地震のためである。ミュケナイ人がつねに直面していた課題の一つに、石灰岩の基盤岩にできた自然の陥没穴の排水容量を、ある程度でさえ予測することがまったく不可能なことがあった。紀元前一二〇〇年頃、一回あるいは複数回の地震が襲ったときに、陥没穴が完全に塞がってしまったのだろう。あたり一帯はふたたび水浸しになってしまった。

古代ギリシア人やローマ人は彼ら独自の排水計画を立てたが、この問題は一九世紀の終わりまで解決することがなかった。一九世紀の末になって、基盤岩を貫通してやっとトンネルが開けられ、洪水を隣りの湖水盆地へ流出させた。注目すべきは、おそらく地震の直後だろう、ミュケナイ人がまさに同じことをしようとした証拠をヨースト・クナウスが見つけたことだ。盆地の北西側でミュケナイ人は、基盤岩に垂直の穴を一六本開けた。もっとも深いものは六三メートルの深さに達している。そうして彼らは、たがいの穴の底部をつなげて、排水のためのトンネルを作ろうとした。もしこれに成功していれば、全長二キロ以上にわたる傾斜したトンネルが完成していただろう。そして湖水盆地は完全に排水されていたにちがいない。しかし、計画はけっして完成することがなかった。おそらくそれはオルコメノス人との極地戦争で、テーバイ人が勝利を収めたせいだろう。この戦いのあとでテーバイ人はすべての穴をふさいだ。そのために集落は埋没してしまったのである。

ティリンスのヘラクレスのような仕事

ミュケナイ世界の文化の中心は、ペロポネソス半島のアルゴス平野にあった。平野は山脈に取り囲まれ、エーゲ海に面している。心地のよい気候、要害の地、そしてゆたかな沖積土、真水の湧く泉、たやすく井戸の掘れる高い地下水面。したがって、平野にミュケナイの集落が散在していたのは驚くべきことではない。こうした集落の中でもっとも大きなものがティリンスだった。ティリンスは海岸線から二キロの所にある石灰岩の円丘上と、その周辺に建てられた都市で、二〇キロ北に位置するアルゴスやミュケナイと並んで、ミュケナイ世界の三大中心地の一つである。

ティリンスの王宮を取り巻く城壁は、今もそのまま残っている。この城壁に強い印象を受けたホメロスは、「壁を巡らした大いなるティリンス」について書いている（写真12）。彼はまた、アルゴス平野から産出されるすぐれた馬についても、その高い繁殖力を評価して、しばしば言及していた。城壁はあまりに巨大な石の塊で作られていたために、建築には人並み外れた努力の投入が想定された。ギリシア語の文献では、それを神話上の一つ目巨人キュクロプスの仕業だとしていた。そのためにミュケナイの典型的な石積みは「キュクロプスのような」（巨大な）と言われている。それは切削していない石灰岩の巨大な塊をモルタルなしで結合したもので、ミュケナイ世界の至る所で見られた。

城壁は王宮のある要塞を取り囲んでいたが、町は石灰岩の円丘を取り巻く平野にあった。この遺跡は一八一〇年に、ウィリアム・ゲルによってはじめて、ホメロスの書いたティリンスと関わりのあるものとされ、一八三一年に最初の発掘が行なわれた。一八七六年、シュリーマンがミュケナイの発掘を終えて、ティリンスに到着した。そのとき彼は当初、遺跡を中世のものと思い、その下に埋もれているミュケナイの都市を発掘するために、危うくそれを破壊しそうになった。体系的な発掘作業をはじめて行なったのはドイツ考古学研究所（ＤＡＩ）で、一九〇五年から一九二九年までと、そののち一九六七年から一九八六年までである。一連の発掘作業で宮殿の見取り図が明らかとなり、玉座の間が発見された。

また、再建された段階の遺跡が数多く確認された。その一方で、発掘にもかかわらず、ティリンスの町全体の情報は限られたものしか得ることができなかった。それは情報の収集のためには、円丘を取り巻く魅力に乏しい遺跡の発掘をしなければならなかったからだ。このような発掘作業は限定されざるをえない。が、ハイデルベルク大学の地理学研究室からきたエバーハルト・ツァンガー教授が指揮して、一九八四年から一九八八年にかけて発掘が行なわれた。この一連の発掘で明らかになったのは、ティリンスの人々が襲いくる力に対して防御活動を行なっていたことだ。それは水利事業の最高傑作によってのみ打ち負かすことのできる相手だった。[23]

襲いくる力というのは対抗する都市国家の軍隊ではない。それは東方の山の尾根から、平野を横切って流れているマネッシ川のことだ。ひとたび洪水が起きると、川は沈泥や砂利を農地や町に沈殿させた。泥れんが作りの建物はたとえ洗い流されなかったとしても、甚大な被害を被った。それに立ち向かうためにミュケナイ人が当初試みたのは、集落を土手で守ることだった。これが失敗に終わると、彼らはより思い切った行動に出た。マネッシ川の流れを完全に変えたのである。

アルゴン平野プロジェクトを指揮したのはツァンガー教授だった。プロジェクト隊が調査したのはティリンス周辺の地勢変化の歴史だ。それは平野の至る所で広範囲に掘削孔を掘って、堆積物の順序を決定したり、航空写真を綿密に調べたり、石灰岩の円丘の周囲で堆積した沈殿物の層序について述べた、多くの発掘報告をつなぎ合わせたりして、全貌を明らかにする作業である。町の大半が今では六メートルの沈殿物で埋まっているために、この掘削孔のプロジェクト自体がむしろヘラクレスの仕事のようだった。

ツァンガーが見つけたのは、ミュケナイ人の町が初期の段階では、石灰岩の円丘の海岸に面した南西側の麓に、大きな集落をなしていたことだ。海水面が今日より若干高かったので、海岸線までの距離はわずかに一キロしかない。川は町の中央を通って流れていた。川の南岸には人工の堤防が作られ、冠水被害の危険も軽減して安定していた。が、川によってもたらされる沈殿物がたえず積み上げられるため、町を拡張することは不可能だった。結局、町のこの部分は遺棄されて、青銅器時代の家や通り、市場などが数メートルに達した沈泥、砂、砂利などによって急速に埋まってしまった。

ミュケナイ人の集落の後半段階には、マネッシ川がコースを変えて、円丘の北側を巡って流れるようになったため、この地域の集落に新たな危険をもたらした。やがて粗い沖積土の沈殿物が要塞の東側や北側に立つ建物を破壊した。建物は四メートルの沈泥の下に埋もれてしまった。がしかし、そののち、一見まったく突然に沈殿が止んだ。新しい家々は以前川床だった所に建てられた。洪水の恐怖は完全に払拭してしまったように思えた。

いったい何が起こったのか？　それはまったく単純なことだった。ミュケナイ人たちが――おそらくティリンス王の指令の下で――川の流れを変えて町から遠ざけたのである。川が平野へ流入するちょうど手前で、水路の向こう側に巨大なダムを建設した。ダムは三つの渓流が合流して、一つの川へと注ぐ直後に置かれたにちがいない。そのためにもダムは水の大きな力に耐え忍ばなくてはならなかった。ダムの高さは一〇メートル、長さは一〇〇メートルに達した。土と石を押し固めて作り、それを「キュプロクス」の石積みで築き上げた壁でしっかりと固定した。これで出口の水路がなければ、ダムの背後に溜まった水の集積が、やがては耐え難いものになってしまっていただろう。そのために掘られたのが長さ一・五キロの人工水路である。それはすべての水をもう一つの川床へ逃すためだ。水路に沿って、ティリンスの南数キロの地点を水は支障なく海へと流れていった（図4・3）。

ティリンスの町は洪水から、ぶじに身を守ることができたかもしれない。が、相変わらず他の自然力の前には身をさらし続けていた。紀元前一二〇〇年頃、少なくとも二度の大きな地震に見舞われた。要塞内の建物はその多くが倒壊し、巨大な壁もダメージを受けた。考古学者たちはゆくゆく、壊れた建物の瓦礫の下で、押しつぶされた女性や子供の遺骨を発掘することになるだろう。ツァンガーはダムの崩壊とは別に、地震が鉄砲水を引き起こしたのではないかと考えている。それが悲惨な土石流を招いたのではないか。おそらくそれは、要塞の南西部に広がる町の建物を埋めつくしただろう。

これがティリンスの北、わずかに二〇キロしか離れていないミュケナイに、甚大な影響を及ぼしたのと同じ地震だったのかどうか、そしてこの一連の出来事が、ミュケナイ文明の崩壊の原因となったかどうかを解明する作業は、本書の範囲を越えている。われわれの関心は、ティリンスの人々が自分たちの町を——何年もの間ティリンスに住んでいたヘラクレスが、功業の一つとして行なったと言われている——川の流れを変えることで守った、その方法にあった。

古典期のギリシア——アテナイへの給水

ミュケナイ文明の崩壊(紀元前一二〇〇)後、今では暗黒時代(紀元前一二〇〇-七〇〇)と呼ばれる時代が数百年間続いたのちに、アテナイやその他、スパルタやコリントスなどの都市国家が、ギリシアの重要な政治的、経済的中心として登場した。アルカイック期(紀元前七五〇-四八〇)にインフラが整備されると、それが全体としては古典期ギリシアの拡張政策——紀元前四世紀にピークに達する——を可能

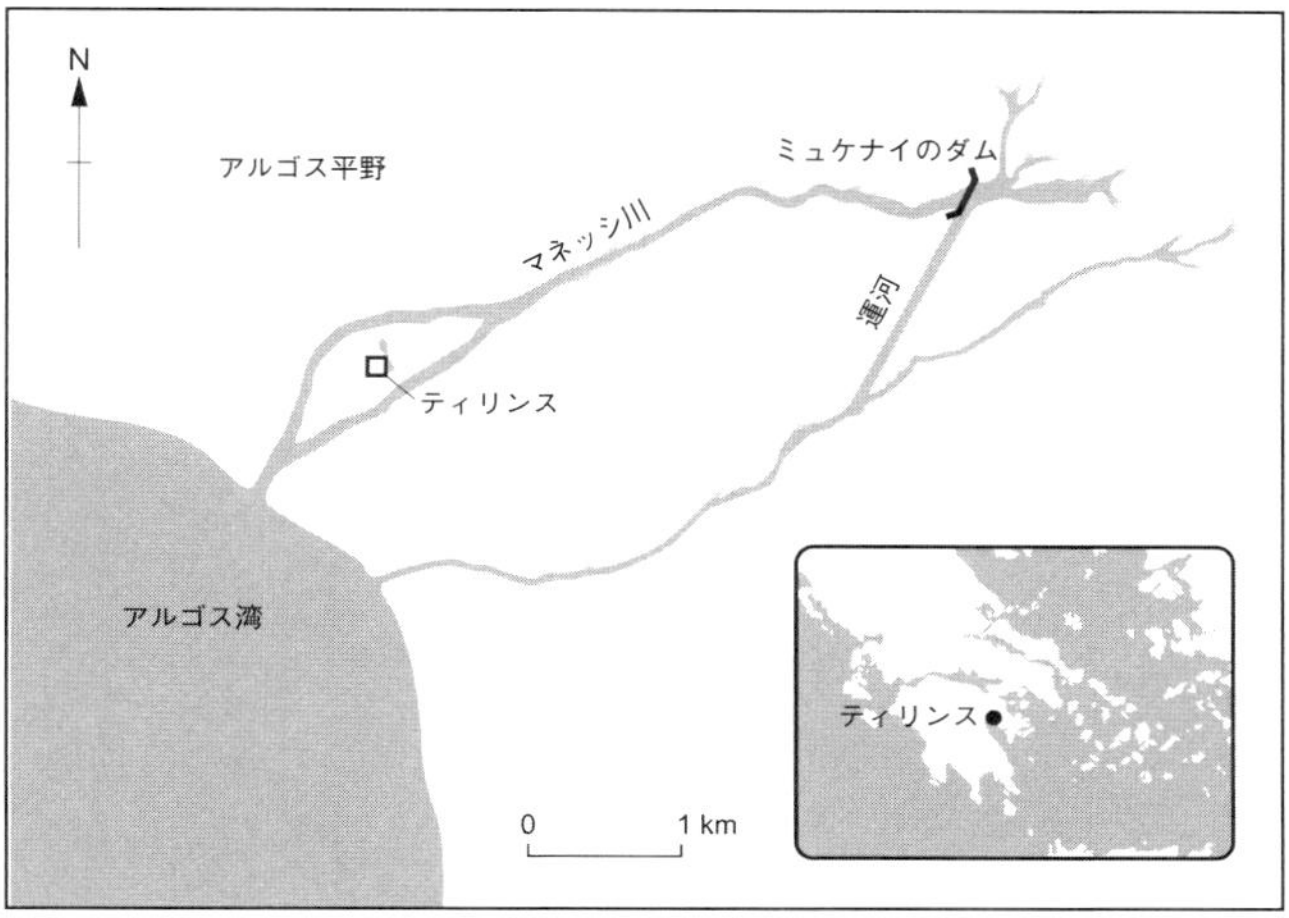

図 4.3　マネッシ川の本来のコースと、後期ミュケナイ時代にティリンスの北側を回る新しいコース、それに川の流れを変えるために設けられたミュケナイのダムと運河（[Zangger 1994] より）。

し、先の諸都市に繁栄をもたらした。ギリシアでは非常に雨が少なく、川がほとんど流れていない。そのために水利事業はインフラ――インフラこそが、公衆浴場や噴水、排水システムなどを、古典期の都市文化を特徴づけるものとなしえた――の重要な要素だった。(24)

紀元前六世紀頃になると、アテナイが都市国家の中で最強の、文化的にももっとも洗練された都市として頭角を現わした。アクロポリスやパンテオンは、ギリシア文明の象徴として今もその姿をとどめている。絶頂期にアテナイは二五万の人口を擁していたために、水の必要量はかなり大きかった。人口の大半はアクロポリスの下の都市区に住んでいた。紀元前四世紀頃には、ときに装飾を施したり、凝ったデザインの噴水が、アテナイ市内のあらゆる十字路で水を湧き出させた。それはきれいな飲料水の飲み場として、あるいは会合場所や洗濯の施設として、そして、もちろん噴き上がる水を目や耳で楽しむ場所として使われた。

裕福な家ではその多くが、バスタブや「水洗」トイレのあるバスルームをプライベート用に設けていた。

都市では井戸、貯水槽、導水管、排水管などの複合システムが普及した。そしてそれにより、異なった用途に応じて異なったタイプの水供給が行なわれた。泉水は送られて飲料水用の噴水に、飲料水にならない水は洗濯用の貯水槽に送られ、使用ずみの水はていねいにリサイクル用として床を掃除したり、「水洗」トイレや植物の水やり用に使われた。(25) 粘土で作られた管が地下のネットワークによって、都市のあらゆる地区に水を分配した。そして同じように、排水のネットワークが都市の汚れた水をはけさせた。井戸はスポンジのようなカルスト地の中へ深々と掘ることができた。個々の家々の屋根からは流出水が集められ、いったん地下の貯水槽に貯められて、干ばつのときなどに必要な予備の水として給水された。

アテナイ人は幸運だった。泉が比較的どこにでもあったからだ。実際、アクロポリスにもさまざまな所に合計八つの泉があった。柔らかな石の層に固い不浸透性の泥灰土が混じった地質をしていたために、水が地層の間から自然ににじみ出てきて泉を形成し、井戸を掘りやすくしていた。

このような泉の存在が、アクロポリスの集落の長い歴史を説明しているのかもしれない。それは紀元前三〇〇〇年紀以前にまで遡る。ミュケナイ人は紀元前二〇〇〇年紀後半にアクロポリスを要塞化した。そして、今日「ミュケナイの噴水」と呼ばれている泉へと降りる階段を数段作った。しかし、かつてアクロポリスの頂上に立っていたミュケナイの大広間（メガロン）については、残された形跡がほとんどない。紀元前七世紀後半の古典期に、もっとも大きな泉（クレプシュドラ）のまわりに壁が作られた。それから徐々に、神殿や他の建物が建てられて、現在われわれがその遺跡を目のあたりにするアクロポリスが形成された。紀元前五一〇年頃には、水供給が長距離の地下水路（ペイシストラトス）によって補われることになる。この水路は同名の一族によって誇らしげに建造されたもので、ペンテリコス山やヒュメットス山から七・五キロにわたって水を運んできた。他にも、リュカベットス山の貯水池から運んでくる水路もあった。また、アクロポリスでは紀元前六世紀を通して、流出水を集める貯水槽、井戸、排水路などが作られた。

ミノア期のクレタ島で見たように、そしてのちに古代世界の他の土地でも目にすることになる余分な水の排出は、しばしば水の供給と同じほど重要な問題だった。紀元前六世紀にアテナイの規模が拡大するにつれて、人工の排水路に対する要望が最優先事項となった。とりわけ低地にあったアゴラでは切実だった。もともと民間の住宅地域だった所が、発展してアテナイ政府の中心地になったアゴラは、激しい暴風雨のあとには洪水に見舞われることが多かった。それに対してアテナイ人の出した解決策が、一九三二年の発掘作業で偶然発見された。発掘中に降った集中豪雨が地面を浸食したために、巨大なアテナイの排水路がむき出しになったのである。それはアゴラの西側の通りの下を、南から北へ走るようにして作られていた。床も壁も屋根も石で注意深く作られていて、一平方メートルの水路は「大排水路」の名にふさわしいものだった。紀元前五世紀に建設されたこの排水路はのちに南や東へと拡張して、紀元前四世紀にはさらに伸び広がり、アテナイ全域の排水を引き受けることとなった。(26)

コリントス人とサモス島のエウパリノスのトンネル

ギリシアの各都市国家は、住民へのつねに変わらない十分な水補給を確実にするために、それぞれ固有の環境に対して的確な対処をしていかなければならなかった。たとえばコリントスの技術者たちは、ギリシア本土の大半に広がり、そこここに空洞や水路のある石灰岩のカルスト地形を最大限に活用した。コリントスは石灰岩の丘アクロコリントスの周囲に作られた町だった。地下の水路や貯水槽を作るに当たって、技術者たちはこのスポンジ（海綿）状の露出部と、自然にできたトンネルや洞窟のネットワークをできうるかぎり利用した。[27]

サモス島はトルコ南部の海岸の沖合にある。そのサモス島で紀元前五三〇年に完成された水利事業は、おそらく古代ギリシアでもっとも手間のかかった工事の達成だったかもしれない。それは「エウパリノスのトンネル」と呼ばれた。[28] 島と同じ名で知られている主要都市サモスは、標高三〇〇メートルのカストロ山によって、アギアデスという大きな泉から遠ざけられていた。僭主のポリュクラテスはサモスの防備を固めた。そして水供給を確保し、自らの都市が知的中心地として成長し続けることを確かなものにしたいと思った。やがてサモスは哲学者、音楽家、画家、数学者たちの故郷となり、その中にはピュタゴラスもいた。彼がこの都市を訪れたあとで、サモスは名前をピュタゴレイオンと改めた。

紀元前五二〇年、ポリュクラテスは、カストロ山にトンネルをくりぬき、泉から直接水の引ける水路の建設を、技術者（建築家）のエウパリノスに依頼した。結果は注目すべきものだった。トンネルは両端から掘られて見事に成功した。それは今日から見ても驚異的と思える数学上及び工学上の水準を示していた。幅一・五×一・五メートルの通路は長さが一〇三六メートルあり、山の真ん中を海抜五五メートルの高さで貫通していた（図4・4）。トンネルは北から真っすぐにスタートするが、そのあとでジグザグの進行となる。おそらくそれは、自然にできた岩の裂け目や破砕箇所を避けて通るためだったのだろう。南からはトンネルも、半分の距離までは一貫して真っすぐに進むが、ちょうど半分までくると、

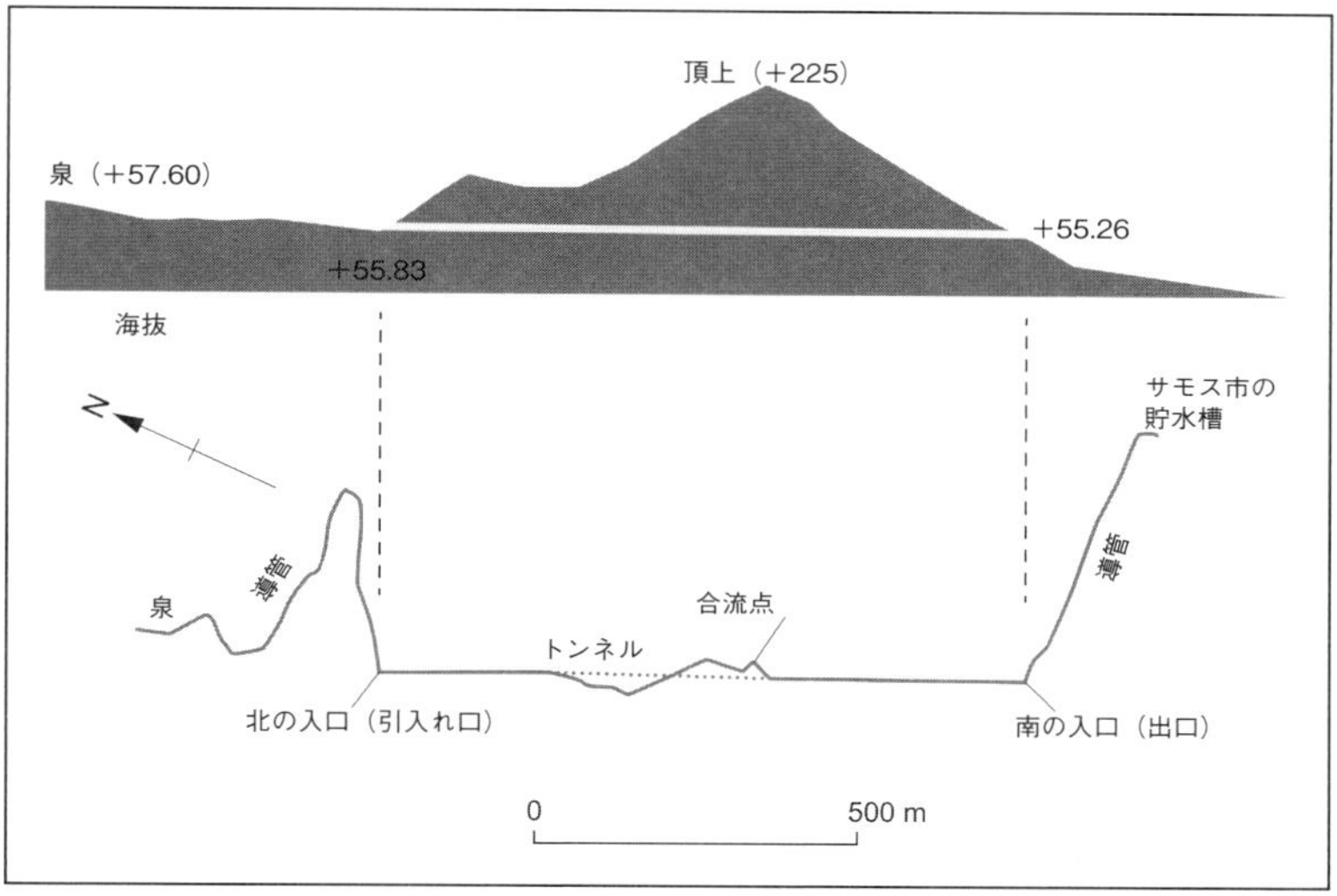

図 4.4　サモス島のエウパリノスのトンネル（「Apostol 2004」より）。

突然右に曲がって北からきた道と出会う。それはトンネルがクロスする可能性が高くなるように工夫した工学上の技法だった。二つのトンネルが出会ったときの高低差がわずかに六〇センチ。これは奇跡的だ。

　現代の数学者や技術者たちが頭を悩ませている問題は、基礎的な地理学の知識とかなり原始的な道具だけで、このような工学上の偉業をエウパリノスが、どのようにして成し遂げることができたのかという点だ。そこには解決しなければならないおもな問題が三つあった。第一は、各トンネルがそれぞれの方向に掘り進みながら、水平面上で他方のトンネルとどのようにして確実に出会えるのかという問題。第二は、二つのトンネルが同じ高さで出会えるためには、どのように垂直面の調整を行なえばよいのか。そして第三は、水を正しい方向に流れるようにするには、どうすればよいのかという問題だ。最後の質問の答えは、現存しているものから判断して明らかだった。トンネルが二つ、一つの上にもう一つある。送水路のトンネルのすぐ下にあり、それは明らかに最初のトンネルが開通したあとで、より慎重に作られたものだ。水は下に作られた、蓋のない粘土製の水路のトンネルを通って流れた。水路は手入れのために人が入ったり、一年のある時期、水量が増大したときに十分対応できるほど大きかった。場所によっては、上のトンネルから水路を見ることができたが、他の所では石の平板で被われている。

　エウパリノスが直面した残る二つの問題は、現代の技術者にとってもそう簡単には解決できない。彼の方法を推測したり再現する試みが数多くなされた。一九六五年に二人のイギリス人科学者、ジューン・グッドフィールドとスティーヴン・トゥールミンが次のようになことに気がついた。トンネルが通っている場所は、山でも南側から登れる部分のすぐ下に限られている。たとえそれがサモスの町から遠く離れることになっても、やはり南側を選択していた。二人は山の頂上に登ってみたが水路の両端は見渡せない。そのことが分かると彼らは落胆した。しかし、エウパリノスが山の頂上で木や石を使って、七メートルほどの高い塔を作ったとしたら、それは可能だった。これならアギアデスの泉と海岸を同時に見て取ることができる。かなり原始的な照準器でもそれを使えば、トンネルの両端に標識を立て、トンネルの掘削方向を導く定点をいくつか定めることは可能だったろう。

　もう一つもっともらしい説がある。が、これは想像するのが難しい。最初は紀元一世紀のローマの技術者ヘロによって記録された説で、それを一九五五年にドイツ考古学研究所のヘルマン・キーナストがサモス島に応用した。[29] それは次のような説だ。エウパリノスは提案されたトンネルの入口から、もう一方の側へ向かって山を巡るようにスタートする。海面上つねに同じ高度を保って、つまり山の等高線に沿って進む。これなら粘土製の管に水を入れて作った、原始的なアルコール型水準器でも何とか高度は保てる。そのつど杭や柱を地面に差し込んで、山の反対側の妥当な地点に達するまで一定の高度をマークしていく。こうしてエウパリノスはトンネルの入口と出口のかなり正確な水平ポイントを得た。さらに同じルートを今度は歩測し、直角に方向転換することで、入口から出口に達する南側と東側の全部の距離を計測し、ルートの三角形を地図にすることができる（が、これも実際には難しい）。あとはピュタゴラスの三角形の定理を使えば、斜辺の距離を計測することが可能となる。そして同じ比率の三角形をトンネルの両端に記しておけばよい。作業する者たちはトンネルをまっすぐに掘り進み、ときにトンネルの外へ出て、入口に記した三角形の端点までもどり、それを道しるべにして、正しい方角をたどることができる。排水管のアルコール型水準器を使えば、彼らはトンネルを水平に掘り進みながら、中間点で落ち合うことができるというもの。

エウパリノスがどのようにしてトンネルを水平な状態に保ったかについては、二〇〇四年にトム・M・アポストルによって新たな提案がなされた。(30) 彼と同僚のマミコン・ムナツァカニアンの二人は、アルコール水準器に似た工夫だが、長くて真っすぐな棒の真ん中をロープで持ち上げる方法を使ったのではないかと指摘した。ロープをゆっくりと持ち上げる。このやり方だと棒の両端の内、どちらが先に地面を離れるかは簡単に見て取れる。そのために両端の高さを計測して調整することが可能となる。たえず海抜の高度を一定に保ちながら、山のまわりを巡るコースを企てるためには、一時的な標柱を立てればよい。たとえば八メートル離した柱を、長い棒の水準器を使って高さを同じにそろえて。二本の横並びに標柱を作ると、それを「照準器」として使い、一〇〇メートル離れた所まで、同じ水平線上の点を指し示すことがかなり容易な作業となる。それは銃身で狙いを定める手順に酷似している。さらに次の二本を先の二本のあとに立てて、同じ作業を繰り返す。これを六、七回段階を踏んで行なって、山を巡る水平な道の正確な地図を作り上げたのだろう。トンネルの両端の高さを示す標識も、かなり正確なものができ上がったにちがいない。が、しかし、それはトンネルの方向を決める助けにはならなかっただろう。

以上述べたような技術上の方法は、そのどれについても考古学的な証拠がまったく見つかっていない。それにどの方法を行なっても、必ず何らかの誤差が生じたことは明らかだ。これは言うまでもないことだが、トンネルは今日でさえ依然として驚異的な技術上、工学上の達成であることに変わりがない。エウパリノスが実際にどのような方法を使ったにせよ、驚くべきことに、彼は計画されたルートからほとんどそれることなくトンネルを完成させたのである。

水について書いている哲学者と歴史家

すでに旧約聖書（2章）、シュメールの楔形文字で書かれた文書（3章）、それにミュケナイ人について書いたホメロスの書物などで見たと同じように、古典期のギリシア文学でも、水の性質とその管理は主要なテーマだった。ピンダロスは紀元前四七六年に祝勝歌『オリンピアンⅠ』を書いたが、そこで彼は「あらゆるものの中で水は最良だ」と普遍的真理を述べていた。[31] 哲学者や歴史家が書き残したものは、考古学的資料だけでは得ることのできない洞察をわれわれに与えてくれる。

哲学者で科学者のタレス（紀元前六二四－五四六頃）は水が始源物質（アルケー）であり、それはもっとも美しい物質だと言った。アリストテレス（紀元前三八四－三二二）は『形而上学』（983）の中で、次のように書いている。

タレスは……水が根源的（原理）だと言う（そのために大地も水の上にあると断言した）。そのような考えを抱くようになったのは、おそらくすべてのものの滋養物が水気を含んでいて、熱でさえも水気から生じ、それによって持続しているのを目にしたからだろう（そして、すべてのものがそこから生じるそのものが、すべてのものの原理だと言うのだろう）。

アリストテレスは『政治学』(vii, 1330b) の中で、「戦時の安全のためにも都市には貯水槽が必要だ」と述べている。ギリシアの諸都市は実際、水の入手が可能な丘の上にある。おそらくそれはこの理由からだろう。『気象学』でアリストテレスは次のように書いた。

地下においても、水ははじめに少しずつしたたり出て集まり、やがて、それが地中から滲み出て合体し、川の源となる。……人々は水路を作って、管や溝で水を集めるが、それはまるで大地が高台で汗をかいているかのようだった。……山や高台はまるで、水を染み込ませて大地の上に吊るしたスポンジのようで、多くの場所で少しずつ水を滲み出させては、したたり落とす。

プルタルコス（四七－一二七）は、紀元前六世紀のアテナイの立法者ソロンによって定められた法律について述べている。そして大きな都市における、水使用の持つ政治的、社会的意味合いについて説明した。

川や湖や泉による水供給が不十分で、ほとんどの人々が井戸を掘ったので、彼（ソロン）は法律を定めた。一ヒッポコン（七一〇メートル）以内に公用の井戸がある所ではそれを使うように、もしそれが遠くにある所では、自分の井戸を掘ることができる。しかし、一〇オルギュイア（一八メートル）掘っても水が出なかったときには、隣人の井戸から日に二回、六コース（二〇リットル）入る大型の水がめいっぱいに水を満たすことが許された。というのも、ソロンは困っている人は助けるが、怠惰を励ますことをしないのが正義だと考えたからだ（『英雄伝』「ソロン」23）。

ギリシア文学の中で、戦闘や包囲攻撃の際に水が使用されたり悪用された話は数多くある。その中の一つはもっぱら科学者タレスに重点が置かれている。彼の先祖はおそらくフェニキア人だろう。のちにタレスは「ギリシアの七賢人」の一人としてデルフォイの神殿で称えられた。科学者として彼は、琥珀の電気的性質（静電気を起こす）の発見という功績を残した。が、この時期、彼はまた革新的な数学者（エウクレイデスによって『原論』で言及されている）として、さらには天文学者、エンジニアとしても名声を勝ちえている。紀元前五四七年に、リディアのクロイソス王がペルシアのキュロスと戦ったときに、タレスをクロイソスに同行させるよう導いたのもエンジニアとしての彼の力量だった。歩兵の大軍を引き連れていて、ハリュス川を渡河することのできないクロイソスは、タレスに川の流れを変えるように命じた。ヘロドトスは『歴史』（Book1, 75）で次のように書いている。

野営地の上方から深い運河を掘り、彼（タレス）はそれを半円を描いて導き、野営地のうしろを通るように、そして川が本来の流れからそれて、本流を離れる地点で新しい運河へ流入し、軍の陣地のそばを過ぎて流れ、そのあとでふたたびもとの流れにもどるようにした。こうして川はともに、歩いて簡単に渡ることのできる二つの流れに分断された。

一世紀後、アテナイ人はペリクレスの統治の下で、ギリシア本土における権力と影響力を拡大しようとしていた。その一方で、エジプトにいたペルシア人を撃退する試みも行なっていた。ツキュディデスの『戦史』(1.109)によると、エジプトで自分たちの土地を守ろうとしていたアテナイ人たちは、ナイル川デルタの小島プロソピティスへやむなく後退し、港に舟を係留した。彼らは包囲されて一年半の間島にとどまったが、紀元前四五四年、ペルシア人はデルタに運河を掘り、川の流れを島からそらした。そのために島は本土と陸続きになってしまった。アテナイの舟は港の泥の中で座礁し、リビア経由で命からがら逃げ延びた兵士たちはペリクレスに、エジプトはペルシアに与えて遺棄するようにと進言した。

同じ頃、ギリシア本土ではアテナイの同盟諸国軍が、スパルタとペロポネソス戦争後期の戦いをしていた。ツキュディデスによると(5.47.9)、紀元前四一八年、マンティネアでにらみ合いが続いていたが、同盟軍が高地へ逃避してそこにとどまった。何とか戦闘に持ち込みたいスパルタは問題の解決を水の工学に頼った。彼らはサランダポタモス川の流れを変えて、それより小さなザノビスタス川へ注ぎ入れた。そのためにザノビスタス川はマンティネアの土地に洪水を引き起こし、有無を言わせずにアテナイの同盟軍を戦いの場に引きずり出した。スパルタは勝利を収め、アテナイ人は敗退した。

ギリシアの科学――ポンプと時計

古代ギリシア人が行なった技術的発明の中で、もっとも長続きした不朽の発明品といえば、それは「アルキメデスのスクリューポンプ」だろう。シリンダーの中でぴたりと合った螺旋状の歯車が回転する機械で、今日でもなお、水を汲み上げるためや、穀物をある高さから別の高さに移すのに使用されている。[32] アルキメデス（紀元前二八七－二一二）はシチリア島のシラクサの出身。古代でもっとも偉大な数学者の一人である。彼は同時に自然科学者、エンジニア、発明家、天文学者でもあった。アルキメデスが発明した有名なポンプは、彼の「螺旋の研究」から発展したものだが、他にもさまざまな分野で創造力に富んだ仕事をした。三次元形状の体積と釣り合いの研究、円の特性、物体の密度、浮くことと沈むことの性質の探求、さらにはまた、砂粒を単位にして宇宙の大きさを計算する試みなど。プルタルコスによると、アルキメデスが死んだのはシチリア島がローマに征服された期間中だったという。そのとき彼は数学の図形に取り組んでいた。ローマの将軍たちから命令が下されていて、アルキメデスの安全は保証されていたのだが、取りかかっていた仕事からさっさと離れなかったために、一兵士によって殺された。「（砂の上の）円を壊さないでくれ」が、彼の最後の言葉とされている。

もっとも早い時期に水を使用した発明家として、もう一人、エジプトのアレクサンドリア出身のクテシビオス（紀元前二八五－二二二）がいる。[33] 彼は明らかに幼年時代を、理髪師の父親といっしょに働きながら過ごした。その期間中に彼は、父の店の鏡を上げ下げするカウンターウエイト（釣り合い重り）・システムを発明した。そしてこれがのちに空気圧縮、水力学、気体力学に関する一連の発明につながっていく。アルキメデスのように彼もまた水ポンプを作り出した。このポンプには垂直なシリンダーが二つあり、それぞれに、バルブつきのロッカーアームによって相互に動くプランジャー（ピストン）がついていた。ピストンが上げられるとバルブが開いて、シリンダーに水が引き入れられ、ピストンが下がるとバルブが閉じて、水が高所のタンクへ押し上げられるか、あるいは水流を作る。これと同じ原理でクテシビオスは最初のパイプオルガンをこしらえた。

クテシビオスの偉大な発明の一つは、水時計、つまり「クプシュドラ」（意味は「水を盗む」＝「水泥棒」）の開発と改良だった。単純な水時計はほんのしばらくの間だが、これまでにも使われていた。それは底に小さな穴の空いた容器で、そこから水がしたたり落ちる仕掛けになっている。この容器に水を満たしたものがアレクサンドリアの法廷で使用されていた。被告人には法廷で、ある定められ時間の間話をする権利があった。水時計は被告人の罪に従って調整され、水の量も決められた。クテシビオスは水が容器の穴を通って落ちるのを見て、時間を測定するというプロセスに納得がいかなかった。これはたしかに一定の時間を測定するには役立つ。しかし、正確な時間を得ることができない。容器の中の水圧が変化するからだ。そして決定的なのは長時間測定ができないことだった。

クテシビオスは水時計の原理の精緻化に取りかかった。水力学の予備知識にもとづいて事を進め、バルブや水圧、サイフォンなどを使用した。水の容器は二つを合体させて、つねに満杯の一方の容器から、絶え間なくもう一方の容器にしたたり落ちるようにした。そのために水圧は終始一定に保つことができた。が、第二の容器から水が出ていってしまうことはない。そこでいっぱいになった水は着実に上へもどる仕組みになっている。時間の経過は第二の容器の水面に「浮き」があり、それが上昇することで示される。浮きは垂直のバー上の標識に取りつけてあって、その標識が時間の経過を正確に提示した。水は第二の容器の最大限度に達すると、排水管へと流れ落ち、サイフォンに流れ込む。サイフォンのおかげですべてのプロセスがふたたび繰り返される。これは現代の水洗トイレの方式に非常によく似ている。クテシビオスの水時計は一七世紀に至るまで、もっとも正確に時間を計測する手段だった。そして、一六世紀にガリレオが物体の落下速度を測る実験をしたときにも、この水時計が使用された。

ヘレニズム世界

古典期ギリシアの文化は、水利事業におけるその成果も含めて、中近東一帯から北アフリカへと広まり、土着のコミュニティの文化と融合して、われわれがヘレニズム世界として知っているものを作り出した(34)。文化を広げる媒介となったのが、アレクサンドロス大王の軍隊である。アレクサンドロスはギリシア北部の都市マケドニアの若い王で、一六歳になるまで、家庭教師だったアリストテレスの教えを受けていた。紀元前三三四年から三二三年に行なわれた彼の遠征によって、古代でもっとも大きな帝国が形成されたと言ってよいだろう。帝国の版図は西はアドリア海岸から東はインダス渓谷にまで及んだ。

紀元前三二三年、アレクサンドロスは三〇歳のときにバビロンの地で死ぬが、その死から、紀元前一四六年に近東及びギリシア本土をローマが支配するまでの二世紀の間、ヘレニズムの王国が栄えた。王国の中には、ギリシアからきた入植者たちによって作られたものもあったが、他のものは東方の文化と融合したギリシア文化を、現地の者たちが吸収して作り上げたものだった。次の5章でわれわれは、ヘレニズム文化の中で水に対する願望――とりわけそれが噴水やプールといった形で現われていることは重要だ――が、古代世界でもっとも乾燥した地域へ、中でももっとも注目すべきナバテア王国まで、どのようにして到達したのか、それを見ていくことにしよう。

5 水の天国ペトラ

——砂漠の達人ナバテア人（紀元前三〇〇年－紀元一〇六年）

ペトラを訪れた人が、たちまちそのすばらしさに引きつけられてしまうのは、「宝物庫」（エル・カズネ）の岩を彫り抜いた黄色のファサードをはじめて目にしたときだ。それはシーク（自然にできた断崖の間の細い道）の暗い壁と、その上に広がる澄み切った青空に枠取りされている。ヨルダン南部のワジ・ムーサまで、長くて暑い長距離バスや車で旅をしてきて、さらにその上、うんざりするような曲がりくねった細いシークを歩いてきたあとで、旅行者たちは建築上の驚異を目の当たりにして、畏敬の念に打たれている自分に気がつく（**写真13**）。が、これでさえ、肉体的には消耗するが、精神的にはうきうきした気分にさせてくれる旅のはじまりにすぎない。それは岩を切削して作った墓、劇場、神殿など、他にもナバテア王国（紀元前三〇〇－紀元一〇六）の首都ペトラの廃墟を見て歩く遺跡めぐりの旅である。そして幸運なことに、宝物庫までもどるときにはいつでもロバに乗ることができた。それにシークを通って帰るもどりの旅も、馬や一頭立ての二輪馬車を利用することができる。が、しかし、歩いて帰る方がたしかによりベターだ。それはワジ・ムーサにもどって食べるアイスクリームが、いっそうおいしく感じられるからだ。

ペトラを訪ねると喉が乾く。私はいつも水を使い果たしてしまい、やむなく遺跡内の売店で、法外な値段の小さなボトルを買わされてしまう。が、これも古代都市の中でも、その最たる見ものを訪ねた代価と思えばむしろ安いくらいだ。ペトラの遺跡はワジ・ムーサの流れによって形成された盆地の中にあり、美しい山並みに取り囲まれている。そこは乾燥した場所で、今日でさえナバテア王国の時代と変わらず、年間の雨量が七五ミリを越えることはめったにない。それより少ないこともしばしばで、つねに雨は局地的に降る。太陽は暑く照りつけ、溜まり水はまたたく間に蒸発する。毎年ペトラに押し寄せる何十万もの旅行客たちは、ミネラルウォーターで喉を潤す。そしてほとんどの者は、一日の終わりにホテルに帰り、ふんだんに水の使える心地よさをしみじみと感じる。それでは二〇〇〇年前の古代都市に住んでいた、三万の人々ははたしてどうだったのだろう?

彼らにミネラルウォーターは不要だった。水はあり余るほどあった。そしておそらくそれは無料だった。噴水の水があり、水路で流れる水もあったし、水槽からあふれる水もあった。が、それだけではない。滝もあれば、それが流れて向かう静かで無言の人工池もある。ペトラにあふれていたこのような多量の水を、廃墟となった現在の都市の中で想像することはほとんど不可能だ。廃墟はそれほどまでに太陽で焼け焦げて乾燥している。しかし、この想像もできないほどの光景が、まさしくナバテア王国の王たちが望んでいたものだった。王たちは、この都市を訪れる旅人や交易人、使節の人々に、おびただしい水にあふれた光景を見せて衝撃を与えたいと思った。やってきた者たちは、あまりの水の豊かさを目にして思わず、これなら惜しげもなく床に水を撒けると感じたにちがいない。古代の訪問者たちにとっては、シークから心躍らせながらはじめて宝物庫を見ることさえ、これから入っていこうとする水の天国にくらべれば、それほど驚くことでもなかったのだろう。実際、水の天国は畏敬の念を抱かせるほどだった。現代の訪問者たちも、考古学上の興味をほんの少し持って眺めるだけで、至る所にナバテア人の施した水管理の跡を見ることができる。水路、岩肌をくり抜いた貯水槽、テラコッタ製導管の端切れ、脇にあるワジを横切って作られたダム（写真14）。しかし、この都市にとって水管理がどれほど重要なものだったのか、それについて十分な評価が下されることはめったにない。それもこれも、このように平凡な遺跡が脚光を浴びているのは、ひとえに、目の覚めるような色の岩——ピンク、赤、青、白、それに茶色の縞の入った黄色の岩——を彫り込んだ精緻な墓のおかげだったからである。さらに、ナバテア人が水を使用したことを証す遺跡が、地上よりむしろ地下に数多くあったこともその一因だ。中にはかつて発掘作業によって、一時的に日の目を浴びたものもあったが、それものちには埋めもどされた。つい最近発見された遺跡は、かつてこの都市でぜいたくに水が使われていたことを示していた。そのためそれは、ペトラに関して一家言ある専門家たちをさえ驚かせた。

本書でわれわれが訪ねる古代都市の中で、ペトラほど過去と現在の驚くべき対比を見せているものはない。水にあふれたその過去は、よろこばしい神秘の最たるものだし、その一方でペトラは、今日のわれわれに深い教訓を与えてくれる。この上なく乾燥した環境の中で豊富な水を作り出すために、きわめて簡単な水利事業の技術が、どのようにして適用されうるのか、ペトラはそれを示す独創的な一例だ。ナバテア人こそ水利事業の専門家だった。彼らの技術が観測できるのはペトラだけではない。砂漠の王国の至る所で見ることができる（図5・1）。

ナバテア人——遊牧民や山賊から国際都市の住人へ

ナバテア文化は紀元前四世紀末にヨルダン南部に出現した。それは土着の鉄器文化と、アラビアから北へと広がった遊牧民の文化が融合したものだ。(1) ナバテア人は自分たちの文書記録をほとんど残していない。残っているのは大半が短い碑文か祈りの言葉で、それは単なる名前の羅列にすぎない。そのためにわれわれが頼らざるをえないのは、考古学上の遺物とヨルダン南部を訪れた者が書いた記録、さらに多いのはナバテア人についてのまた聞きで、そのまた聞き、そしてさらには、また聞きのまた聞きをもとにして、ヨルダンから遠く離れた地で書き記した記録である。

このような資料にはわれわれも十分に警戒する必要がある。が、紀元前四世紀にシチリア島で生まれたディオドロス・シクロスは、砂漠を征服した人々の魅力的な姿を描いている。

……彼らは砂漠の中へ逃避した。砂漠を要塞として使おうというのだ。というのも砂漠には水がない。したがってよそ者にはそこを横切ることができない。が、ナバテア人にはそれができた。スタッコ（飾り漆喰）で内張りした地下の貯水槽を準備していたからだ。それが安全を保証してくれる。土地は粘土質の所もあったり、柔らかい石でできた所もある。彼らはそこを掘った。穴の掘り口はできるかぎり小さくしたが、たえず深く掘り進みながら穴の幅を広くしていき、最終的には、それぞれの幅を一プレトロン（二七メートル）まで広げた。このような貯水槽に水を貯めて入口を閉じる。そして他と同じように地面をならして、彼らだけが分かる目印を残した。が、よそ者には入口を見つけることができなかった[2]。

こうして石をくり抜いたボトル型の貯水槽は、今日のヨルダン南部やネゲヴで数多く見ることができ

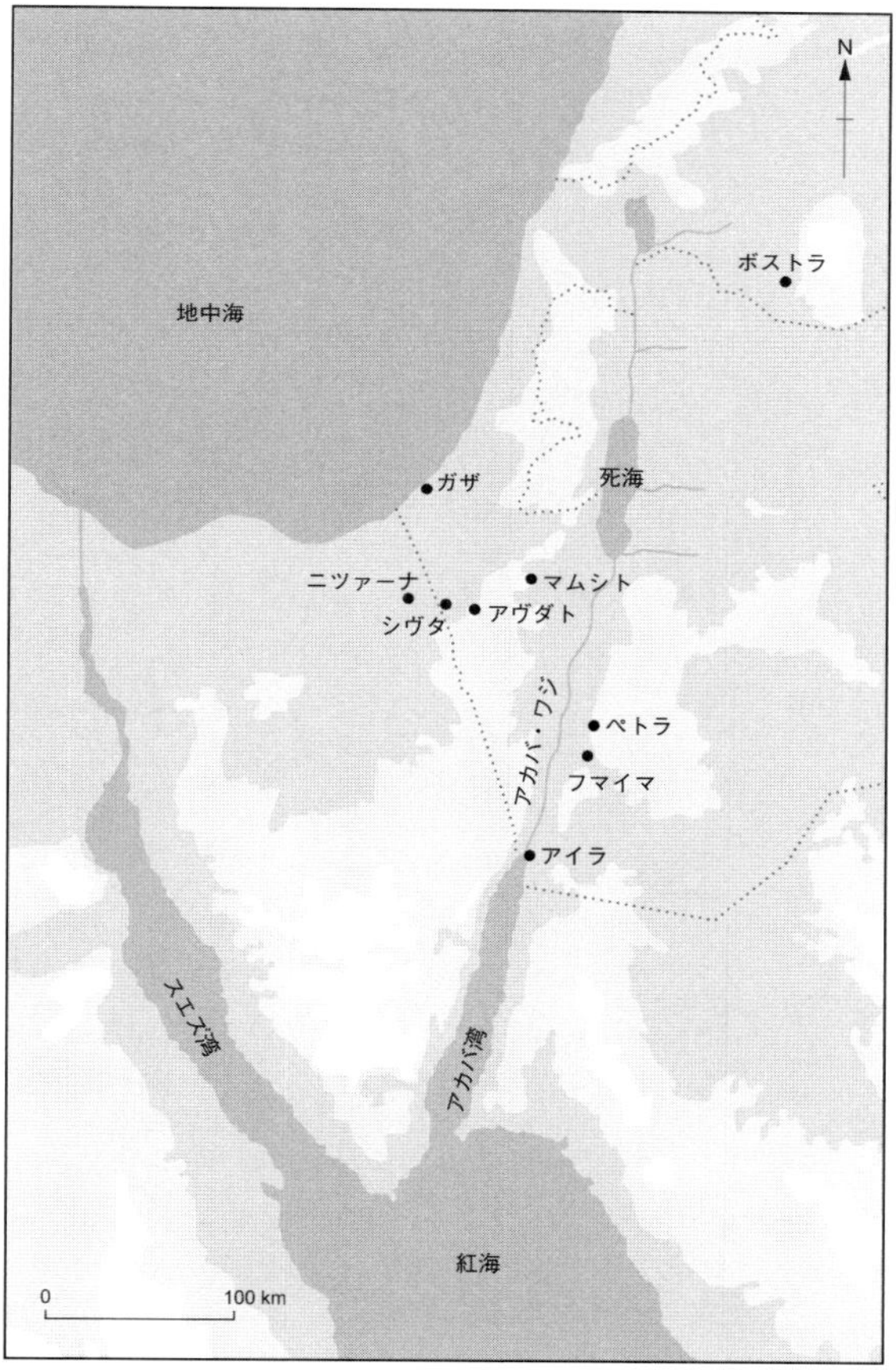

図 5.1　5 章で言及されるナバテアの集落。

る。この貯水槽は次の四世紀の間に、広がり蔓延したナバテア文化の一部となり、ナバテア人による水管理の重要な要素となった[3]。ディオドロスが書いていたときには、ナバテア人はおもに、羊やヤギやラクダの飼育に依存した暮らしをしていたようだ。が、ときには南ヨルダンを通る隊商に奇襲をしかけた。ディオドロスが書いていた通り、夜陰にまぎれて消え去る泥棒のように、彼らが砂漠の中に逃げざるをえなかったのは、おそらくそのためだったろう。しかしナバテア人はやがて、旧世界のグローバルなネットワークの仲介人へと変身した。変身することで彼らは巨大な富を確実に手に入れた。したがって、われわれが今日大いに楽しんでいるペトラの建築上の栄光も同時にこのとき手にしたものだ。

ヨルダン南部は主要な通商路の中心に位置していた。それは一つだけではない。複数の通商路の中心をなしていた。アカバ湾から北のシリアへ続く道。イエメン南部からアラビア湾へと向かう道。さらには、ネゲヴを横切って地中海東部へと伸びる道。

おびただしい数の物品がこの交易ネットワークに沿って移動した。ミルラ（没薬）、バルサム、フランキンセンス（乳香）はアラビア南部の海岸から入り、中近東、東ヨーロッパ全域に需要があった。とくにフランキンセンスは儀式用、化粧品、香料、薬品として使用された。胡椒、ジンジャー、砂糖、綿はインドから入った。銅、銀、金、それにビチューメン（瀝青）はレバント地方の南部からきた。ビチューメンは死海からも入り、これはエジプトで死体防腐処理《エンバーミング》のために使われた。こうした品々はことごとく隊商によって運ばれたのだが、隊商はナバテア人の故国を通り抜けなくてはならない。ナバテア人はやがて隊商を奇襲することから、彼らに関税を課しては、避難所や食料、そして――もちろん――水を提供することに方針を変えた。

そのために、ディオドロスの意見から二、三〇〇年経つか経たない内に、ナバテア人についてはまったく違った意見が出てきた。しかし、それもさほど驚くべきことではない。紀元前一世紀にギリシアの地理学者ストラボンは次のように書いている。

ナバテア人は賢明で蓄財を好む。コミュニティは財産を減らす者に罰金を科す。そして財産を増やす者には名誉を贈る。……家は豪華で石造りだ。人々の間では平和が広く行き渡っているため、都市には城壁がない。国土の大半は肥沃な土地で、オリーブの油を除けばあらゆるものを産する。……羊は真っ白な毛を持ち、雄牛は大きい。が、馬はいない。ラクダが馬の代わりをしている。(4)

ナバテア人は砂漠の遊牧民から、国際的都市の住人や豊かな農民へと変身したのだが、この変化は紀元前二世紀に急速に起きた。その中には部族にもとづいた社会から、王制の社会への変化も含まれている。名前を持つ最初の王はハリタト一世で、より一般にはギリシア語名のアレタス一世として知られている。統治がはじまったのは紀元前一六八年。その後一〇人の王が続いて、ラベル二世（七〇－一〇六）のときにローマによる合併を受け入れて王国は終わりを告げた。

ペトラが首都とされていたのも当然だった。ペトラは五つのワジの合流点に位置する盆地だったからだ。五つのワジの中でも、とくに注目すべきは東からくるワジ・ムーサと、西のワジ・アラバへ向かって走るワジ・サーイグだ。盆地は一〇〇平方キロメートルにわたって広がり、その中には、黒みがかった斑岩が露頭する起伏の激しい花崗岩や砂岩の地形に、狭い谷や広い平原が存在する。地質学上の地勢があまりに印象的であるために、ナバテアの建築家や石工たちがこの風景に鼓舞されたことは容易に想像がつく。

ペトラにとって第二の地質学上の贈り物は、盆地の入口の長くて細いシークによって保証された安全だ。しかしおそらく、もっとも重要だったのは第三の贈り物だろう。それは泉である。ペトラには泉がいくつもあり、それがペトラを首都——もっぱら富を国際間の交易に依存する野心的な王国の首都——にふさわしい理想的な場所にした。

王国の範囲はヨルダン南部から徐々に周辺の土地へと拡大していった。が、これも部分的には隣りの王国、とくにユダヤのユダヤ人国家の浮沈次第だった。ナバテア王国は紀元前一世紀に、アレタス三世(紀元前八五 - 六二)の支配の下で、最大規模の版図に達した。東はアラビア北西部へ、西はシナイ半島とネゲヴへ、北はダマスカスへと広がった。王国は紅海の東海岸に、インドとの海上貿易の受け手となる港を持った。

ナバテア人の成功はただ単に、多角貿易ネットワークの中心にたまたま位置を占めていたことによるものではない。要因の一つは彼らの洗練された水処理だった。これについては本章で詳述する。もう一つの要因はナバテア人の賢明な政治的判断による。彼らは隣人と争うより、むしろ平和な関係を保つことに腐心した。シリアとエジプトの王国間で起こった政治的、軍事的な闘争は、トランスヨルダンに力の空白状態をもたらした。ヨルダン渓谷の東に位置するこの地方は、ナバテア人がしきりに欲しがっていた土地だった。紀元前六二年に、ローマの将軍ポンペイウスがペトラに軍を差し向けたときも、ナバテア人たちは多大な犠牲を払ってローマ軍と戦うより、むしろ、三〇〇タラントの銀を支払って平和を買うことを選んだ。

ローマとの関係

新たに手に入れた富によって、ペトラは王にふさわしい都市へと変身した。巨大な建造物のスタイルがペトラの立ち位置を反映していた。というのも、この地域の多文化の影響をまともに受けざるをえない中心に、ペトラが位置していたからである。そのスタイルはヘレニズムとエジプトの意匠に、地元のアラブの伝統が混ざり合ったものだった。ナバテアの宗教にも同様のものが見られる。エジプト、シリア、カナン、バビロンなどからきた発想、儀式、神性などに、ギリシアとローマの神々が混淆して、ナバテア独自の宗教を生み出した。それはまた万人用のものでもあった。紀元前一世紀頃には、広い範囲の交流が硬貨の鋳造や水利事業の新たな要素――とりわけ貯水槽や水路に用いられた円屋根――の導入をもたらすことになる。

このような発展が欠くことのできないものだったのは、ナバテアの人口が大幅に増加していたからでもある。ペトラだけでもすでに人口は三万に達していて、その多くが永住者だった。ペトラの水システムは以下の三つの需要を満たすものでなくてはならない。都市居住者の家庭内のニーズ、ペトラ盆地の農民たちの灌漑用、そして隊商たちの要求。

ナバテア人のもっとも手強い隣人は、一見してますます拡大の一途をたどるローマ帝国だった。紀元前六四年、ローマはシリアを支配下に置いたが、ナバテア人にはなお寛容の態度を示した。そのため、ナバテアの文化と富は繁栄を続けていた。しかし、紀元一世紀頃になると交易路に変化が生じた。そしてそれが、やがてはナバテア王国を崩壊に導くことになる。ローマ人が学んだのは、ナバテア人の支配する陸路を迂回することだった。紅海の西海岸にある港町を使い、エジプト経由で交易を行なうことでそれは可能となった。彼らはまた、サウジアラビアからシリアへ直接走るワジ・シルハン経由の交易も推奨した。ワジ・シルハンでは最終的に、パルミラがペトラに取って代わり、アジアの物品がヨーロッパに向かう中継点となった。ナバテア王ラベル二世（七〇－一〇六）は紀元九三年に、ナバテアの首都をペトラからシリア南部のボストラに変えることでこれに対抗した。が、ローマの権力と影響力はますます圧倒的なものとなっていき、一〇六年、ナバテア王国はローマ帝国に併合された。そして名前を「アラビア・ペトラエ」（岩のアラビア）と変えた。

ペトラとナバテア人はなお繁栄を続けていたが、それもほんのしばらくの間だった。ローマ皇帝のトラヤヌス（在位九八－一一七）はナバテア王国を併合すると、帝国東部の陸上と海上交易の全権を掌握した。そしてこの地方に投資して「トラヤヌス新道」（ウィア・ノワ・トラヤヌス）――ボストラと紅海湾に面したアイラ（現在のアカバ）間を結ぶ舗装道路――を建設した。が、しかし、ナバテア人は繁栄を持ちこたえることができなかった。経済力や政治力の中心が無情にも、北や東に移動し続けていたからである。衰退を加速させたのは三六三年に起きた大地震だった。それはナバテアの多くの集落を破壊し、経済の崩壊を拡大させた。

それからのちのペトラと周辺地域の歴史は、地中海東部全域の歴史を映し出している。四世紀から六世紀のビザンティン時代、ペトラにはかなりの数のキリスト教コミュニティが存在した。岩を削って作られた墓は教会や修道院に改造された。が、ペトラが経済の中心地であることに変わりはなかった。ペトラがダメージを受けたのは、さらに打ち続いた地震による。とりわけダメージが大きかったのは五五一年の地震だった。七世紀になるとこの地域はウマイア朝（ダマスカスを首都にしたイスラム王朝。六六一－七五〇）の支配下に入った。一二世紀の十字軍の時代には、この地域もふたたび重要視されたのだが、ペトラとナバテア文化は全体として、徐々に歴史の闇の中へと滑り込んでいった。一八一二年に、スイスの探検家ルートヴィヒ・ブルクハルトが、六世紀の時を隔てて、はじめて西洋人としてペトラを訪問した。が、それも変装して旅をすることで何とかペトラにたどりつき、秘かにメモを残すのが精いっぱいだった。

今日、何十万という旅行客が毎年この遺跡を訪れる。考古学者たちは発掘を続け、歴史学者たちはナバテア人が成し遂げた文化的業績を理解しようと努めている。が、このような研究の大半は建築学上の様式や交易関係に関するものだった。陶器の破片や硬貨、碑文などのカタログ作りに膨大な時が費やされた。しかし、私にとってもっとも心に残ったのは、カナダのヴィクトリア大学教授ジョン・オルソンが行なった仕事だ。彼はナバテア人の水利事業の研究を二五年以上続けている[5]。オルソンや他の者たちの仕事が明らかにしたのは、わずかな量の水供給を管理するナバテア人の能力が、建築や交易分野で広く知られている文化的な業績の基盤を形作ったことである。

ナバテア人の水管理

八五〇〇年前、新石器時代の最後のコミュニティが行なって以来、レバント地方で発展してきた水管理の方法のすべて――水の収集と輸送と貯蔵――をナバテア人は利用し、それを完成させた。彼らはまたこれに広い範囲の交易による接触で学んだ方法をつけ加えた。

ここで思い出さなければいけないのは、ペトラがたくさんの集落の一つだったということ、そして、ナバテア人の大多数は農民であり、牧畜民であったことだ。彼らはときに一年でわずかに一〇ミリ、平均でも二五から七五ミリしか雨の降らない土地にいながら繁栄した。まれな状況を除けば、地質や地下水面はけっして井戸には向いていない。したがって、彼らがおもに依存していたのは降雨の流水をとらえて、自分たちの畑に送ること、そして長い夏の乾燥期に備えて大量の水を貯えることだった。

ナバテアの領土のあらゆる場所で、広く利用されていたのは石の壁で、それは丘の中腹を横切ってテラス（段丘）を作るためだ。壁は流水や土壌粒子を閉じ込める。同じような壁はワジにも作られた。水の勢いをゆるめて、浸透の度合いを高めるためだった。それはかつてジャフル盆地で、新石器時代の住人たちが行なっていたのと同じものだ。ナバテア人はまた、青銅器時代にテル・ハンダククやジャワで見られたように、水を閉じ込めて貯えるためにダムを活用した。中でももっとも大きなものはネゲヴのマムシトにあった。それは石ブロックをモルタルで接合したもので、強化のために上流に面した壁は垂直に作り、下流に面した壁はなだらかなスロープにした。こうして作られたダムは一万立方メートルの水を貯えることができた。

ボトル型に岩をくり抜いて作る貯水槽は、ナバテア時代を通じて貯水施設の主流をなした。作り方はディオドロスが書いていたのと同じで、しばしば漆喰で内張りされていた。野外の貯水槽には二つほど問題がある。灼熱の太陽と風が高い蒸発率をもたらすことと、動物の糞や虫などによる汚染の心配だ。木材の不足と、利用できる砂岩の石板が小さくて砕けやすいために、これまで貯水槽に屋根を作ることができなかった。アーチ型の屋根が導入されたのは紀元前一世紀になってからである。ヘレニズムに起源を持つこの技術は、ジョン・オルソンによると、ナバテア人の交易商人がデロス島や他のエーゲ海の乾燥した島々を訪れた際に、そこで見かけたのではないかと言う。ナバテア人の下で発展した水利事業としては、他に泉から水を輸送する送水路の導入があった。それは地表面に石のブロックの端と端を接合して作られ、壁で枠取りされていた。

このような作業の規模が暗示しているのは、必要な費用の捻出に国王の支援が求められたかもしれないということだ。ジョン・オルソンは、それぞれの王に与えられた称号が、農業プロジェクトや水管理プロジェクトに対する、彼らのサポートを反映しているかもしれないと言う。たとえばアレタス四世の称号は「民を愛する者」、ラベル二世は「民を活気づけ、救済をもたらす者」と呼ばれていた。水利システムを管理するためにも、おそらく行政機関は存在したにちがいない。文書記録の類いは乏しくて、おおむね理解の助けにはならない。祈願の言葉を越えるような資料はめったにない。が、ナバテアの儀式の中心地キルベト・アト・タンヌルには碑銘が残されていて、そこには「ラ・バン泉の親方」の称号を持つ人物への言及がある。おそらくその男は政府の役人だったのだろう。

ネゲヴ砂漠で

ナバテアの遺跡で保存状態のきわめてよいものは、そこを横切って隊商がガザやエジプトへと旅するネゲヴ砂漠にあった。ナバテア人は少なく見ても六つの重要な町をネゲヴに作っている。六つの町は歴史の流れの中で、ローマ時代の集落へ、そのあとにはビザンティン帝国の集落へと発展を遂げていった。

中でももっとも注目すべきはアヴダト、シヴタ、ニツァーナだ。こうした町の遺跡が最初に記録されたのは一九世紀の終わり頃だった。が、ナバテアの畑の壁、テラス、農地などの広範囲に及ぶネットワークが記録されたのはようやく一九五〇年代になってからである。そしてそれが最終的には、きわめてすぐれた空前の実験考古学プロジェクトとなった。

マイケル・イヴナリに率いられたイスラエルの考古学者チームは、一九五〇年代にネゲヴ砂漠の調査をはじめた。当初、彼らは、発見したテラスや石壁の多さに驚きかつ当惑した。そして、このテラスや壁は「あまりよく考えもせずに、石だらけの不毛な丘の斜面に作られているようだ」と記した。[6]しかし、次の二〇年間調査を続けている内に、徐々に地図を作成することで、このような壁や何千という石の小山が、流水を集めて砂漠を耕すためにナバテア人が考え出したシステムの遺構だということに気づいた。[7]

ナバテア人は小麦、大麦、野菜などを育てたが、それだけではない。ネゲヴ砂漠のひどく乾燥した状況の中で、アーモンド、オリーブ、ナツメヤシ、イチジク、ブドウなども栽培した。このことは、一九三〇年代中頃以来続けられてきた調査によってすでに知られていた。が、ネゲヴのはるか南西に位置するニツァーナで行なわれていた発掘で、パピルスの注目すべきコレクションが発見されたのである。それは六、七世紀にギリシアやアラビアで書かれたものだった。ナバテア王国がローマに吸収されてから、少なくとも四〇〇年のちのものだが、文書にはナバテア起源の名前が数多く記されていて、何世紀もの間、変わらずに受け継がれた農作業のことも書かれていた。文書は大半が経済上、法律上、財政上のやり取りの記録だが、そこには土地所有、農地や畑の広さ、栽培されていた多種多様な植物や樹木作物などの情報もあった。

マイケル・エヴナリと仲間は、地図を作ったことでようやく、畑の壁や石の小山がどれくらい流水を集め、鉄砲水の流れを変えて、畑に向かわせるのに役立ったかを理解しはじめた。ナバテアの町アヴダトの近くに、彼らが「イェフダの農地」と名づけた場所がある。彼らが見つけたシステムの高い洗練度は、この土地について書き記した記述からもうかがうことができる。

このシステムには、およそ二・二ヘクタールのテラス地域が含まれる。この地域は約七〇ヘクタールの集水地域からやってくる流水を受け入れていた。集水地域は人為的にいくつかの流水路によって、数多くの小さな流域に分けられ、その水路が各農地の個別の畑に接続されていた。水路の中には上方の平原ではじまり、そこから余分の流水を集めるものもあった。が、古代に住み着いたものはまずはじめに、畑へ流水を導き入れるために斜面を分割した。そして、さらに水をとらえるために、上方の平原へと水路を伸ばしていった。畑にはすべてそれぞれの集水地域があるため、暴風雨の期間中に生じる流水は、自動的にそれぞれの畑に振り分けられた。(8)

イェフダの農地は、実際に耕されているスペースの三〇倍以上の集水地域を持っていた。イヴナリらによるとその平均はおよそ二〇倍ほどだと言う。これが示しているのは、丘の中腹は一平方メートルごとに分割されていたために、そこには複雑な集水域の境界線があったということだ。したがって、ニツァーナの文書にあった、各農民たちが水の権利を持っていて、それが法律によって保証されていたという記述は、それほど驚くべきことではなかったのである。

イヴナリと仲間たちは、地図を作ったり、流水システムがどのように機能していたかを推測するだけでは満足しなかった。彼らが着手しはじめたのは、この上なく注目すべき実験だった。ネゲヴ砂漠でも十分に機能したナバテアの農地を再現しようというのだ。アヴダトの近くで農地を再現するのに一九六〇年の大半を費やした。古代に流水がどのようにして集水されたかを忠実に再現するために、丘の中腹に水路が作られた。それとともに古代のテラスが一四段再現された。これを作るのに彼らは、もっぱら古代の技術にのみ頼ったわけではない。コンクリートの水路と鋼鉄製のパイプを使った、洪水を配水する現代のシステムにも依存した。が、にもかかわらず基本的には、ナバテアの農地を彼らは復元したと言ってもよいだろう。

そのときにイヴナリと仲間たちは、ニツァーナの文書内に書かれていたすべての作物を含め、さまざまな穀物の栽培を試みた。彼らがそれにどのようにして成功したのか、その報告が一九八二年の『The Negev: The Challenge of a Desert』(ネゲヴ——沙漠への挑戦)に収められている。これはすばらしい報告だ。試行錯誤の繰り返しの中で、彼らが学んだ様子や、雨が降る時期や播種の時期について、ナバテアの先人たちと同じように、当てにならない不安な思いを抱いた経験などが述べられている。この報告が飛び抜けて重要なのは、古代世界から学ぶべきことがなおあまりに多くあることを、それはわれわれにこの上なく明白に示しているからだ。

ネゲヴにおける三〇年間の経験をじっくりと考えて、イヴナリは彼が学んだことを次のように述べている。

古代の農民は、人為的に作り出した農業生態系を自然そのものに適応させ、環境を破壊することなく、地勢や地質を最大限に利用した。彼はけっして浸食を引き起こさなかったし、農地の塩化を招くこともなかった。流水を使うことで豪雨による洪水を手なずけ、手に負えない洪水がつねにも

たらす被害を防いだ。(9)

これは過去をバラ色のメガネで見た事例ではない。イヴナリはこの農業システムを実際に生きてみた。その上、彼はときにまちがいが起こりうることも認めていた。

砂漠にいた古代の農民たちは過ちを犯した。そしてその報いを受けた。……多量の集水を使う彼らの農業システムは、耕作への取り組みが過剰に強くなり、結果的に浸食や沈泥や破壊を招く見込み違いで終わることがあった。その原因となったのは達成への農民たちの強い期待感であり、それが砂漠の均衡をかき乱した。(10)

フマイマと最長のナバテア導水管

流水の技術はそのどれもがとくに複雑なものではない。印象的なのはそれが実施される規模であり、さまざまな方法が一つのシステムに統合されるその仕方だ。ペトラでこの技術が頂点に達したのを見る前に、われわれはまずペトラとアイラ——紅海湾に面した今日のアカバ——の間に位置するフマイマの農業集落を訪れるべきだろう。(11) フマイマはジョン・オルソンが三〇年以上にわたって行なった研究の中心地でもあった。

この集落は紀元前八〇年に、アレタス三世によって作られた。目的は二つあった。隊商路を下支えすること、そして農業集落を作ること。場所は慎重に選択されたようだ。土壌が比較的肥沃なためだけではない。その独特な地勢上及び地質学上の特徴のためでもあった（写真15）。ナバテアの技術者にとってこの立地条件は、かなりの量の流水を貯水槽や貯水池に貯えるチャンスを与えてくれたし、おまけにそこには泉から真水を引くこともできた。そののち、一〇六年にアラビアがローマの属州になった直後に、ローマ人が同じ場所に軍団の要塞を建てた。そのとき彼らは要塞内に貯水池を作っただけで、それ以外はナバテアの水利事業の配置に一切変更を加えなかった。実際、ナバテアの貯水槽や貯水池は今日でも使われていて、現在フマイマに住むベドウィンの人々の生活を支えている。フマイマの水処理システムに関して、われわれが理解しているところはすべて、一九八六年にジョン・オルソン教授と仲間たちが行なった調査と発掘によるものだ。

フマイマの村落の中心は周囲を小高い丘陵に取り囲まれていて、二五〇平方キロメートルの集水域をなしていた。そこから集まる流水が、畑やワジを横切って伸びるテラス壁によって留められ、四八の貯水槽と三つのダムに貯えられた。村落の人々は丘では羊やヤギに草を食ませ、畑では穀物や野菜作物を作りながら、この地域一帯の至る所に住んでいたのだろう。人々は日々かなりの時間を費やして、テラス壁や貯水槽の手入れや管理をしていたにちがいない。

オルソンは、年間の平均雨量を八〇ミリと仮定すると、この土地の集水量は一年で二〇〇〇万立方メートルほどだったろうと推測している。この内、貯水槽の貯水能力がおよそ五〇〇〇立方メートル、ダムの背後でとらえることのできる水量もせいぜい三五〇〇立方メートルにすぎなかっただろう。オルソンはさらに、八万立方メートルの水がテラス壁によって土壌に貯えられ、それがナバテアの穀物を生育させたという。以上のようなことから、壁や貯水槽やダムにこのような投資をしても、降雨による流水の大部分は人々の使用するものとはならず、地面の中に消えていくか、大気の中に蒸発していった。

村落の中心には送水路によって水が供給された。送水路はアル・シェラ断崖の麓にある三つの泉――アイン・カナ、アイン・サラ、アイン・アル・ジャマム――から水を運んできた。その距離は一二六・五キロほどに及ぶ（写真16）。送水路は村落周辺の人々を支える二つの水槽に水を送り、そのあとで村落の中心にある貯水池へ給水した。貯水池の容量は六三三立方メートルで、フマイマに住み着いたナバテアの家族や、今なお遊牧の生活を送っている人々の利用に給していた。送水路のおかげで水が絶えることはなかった。あふれた水は一部が浴場に使われたようだ。このように、たえず元気を回復させてくれる水の存在は、とりわけこの地方を通る交易人や旅行者にとって、魅力的なものだったにちがいない。

村の中心部は流水によっても給水されていて、流水はそれぞれ四八八立方メートルの容量を持つ二つの貯水池を満たした。二つの貯水池は一平方キロメートルほどの原野から水を集める。原野は村の中心に向かって緩やかに傾斜し、それが持つ自然の排水口から、流水が水路によって貯水池へと運ばれた。貯水池には厚板の屋根が取りつけられていて、その厚板は交差するアーチによって支えられていた。アーチの一つは今もほぼもとのままの姿で残っている。貯水池は公的に使用されたようで、おそらく定住のナバテア人と同じように隊商にも給水されたのだろう。貯水池のまわりには一三の円筒形貯水槽があり、これも流水によって満たされている。この貯水槽はたぶん、家族や氏族が私的に使用する目的で作られたものだろう。したがって、貯水池や貯水槽の近くに人々が集まり生活したのはさして驚くべきことではなかった。フマイマが存続した八〇〇年の間、およそ三〇の家がこうした貯水槽の周辺に建てられた。

ジョン・オルソンは、フマイマの水槽、貯水池、貯水槽によって貯えることのできる水の総量を、村落の中心部で四三五五立方メートル、周辺部で四三一五立方メートルと算出した。そして、人々や動物たちが消費する水量を推定することで、オルソンは、フマイマの周辺部では一六三人の人間と、一六三頭のラクダ、一四六九頭の羊・ヤギを養うことができるとした。一方、村落の中心では六五四人の人間と、ラクダが二〇頭、羊・ヤギを一八〇頭養うことができただろうと言う。[12] 今日フマイマを訪れた者は誰しも、これらの数字が驚くほど大きなものであることに改めて気がつくだろう。

ペトラで

フマイマの水処理は、流水と泉の両方の水を利用することで成功した。それぞれのシステムは、片方がうまくいかないときには、一方が他方の予備となることができた。カリフォルニアを本拠とする河川工学の専門家で、古代世界に関心のあるチャールズ・オートロフは、このような「余剰性」はまた、ペトラの給水システムでもその鍵となっていたと言う。[13] オートロフはかつて、ペトラの人々に水を供給していた送水路、水路、貯水槽、貯水池などの考古学上の遺構を詳細に研究した。そして、ペトラでは水の保全が他の同時代の都市にくらべて、はるかに大きな規模で行なわれていたと結論づけた。

考古学的な証拠をつなぎ合わせて、全貌を明らかにするのは簡単なことではない。ローマによる併合後、ペトラの地はその多くが刷新されて新しい建物が建った。ビザンティンの時代にも同じことが起こる。墓の中には教会に改造されたものもあった。さらに歴史を通じて、とりわけペトラの衰退期や比較的打ち捨てられた時代には、鉄砲水による浸食、太陽、風などによって容赦なく都市全体が損傷を被った。その結果、ナバテアの水利システムの多くは、断片的な遺物としてしか残存していない。そのため、なお調査研究すべき点はたくさんある。が、しかしわれわれは、それでもなおペトラが示している水利事業の業績が、古代世界においてもっとも精緻なものだったと確信をもって言うことができるし、その証拠を十分に知っている。

シークの中の水と儀式

ペトラの都市へはたえず泉から水が流れ込んでいた。中でももっとも重要な泉はアイン・ムーサだ。この泉は現在もワジ・ムーサの集落へ給水し、ますます高まる旅行者の水需要に応じるために使われている。(14) 旧約聖書（「出エジプト記」一七・七）では、モーセが杖で地面を叩いて泉を湧き出させたと記されているが、それがこの場所だった。送水路は泉から八キロにわたって水を都市の中心部へ、ワジ・ムーサの川筋に従って運び、その先のワジ・シヤに出る。送水路は作られた当初は開水路だった。最大幅二・五メートル、深さが一メートル。二キロのシークを通るルートをたどる。現在、この送水路はナバテア人やローマ人が舗装を施した地面の下にある。すでにナバテア時代に、こざっぱりとした水路に取って代わられていた。新しい水路はシークの北側の岩肌を削って作られていて、テラコッタ製の送水管で内張りされている。水から沈泥を取り去るためと、流れを安定させるために、コースに沿って沈殿池が組み込まれていた。

岩を削って作られた水路とテラコッタ製の管の残部は、今も腰の高さのあたりで完全に見ることができ、シークを歩いてくる観光客の多くがそれと気がつく。ペトラで発掘作業をしていた、ペンシルベニア州立大学の考古学者リー＝アン・ベダルのおかげで思い出したのは、古代にこの都市へやってきた訪問者の誰もが、管をまったく見ていなかったことだ。管は石の水路の中にモルタルによって封じ込められていたからだ。しかしそこには、現在われわれが残念ながら見落としているもう一つの驚きがあった。それはついさきほどまで乾燥した砂漠を横切ってペトラに到着した人々に、この水路が深い衝撃を与えたかもしれないということだ。「覆い隠された水路と管の内部で、目には見えずに流れていた水の音が、そこを通り過ぎる人にはたしかに聞こえていただろう。狭いシークの両脇に高くそびえる壁に反響して、途切れることのないさらさらというせせらぎの音が」とベダルは書いている。(15)

流れる水が奏でる音楽は、ナバテア人や客人たちにとって、単に渇きの癒しを約束するだけでなく、別の意味を持つものだったのかもしれない。明確な証拠文書をわれわれは手にしていないが、ナバテア人の世界、とりわけペトラでは、水には何か宗教的な意味合いが含まれていたような感じがする。シークの入口には、三本の巨大な「神の石柱」が立っていた。これはナバテアの神を非具象的に表現したものので、それはペトラへスムーズな給水が行なわれるように見張っているようにも見える。都市内にはこれと同じ石柱が二五本あり、その多くは水供給に関連のある重要な場所に立てられていた。シークの道筋の至る所に、宗教的な壁龕《へきがん》や彫刻があり、その場所でどのような儀式が行なわれていたにしろ、そこでは岩走る水の音が欠くことのできない要素になっていたのではないか。

シーク内の彫像の中で、もっとも人目を引くのは二頭のラクダを描いたレリーフだ。二頭はたがいに向かい合っていて、男の案内人に手綱を引かれている。が、残存しているのはラクダの下半分だけだ。脚は保存状態がよく、背後に流れる水路とともに丸く彫り出されている。ラクダたちがはたして荷物を運んでいたかどうかについては、考古学者たちの間でも意見が異なる。普通に考えれば、それはいきいきとした隊商を描いたものだろう。だが、リー＝アン・ベダルはラクダたちを儀式のプロセスの一部だと考えた。おそらく供犠へ導かれて行くところだろうと言う。そして供物台がかつては二頭のラクダの間に置かれていたと言うのだ。[16] さらさらと音を立てて流れる水のすぐ前に。

シークを利用するのはアイン・ムーサの水を送る水路のためだけではない。シークはつねに都市へ安全に行くことのできる通路でもあった。が、そのためにはナバテア人も、ワジ・ムーサ川の流れを変えなければならなかった。この川は冬の雨のあとで断続的な洪水をもたらし、それが激しい奔流となって襲いかかる。そのために彼らは、ダムや長さが四〇メートルもあるトンネルを作って、洪水をワジ・ムスリムへ向かわせた。また「神の石柱」を立てて監視させた。石柱の銘には、ダムがマリコス二世（四〇－七〇）かラベル二世（七〇－一〇六）のどちらかによって建てられたことが記されていた。[17] 今日の旅行客はダムの上を歩いてシークへ入るが、トンネルやワジ・ムスリムを通ってペトラの中心部へ入る道を選ぶこともできる。このコースはジェベル・アル・クプタ――北側に「王の墓」が作られている山――の南側を迂回する形になる。

ペトラの都市に近づくのに、シークとともにダムとトンネルが重要なことは一九六三年になって明らかにされた。トンネルは長い間ふさがれていて、フランスの旅行者の一団が、ムーサの鉄砲水に遭遇して命を落としたこともあった。鉄砲水が行き場を失い、シークへ流れ込んできたのである。[18] 今ではトンネルもふたたび開通しているが、水はさまざまな狭い溝を伝ってシークに侵入し、くるぶしのあたりまで達することもある。脇の小さなワジや水路はその多くが、ナバテア人が作ったダムによってふさがれたままになっている。しかし、中には、旅行者の道順からはずれて少しよじ登ることで、今でも見ることができるものもある。

宝物庫から都心へ

シークから出た所で、テラコッタ製の送水管は宝物庫と呼ばれている建物の下の水槽に水を注ぐ。この建物はおそらく王墓で、たぶんアレタス三世の墓だろう。これは岩肌を彫った大げさな部屋で、そこではエジプトとヘレニズムの要素が見られる。アレタス三世は「フィルヘレネ」(ギリシアを愛する者)という名で知られていることから考えても、デザインにヘレニズムの要素があるのは驚くべきことではない。この墓から明らかなように、測量や石造の技能は水力考古学にも大いに関連がある。送水路や貯水槽を作るためには、宝物庫ほどこれ見よがしな部分は少ないとはいえ、同じような技術的習熟が必要とされるからだ。

宝物庫と呼ばれている場所から、送水管は旅行者が今日歩いていく道――アウター・シーク(外側のシーク)に沿って、墳墓や劇場を通り過ぎ、ジェベル・アル・クプタの北壁の麓を迂回して都市の中心部へ至る――に沿って水を運んだ(写真17)。ローマによる併合以降、巨大なニュンファエウム(ニンフに捧げられた聖所)にも送水された。今日、ピスタチオの巨木がその目印となっている。建物はあまりに古いために、まるでナバテア期に建てられたもののようだが、今ではいくらか心地のよい日陰を提供している。ローマ人が建てる前にこの場所に何があったのか、それについてはまったく分かっていない。おそらくナバテアの噴水か少なくとも覆いのない水槽を作ることで、場所の目印にしていたのかもしれない。この地点から水は、ペトラのメインストリートに沿って流れていく。道はローマ人の手で列柱のある通りへと変えられ、店や市場や家々が通りに沿って立ち並んだ。が、そこには現在、まだ発掘されていない瓦礫の山があるばかりだ。最終的に送水路はペトラ盆地のはるか西端で、ワジ・シヤに流れ込み、ワジ・シヤはワジ・アラバにつながっていった。

したがって、ワジ・ムーサの泉からくる送水路はペトラの主要なライフラインだった。送水路の水は、現在でも容易にたどれる道に沿って都市を貫通していた。ペトラが徐々に大きくなるにつれて、送水路だけでは不十分となり、それは貯水池、貯水槽、水路、送水管などの複合システム、さらに他の泉の開拓や、周囲の丘からの流水などによって補完されることになる。人口の増加は結果として人々をより高い地域に住まわせることになった。が、そこへは低地の水路から送水することができない。そのために山の中に貯水池が作られた。そして、ごつごつとした丘の斜面を巡る送水路が、調査の上建造されることになった。

チャールズ・オートロフはこのような貯水地の一つで、ズッラバと呼ばれていたものについて述べている。この貯水池は流水によって注がれた水を、ジェベル・アル・クプタの高原内に作られた巨大な水槽へと給水した。水は岩を削ってこしらえた水路――山腹に沿って高い高度で蛇行する――のテラコッタ管を通って貯水池から水槽へと流れ込む。水槽からは山の麓の貯水槽へと水路がつながり、儀式に必要とされる水とともに、「王家の墓」の近くに住む人々の需要に応えて各家庭へ給水を行なう。アイン・ムーサからの水路はたえず水を送り込んでくるが、ズッラバの貯水池からくる水は「要求に応じて」送られる。つまりそれは自由自在にスイッチを入れたり切ったりできるのだ。オートロフはこれを「バックアップ」システムだと記している。都市に大きな隊商が到着したようなときや、急に大量の水が必要なときなどに、この貯水池から給水することができた。

都市のまわりのごつごつした丘の斜面には、たくさんの貯水槽やダムがあり、それによってさらに流水を集めた。その水は水路を経由して、都市の家や畑へと送られ、ズッラバや他の貯水池からの給水を補完した。ウム・エル・ビヤラ――列柱通りを歩いていくと、真正面に見える大きな山腹で「泉の母」と訳されている――にある泉も利用されていたようだ。その中の一つには隣接する岩肌に彫られた石碑があり、ナバテアの女神アル・ウッザへ捧げられた献辞が記されていた。アル・ウッザはペトラの守護神ドゥシャレス――「シャラ（山々）の者」――の配偶者で、ギリシアの愛の女神アフロディテやシリアの豊穣の女神アタルガティスを連想させる。リー＝アン・ベダルはアル・ウッザがペトラでは水の神だったかもしれないと言う。[19] おそらくいくつかの、あるいはすべての水源の利用については、宗教による認可を受ける必要があったのかもしれない。宝物庫やいわゆる「供犠の高所」――ペトラが見渡せる尾根や丘の頂上に置かれた、儀式を行なう壇の一つ――にあった水槽から考えても、水や少なくとも何らかの液体が、宗教儀式に関わりのあったことは確かだ。

さてここでより現実的な事柄に立ちもどると、丘の斜面にあるダムは、ただ単に灌漑に使用する水を貯えるために機能していたわけではない。それはまた洪水を防ぐためのものでもあった。年間の雨量は限られたものだったが、その多くは冬の雨期に数少ない出来事としてやってくる。地面が太陽によって固く焼けているので、雨はたちまち奔流となって都市を水浸しにし、甚大な被害をもたらしかねない。したがって、ペトラの水利事業とアル・ウッザへの祈りは二つの目的を持っていた。一つは必要なときに十分な水を確保すること、そしてもう一つは都市を冬の洪水から守ることだった。

ワジ・ムーサの南、「市場」、劇場、神殿、居住地区などの近辺で必要とされる水の需要量は相当なものだった。一部は「王家の墓」からあふれ出る水で、そして一部はペトラのワジ・ファラサの貯水槽によって、またアイン・ブラクやアイン・アモンなどの泉の水でまかなわれた。この地域の建物にはそこへ通じる数多くの水路がある。しかし、その正確な流れのパターンを読み解くことは困難だった。それは浸食のためや、今なお完全とは言えない発掘作業や、同じく不完全な古代の給水システム復元作業のために、あまりに多くが断片のままにされているからだ。

中でももっとも複雑な水路は、そのいくつかが「大神殿」と呼ばれている地域に関連している（写真18）。なぜ「呼ばれている」なのかというと、「大神殿」がかりそめの名前にすぎないからだ。一九二〇年代にドイツのさまざまなチームがペトラにやってきたが、この場所ではじめて作業をした考古学者たちが、ペトラの中心部にあった一連の建造物に名前をつけた。考古学者たちは名前をつけはしたものの――「大神殿」「市場」など――、つけた名前が妥当なものかどうか、確認のための発掘に従事することはなかった。今では大神殿はおそらく、ナバテア王アレタス四世の王宮だったろうとされている。これが説明してくれるのが、大きな地下の貯水槽へ真水を運ぶ送水管の堅固なシステムと、流出水を排水させる地下水路の存在だろう。(20)

庭園―人工池のグループ

しかし、もっとも仰々しく水を誇示していたのは、大神殿のすぐ東にあった地域、現在「市場」と呼ばれている場所だ。そこからは列柱の通りを見渡すことができ、神殿や都市の建物がその場所を取り囲んでいた。「市場」という名前は、スペースが広く（六五×八五メートル）、しかも空き地で、一見したところペトラの都心にありながら、建物が建てられた形跡がないことからつけられた。市場は明らかに、一九二〇年代に西洋の考古学者が下した一つの解釈だったのである。一九九八年、リー＝アン・ベダルはこの地を発掘調査し、実際そこには、巨大な人工池《プール》があったことを明らかにした。周囲に観賞用の庭園があり、中ほどに明るい装飾の施されたパビリオンを擁している。[21] 池は東西に伸びる非常に大きな壁で水を閉じ込めて作られていたが、ベダルが発見したのは、前方の岩の斜面が階段状になっていて、それがそのまま一六メートルの垂直な断崖へと続いていたことだ。

池は大きさが四三×二三メートル、深さが二・五メートルあり、二〇五六立方メートルの水を貯めることができた。そして、ピンクがかった白いコンクリートのような混合物で内張りがされている。池の真ん中には砂岩の台座の上にパビリオンが立っていた。白漆喰とスタッコ（化粧漆喰）の断片——暗い赤やオレンジや明るいブルー——とともに、壁の痕跡が幾層か残っている。パビリオンの北側には埠頭が一つあり、もう一つの埠頭は東から西へ走る壁の南側にあった。水は水路や送水管によって池に送られてくる。また東西の壁には導水管が通っていた。さらに壁の中には中央に溜め池があり、そこから水が庭のあるテラス（段丘）へと流れていた。

パビリオンや東西の壁に立つと、とげとげして乾いた山地の風景の真ん中に、きらきらと輝く静かな青い水の広がりを越えて、その先に一つの光景が見える。それはオリーブやイチジク、ブドウ、クルミ、スミレ、それにさまざまな種類の植物が生い茂る青々とした庭園だった。[22] が、それでさえ滝の眺めや滝の音には見劣りがする。リー＝アン・ベダルは崖の上にあった溜め池の跡について書いている。そこから水槽に滝となって落ちてきた水は、人工の池に水路によって送られた。これこそまさしくすばらしい贅沢な見せ物だった。が、それでもそれは、都市の中に意図的に作られた滝の一つにすぎなかったようだ。もう一つの滝は、ジャベル・アル・クプタの北の尾根にできた割れ目から落ちていた。その水は階段状の水槽や貯水槽に集められたが、多くは無駄に浪費された。

庭園－人工池のグループは大神殿とともに、紀元前一世紀の末頃、アレタス四世の治世中に設計されて建造されたものとベダルは考えている。庭園－人工池のデザインは中島のパビリオンもそうだが、紀元前二〇年から二三年にユダヤのヘロデ王が建てた、夏の要塞のデザインに著しく似ている。が、規模はペトラの建造物の方が小さい。このような人工池は、ヘレニズムの世界ではステータスのシンボルとされ、とりわけヘロデ王はこれを好んだ。彼はユダヤにある自分の宮殿のすべてに池をしつらえた。おそらくそれは、彼が紀元前四〇年にローマを訪れた際目にした、水を贅沢に使うこれみよがしの建造物に影響を受けたためだろう。ベダルは推測して、アレタス四世がこの地域内で自分の地位を確立させるために、庭園－人工池のグループを作ったのではないかと言う。アレタス四世は自ら旅に出かけたり、交易人から噂を聞いたりして、ヘロデ王の池に精通していたのだろう。そこにはヘロデとナバテアの両王族間で、王家同士の結婚さえ存在したかもしれない。

ペトラの人工池には長い改良の歴史があった。ベダルは年代的に九つの段階があったことを確認している。人工池は三六三年に起きた地震の頃には、すでにまちがいなく使用されていなかった。

ストラボンからの告別の辞

ベダルの発見、チャールズ・オートロフによる断片的な考古学上の遺物の詳細な研究、さらにはジョン・オルソンの長年にわたる調査などをもってすれば、おそらく誰しも自信を持って、しめくくりの言葉をストラボンに任せることができるだろう。

ナバテア人たちの首都はペトラ（岩）と呼ばれている。それは四方をすべすべして滑らかな岩に囲まれ、補強された場所にある。外部から見ると険しく急峻だが、中に入ると豊かな泉の水が家庭にも、庭園にも十分に行き渡っている。都壁の向こう側はそのほとんどに、とりわけユダヤの方角に砂漠が広がっている。(23)

6 川を作り、入浴する
――ローマとコンスタンティノポリス（紀元前四〇〇〇年―紀元八〇〇年）

ローマ世界に、何か水に関わる話がありそうだという情報が、あなたにとってニュースとなるかどうかは分からない。が、ローマ帝国のかつての版図――ヨーロッパ、北アフリカ、小アジア、中東――のどこでもよい、ともかく行ってみることだ。そうすれば必ず、水を操作するローマ人の巧みな技術を証明するものに出会うだろう。水道橋、井戸、貯水池、ダム、貯水槽、噴水、下水設備、トイレ、それにもちろんローマの浴場などに。[1] 水道橋はしばしば途方もない規模のものがある。それはフランスのポン・デュ・ガール（ガール水道橋）がよい例だ。高さが約五〇メートル、長さが約二七五メートル。この橋はガルドン川をまたいで、ローマ都市ニームの水道（ユゼズの湧き水をニームに運ぶ）を支えていた。[2] 浴場も同じでローマのカラカラ浴場は、建造中の五年の間、毎日九〇〇〇人の人々が働くほど巨大なものだった。[3] 同じように水力考古学の広がりにも目を見張るものがあった。イギリス北部からエジプト南部まで、行く所はどこにでも、ローマ人が水を必要としたすばらしい証拠がある。が、それでさえ、証拠のほんの一部を見ているにすぎない。何千キロにわたって、地下の水路がわれわれの目の届かない所に隠れているからだ。水路は山腹や渓谷を縫うようにして進んでいる。ローマ人の渇きを癒すために建てられたものは、そのすべてが必ずしも水それ自体のためではない。それはまた水がもたらすもの――権力、プライド、名声――のためでもあった。

水を捨てる

ローマ世界では地方と都市の住人たちが、頼りとなる水供給をともに必要としていた。そのためにも水を運び、水を貯めて、それを配分することは重要だった。水は穀物を製粉する水車を動かしたり、強力な噴流を使って採掘したり、農業で灌漑をするためにも入り用だ。また、貴族のような支配的エリートから、国境地方にいる軍団の兵士にいたるまで、ある程度の個人衛生――トイレや浴場――は必要だったろう。が、実際のところ、これほどまでに大げさな形で水をコントロールする必要があったのだろうか？　ポン・デュ・ガールやカラカラ浴場ははたして、これほどまでに人目を引く壮大なデザインで、作らなければならなかったのだろうか？　ローマの都市は至る所で市民の渇きを癒すために、たえず噴水から水を流し続ける必要が本当にあったのだろうか？(4)

もちろんそんな必要はなかった。水は人間の基本的なニーズに応えるために制御されなければならなかったのだが、それは権力を持つ人々をあと押しするやり方で行なわれ、結果的には、彼らの権威を正当化し拡張することになった。トレヴァー・ホッジ教授は、ローマの水供給システムをこの上なく詳細に記した調査報告の筆者で、水道、浴場、水車については、想像しうるあらゆる工学上のディテールに精通したエキスパートだ。その彼が確信していた。一九九二年に著わした独創的な著作の中で、ホッジは次のことを明らかにしている。水供給について言えば、ローマの諸都市はそのほとんどが例外なく、質素な井戸と貯水槽に依存することで発展した。巨大な水道橋は都市が創建されたのち、しばらくしてから作られたものだと言う。それは、ホッジが単なる贅沢だと書いていたように、浴場に水を供給するためだった。たしかに浴場は贅沢だ。だが、浴場はローマ人の社会生活の核心をなしていた。そのため、水を贅沢に消費することは彼らにとって、権力、富、アイデンティティを示す政治的声明だったのである。今なお残る都市の噴水や巨大な水道橋からたえず流れ出る水は、ローマ帝国のもっとも人目を引くモニュメントだった。ホッジはローマの水道が周囲のすべてに、次のようなまぎれもないメッセージを送っていたと考えている。「水だって？　なぜなんだ。山ほどあるじゃないか。だから今はそれをただ捨てるだけなんだ」(5)。

他の学者たちはさらに一歩踏み込んだ論を展開した。ボノとボニは、ローマの水システムを概観して次のように述べている。「ローマでは水が崇拝すべき神として考えられていた。そしてそれは、とりわけ健康や芸術の中で活用された。巨大な水の供給を利用できることは、それ自体が富裕のシンボルとして、またそれゆえに権力の表現と見なされていた」(6)。入浴は大量の水を必要とする。ローマの浴場について優れた研究を行なったインゲ・ニールセン教授は、入浴が「ローマ世界では、食べることや酒を飲むこと、セックスや笑うことと同じくらい重要なことだった」と述べている(7)。浴場を建設することがどれほど複雑な作業で、どれほど金を消費するものだったとしても、植民地や新たに征服された都市では、まず最初に出現する建物がこの浴場だった(8)。どの都市でも市民の誇りを示すために、できうるかぎり大きくて贅をつくした浴場を作った。そしてそれがもし可能なら、水道橋についても同じことが行なわれた。とりわけ人目を引くようなアーチを持つ橋が作られた。水道橋は「堅固で雄大、実用的で洗練」と

いうローマ人の美徳を、すべて包含した建造物だったのである。(9)

浴場にて

アイデンティティということで言えば、入浴なしに人はローマ人でいることなどできないし、ローマ化したことにもならない。これはサウナや温浴、冷水浴、マッサージなどで単に体をきれいにすることとは違って、それよりはるかに大きな意味を持つ。浴場はローマ人の文化生活の中心にあった。もっとも大きな浴場はスポーツ、音楽、芸術、文学など、人々のあらゆる要求を満たすことができた――そのすべてが社会のゴシップに集中していたとはいえ。キケロは「一日のはじまりを知らせる公衆浴場のゴングは、甘い音を響かせる。学校で哲学者たちが語る声よりそれは甘い」(10)と書いていた。が、セネカがルキリウスへ出した手紙では、紀元一世紀の属州におけるローマの浴場の雰囲気がとらえられていて、そこでは浴場から聞こえる音が、キケロがわれわれに想像させたものより、いくぶん望ましくないものとされている。

私は浴場の建物のちょうど上のあたりに宿泊していた。そこで聞こえてくる音の寄せ集めを想像してみてほしい。それは自分の聴力がいまいましくなるほどひどい音だ。たとえばそれは、活発な紳士が重たいウェイトを振り回して体を鍛えているときなどだ。激しく動いたり、あるいはそのふりをしたりするときには、私の耳に彼の低いうなり声が聞こえる。吸い込んだ息を吐くときには、はあはあと高音であえぐ声が聞こえた。あるいは、たぶん安いマッサージに満足し切っている怠け者だろう。肩をぱんぱんと叩く音が聞こえる。マッサージの手が体の平らなところや窪みへ移るにつれて、音がさまざまに変化する。そしておそらくはマッサージ師の声だろう、ひと声叫んで終わりを告げる。それが最後の仕上げだ。

人目を引くのは、たまに見かける浮かれ騒ぐ人やスリだ。それに、いつも浴室の中で自分の声を聞くのが好きで、どんちゃん騒ぎをする人。あるいは途方もない音やしぶきを立てて、遊泳プールに飛び込む好き者。他のことはともかく、声がよければまだ我慢ができる。が、突き刺すような甲高い声の人を想像してみてほしい。たえず——自己宣伝のために——ぶちまけるばかりで、口をつぐむことがない。黙り込むのは脇の毛をむしっているときと、相手にどなり返されているときくらいだ。さらに、いろんな呼び声を出してやってくるケーキ売り、ソーセージ屋、菓子屋、それにあらゆる食べ物の売り手たち。彼らは自分の売り物を、それぞれ独自の抑揚をつけて叫んでは売り歩いている。(11)

ローマの浴場やローマ人の入浴という習慣は、ギリシア人から受け継いだ。しかし、その性格はギリシア人のものとはまったく異なっている。(12) ギリシアの浴場（バラネイオン）は紀元前五世紀中に発達したが、そこにはローマの浴場が保持していた高い評価はなかった。実際そこは一般的に、年寄りや虚弱な者たちだけが利用する、道徳的とは言いがたい場所と考えられていた。浴場よりはるかに高いステータスを与えられていたのがギュムナシオン（運動場）である。ギュムナシオンで行なわれたのはスポーツだけではない。教育、個人の社会化、文化的な催しも実施された。アテナイを訪れたローマの上層階級はギュムナシオンに慣れ親しんだ。このことがローマに特大浴場（テルマエ）をもたらすことになったようだ。ローマの浴場では入浴はもちろんのこと、ギリシアのギュムナシオンと同様の活動が行なわれた。

水道橋が建設されるまでは浴場も、井戸や貯水槽から水を引き入れなくてはならなかったために、その規模は限られていた。ポンペイのスタビア浴場の発掘がこの推移を示している。紀元前五、四世紀にはじめて作られたときには、井戸から手桶で水を浴場に汲み入れていた。それがのちには踏み車で水をタンクに揚げるようになり、さらにそのあと、紀元前一世紀の終わり頃に水道橋が作られる前には、いちだんと大きな踏み車が使われていた。これが浴場の規模を拡大させ、冷たい水風呂、ぬるま湯の風呂、熱い風呂などがある各部屋、そして水泳用のプール、運動場――どれにも凝った装飾が施されている――などの集まった複合施設へと変身させることになった。[13]

ローマの浴場に必要な天然資源は水だけではない。燃料が必要だった。当初は火鉢用に、のちには、一世紀のはじめに導入されたハイポコースト（古代ローマのセントラルヒーティング・システム）のために。そしてもちろん湯を湧かすボイラーのためにも燃料は必要だ。国有の浴場は国有林の木を燃やすことができたが、個人の浴場では燃料費もかなり高くついた。

浴場へ出かけることは社会階級の如何にかかわらず、すべてのローマ人にとって、欠くことのできない日常生活の一部だった。[14] 入浴はローマ人の肉体だけではなく、精神を維持するためにも重要だった。そしてその重要性は浴場の数の多さや、文学や碑文への、浴場と入浴に関する言及の多さによっても示されている。おそらく浴場は性別によって厳密に分けられていたのだろう。が、キケロのような作家たちは、これが必ずしもつねに守られていないとしばしば嘆いていた。浴場に泥棒がたむろしていたことは、それほど驚くべきことではない。上流階級の者たちはしばしば、自分の持ち物を見張らせるために奴隷を連れてきた。入浴料金は基本的に安かった。ある記録では一クォドランスだったと記している。これはパン一斤の値段よりはるかに安い。二世紀頃になるとローマ帝国中の浴場は、そのどれもが標準の建築様式で作られるようになっていた。特徴として見られたのはアプス（壁面に穿たれた半円形、あるいは多角形の窪み）や曲線の形状だ。インゲ・ニールセンは浴場の建築について述べているが、その中で入浴の習慣を、それとなく社会や文化と関連づけながら、凝り固まった文化的な構成概念として語っている。[15]同じことは水道橋についても言えた。それはローマ人が行く所にはどこにでも現われ、ゴール地方だけでも三〇〇以上が建てられた。[16]

入浴と文化とのつながりは明らかに重要だった。が、水を目にし、それに触れ、その中に浸ることがローマの浴場が作られた究極の目的だった、という事実を避けて通ることはできない。それは町中にあった噴水やニュンファエウムについても同じことが言える。それではなぜローマ人の心や文明に、水はこのようなインパクトを与えたのだろう？

もちろん、われわれは注意深く見なければいけない。水はたしかに生活にとって欠くことのできないものだった。ローマの水利事業が生み出したこの上なく贅沢な作品と言えども、それは何よりまず実用的な恩恵を人々に送り届けていた。とくに都市の住民に。たとえば、浴場から流れ出る排水はときに、農業や庭園の灌漑用として使われた。[17]水に対するローマ人の考え方の普遍化は、ローマ世界の複雑さを明るみに出してくれる歴史上、文化上、経済上、環境上の具体的な研究をまってはじめて役立つものとなる。したがって本章では、実用的価値と政治的声明が複雑に交じり合った世界を探索するために、二つの偉大なローマ都市、西ローマ帝国の首都ローマと東ローマ帝国の首都コンスタンティノポリスの水供給について考えてみたい。

古代ローマの水供給

古代ローマの最盛期に、ローマに住んでいた一〇〇万の人々は紀元四世紀末から、以降六世紀の間に建造された一一の水道によって水の供給を受けていた。[18] 水道にはそれぞれに名前がついている——アクアス・アッピア、アニオ・ウェトゥス、マルキア、テプラ、ユリア、ウィルゴ、アルシエティナ、クラウディア、アニオ・ノウス、トライアーナ、アレキサンドリナ（図6・1）。水道の建造については、マスタープラン（基本計画）がなかった。水道は単に拡大する都市の住人、とりわけより富裕な人々によって求められるがままに、水供給のシステムとして徐々に発展していっただけなのである。

必要とされたのは水供給システムの強化だけではない。すでに古典期のアテナイで見たように、またのちに、古代世界のどこかで見ることになるように、都市から出る水を排水する下水溝が同じように必須のものだった。もっとも人目を引いたローマの下水溝としては、クロアカ・マキシマ（大下水道）を挙げることができる。これは世界でもっとも早い時期にできた下水システムで、現在もなお部分的に使用されている。おそらく作られたのは紀元前六〇〇年頃だろう。都市の中心にあるパラティヌス丘の麓の有毒な沼沢地——テヴェレ川の周期的な氾濫によってできる——の水を抜くために使われた。この下水道はまた、ローマの急増する住人たちから出る廃水をテヴェレ川に流した。[19]

ローマを訪れて、古代の下水道を探そうなどと思うのは、おそらく熱心な水力考古学者たちだけだろ

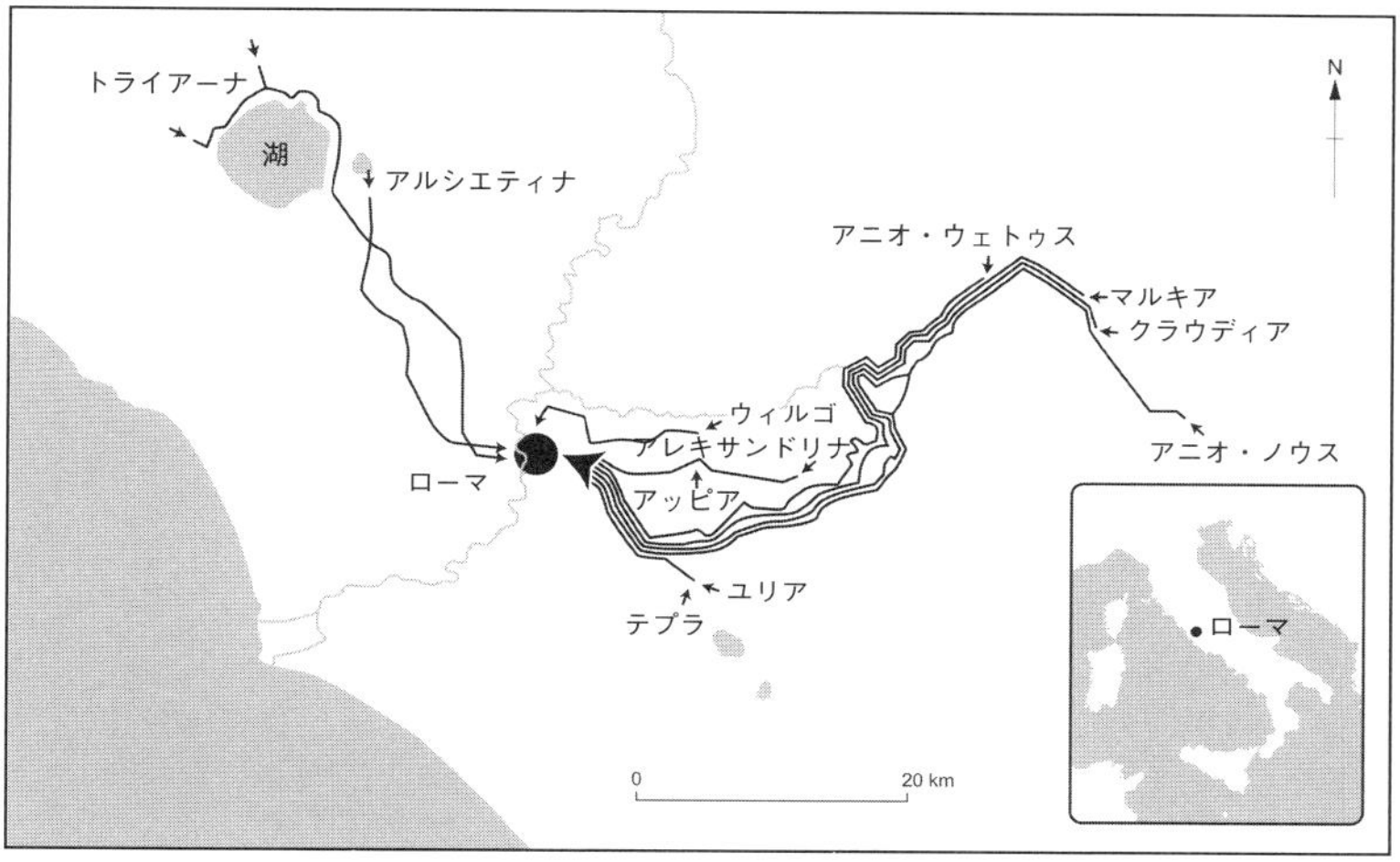

図 6.1　ローマの水道。

う。が、古代の水道橋ならだれにでも楽しむことができる。その遺構は今日でも市中でたやすく見ることができるからだ。たとえばポルテ・マジョーレの巨大な遺構は、市内に残るアクア・クラウディアの一部で、今では人混みで賑わうローマ中心部の交差点をまたいでいる。静かな脇道に引っ込んで立っているのはドルススのアーチ。これはアクア・マルキアの伸張部分であるアクア・アントニニアーナ水道の、わずかに残った断片部分を運んでいる。アクア・マルキアは古代のアッピア街道を横切って、カラカラ浴場に水を供給した。しかし、わずかに一つだけ地下水路でローマへ入っている水道がある。それがアクア・ウィルゴだ。教皇の時代と現代にそれぞれ修復を重ねて、現在も機能を果たしている。

ローマの水道の広がりがどれほどの規模だったのか、それを目の当たりにして感銘を受ける最適な場所と言えば、それは現代のローマ市の南八キロにある「パルコ・デッリ・アクエドッティ」だ。そこでは七つの水道の遺構が古代の都市へ向かう途上で集まっている

（写真19）。もっとも印象的な遺構は堂々としたアーチを持つアクア・クラウディアだ。それは今も誇らしげにイタリアの田園地方を大股で横切っていた。この公園でわれわれは、ローマ時代の風景をちらっとかいま見ることができる。小麦や野花の群生する平原が、水道橋のアーチの下に広がっていた。散策する人々は水道橋のあとについて歩けばよい。水道橋がアッピア街道の古代のルートを知らせてくれるからだ。ときどき巨大な壁の下でひと休みしては、暑い太陽から避難する。遠くには水道橋に水を与える泉と、その水を険しい勾配でローマへ送る、アペニン山脈のゆるやかな斜面が見える。

古代の遺構はこのように、今もなお雄大な姿でたたずんでいるのだが、ローマにはたしかに、もっとも大きな水道橋があるわけではないし、もっとも洗練された水道橋もない。それがあるのは南フランスや小アジア、それに北アフリカだ。さらにわれわれは、水道橋で送られてきた水がひとたび、配分用の水槽（カステッルム）を満たして水道を離れたあと、はたしてローマでその水がどのように配給されたのか、それをつぶさに理解しているわけでもない。それを証す証拠は中世と現代のローマで、一部は破壊され、一部は埋められてしまっていたからだ。したがってわれわれに残されているのは、水がローマに到着したあと、古代ローマの周辺をどのようにして流れていったのか、それを推測するだけだ。

しかしながらここには、ローマ人の水への執着、とくに入浴用の水に対するこだわりを理解するために、重要となるローマ独自の特徴が二つある。ローマははじめて創建されたもっとも大きな、もっとも豊かな、そしてもっとも多様性に富むローマ帝国の都市だが、第一の特徴は、ローマ人と水との関係が明らかにされ、しかもそのもっとも複雑精緻な表現を見出した場所が他ならぬローマだったことだ。そして第二の特徴は、ローマにセクトゥス・ユリウス・フロンティヌス（四〇－一〇三）がいたことである。[20]

クラウディウス帝治下の九五年頃、フロンティヌスは「クラ・アクアリウム」（水道長官）に任命された。彼は三人委員会の議長も務めた。委員会の三人はいずれも元老院職である。フロンティヌスが以前ブリタニアの州総督（七四－七七）や小アジアの地方総督をしていたこと、さらに彼が軍事理論について書き、優秀な法律家でもあったことなどから考えると、クラ・アクアリウムの職がローマの行政及び政治のヒエラルキーの中で、どれくらい高い位置を占めていたかが分かるだろう。着任の理由は、公的私的な水に対するニーズのためだけではない。ローマは火災に悩まされていたからでもあった。その最大のものはフロンティヌスが任命される四〇年前、ネロの治世中に起きた。[21] クラ・アクアリウムのポストに着いた者は、たとえばM・ワレリウス・メッサラ・コルウィヌスのように、フロンティヌスと同様輝かしい経歴を持つ者が多かった。コルウィヌスは紀元前一一年に、法曹界や軍隊で優れた経歴を残したあとで、クラ・アクアリウムに登用された。フロンティヌスが任命されたのは、いくぶんかは、損なわれたままになっていた水システムの設備を立て直すためだった。われわれにとって幸運なことに、彼は仕事を非常に慎重に行なった。そして、仕事のプロセスや管理をスタッフの報告に任せることをせずに、自分で取り組むことにした。その結果として彼は『デ・アクア・ドゥクトゥ』（水道論）というタイトルの論文を書いた。

九七年に書かれたこの論文は、水道の歴史について詳細に語り、水供給システムの容量を調査している。フロンティヌスは、それぞれの水道が送り込む水量、それがさまざまな水使用――公の噴水や水盤、巨大な建物、個人使用――に配分される量を測定した。彼の出した絶対値は今もなお議論の的となっている。ローマへ供給された全水量について、現在出されている推定値は五〇万立方メートルから一〇〇万立方メートル以上という変動的なものだったからだ。が、彼が出した水道の給水量の相対的な測定値や、水質の評価、それにその使用についての記述などは、水道が作られた様子やその時期に関する報告とともに、古代世界の水に関心を持つ者にとっては非常に有益なものとなっている。論文は大むね無味乾燥な役人口調で書かれているが、いかにも誇らしげな表現がいくつか見て取れる。「ちょっと比較してみるとよい」と彼はわれわれに教えている。「生命維持に関わる水道ネットワークの巨大な記念建造物と、無駄なピラミッドやギリシア人たちの役に立たない観光名所を」[22]。

古代ローマの水道

ローマ市は数世紀の間、何ら水道を必要とすることなく成長して栄えた。水の豊かな泉と地下水の高い水位のおかげで、自然に水の供給が行なわれていた。ローマ帝国の時代を通して、市に不可欠なあらゆるニーズは、井戸から引いた水で十分にまかなわれていたようだ。が、紀元前三一二年に最初の水道が作られて、アクア・アッピアと名づけられた。これは東方一六キロの地点にあった泉からローマへ水を運んだ。そしてそれは商業地区フォルム・ボアリウムへ給水されたようだ。アクア・アッピアはそのほとんどの行程を地下で走った。フロンティヌスによると、建設当時それは目覚ましい業績と考えられていたという。

のちにローマで建てられた水道や、実際、ローマ世界の大半の水道と同じように、アクア・アッピアもまた重力によって正しく機能した。水源からカステッルム——水がここから市全体へと分配される小さな貯水槽——まではゆるやかな傾斜をなしている。水道の到着地点にはしばしば噴水が置かれていた。ローマではこの伝統が二〇世紀に作られた今日の水道でも引き継がれている[23]。アクア・アッピアの水は石で作られた導管を通って流れてきた。導管は通常幅が一メートル、深さが二・五メートルほどで、防水のためと水が流れる表面を滑らかにするためにセメントで内張りがされている。上は平たい石で蓋をされたり、アーチ形の天井だったりして、管は地下五〇センチほどの所に埋められていた。それはまた、掃除をするために中に入れるほどの大きさがなければならない。炭酸カルシウムが付着したり、沈泥が堆積するからだ。しかしこの付着物や沈殿物もしばしば、水道の通り道の至る所に作られた沈殿槽によってとらえることができた。同様に、場所によっては谷床を水道橋ではなく、サイフォンを使って送水するものもある。鉛管の内部で固くなった炭酸塩の沈着物は、たしかに流れの効率を妨げたかもしれない。だが、その一方で、それは鉛が流水の中に溶け込み、人々に有害な働きをするのを防止する効果もあった。(24) しかし、このような問題はまれにしか起きない。というのも、大多数の導管は石でできていたからだ。導管は険しい谷を水道橋に支えられて渡り、尾根を進むときにはトンネルを通り抜けなければならなかった。導管は人工の川と考えてしかるべきものだったのだろう。(25)

アクア・アッピアの四〇年後、ローマへ達する第二の水道アクア・ウェトゥスが作られた。この水道もまたほとんどの行程が地下だったが、それはアクア・アッピアにくらべてはるかに野心的なものだった。六九キロ離れた上アニオ渓谷から水を運び、その水が流れ込む三五のカステッルムを経由して、ローマのさらに広い地域に水を供給した。嵐のあとでは水が泥だらけになりがちだったとフロンティヌスは記している。そのためにおそらく水は作業用、灌漑用、動物用に取って置かれたのかもしれない。アクア・ウェトゥスの建造には二年の歳月を要し、資金はピュロス戦争の戦利品によってまかなわれた。

第三の水道を作る試みは紀元前一七九年にあった。技師たちによって水道の道筋が指定されたが、それが自分の土地を横切ることにマルクス・リキニウス・クラッスス（共和政ローマの政治家）が反対し、許可を与えることを拒否した。そのために計画は頓挫した。三〇年後、拡大しつつある人口によって生じた水需要はもはや抵抗し難いものとなっていた。元老院は執政官のクイントゥス・マルキウス・レックスに必要な行動をとる権限を与えた。そして、彼にカルタゴやコリントスとの戦争によって得た戦利品を与えて、必要な費用に充てるように指示した。執政官は紀元前一四四年にアクア・マルキアを作り、現存の二つの水道を修理した。フロンティヌスがのちに行なった説明によると、水道はたえず修理する必要があったという。それは水路の内部に溜まって固まる炭酸塩や、樹木の根、弱い地震などによって生じる水路の途絶のためだった。

新しい水道アクア・マルキアは今までのところでは、もっとも野心的な水道となった。険しい急斜面の渓谷を渡って都市へと水路を運ぶのに、はじめて水道橋を使ったからだ。水源はやはり上アニオ渓谷に拠ったが、アクア・ウェトゥスの水源にくらべるといっそう遠方にある。水は九一キロの距離を運ばれた。が、その内、地上で送水されるのはわずか七キロにすぎない。ローマは明らかにこの新しい水供給を誇らしげにしていた。それが証拠に、水道を設計した技師の名誉を記念して、彼の像を水道の終着点カピトリウム神殿の近くに立てた。フロンティヌスは、地上で水道が拡張されることに反対があったことを記録している。それがロカ・プブリカ（公地）の都市化に拍車をかけることになると言うのだ――これこそまさしく古代社会におけるニンビー主義（地域住民エゴ）だった。

次の水道は、わずか一九年後の紀元前一二五年に建設され、水の温度がぬるいことからアクア・テプラと名づけられた。水道はアルバノ山地の麓の都市から、ほんの数キロほどの場所にある泉から引かれた。水道の考古学上の手掛かりはまったく知られていないが、おそらく作業用の水供給のために、アクア・マルキアの補助として計画されたものかもしれない。そしてアクア・テプラのあとでは、ローマが内乱状態に陥ったために水道建設はいったん中断される。

ローマの水供給システムに変化が出はじめたは紀元前三三年で、それはマルクス・ウィプサニウス・アグリッパ（ローマの軍人・政治家）の指揮の下で行なわれた。(26) この時期には現存した水道もすでにしっかりとした修理が必要となっていたし、その一方でシステムの管理にも注意を払う必要に迫られていた。水需要は相変わらず増え続けている。ローマには少なくとも一〇の公共浴場があった。アグリッパはこの難局に対処した。戦争で戦利品として得た自分の財産を注ぎ込み、彼はアッピア、ウェトゥス、マルキアの各水道を修理した。さらにテプラ水道の送水量を増やし、新たにアクア・ユリアとアクア・ウィルゴの二つの水道を建設した。

アクア・ユリアはアクア・テプラによって使われていた水源から、わずか数キロ離れた所にある水源を利用した。そしてその水路は、マルキア水道を運ぶために作られた水道橋を利用した。アクア・ウィルゴ（乙女水道）はおそらく、ローマの郊外およそ二一キロの所にあった泉を、少女が兵士に教えたことにちなんでつけられ名前だろう。これは度重なる修理と改造を経て、今日でもなお機能しているただ一つの水道である。アクア・ウィルゴはローマの中心にある有名なトレヴィの噴水に水を供給していた。

アグリッパの改修作業や水道の新設は、増大する人口の要求に応えるために実行されたのだが、彼は単にローマの――自分自身の――功績を指し示すために行なったようにも見える。わずか一年の内に、どぎつく飾り立てた三〇〇もの彫像が各所の噴水に取りつけられた。「要求」はすべてがすべて実用的性格のものではなかった。アクア・ウィルゴは、アグリッパがカンプス・マルティウスに作った複合浴場施設へ給水するために敷設されものでもあった。この施設にはスタグヌム（浴場に接続したプール）やエウリプス（遊泳用の水路）があり、ローマ市民には無料で開放された。他の浴場は大半が入場料を必要とした。

アグリッパは水システムを管理維持するために常勤のスタッフを作った。これが、紀元前一一年にアグリッパが死んだあとに設立された、クラ・アクアリウムを筆頭とする帝国スタッフの基礎となった。アグリッパはアウグストゥスに少なくとも二四〇人の熟練者を残して死んだ。実際、アグリッパの改造は、五三七年にローマが異民族によって亡ぼされるまでローマを支えた。しかし、にもかかわらず、ローマ帝政期を通じて水システムはますます大きくなり、しかもただで手に入る流水の需要に応じるために、大規模な発展を遂げていった。その一例として、アウグストゥス皇帝自身の需要がある。彼は紀元前七年に七番目の水道アクア・アルシエティナの敷設を命じた。それはおもに彼のナウマキアに水を供給するためで、ローマから二五キロ離れたアルシエティナ湖から水を引いた。ナウマキアとはテヴェレ川の右岸に、アウグストゥスが海戦を復元させる目的で作った人造湖である。湖は数多くの小さなボートとともに、三〇隻の衝角つき船と三〇〇〇人の人々を浮かべるに十分なほど大きかった。

これは帝政ローマの贅沢のほんの一例にすぎない。都市が拡大するにつれて水の需要も拡大した。アウグストゥスはすでに第二の水源を活用することで、アクア・マルキアの給水量を倍増していたが、彼の後継者たちは新たに二つの水道、アクア・クラウディアとアニオ・ノウスを作ることで、ローマへもたらす水量を二倍にした（写真20）。この二つの水道は一つのプロジェクトとして敷設された。三八年にカリグラ帝によってはじめられ、五二年にクラウディウス帝が完成させた。資金はフィスクス――皇帝個人の金庫――から出され、もはやそこに戦争の戦利品はなかった。アクア・クラディアはアクア・マルキアで使われた泉に近い上アニオ渓谷内の泉を利用した。が、水道橋をさらに広域で使用したために、水道の長さはわずか六四キロにとどまった。その水道橋の一つは高さが四〇メートルもあり、かつては少なくとも一〇〇〇のアーチがカンパニャ——ローマ周辺の低い田園地方——を横切って水道を運んでいた。現在残っているのはその内三五〇のアーチだけである。

アニオ・ノウスは水をローマから八六キロ離れたアニオ川から引き、アクア・クラウディアよりかなり水質の劣る水を配水した。しかし、その大半は共通のカステッルムの中でアクア・クラウディアの水と混ざり合ってしまう。二つの水道はまたローマに向かって作られた最大の水道橋を共有していた。水道橋ではアニオ・ノウスが、アクア・クラウディアの上を走っていた。

アクア・クラウディアのきれいな水が、アニオ・クラウディアの汚れた水と混ざる前に、分岐水道のアクア・カエリモナタニが、水路をドムス・アウレアという名で知られているローマの地域へそらせた。これは主として皇帝ネロが六二年に作った新しい浴場へ給水するためだったのだろう。この浴場にはスタグヌム、広大なニュンファエウム、装飾が施された噴水などがあり、ネロが自らの建築プランを強引に実現させた最初のものだった。これはのちに皇帝が建てた巨大な浴場の規範となった。浴場内には温泉の各浴室——フリギダリウム（冷水浴室）、テピダリウム（微温浴室）、カルダリウム（高温浴室）——があり、それが長い中央の部分に並んでいて、その脇にパラエストラ（格闘技訓練場）をはじめ他の施設がついていた。(27)

フロンティヌスの書いたものから分かることは、クラウディア水道とノウス水道がローマへの水供給の量を倍増したことだ。彼の『水道論』には、二つの水道がローマ市内にある二四七のカステッルムの内、九二のカステッルムに給水していたと書かれている。マルキア水道は二番目に大きな水源で、五二のカステッルムにとくに高水質の水を供給していた。フロンティヌスは、水道からくる水の三分の一はローマ市外に分配されたと言う。その内の六〇パーセントは個人の別荘や庭園、それに灌漑のニーズへと送られた。皇帝から水利権を供与されなかったときには、個人の消費者は水代を支払わなくてはならなかった。残りの四〇パーセントの水は皇帝の地所へ向かった。ローマ内では二〇パーセントが皇帝使用で、四〇パーセントが個人消費者用となる。残りの四〇パーセントは公共のニーズに使われた。それは噴水、浴場、円形競技場、市場などだ。

フロンティヌスが述べているのは配水や、たえず行なわれた修理の歴史やその必要性だけではない。システムの不法な分岐についても語っている。給水施設の全スタッフが共謀して、彼らに金を支払う者たちに水を給水した事実があったようだ。それは金を出した者の地所へ新たに水路をつけ加えたり、貯水池から導く管を大きなものにするといった不法行為だ。システムはまた、水道が通る土地の所有者によっても悪用された。彼らは不法に水路を分岐させ、水路の近辺の「保留」地帯とされていた場所に木々を植えた。

フロンティヌスは一〇四年に死んだと考えられている。したがって、最後に二つ作られたローマの大水道を彼は見ていない。一〇九年に作られたアクア・トライアーナは、ローマから五六キロ離れたブラッチャーノ湖近くの泉から水を取り、テヴェレ川左岸のトラステヴェレ地区へさらなる水を供給した。アクア・トライアーナの水源や、おおげさな装飾の施された地下のニュンファエウムは、ローマ北西部の鬱蒼と茂る草木やブタの牧草地などの下に埋もれていたが、二〇〇九年になってはじめて発見された。その水はかなりの高さで到着したために、水車を動かすのに十分な水圧を与えることができた。アクア・トライアーナはおそらく、テヴェレ川を現代のポンテ・スブリチオ橋の近くで横切って、トラヤヌス浴場にもまた給水していたのだろう。この浴場はネロの宮殿の跡地に建てられた巨大な複合施設で、浴場にアーケードや庭園、図書館、運動区域などが付随していて、皇帝の大浴場の模範的なモデルとなった。

アクア・トライアーナはコインに鋳造され、流水の上に河神が彫り込まれるほどの称賛を受けた。それは古代ローマで、最後から二番目に建設されたすばらしい水道である。のちの皇帝はことごとく現存のシステムを修理したり、改善するにとどめたが、中に一人だけ例外がいた。それはアレクサンドル・セウェルス帝（在位二二二－二三五）で、彼は自分の浴場に給水するために、ローマから二二キロ離れた水源から水を引いてアクア・アレキサンドリナ（二三〇頃）を作った。何故さらにもう一つの水道が必要となったのか、それはただちに理解することができる。四世紀のはじめに、ローマではすでに大浴場が一一、公共の浴場が八五六、大噴水が一五、噴水や水盤が一三八二、人造湖が二つもあったからだ。[28]

他の皇帝たちは、新しく作った自分の浴場には、現存の水道から水を分流させて給水することを選んだ。中でももっとも有名なのはマルクス・アウレリウス・セウェルス・アントニヌス・ピウス・フェリクス・アウグストゥス帝（在位一八八－二一七）で、別名カラカラ帝として知られている。二一二年、彼はアクア・マルキアから分岐させた水路で自分の浴場――これが巨大なカラカラ浴場である――へ水を引き入れ、これをアクア・アントニニアーナと呼んだ。ローマ世界における入浴現象をさらに探査するためにも、この浴場にしばし立ち寄ってみる価値はある。

カラカラ浴場

カラカラ浴場はまた「平民の別荘《ヴィラ》」としても知られていた。それは浴場がローマの労働者階級の地区に建てられていたからだ[29]。が、皮肉なことに浴場は、色の着いた大理石の床や、モザイク画、スタッコ画、それに巨大な施設の周辺に置かれた数百の彫像など、これ以上ないほど贅をつくして美々しく飾り立てられていた。

カラカラ帝——この名前は皇帝が、同じ名前を持つガリア産のフードつき衣服をことのほか好んだことに由来する——はいくぶん疑わしい性格の持ち主だった。古代の作家たちは彼のことを、正気を失って血に飢えた兄弟殺しだと書いている。「兄弟殺し」と書かれたのは、当初、帝位を共有していた兄弟の死がその原因だった。カラカラは自分を、アレクサンドロス大王の生まれ変わりだとする妄想に捕われていた。そのためにローマに母親を残して、彼女に帝国経営を一任し、自分は統治期間の大半をブリタニア、ガリア、ゲルマニアなどの軍団で過ごした。

二一六年に開設したカラカラ浴場は膨大な地域を占有し、その建設のためには、数百万個のれんがと二五二の円柱、それに五年の間、毎日九〇〇〇人の作業員を要した[30]。給水用の水道は、たえず浴場に水を注ぎ入れ、驚くほど複雑な配管システムへ確実に水を送り込むために、一八の貯水槽に水を流し込んだ。浴場の中心に位置した建物には、着替え室、サウナ、マッサージ室、日光浴療法と脱毛——毛を抜くのだ——のための部屋とともに、冷たい水をたたえたプールが四つあるフリギダリウム、二つのプールのついたテピダリウム、そして熱い湯のプールが七つあるカルダリウムがあった（写真21）。

フリギダリウムだけは非常に壮大で、そこには灰色のエジプト産大理石でできた巨大な円柱の上に大きな丸天井が載り、拱廊《アーケード》の列、多色大理石の根石のある壁、大理石の床、噴水、彫像などがあった。が、その巨大さは大きなバシリカ（裁判所や集会所に用いられた長方形の建物）とは若干違っていた。フリギダリウムは、シカゴ鉄道駅やニューヨークのペンシルベニア駅を設計した建築家たちにインスピレーンを与えている。

浴場の下には、維持管理のために使われる地下通路のシステムがあった。中には馬車が通り抜けられるほど大きな通路もある。それは暖房装置や、オーブン、大釜などに使用する薪を置く部屋、余分な水で動かす水車の置かれた場所にも通じていた。

地下には「ミトラ神殿」があった。エジプトの神ミトラを拝むための部屋だ。カラカラ帝とその家族は宗教的には、異なった伝統の要素を混淆したシンクレティズム（混合主義）を信奉する傾向があった。カラカラ浴場の地下神殿はローマではもっとも大きなミトラ神殿だったろう。その重要な特徴は床の中央の穴にあった。学者の中にはこれを供犠の雄牛から出た血を流すための穴だと考える者もいる。おそらくその血はまた、教団の誰もが着ているトーガ（公共の場でチュニックの上に着た外衣）に飛び散ったにちがいない。が、少なくとも彼らは汚れを落とすには最適の場所にいた。というのも、浴場の中には運動、食事、おしゃべり、儀式などさまざまなことを行なう機能があったが、施設の中心にあるのは何といっても冷たいプールだったからだ。

今日、浴場の遺跡はなお三〇メートルの高さがあり、巨大な土の壇上に建てられているので、簡単にそれと分かる。地下の通路——往時はにぎやかな店や屋台があったと思われる——へ通じているアーチも、今は鉄柵の背後でひっそりと静まり返っている。

傾斜路を登って地上へと出ると、建物の巨大さに一瞬驚かされる。外壁は西側と東側の談話室や南側の図書室のある静かな庭園地区を取り囲んでいる。この外側の地域はおそらく昔も今のままだったにちがいない。浴場を訪れる前やそのあとで、瞑想に耽ったり、ゆっくりとくつろぐための、平和で静かな庭園だったのだろう。

私はぶらぶらと部屋を経巡った。ほとんど完全な姿で残っている明るい色彩のモザイクの床に、幾筋もの太陽光線が降り注いでいた。精緻に装飾の施されたモザイクの大きな塊が、上の床や壁から崩れ落ちたものだろう、壁に立て掛けてある。カモメが日当たりのよいアーチの壇の上に巣を作っていて、それが上階の湾曲部の間にさっと舞い降りた。外へもどってきた私は、小さなスタジアム（競技場）が今も使われていることに気がついた。学校対抗のスポーツ競技が行なわれている。若い観衆がスロープを使ってさらによく見ようとしていた。おそらく古代ローマの観衆も同じことをしていたのだろう。

新しいローマ——しかし、何かが足りない

カラカラ浴場は一日に六〇〇〇人から八〇〇〇人の人々を受け入れていたと言われている。が、人々が湯浴みをしていたとき、ローマは終末期を迎えていた。三〇六年から三三七年の間、ローマ皇帝の地位にあったコンスタンティヌス一世は、ローマを見捨ててビザンティウム——のちのイスタンブール——を首都（以降コンスタンティノポリスと称する）に選んだ。ビザンティウムはヨーロッパとアジア間の

通路に位置していて、ローマ帝国の国境にほど近い。交易の中継点や帝国の軍団にもより近く、ローマにくらべて当時としては首都に最適な場所だった。もともとは紀元前六六〇年頃に、ギリシア人が植民地として作った町（ビュザンティオン）だったが、コンスタンティヌスがローマのイメージに作り変えた。彼は公共建造物を建て、行政システムを作り、帝国の各地から芸術品を持ち込んだ。やがて都市はフォーラム（公共広場）、城壁、浴場、競馬場、皇帝宮殿を誇り、世界に冠たる帝国の首都に必要なインフラ、記念碑、展示品などを自慢できるほどになった。

新しい都市コンスタンティノポリスは三三〇年五月一一日に聖別された。首都は人々や交易人や富者たちを引きつけるようになり、その結果人口は飛躍的に増加した。コンスタンティノポリスが拡大していったのに対して、ローマは衰退の一途をたどった。三九五年、ローマ帝国は東西に分裂し、西ローマ帝国は異民族の手に落ちた。最後の皇帝ロムルス・アウグストゥスは四七六年九月四日、ゲルマン民族の首長によって退位させられた。東ローマ帝国の将軍ベリサリウスが、五三七年にローマを取りもどすと、ゴート戦争の期間中、束の間ではあったがローマはローマ人の手にあった。しかし、たちどころに、ウィティギス王の指揮する東ゴート軍に取り囲まれ、一年と六日の間包囲の下に置かれた。これがカラカラ浴場に終止符を打つことになる。人々がローマの中心部から離れた地域を見捨てて、市内に集まってしまったからだ。東ゴート族は水道をふさぎ、ローマから飲料水を奪った。が、それだけではない。水は水車を回して小麦を粉にする。そのためにローマはパンもまた奪われてしまった。東ゴート族はアクア・ウィルゴを使って都市に侵入しようと試みたが、これは阻止された。最終的にはベリサリウスが東ゴート族の軍隊を敗北させたが、にもかかわらず、ローマはすでに「歴史」と化していた。一方、コンスタンティノポリスは今や、ヨーロッパで、いやおそらく世界で最大の都市となった。以降一〇〇〇年以上の間、コンスタンティノポリスはその状態を維持することになる。

この地位を確保するためには、コンスタンティノポリスの皇帝、建築家、技術者たちは、ある一つの課題に取り組まなければならなかった[31]。それはローマで直面した課題とはまったく異なったもので、もっとも基本的なニーズのために水を供給することだった。ローマでは泉が比較的手近な所にあった。泉水の流出量も一年を通して安定していた。それにひきかえ、コンスタンティノポリスの地形には地下水の供給が不足している。どの泉も遠く離れていて、しかも流水が不規則だった。最初の水道が作られたのは、ハドリアヌス帝治世下の一一七年から一三八年にかけてで、まだこの都市がビザンティウムと呼ばれていた頃だ。おそらくハドリアヌスがトラキアを訪れた際に、彼が直接命令を下して作らせたものに違いない[32]。この水道が都市の北西にある丘――今日ではベオグラードの森として知られている地域――から二〇キロにわたって水を運んだ。四世紀になると、都市のたえず増え続ける人口、それに帝国の首都に不可欠な、技巧を凝らした噴水や浴場のニーズに応えるためには、明らかにこの給水では不十分となっていた。

今となっては技術者たちも、さらに遠くの所で水を探さなければならない。それは現在、われわれがトラキアと呼んでいる地方にあって、コンスタンティノポリスの北方、黒海海岸に平行して走るストランジャ・ダグランの丘に湧く泉や帯水層だった。が、ここの泉水はその流出がきわめて季節的だ。豪雨のあとは水が豊富に出るのだが、乾燥する季節には流水も限られてしまう。干ばつの時期には流水は十中八九ゼロに等しかった。このようなわけで水利上の課題は、ただ必要なときにコンスタンティノポリスへ水を運べばよいというだけではなかった。泉が涸れたときのために十分な水を貯めておかなければならない。そしてそこにはさらにまた、貯水の必要性を迫る第二の理由があった。それは、コンスタンティノポリスの歴史でたびたび起こったことだが、包囲されて水の給水を断たれる危険がつねにあったからだ。ちょうど五三七年の包囲戦でローマに起こったことのように。

ローマ時代でもっとも長い上水道

水をコンスタンティノポリスへ運ぶという目覚ましい業績は、この五年ほどの間にはじめて十分な評価を得た。『The Longest Water Supply』（最長の上水道）は、水利エンジニアのカジム・チェチェン教授によって一九九六年に書かれた本のタイトルである。[33] 彼は首都に給水する水道システムの、考古学上の遺構を調査し、はじめて体系的な地図を作成した。彼の言うところによると、このシステムは現代のヴィゼの町近くの泉からスタートして、はるばるコンスタンティノポリスまで、二四二キロに及ぶ距離を運んでいたという。チェチェンの仕事は、一九九八年から二〇〇八年の間に、ニューキャッスル大学のジム・クロウ教授とその仲間たちによってさらに一歩進められた。彼らは水源のありかを特定するために、高精度の衛星回線や地上回線の技術を駆使した考古学調査、あらゆる史料の包括的研究、残存する石灰質堆積物の化学的分析などを送水路と結びつけることで、はるかにたくさんの詳細なデータをつけ加えた。そして、この地域の地理情報システム（ＧＩＳ）を作り出し、その結果、考古学的、地形学的、水文地質学的証拠を統合し分析した。

クロウと彼のチームはチェチェン教授の過ちを発見した。長距離の水路は二四二キロではなく、驚くことに五五一キロに及んでいたと言うのだ。これは丘を巡って曲がりくねって進み、両側をそびえ立つ岸壁に挟まれたトラキア地方の渓谷を進む道のりだが、ヴィゼからコンスタンティノポリスまでの距離は直線に直すと、わずかに一二〇キロにすぎなかった（図6・2）。

ローマの大半の水道と同じように、水路は石のブロックで作られていて、地中に置かれていた。内側は石灰モルタルで内張りされていて、上をさらに石で被っている。地方――鬱蒼とした森林地帯や曲がりくねった険しい渓谷――を横切るために、数多くのトンネル――長さが一・五キロを越えるものもあったという――と並んで、少なくとも六〇の水道橋が建設された。

これは途方もない技術的快挙だった。ジム・クロウは「古代世界のこの上ないほど桁外れの遺産だ[34]」と述べている。水路は二つの段階を踏んで建設されたようだ。まずはじめは、ワレンス帝（在位三六四－三七八）の治世中に、ダナマンドゥラとプナルカの泉から水路を作った。二つの泉はトラキア地方へ一〇〇キロほど入り込んだ地点にある。水は八九ものアーチを持つ巨大な水道橋を通ってコンスタンティノポリスへ到着した。水道橋は今もイスタンブールに立っている。ワレンスの水道橋、あるいはボズドーアン・ケメリという名で知られていて、車が激しく往来する都心のハイウェイがアーチの下を通っていた。都市への水の到来は、ギリシアの雄弁家テミスティウスによって、ワレンス帝に捧げられた演説の中で祝福された。水の価値は彫像や「貴重なもの」にもまさっている、とテミスティウスは褒めそやした（写真22[35]）。

第二の演説の中で、彼は流水をトラキアの妖精《ニンフ》にたとえている。

> そして彼女（妖精）たちは翼や思考よりも速く、空高く飛び上がり、険しく突き出た丘の下を走る。地中へ空中へ。彼女たちが通ったあとはブドウの房によく似ている。上り坂、下り坂を

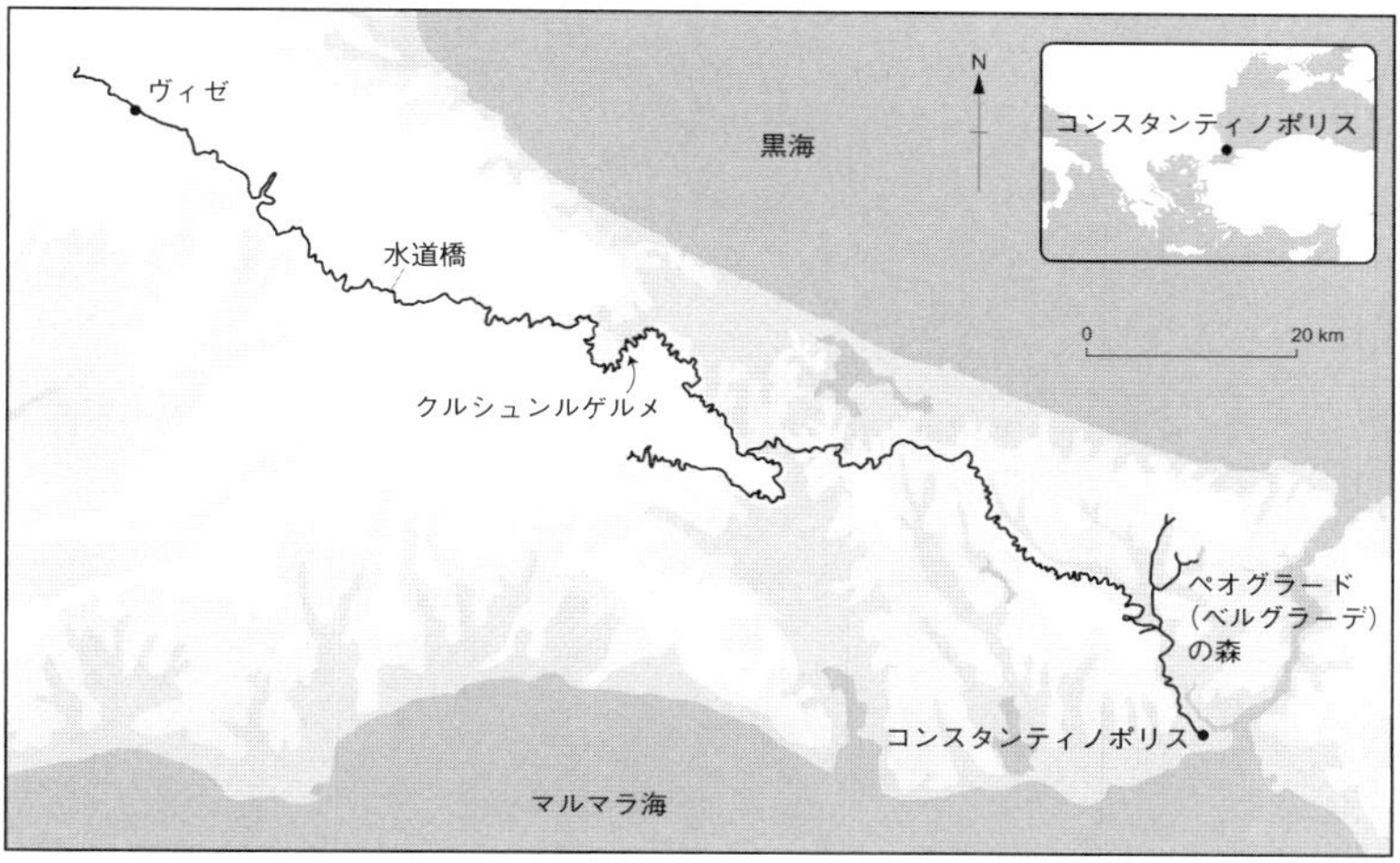

図 6.2　ヴィゼからコンスタンティノポリスまでの長距離水道。クルシュンルゲルメ水道橋の位置が示されている（「Crow et al. 2008」より）。

> 一〇〇〇スタジア以上も行く。が、上に走ったり、下へそれることはない。踏みとどまったり、抑えつけられることもない。屋根に被われて、彼女たちは一団となってやってくる。そして門の前に到着すると、外で創設者を待って野営する。それは彼を主人と定め、彼女たちが神殿に住み着くためだ。神殿の中では、ヘパイストス（火の神）、アスクレピオス（医術の神）、パナケイア（癒しの女神）たちとともに踊る。[36]

妖精たちの神殿はニュンファエウムだが、それも今はイスタンブールのコンクリートの下に埋もれている。

五世紀中に水路——実際これは人工の川だ——には、ヴィゼの近くのさらに遠い水源が与えられた。これが結果として広大な五五一キロに及ぶ水路をもたらした。それは三〇の水道橋と数キロにわたるトンネルを通り過ぎてコンスタンティノポリスへ到達した。建設されたのはテオドシウス三世とその後継者マルキアヌスの時代（四〇六－四五九）で、水需要の大幅な増加に対応するためだった。記録が伝えるところによると、コンスタンティノポリスには当時、浴場が八つとニュンファエウムが四つ、個人用の浴場が少なくとも一五三あったという。また四つの貯水槽があり、その内の二つは覆いのない非常に大きな水槽で、アエティウスとアスパルの名で知られている。二つの水槽は、コンスタンティヌス一世が三二四年から作りはじめた城壁と、それより一五〇〇メートル外側の、農地だったと思われる地域に、テオドシウス二世（在位四〇八－四三〇）が作った第二の城壁との間にあった。そんなことから二つの貯水槽は灌漑用や動物に水を与えるために使われたと考えられている。

五世紀に水に対して示されていた関心の強さは、当時、水使用を規制するために作られた法律の数を見れば明らかだ。[37] 法律が取り上げているのは次のような問題である。土地に水を供給する送水管の太さは土地の広さによって決定される。貯水槽からではなく、水道から水を取った場合の罰則。税を納めている者は誰しも、水システムの修理のために労働と材料を提供しなければならない。

クルシュンルゲルメ

イスタンブールに滞在中、私は水道橋の一部を探しに出かけた。ヴィゼからコンスタンティノポリスまで、水を五五一キロにわたって運んでいた橋だ。コンスタンティノポリスから車で北へ二時間ほど、トラキアの密林地帯を行くと、ギュミュシュプナルの小村に着いた。地図上ではそこがクルシュンルゲルメに一番近い場所だった。クルシュンルゲルメはジム・クロウが仲間たちと、もっとも保存状態のいい、もっとも歴史的価値あるものと記していた水道橋の名前だ。私はそれが両側にそびえ立つ急斜面を持つ、木々の生い茂った渓谷の中にあり、いずれの道路からも数キロ入った場所にあることは知っていた。が、具体的な方角はまったく分からなかった。村の中心にあったモスクの外で、私は老人にクルシュンルゲルメのありかを尋ねた。そしてすぐに写真を見せて手まねで教えを乞うた。老人はただちに理解すると、今度は滔々と話しはじめた。トルコ語で話すので、私にはまったく理解ができない。私の理解不能の状態に気がつくと、老人はすぐに車に乗り込んできた。そして今きた道を引き返して水を瓶詰めする場所――ギュミュシュプナル・スパ――へ向かうようにと指示した。数分の間、二、三人の作業員たちと話し合いをしたあとで、老人は私を彼らに引き渡した。作業員たちは私を四輪駆動車に乗せると、険しい泥だらけの道を三〇分ほど下って、渓谷の底にあった彼らの働く揚水場に連れて行った。運転手が手で渓谷の方を指し示すと、そこには枯れ枝の梢の先に、クルシュンルゲルメのアーチが見えた。曲がりくねって狭い道に沿って、イバラの中を通り抜け、踏み石を横切りながら数分歩いて行くと、水道橋の根元に到着した。私がそこで仰ぎ見たのは、渓谷の底から三五メートル上方で、流水を支えるために建造された巨大な石の建造物だった。小川がアーチの下を音を立てて流れている。コケ、ツタ、イバラ、それに木々までが石造建築の中に根を入り込ませていた（写真23）。

クルシュンルゲルメはコンスタンティノポリスの市外で建造された最大の水道橋だった。差し渡し一四九メートルの渓谷に架かり、異なった高度にある泉からやってくる二つの水路を渡していた[38]。橋は三層からなる。一番底の層には三つのアーチがあり、地上からの距離は六メートル。その内の一つのアーチを小川が通り抜けている。真ん中の層にはアーチが六つ、棚が一つあり、棚に沿って低い方の水路が走っている。最上の層には一一のアーチがあり上方の水路を支えていた。水道橋は灰白色の石灰岩で作られていて、それがピンクのモルタルやれんがきず、かすがいなどで補強されていた。クロウの詳細な記述を手に、私は上層のアーチの内側をのぞいてみた。そこには地震によって生じた長い裂け目があった。地震が水道橋の西壁を破壊していたが、建物自体は崩壊することなく立ったままで残った。

私は装飾も探した。それはクルシュンルゲルメが、石に四〇以上ものシンボルが彫り込まれた、ローマ世界でもっとも装飾の多い水道橋だったからである。シンボルは精巧さにばらつきはあるものの、そこにあったのはおもに十字架とクリズモンだった。クリズモンは「キリストのモノグラム（組み合わせ文字）」で、ギリシア文字のロー（P）とキー（X）を組み合わせて作られる。他のシンボルには、ヘビや花冠をかぎ爪で捕まえながら飛翔するワシもある。これは敵に対する皇帝の勝利と解釈されていた。碑銘も数多くあった。その中でも、十字架や絡み合うクリズモンに関わりのあるものには、「十字架は征服してきた。それはつねに征服する」と書かれていた。

なぜこの橋には、これほど多くの装飾がなされていたのだろう？　ジム・クロウと仲間たちは、橋に施された装飾の持つ、特殊な意味に関する細心の研究や、要塞、バシリカなど他の建造物の装飾との比較から、二つの理由を引き出した。装飾の中には、厄よけの性格を持つものがあったと彼らは言う。つまり装飾は悪事や災難を撃退するために施されたと言うのだ。十字架やシンボルの多くは、控え壁底部の小さな溝のような、構造的にはいかにも脆弱に見える場所や、補強が必要となりそうな所に彫られている。シンボルはとりわけ目立つわけでもない。ただ弱い地震や、とくに嵐のあとに起こる川の急激な水位の上昇などの災難から橋を守るために、建造中、もしくは建造の直後に彫りつけられたもののようだった。

ただし、ワシやヘビのように非常に精巧なシンボルや、大半の碑銘などはまったく違った場所に彫られている。それはすぐに目に止まって読むことのできる場所だ。さらに、他の水道システムの中にある水道橋と違って、そこには立派な作りの石の階段があった。階段は谷底から続いていて、シンボルをさらに詳しく調べることができるように作られていた。しかし、いったいこのラテン語を誰が読み、そこに書かれた比喩の象徴的な意味合いを誰が理解できたのだろう？　ジム・クロウと仲間たちはそう問いかけている。ローマ時代、このスタンジャ・フォレスト地方の人口はまばらだった。その上、ここに住む人々の中で文字の読める人はほとんどいなかっただろう。

クロウは水道橋完成に際して、大きな儀式があったのではないかと推測している。新たに水がコンスタンティノポリスへ到来したことを祝って、皇帝自らが行列をなしてクルシュンルゲルメへやってきたのではないかと言う。碑銘はそのときに大きな声で読み上げられたものだろう。技術者たちの功績を称えると同時に、もちろん、皇帝を褒めそやす演説も行なわれたにちがいない。

クルシュンルゲルメへ出向く記念の訪問は、毎年行なわれたかもしれない。少なくともコンスタンティノポリスの周辺が安全で旅をすることのできた間は。しかし、六世紀以降になるとそれが不可能になる。記念の行事は市の城壁内だけで行なわれるようになった。異民族の軍隊が市外もほど遠からぬ所にいたからだ。そして今にも水道を分断して、都市への水補給を脅かしかねない状況だった。そのためにも水の貯蔵に注意を払う必要があったのである。

異民族と干ばつ

コンスタンティノポリスの水供給を脅かしたのは、異民族による水道の断絶だけではなかった。もう一つの脅威が干ばつだった。この心配が貯水槽の増設をもたらした。それは大邸宅、宮殿、教会など、公共及び個人用に建造された。水の供給が断たれようとした事件がはじめて記録に現われたのは、四八七年である。それは、五世紀のコンスタンティノポリスにおける、きわめて複雑な政治上の権力争いの一部として起きた。トラキアのゴート族首長テオドリック・ストラボがビザンティン皇帝ゼノンに対する反乱を主導した。テオドリックは、ゴールデン・ホーン（金角湾）の入り江の東、コンスタンティノポリスのある地域スュラエ——今日ガラタと呼ばれている——を占領した。彼はこのときに都市の残りの部分へ通じていた水供給の水路を寸断した。

が、これは結局のところ都市内の紛争にすぎなかった。しかし六二六年、コンスタンティノポリスは都市全体がトラキアからきた異民族の軍隊によって包囲された。「長距離の水道」は寸断され、七六六年まで回復されなかった。[39] その間一四〇年、都市が生き延びることができた事実が示しているのは、ベオグラード（ベルグラーデ）の森からくる古いハドリアヌス水道が、信頼のおける十分な水を都市にもたらしたにちがいないということだ。そして少なくとも、それと同じくらい重要だったのが、六世紀に貯水の手段として都市内に増設された貯水槽と貯水池だった。その数は七〇に上る。この仕事の多くを行なったのが皇帝ユスティニアヌスである。彼が成し遂げた建築上の最大の偉業と言えば、世界でもっともすばらしいバシリカ、ハギア・ソフィアだ。そして水利事業の称賛者たちにとっては、彼のもう一つの「バシリカ」も、ほとんど同じくらい印象的なものだった。それが五二七年から五四一年にかけて作られた広大な貯水槽である。

今日正式にはイエレバタン・サラユという名で知られているこの貯水槽は、かつて、バシリカと呼ばれて文学や法律を教える場として使われていた建築物群の地下に作られた。[40] もともとここには小さな貯水槽がコンスタンティヌス帝の治世中（三〇六－三三七）に建設されていたのだが、ハギア・ソフィアや宮殿に安定した水の供給を行なうために、ユスティニアヌス帝によって大幅に拡張された。その結果乾季を通して、給水を維持することの可能な貯水能力を確保することができた。八万立方メートルの貯水量によってユスティニアヌスはこれを確実に成し遂げ、われわれに建築学上の驚異を残した。それは高さ八メートルの柱三三六本により、修道院の梁の様式を持つ地下の天井を支えるというものだった。柱は多くの場所から集めてリサイクルしたもので、そのために石の種類やデザインもさまざまだ。壁は防水の漆喰で塗り固められていた。

しかし、コンスタンティノポリスの貯水槽がどれほどたくさんあり、どれほど大きくても、干ばつはなお継続的な問題として残ったようだ。史料では、ある干ばつが五二六年一一月に起きたと書かれていて、それが貯水槽を巡る争いをもたらしたという。最悪の干ばつは七六五年に起こったようだ。それは年代記作家テオファネスによって、次のような年だったと記されている。「露ですら天から落ちてこなかった。水は都市の貯水槽からまったく消えてしまい、浴場も使用不能となった」[41]。彼は続けて、干ばつがどのようにして皇帝コンスタンティヌス五世を動かし、トラキアからの長距離水道を修復させたかを説明している。

彼（コンスタンティヌス五世）はさまざまな場所から職人を集めた。そしてアジアやポントスから石工を一〇〇〇人、左官を一〇〇人、ヘラスや島々から粘土職人を、さらにトラキアからは作業員を五〇〇〇人、れんが職人を二〇〇人招いた。彼はまた職人や作業員たちをまとめる工事監督を置いた。その中には貴族も一人含まれていた。こうして仕事が完成すると、水が都市に流れ込んできた。

貯水槽で、そして入浴

貯水槽バシリカ（イエレバタン・サラユ）へ行くためのチケットは、ハギア・ソフィアの隣りの、小さなれんが作りの建物の中で買うことができた。建物のうしろに階段があり、それを降りて行くと広大な地下の空洞へ到達する。ただちに理解できたのは、バシリカという名前がつけられた理由だった。三三六本の柱が一二列にわたってまっすぐに並んでいて、どこから見ても対称的な遠近法の線を形作っている。それはいかにも宗教的な記念建造物のように見えた。優しい合唱曲がスピーカーから流れ、人工的な照明もあって、たしかにそこは水の大聖堂《カテドラル》のようだった。地上から染み込んだ水でできた湖の中に柱が林立し、水面には灯りや大理石の柱が映し出されていた。大きな鯉がゆっくりと泳いでいて、その中には金魚も見て取れる。

他の観光客の列に混じって板張りの遊歩道を歩き、貯水槽を一巡する。これほどの建物が水のためだけに作られたことに、観光客たちは一様に驚いていた。貯水槽のもっとも深い部分にさしかかると、二本の柱がメドゥーサの顔を彫り込んだ巨大な台座に支えられているのが見える。明らかにこれはどこか他の場所から持ってきてリサイクルされたものだ。入口に向かってもどるときには、否応なく「貯水槽カフェ」を通り過ぎる。そこだけは灯りが消してあり、おそらく意図的に観光客用に特殊効果を施したものだろう。薄明かりの中では、大理石の柱の反射がいっそう魅力的に感じられる。そして地上では、現代のイスタンブールより、むしろコンスタンティノポリスの雑踏を思い描くことが容易となった（写真24）。

そのあとで私は、アエティウスとアスパルの貯水槽を見るために都市を歩いて横切った。二つはともに覆いのない貯水槽だ。が、そこへ行く前に少し回り道をして、まずはじめにハギア・ソフィアのうしろにあるもう一つの地下貯水槽に立ち寄った。今は貯水槽も高級レストランに変わっていた。上を見上げるとそこにはワレンス水道橋が見える。コンスタンティノポリスの騒然とした歴史を通じて、つねにしっかりと大地に足を据えてきたこの橋は、現代のイスタンブールが周囲に建設されると、今は車が速いスピードで行き交う多車線のハイウェイ——アタトゥルク・ブルヴァリ——をまたいでいた。ゴールデン・ホーンの入り江の向こうにそびえている高層ビルが、水道橋の二つのアーチで枠取りされて額に入ったように見える。アーチの下ではおもちゃのようなバスやタクシーが流れていた。

私はこの記念建造物を眺め、その天才的な工学技術に深い畏敬の念を覚えながらたたずんでいた。そしてこの橋が、ヴィゼから水を運んできた五五一キロに及ぶ水路の終点であると同時に、都市全体へ水を配給するシステムの出発点でもあったことを知った。この都市のイスタンブール大学地域を舗装しているコンクリートの下には、どこかに水道の到着地点である巨大なニュンファエウムの遺構がある。私にとってワレンス水道橋は、ハギア・ソフィアと同等の価値を持つものに思えた。それは人間の信仰に対する要求より、むしろもっとも基本的な、水に対する要求に応えた記念建造物だった。

アエティウス貯水槽もすばらしいものだった。が、それは十分な知識のない観光客や、実際イスタンブールに住んでいる人々でさえ、つい見過ごしてしまいかねない。というのも、現在、それはサッカー競技場として使用されているからだ。テオドシウス城壁の門の近く、繁華な商店街の隣りにある競技場は、いかにも細心の注意を払って作られたように見える。ピッチや観覧席が壁の中にあまりにもぴったりと収まっているからだ。アエティウスは二四四×八五メートル、深さが一〇から一五メートル、それに五メートル以上ある部厚い壁を持つ貯水槽だった。そこからさらに二〇分ほど歩くと、アスパル貯水槽に到達する。この貯水槽は今では、テニスコートや子供の遊び場、それにピクニック用のベンチのある公園として使われている。深さはアエティウス貯水槽と同じだが、広さは一五二×一五二メートルあり、明らかにアエティウスに挑戦した形で、それよりさらに多くの水を満たすことができた。これがアエティウスの方が、クセロキピオンと呼ばれていた理由にちがいない。その意味は「乾いた庭」だった。

イスタンブールで見なくてはいけない貯水槽はまだ他にもある。まず、七世紀の貯水槽の遺構を見るために都市の西側へ行こうと思った。この貯水槽は軍隊の兵舎や宮殿に給水するために作られた。遺構は壁だけではなく内部の階段もあった。貯水槽の一部はゾウ舎に変わっていた。実際、ビザンティン時代の貯水槽はさまざまなものに使用されていて、それは目を見張るばかりだ。観光名所、レストラン、サッカー競技場、公園、家畜小屋だけではない。ナイトクラブ、アート・ギャラリー、ホテルのロビー、市場などにもそれは利用されていた。

しかし、私は一日でこれだけたくさんの貯水槽を見学した。もう十分だろう。イスタンブールの一日と、ローマとコンスタンティノポリスの水供給に関する私の説明を終わりにするには、ローマ人の水経験――つまり、トルコの風呂に入ること――に少しでも近づく必要があった。

ローマ人の入浴経験はイスラム世界によって継承された。アラブ人が浴場の施設を受け入れ、ローマ人の入浴経験は彼らを通してヨーロッパへともどってきた。入浴はオスマン帝国のトルコ人へと引き継がれ、それが現代トルコ人の入浴となった。ローマ人の入浴経験はスペインにおけるイスラム世界の入浴を経由して中世のヨーロッパへと帰ってきた。そしてそれが発展して、今日世界中で行なわれている温泉体験になったのである。

私はイスタンブールのジェムベルリタス浴場へ行った。浴場はグランドバザールの近くにあり、一五八四年に建てられていた。円屋根の下で、熱によって温められた広い大理石の石板の上に横たわりながら、私は目を閉じた。そしてぽたぽたと水のしたたり落ちる音や、長い一日の終わりにリラックスしている人々の、ゆっくりとした会話に耳を傾けていた。人々はトルコ語で話をしている。おそらくその話題は、かつてローマのカラカラ浴場で、ラテン語によって話されていたものとは違っていただろう。二、三のトルコ語を私は理解することができた。が、それでもそれは、次に滞在することになる水管理の古代世界で理解できる言葉の数にくらべれば、いくらかましだった。次に私が耳を傾けることになるのは中国人の言葉である。

7 ティースプーンを手にした無数の男たち

――古代中国の水利事業（紀元前九〇〇年－紀元九〇七年）

五層の秦堰楼《しんせきろう》の一番上から眺めてみて、ようやく私は李冰《りひょう》が成し遂げた偉業の全貌を理解することができた。それを見逃すわけにはとてもいかなかった。というのも、西のチベット高原から、はるか東の近代的な成都の高層ビルまで、すばらしいパノラマの中心をつねにそれが占めていたからだ。そこにあったのは都江堰《とこうえん》の灌漑システムである。あるいは少なくともそのスタート地点だった。そこでは岷《みん》江《こう》が二つに分かれ、一方が四川盆地に水を送り込み、その地を灌漑していた。それも実に二二五〇年もの間である（写真25）。

ここ中国の南西部で私は、その規模から言っても、受けた衝撃から考えても、ペトラやローマやイスタンブールで目にしたものより、はるかに印象的な水管理システムを見ていた。今まで目撃してきたものは、再建されてはいるものの、真偽もおぼつかないシステムを流れるわずかな水だけだった。それがここ都江堰では、李冰によって紀元前二五六年に――アレタス一世やペトラの初代国王の統治に先立つことほぼ一世紀、ワレンス水道より五〇〇年以上も前だ――計画され、建設された水利事業の成果が、今なお全開の流水量を保持していた。それは一日としてとどまることがない。その上、私が至る所で見た巨大な水道橋や貯水池と違って、ここ都江堰では、自然が働きをやめてそこから水利事業がはじまるという、その境目がまったく不分明なのである。ここでは私も次のような申し立てを即座に信じてしまった。それは古代中国における水管理の規模と技術的洗練――灌漑、都市への給水、運河による輸送、産業用の水力源などに関するもの――が、他のあらゆる古代文明のそれをはるかに凌いでいるという主張だ。(1)

都江堰の灌漑構想は、古代中国の歴史を満たし、事実上それを作り上げた水利事業のプロジェクトの中でも、ほぼまちがいなくもっとも偉大なものだ。当時、この灌漑システムは画期的な業績だったにちがいない。それは今日、三峡ダムが画期的であるのと同じだ。三峡ダムは揚子江を二三〇〇メートルに及ぶ障壁でふさぎ、二〇〇九年に完成した。そこには世界で最大規模の発電所がある。ダム建設のために立ち退きを命じられた人は一三〇万人。二七〇〇万立方メートルを越す量のセメントを要した。総工費は一八〇〇億元(一七〇億三〇〇〇万ポンド)だった。毛沢東は一九五〇年代に三峡ダムの着想をさらに促進させた。それはこのアイディアが最初に提案されてからすでに三〇年の歳月が経っていた。彼はまた都江堰の計画を見るために秦堰楼に登っている。そして「灌漑のプロジェクトは農業のライフライン(命綱)だ(2)」と力説した。二カ月後に毛沢東は「大躍進」の政策を打ち出すのだが、その中では、農業と産業の拡大のためにも、水資源と自然資源は大いに開発されるべきだと謳われていた。一九五〇年代以降、中国全土で何千というダムや灌漑のプロジェクト、それに水の輸送プロジェクトが立ち上げられ、それは今日でもなお継続中である。毛沢東は都江堰によって、ひらめきを与えられたにちがいない。ここで刺激を受けずにすますことなど難しいからだ。おそらく彼は李冰の像からも着想を得ただろう。この像は隣接した二王廟の中に置かれ、そのまわりには線香が立てられている。李冰はあたかも神として生き続けているかのように、今も崇拝されていた。毛沢東がこの伝来の遺産をことさら嫌っていた様子はない。

二人の偉大な歴史家

本章で私がおもに依拠するのは、一人の偉大な歴史家の仕事だ。その歴史家は、さらにもう一人の歴史家の仕事に依拠していた。私がそうせざるをえないのは、古代中国の考古学、とくに水管理については、これまで西洋でほとんど知られていないからだ。堤防建設、運河の構築、それに灌漑計画などの歴史的記述を地上の証拠と関連づけ、それが先史時代のどのあたりにまで遡りうるのか、それを明らかにするためには、どうしても考古学上の現場で確認するプロジェクトが必要とされる。われわれが仕事に取りかかるのに必要なのは、藤井純夫、ジョン・オルソン、ジム・クロウ——各人がジャフル盆地で、ナバテアのフマイマで、古代の水利事業を掘り起こし、コンスタンティノポリスのそれを明らかにしてみせた——に相当する中国の研究者たちだ。幸いなことに、最近、私が中国の仲間たちと話し合って分かったことだが、彼らは実際にそれを現在行ないつつあるという。古代中国で行なわれた水管理の成果に、中国人以外の読者のアクセスを可能にする、英語で書かれた出版物——その欠乏は衝撃的だ——の数も増加しつつある。(3) 私はさらなる研究書の刊行と新しい発見を心待ちにしている。しかし今のところは私もその大半を、ジョゼフ・ニーダムが一九五〇年代と一九六〇年代に行なった仕事に頼らざるをえない。そして彼はまた、司馬遷が紀元前一〇九年から九一年にかけて書いた書物にその大半を負っていた。

ジョゼフ・ニーダム（一九〇〇―九五）はすでに一九三〇年代、発生学や形態形成を専門とするケンブリッジ大学の生化学者として、学問的な名声を勝ち得ていた。一九三七年に三人の中国科学者とともに仕事をしたとき、中国の魅力、とりわけその科学と技術の歴史に対する魅力に取り憑かれてしまった。徐々にそれは抗し難いものとなり、彼の残りの生涯に強い影響を及ぼすことになった。(4) 古典中国語を習得したニーダムは、一九四二年から一九四六年の間、重慶の中英協力事務所で所長を務めた。この職務のおかげで、彼は中国を広く旅して、中国の歴史や科学に関する膨大な量の書物を収集しはじめることができた。集めた書物は船でケンブリッジへ送られた。ニーダムはケンブリッジ大学へもどる前に、一九四六年にパリへ移動し、ユネスコ科学局の初代局長として二年間そこに滞在した。ケンブリッジ大学では、大学の出版部が「中国の科学と文明」に関する書物をシリーズで刊行することに同意してくれた。これはやがて、彼の友人で同僚でもあった王鈴――ニーダムは王鈴にケンブリッジ大学のポストを世話している――の部分的な手助けもあって、七巻本（『中国の科学と文明』）にまとめられ出版された。一九九〇年にニーダムは引退するのだが、引退までの間、彼は中国の科学史研究に没頭した。その結果、これまでに刊行した二四冊の書物の中で、中国科学史関連のものが少なく見ても一五冊に上った。このジャンルの研究については、今でもニーダム・リサーチ・インスティチュートが引き継いで、プロジェクトを進行している。

実際、ニーダムが成し遂げた偉業は、歴史的な価値を持つ不朽のものだった。これは彼がイギリス学士院、王立協会のフェローに選出され、女王によってコンパニオン・オブ・オナー（名誉勲爵士）に任命されたことでも分かる。学者の中には、ニーダムは中国の技術的成果を誇張していると考える者もいる。

が、多くの歴史家は「ニーダムの疑問」として知られている提言のために、今もなお困惑した状態の中にいる。その疑問とは、中国は早い時期に科学的な成功をなし遂げた、それなのになぜ、科学や技術の点で西欧に追い越されてしまったのだろう、というものだ。が、しかし、これは早晩もはや不要となる疑問だろう。というのも、二一世紀における中国科学の驚くべき発展の速度のためだ。少なからぬ人々がやがては中国が西欧を脇役へと追いやるだろうと考えている。

『中国の科学と文明』の第四巻は一九七四年に出版され、「物理学と物理的技術」がテーマだった。[5] この巻の第三部——九三七ページ分もある——は「土木工学と航海術」を扱う。その内の一六七ページ分が「水利事業」に割かれていて、前後を「橋」と「航海術」の節に挟まれていた。このページの中でニーダムは、紀元前八世紀の歴史的文献にはじめて水利事業が言及されてから、彼自身の時代——この巻が書かれた一九五〇年から一九七〇年代——に至るまで、中国の水利事業の歴史を概観し解説している。たしかに彼は自分でいくつかの場所を訪ね、それをもとに書いてはいた。私がうれしく思ったのは、一九四三年に彼が私と同じように二王廟を訪ね、都江堰の灌漑計画を見ていたことだ。が、ニーダムがおもに頼っていたのは、中国の歴史家たちの仕事である。中でもとりわけ依拠したのは、『史記』として知られている司馬遷の記念碑的な作品だった。

史記は『偉大な歴史家の記録』というタイトルで英訳されている。司馬遷はおそらくこの作品を紀元前一〇九年から九一年にかけて書いたのだろう。史記は紀元前二六九六年頃の黄帝の時代から、司馬遷の生きた時代まで、古代中国の歴史を綴っている。ニーダム自身の作品——数巻に及ぶ歴史だった——に似て、司馬遷の史記も一三〇巻——竹簡に書かれて紐でとじられ巻物状になっている——からなっていて、情報をさまざまなジャンルに分類していた。どの記録文書もそうだが、史記もまた文字通りそれを事実として読むより、むしろそれは解釈されるべきものだった。ニーダムも見事にそれを行なっている。史記に書かれた情報を他の多くの記録と結びつけて、古代中国における水利事業の物語を書き上げた。ニーダムが完結させた物語はまさしく叙事詩に他ならない。ここで私ができることは、中国人が成し遂げた典型的な業績を二、三挙げるにとどまる。そしてそれは、なぜ中国のリーダーたちが今日もなお、流水をコントロールする巨大な建設プロジェクトの実行へと駆り立てられるのか、その理由を理解する手助けとなるだろう。

山々と川、モンスーンと沈泥

中国では流水をコントロールすることが、もっとも早い時期に定住したコミュニティの時代から、つねに変わらず存在した人々の要望だった。それ以前の採集狩猟民は洪水に遭遇したら、その土地から移動して離れればよかった。中国は広大な国である。そのために地勢や風土がどのようにして洪水を招くのか、それを総括して一般化しようとすると、必然的に過度に単純化したものとなる（図7・1）。われわれの関心から言って、中国の地勢の重要な特徴として挙げることができるのは、古代の国家がそこで生まれ繁栄した四つの大河の流域地方、それに各地方を分断している山脈だ。北には黄河、中央から東へは淮河《わいが》と揚子江、南には珠江《しゅこう》が流れている。これらの川の流域はつねに洪水の危険の中にあった。それは現在も変わりがない。夏と春に吹くモンスーン（季節風）がおびただしい量の雨をもたらし、それを受けた河川は大量の集水に見舞われる。

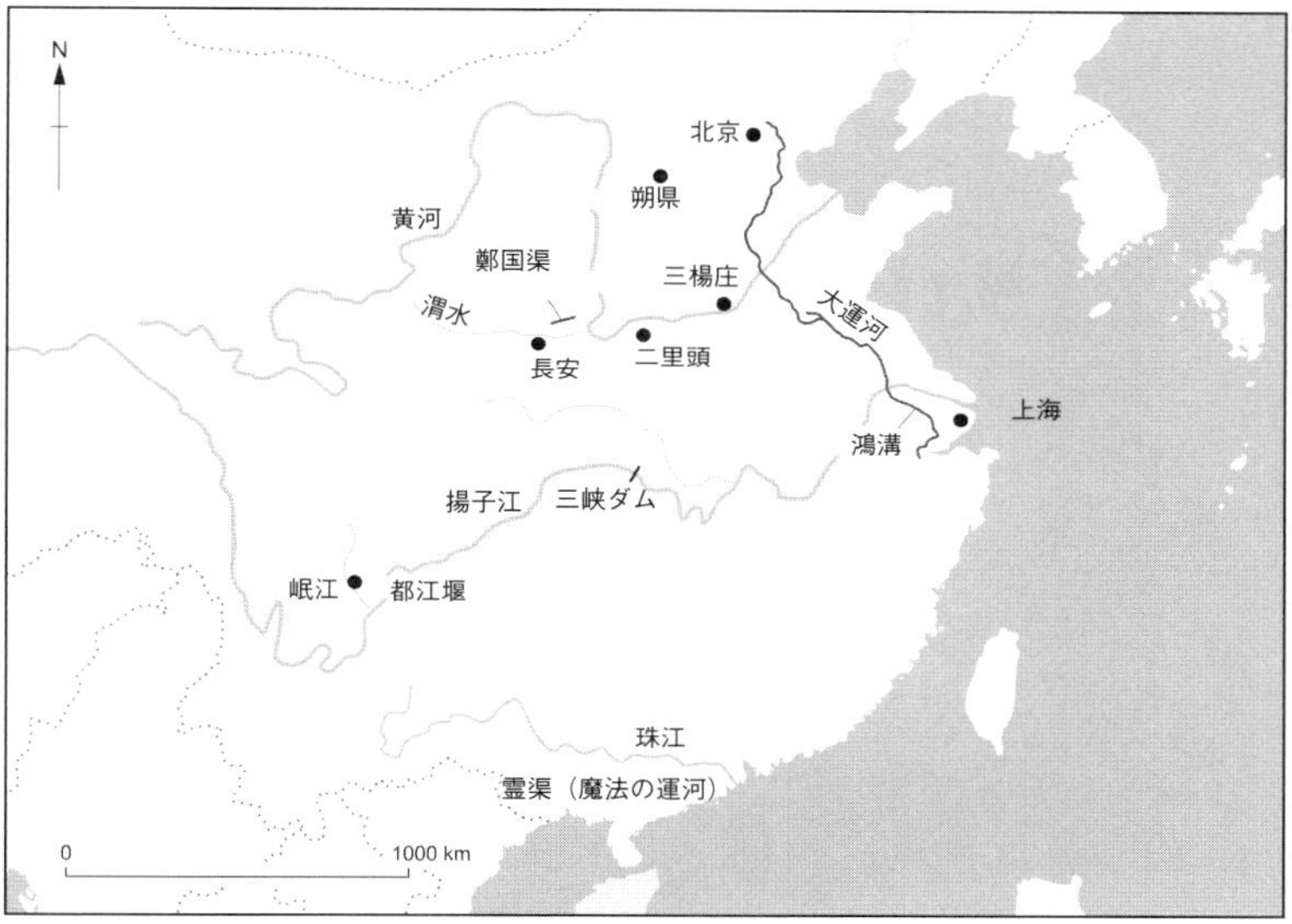

図 7.1　7 章で言及された遺跡と水利事業のプロジェクト。

とりわけ黄河は低地の平野を長い距離流れるために、つねに洪水が起こりがちだった。チベット北東部の高原を源に、早い流れで、風で運ばれた細かい沈泥（黄土《レス》）——黄土は森林伐採や降雨により浸食されがちだ——でできた土壌の地形を通り抜けて東部へと下る。そして中国北部の平野を長々とゆっくり流れていった。黄河は、季節毎や年毎に起こる降雨の大変動の影響をまともに受ける。そしてしばしば破壊的な洪水を引き起こす。洪水とともにやってくるのが驚くべき量の堆積物（沈泥）だった。黄河は毎年、一〇億トン以上もの沈泥を運んできたと推測されている。その中身は黄土だった。それが流域全体を覆いつくし、さらには平野に砂や沈泥の形で堆積していく。黄河は少なくとも二〇〇〇年にわたって、農地や居住地を洪水から守るために、堤防により川の縁を固められてきた。が、年を重ねるにつれて、川はしばしば堤防を乗り越え、あるいは単に堤防を洗い流して近隣の居住地を荒廃させた。堤防は徐々に高く土が盛られ、川床はひっきりなしにもたらされる沈泥の堆積物によって底上げされていく。それはちょうどメソポタミア南部のティグリス川やユーフラテス川で見られた現象に似ていた。

中国北部平野の南は秦嶺山脈によって区切られている。山脈を越えた向こう側は揚子江渓谷だ。揚子江はチベット高原に水源を持ち、四川盆地の南縁に沿って流れていく。この盆地は温和で湿潤な気候の高山に囲まれていて、それが穀物に長い生育期間を与える。したがってこれから見ていくように、この地では灌漑が重要だった。秦の成功にとっては、灌漑が欠かすことのできない決定的な要素となっていった。揚子江は黄河のようにたくさんの沈泥を運ばない。急峻な山あいを流れていくことはよく知られているが、そののち川の作り出した平野に入り、最終的には海へと到達する。平野はやはり洪水を招きやすいが、それも危険の高い領域は黄河のそれにくらべるとはるかに少ない。

諸侯と皇帝

水利事業の成果を正しく評価するためには、中国の地理を簡単に説明することが必要だが、同じように中国古代の歴史を説明することも必要だ。歴史のはじまりはおよそ紀元前七〇〇〇年頃で、その時代には黄河渓谷でキビやアワの雑穀類が栽培され、揚子江渓谷では米が作られた。このことが新石器時代の定住集落をもたらし、中国の至る所で複雑に入り組んだ文化を生むことになる。そしてそれは、そのまま青銅器時代やそれ以降の時代へとつながっていった。史記やその他の歴史資料は二つの初期王朝、夏（紀元前二一〇〇－一六〇〇）と商（殷、紀元前一六〇〇頃－一〇四六）に言及している。が、このような記述を特定の遺跡と結びつけることには問題がある。したがって、二つの王朝が現実に存在したとすることにも疑問がある。もっとも重要な遺跡は黄河盆地にある二里頭《にりとう》遺跡だ。この遺跡は一九五〇年代から発掘が進められ、そこからは都市化現象や中国における初期の国家形成を示す証拠が出ている。が、それを歴史の記録に結びつけることはできていない。これを説明するものとしては、この時期、統一王朝の出現を見たと考えるより、むしろ中国のあらゆる場所で多数の首長と小国家が急増したと見るのが順当のようだ。(6)

歴史の記録に統一国家がはじめて登場するのは周（紀元前一〇四六－二五六）である。周は黄河渓谷で発展して、商を打ち倒し、揚子江渓谷へと勢力を拡張していったと伝えられている。歴史の記録も紀元前八世紀、それに続く「春秋時代」（紀元前七二二－四七六）の名で知られる時期に勃興した何百という国家を描く段階になると、叙述の正確さがよりいっそう増してくるようだ。紀元前五世紀には七つの突出した国家が現われた。七つの国家はたえず闘争を繰り広げ、そのためにこの時代は「戦国時代」（紀元前四七六－二二一）と言われている。この中で傑出した力を示したのが秦で、他の国家を征圧して領土を拡大した。秦王の嬴政《えいせい》は紀元前二二一年、自ら皇帝であることを宣言した。

秦王朝はわずかに一二年しか続かなかったが、この間に秦は文字と度量衡と貨幣のシステムを標準化した。また、中央集権政府を強要し、万里の長城の建設を開始した。そして数多くの工学上、科学上、文化上の偉業を成し遂げた。その中には有名な兵馬俑《へいばよう》もある。しかし、その秦もやがては農民の反乱軍と旧貴族出身の将軍との連合軍によって亡ぼされた。その結果長期にわたって存続することになる漢王朝（紀元前二〇二－紀元二二〇）が誕生した。

漢王朝は古代世界ではもっとも大きな帝国の一つだ。それは軍事力や文化的達成から見ても、同時代の西方の帝国ローマに匹敵する。(7) 漢は北方の蒙古や西方のカスピ海沿岸地方への軍事攻勢を強めた。またシルクロードを経由した交易による経済的発展で繁栄を謳歌した。この統一と中央集権の比較的進んだ時代のあとで、中国はふたたび幾多の群小独立国家と、群雄割拠の諸侯たちの世界へと立ちもどってしまう。当初その時代は「三国時代」と称された。が、諸侯の数は実際にはもっと多かったにちがいない。そこではまた、トルコ人、蒙古人、チベット人など他民族による侵略や移民も数多くあっただろう。

ある程度の統一が中国にもどってきたのは、五八九年になってからである。統一は隋による軍事的成功によってもたらされた。そしてそれは隋王朝(五八九-六一八)へと導かれ、そのあとには唐王朝(六一八-九〇七)が続いた。ここにきてやっとわれわれが立ち向かうべき時代となる。というのも、この頃になってはじめて、数多くの水利事業の記念碑的な仕事が企てられるようになったからだ。そしてそれがまた中国史を通して、水管理が果たした重要な役割を実例で示しているからでもあった。

大禹《だいう》と水管理のイデオロギー

中国で水管理がはじまったのは、中国史の開始と同時で夏王朝からとされる。大洪水の物語は古代文明のすべてとは言わないまでも、多くの神話や伝説の中で語られていた。中国も例外ではない。が、中国の物語には魅力的な側面があった。それは、単に土地の浸水や一握りの高潔な人々が生き残る話ではなく、そこには水利事業に対する異なったアプローチの仕方について一つの省察を含んでいた。

物語の舞台となるのは伝説の皇帝尭の時代だ。学者によっては尭の時代を紀元前二三〇〇年頃とし、場所を中国の南西部、今日の四川省に設定する者もいる。地方一帯が大きな洪水で水浸しとなると、尭は鯀《こん》に洪水を防ぎ、それをコントロールする方法を思案する任務を与えた。鯀は九年間、土で堤防を作る方法でそれを試みた。しかし、堤防は崩壊し、水で流され続けた。彼の失敗を見た尭は、当初彼を追放することに決めたが、のちに殺すことにした。鯀の死体は細かく切り刻まれた。

鯀の息子の禹《う》が尭の後継者の舜によって、治水仕事を続行するよう命じられた。父親の運命に照らしてみても、華々しい見通しのまったく立たない禹は、鯀とは違ったアプローチの仕方を採用した。川の流れを変えるために堤防を築くのではなく、川の水路を浚渫し、それに洪水の水を逃してそのまま海へ流した。これは些細な仕事ではなかった。一三年の歳月を要したという。その間、仕事に打ち込んでいた禹は、自分の家の前を通り過ぎたのがわずかに三度、それも妻子の顔を見るために家へ立ち寄ることは一度もなかった。

禹の肉体は奮闘の報いを受けた。水の中で長い間立っていたために、手は硬直し、足の爪は剥がれ落ちた。だが彼は洪水をコントロールすることに成功し、「大禹《だいう》」の称号を与えられた。舜の息子に取って代わって、禹は次の皇帝となり、夏王朝を創建したと言われている。

禹の物語は多くの異なったストーリーや媒体で語られた。北京の紫禁城には、数百年前に彫刻が施された大きな翡翠の石がある。複雑に入り組んだ小さな人物群が、川の底から沈泥を取り除いている様子が彫られていて、それは禹の物語を語っていた。ニーダムはこの物語の興味深さは、それが水管理に対する対照的な二つアプローチの仕方――孔子と老子の方法――を語っているところにあると言う。二つの思考法は中国の歴史を通じて、つねに衝突しては対立し合ってきた。そしてそれは実際、三峡ダムや現代中国で行なわれている、他の巨大水利事業に関する議論の根底にも、存在しているものかもしれない。もちろんそれが語っているのは、単に水管理に対する異なったアプローチの仕方だけではない。二つの考えは異なった道徳規範のシステムでもあった。

鯀が採用した方法は孔子流のアプローチだった。彼は自然の水の流れ――つまり一般的には自然そのもの――を閉じ込め、押さえ込み、コントロールするために高い堤防を築こうとした。これは失敗に終わり、鯀は罰せられた。一方、禹は川の水路を浚渫することで、現在の川の流れをさらに勢いよくしようとした。彼は自然に抗するのではなく、むしろ自然とともに仕事をした。これが老子流のアプローチだった。ニーダムはこのやり方こそ、早い時期の中国科学と中国技術の発展の根本にあった考え方だとしている。

伝説から歴史へ、大洪水の証拠とともに

先史時代の中国における水管理については、まだ調査が行なわれていない。したがって、農耕社会の起源にまで引き返すのが順当のようだ。黄河渓谷では雑穀類が、そして揚子江渓谷では米が栽培されていた。おそらくそれはともに紀元前七〇〇〇年頃のことだったろう。が、いずれにしても、ある程度の水管理がなくてはとても成功はおぼつかない。乾季には穀物に十分な水を供給し、雨季には穀物を洪水から守らなければならないからだ。新石器時代や青銅器時代の中国に、堤防、溝、井戸、貯水池がそこで見られなかったということはとても考えられない。もっとも早い時期の史料の中には、灌漑に言

及しているものもある。『詩経』——中国詩歌の最古のコレクション——に収められている歌の一つが、溜め池から水を流して、田んぼに水を張る様子に言及していた。この歌が作られた時期は紀元前八世紀にまで遡ると考えられている。

ニーダムが確認した最古の灌漑用貯水槽は、紀元前六〇六年から五八六年にかけて作られたもので、朔県市の南にあった。彼はそれが周囲六三マイルもある巨大なものだったと書いている。貯水槽は揚子江の北の山々から流れ出る水をとらえて、六〇〇万エーカー以上の土地の灌漑を果たしていた。大規模な水管理プロジェクトが本格的にはじめられたと思われるのも、ちょうどこの時期か、あるいはおそらくこれより一世紀ほどのちだろう。ニーダムによるとそれには二つの要因があったと言う。一つは紀元前五世紀後半に鉄器が使用されはじめたことだ。鉄器は農業の生産力や、おそらくはまた、大掛かりな工学プロジェクトに着手する能力を著しく高めただろう。二つ目はさらに重要だったかもしれない。それは強力な封建貴族の出現である。彼らは農民に穀物による税を課したが、それだけではない。以前はとても想像できなかった規模の水利プロジェクトを行なうために、膨大な労働力を集めることができた。ニーダムは、古代中国の水利プロジェクトを考える上で、この純然たる人的資源の役割をけっして忘れてはいけないと言う。プロジェクトはニーダムが「ティースプーンを手にした無数の男たち」と記した者たちとともに行なわれたにちがいない。

このような水利プロジェクトが必要となるのは、土地を灌漑するためだけではなかった。それは史記やその他の史料に記された記録でもすでに十分認識されてきたように、居住地を洪水から守るためでもあった。そしてそれはまた、川の流域に深く堆積する沈泥から守るためでもある。が、しかし、古代中国の居住地を襲った洪水の考古学的証拠となると、それがはじめて露見されたのは二〇一二年のことだった。中国のポンペイがわれわれの目の前に出現した。[8] これが三楊庄《さんようしょう》遺跡である。黄河（現在の川筋）の北西部にあり、洪水によって堆積した五メートルもの沈泥の下に遺跡は埋もれていた。皮肉なことだが、この遺跡が発見されたのは、二〇〇三年にはじまった灌漑用運河の掘削中だった。遺跡の年代は王莽《おうもう》が活躍した前漢末期から新の時代（紀元前一四〇‐紀元二三）で、出土した陶器は紀元前一四〇年から一三〇年の制作様式を示していた。遺跡は以前村落だった場所で、少なくとも土壁で囲まれた四つの集落から構成されている。集落には中庭を囲む形で建てられた長方形の建物群がいくつかあった。建物は練り土の壁で作られていて、屋根は切妻作りの瓦葺きだった。井戸は少なくとも二つあって、焼成れんがで内張りがされていた。耕作地や車道もあった。不吉なことにこの村は、以前起きた黄河の洪水がもたらした部厚い沈殿物の上に建てられていた。

　考古学者たちが最終的に結論づけたのは、洪水が村を水で満たしたときに、人々は道具類をそのままに、大事にしていた財産も打ち捨てて、三楊庄から逃げ出したことだ。洪水はたちまち部厚い泥のじゅうたんを敷きつめ、村を三メートルの沈殿物で完全に埋めつくした。練り土の壁は「溶け出して」スラリー（懸濁液）状態になり、屋根は崩れて下の床を封印した。ここもやがて発掘されることになるだろう。それはたしかに大洪水だったが、水と沈泥はゆるやかに押し寄せた。そのために考古学上の遺物は驚くほどよい状態で保存されている。機織り機の残部の隣りにあった機織りの重しはまっすぐに置かれていた。それは織り手が逃げ出したとき、糸に紡ぐ繊維がぴんと張られた状態になっていたことを示している。台所道具、農具はそれぞれ使われた場所に置かれたままになっていた。きちんと積まれた屋根瓦は、これから行なう予定だった屋根の修理計画を示している。中庭には貴重な銅貨がばらまかれていた。漢王朝が終焉を迎えたあとに起きた洪水で、この遺跡はさらに二メートルの沈殿物で埋もれた。将来それを発掘するのは大変な仕事となるだろう。「ティースプーンを手にした無数の男たち」にとってそれはもう一つの仕事だ。

この驚くべき発見——漢王朝時代の田園生活について、はじめて考古学上の洞察を与えることになるだろう——は、次のような歴史上の記録が真実であることを裏付けている。それは紀元一一年にはじまった黄河の洪水が、堤防の裂け目を最終的に修理する六九／七〇年まで続いたという記録だ。これこそなぜ、中国の神話や伝説の中に大洪水の物語がたくさん出てくるのか、そしてなぜこのように大規模な水利事業が実行されなくてはならないのか、それを示すもっとも有効な実物による説明だった。さてそんなわけで、われわれはふたたびここでまた、都江堰にもどらなければならない。

水路を深く掘り、堤防は低くせよ

都江堰の灌漑計画はこの時代のもっとも名高い、もっとも長持ちのした成果だ。紀元前二七〇年に着手されたのだが、それは今もなおまったく息を飲むほどすばらしい。この灌漑計画の物語は、事実とフィクションが入り混じっていて魅力的だ。事実とフィクションの境目がどこにあるのか、それがはっきりと明示されていない。蜀の国は今の四川省にあったが、それが秦の支配下に入ったのは紀元前三〇〇年頃だったろう。秦は以前この地方でいがみ合っていた巴《は》と蜀をともに征服した。

その頃、広大な成都平原は乾燥がひどく、生産的な場所とはとても言えなかった。自然水利にまったく欠けていた。そこには唯一岷江《みんこう》が流れているだけだった。この川は水源を北の山々に持ち、平原の西縁のまわりを丘陵に沿って流れ、揚子江に合流していた。夏の雨季や、とくに山の氷河から流れてくる解けた水で膨れ上がると、川は洪水となって村落や畑を水浸しにした。冬の乾季には、ほんのひとしずくの水しかなくなってしまうこともしばしばだった。そしてそれすらなくなるために、穀物に水を与えることなどとてもできなかった。さらにその上、毎年、川の流れるコースが変わる。したがって川を航行することも不可能だった。

さてそれでは、ここから李冰《りひょう》の話に入ろう。彼は大禹と並び称されるほど英雄的な地位を与えられた人物だ。それに彼の物語は驚くほど大禹の物語に似ている。が、そこには重要な差異があった。あの真にすばらしい感動的な世界遺産の都江堰へ日帰り旅行に出かければ、誰でも李冰の偉業を目の当たりにすることができる。

李冰は秦によって蜀の国の初代大守に任命された。史料によっては、将来の拡張政策のために、秦は彼に蜀を戦略基地とするよう命じたと伝えるものもある。そのためには生産性の高い農業基地はもちろん、さらには航行の可能な川が必要とされた。李冰はこの二つを一つの優れた工学上の業績によって成し遂げた。

これは事実だった。現にこの目で証拠を見ることができるのだから。が、そこには一つの物語がある。それは真実であるかもしれないし、真実でないかもしれない。任地に到着すると同時に李冰はすぐに岷江の重要性とともに、自分の仕事の成功にとってこの川が持つ潜在的な重要性を察した。しかし彼が感じたのは、地元の人々が川を恐れて暮らしているために、洪水や干ばつのような頻発する問題の工学的な解決策を考える余裕が、彼らにはまったくないことだった。川を神として崇拝するあまり、迷信と恐れが障害となって行動することができない。村人たちは毎年、捧げ物として二人の少女を川へ投げ入れた。神の「花嫁」にしてもらおうというのだ。それなのに、相変わらず洪水と干ばつは止むことがなかった。

人々の尊敬と最終的には彼らの労働力を勝ち取るために、李冰は名誉なことだったが、自分の娘を二人犠牲として川の神に捧げたいと申し出た。そして地元の人々をすべて招いて大宴会を催し、未来の夫婦——荒々しく予測しがたい水と愛する娘たち——に祝いの乾杯を捧げた。杯を高く掲げて河神に乾杯の返しを促したが、何事も起こらない。深く傷ついた李冰は川へ剣を投げ入れて河神に異議を申し立てた。

そのとき、村人たちには見えなかったが、李冰の役人たちが二頭の雄牛を解き放った。二頭は李冰と河神の象徴だ。雄牛はたがいに闘い、観衆の注意を引きつけた。李冰はそっと席を立って抜け出すと、タイミングを見計らって、傷ついたあざだらけの姿で再登場した。彼を応援する叫び声が巻き起こる。その瞬間、弓の射手たちがいっせいに河神の雄牛を射た。その結果、李冰は勝利者の告知を受けた。宴の終わりは迷信と恐怖の終わりでもあった。川を征服した者として李冰は今や、率先してすぐにも仕事をはじめてもよいという、献身的な人々の労働力を手にしたのである。

しかし、何をすればいいのか？　李冰はこの問いを三年間考え続けたという。おそらく彼は岷江を端から端まで歩いて見て回ったのだろう。そして都江堰を見つけ、なすべきことを悟ったにちがいない。鋭敏な道家《タオイスト》でもあった李冰は、この地方の環境や経済に憂慮すべき結果を招いていた地形を変えることにした。

まず手はじめに人工の島を作ることで、岷江を二分したいと思った。一万人の働き手の労働力を頼りに、彼は大きな石をいくつか運んで川の真ん中に置いた。が、それは簡単に流されてしまった。さらに大きな石を置いたが、結果は同じことだった。それで今度は島を作るために、竹の籠を作る職人を雇った。竹籠を川原石で満たして――竹蛇籠《たけじゃかご》――それを水の中に置いた。このレプリカが現在、都江堰公園の華麗な噴水のまわりに置かれていて、見ることができる（写真26）。籠は非常に大きなものだったので流されずにすんだ。そこで、籠をたがいに積み上げることで島を作り上げた。おそらくこの仕事を完成するまでには四年の歳月を要しただろう。

中州――川の流れに面した所は魚の頭に似ているために「魚嘴《ぎょし》」と呼ばれた――を作ることで川を二つの水路（流れ）に分けた今、李冰はさらにいっそう大きな挑戦に立ち向かうことになる（写真27）。水路の一つ――西側の外水路――は岷江の本流としてそのままに残し、もう一つの水路――東側の内水路――を成都平原の中心部へ灌漑用の水源として向かわせたいと思った。が、運の悪いことにそこには山が、あるいは、少なくとも山の低い斜面が立ちふさがっていた。火薬――まだ発明されていない――がなかったために、李冰の選び得た唯一の方法は、金づちとノミでゆっくりと、固い岩盤を掘削して水路を通すことだった。しかし、この作業は献身的な人員をもってしても、完成するまでには優に三〇年の歳月がかかる。秦の要請に応じるためにはとても不可能な時間枠だった。

李冰が解決策を見つけたのは、小さな火の炎をじっと見つめていたときだったという。彼は人々に命じて岩肌を草や木で被わせた。岩の裂け目は見つけ次第、そのすべてに草木を詰めさせた。そして火を放つと、可能なかぎり岩を高い温度で熱した。そうしておいて、今度は内水路から凍えるように冷たい水を超高温の岩へ勢いよく流し入れた。岩はひびが入り砕けた。作業人たちはすかさずそこに金づちとノミを手にして入ると、弱くなった岩を打ち砕いた。このプロセスを李冰はどれくらい繰り返して行なったのか、それは記録に残されていない。が、幅二〇メートルの水路を山の斜面に通す作業は、完成までにおそらく一二年はかかっただろうと言われている。こうして水は狭い水路――「宝瓶口《ほうへいこう》」と名づけられた――を通って、成都平原へとぶじに流れていくことができた。平原では網状の水路と溝が水を稲田へと導き、この地を生産性の高い農地に変えた。

李冰の仕事はなお完成には至っていない。乾季と雨季における水供給の大変動という問題は解決されていなかったからだ。さらに今では、宝瓶口が沈泥と砂でふさがれてしまう危険もあった。このような問題を解決するために、李冰は中州を中断して二つの放水路をこしらえ、内の水路が宝瓶口に到着する直前で、内の水路と外の水路をつないだ。その結果、夏の数カ月の間に岷江が激流となって流れてきたときには、水は放水路を通って内の水路から外の水路へと放たれ、そこから揚子江へと流れていく。さらにあふれてほとばしる水は、たくさんの運ばれてきた沈泥や砂をいっしょに連れて流れていく。その結果、宝瓶口で堆積物が集積するのを防ぐ効果があった。逆に冬の間は、水が不足すると、川の水位が放水路にくらべて低くなる。そのために水の大半は内側の水路にとどまって、それは成都平原へと導かれていった。このような方法で、灌漑用水路への給水は、洪水による穀物や住居への被害の危険もなしに、一年を通して変わることなく一定に行なわれた（図7・2）。

宝瓶口が閉塞される危険、さらには新たに耕作可能になった成都平原に沈泥が堆積する危険は解消された。が、放水路に行き着く前に、外と内の両方の水路で泥が沈殿するという問題は未解決のまま残った。が、そこには毎年沈泥を除去する以外に選択の余地はない。沈殿物はひたすら掘り出さなければならなかった。除去が十分に行なわれるように、李冰は沈泥が溜まっていないとき鉄棒を川床に沈めた。それが標識の役目を果たした。毎年働き手たちは沈泥を掘り出さなくてはならない。除去は鉄棒が見えるところまで続けられた。この鉄棒もまた今日、都江堰公園で見ることができる（写真26）。

ニーダムは毎年行なわれる沈泥の除去作業の様子を書いている。個人的な監視によって、それが行なわれたと誰しも想像するにちがいない。が、毎年一〇月中旬になると土止めが築かれて、川の流れを外の水路（本流）から内の水路へと移す。その結果、あらかじめ決めてあった深さまで、外の水路から沈泥を掘り出すことが可能となる。二月中旬になると、土止めは内の水路に移され、すべての水が今度は外の水路へ向かうことになる。そして内の水路から沈泥が除去された。四月五日には土止めが完全に取り外され、灌漑のシーズンがはじまる。それを知らせる恒例の祭りが毎年行なわれた。

李冰の業績は単に成都平原を中国の肥沃な穀倉地帯に変えた——今日もなお持続されている——だけではない。それ以上に大きな意味があった。もちろん平原を肥沃な土地に変貌させたこと自体途方もないことだった。ニーダムは九三万エーカーの土地が灌漑されたと一九五八年に書いている。さらに彼は、現在建設中の運河が完成した暁には、これが四四〇万エーカーへと拡張されるだろうと続けている（図7・3）。水の流れはまた動力源としても使用された。石碑には次のような記録が書かれていた。「米の殻を取ってすり潰したり、糸を紡いで機を織る機械を動かす水車——その数は何万にも上っていた——が運河に沿って作られ、四季を通じて作動していた」。新しい水路はまた人々や物資を輸送する要にもなった。今では木材を川に浮かべて川を下り、成都の造船所——軍船が作られていた——まで届けることもできた。急増する人口と不安のない食料供給によって、秦は軍隊を貯えることが可能となった。そしてそれを支配権の拡大に、さらに最終的には国家を統一するために活用した。

したがって、二王廟で李冰の像が線香や花々に囲まれ、まるで彼が神——新しい河神——のように扱われているのを見ても、それはさほど驚くべきことではない（写真28）。

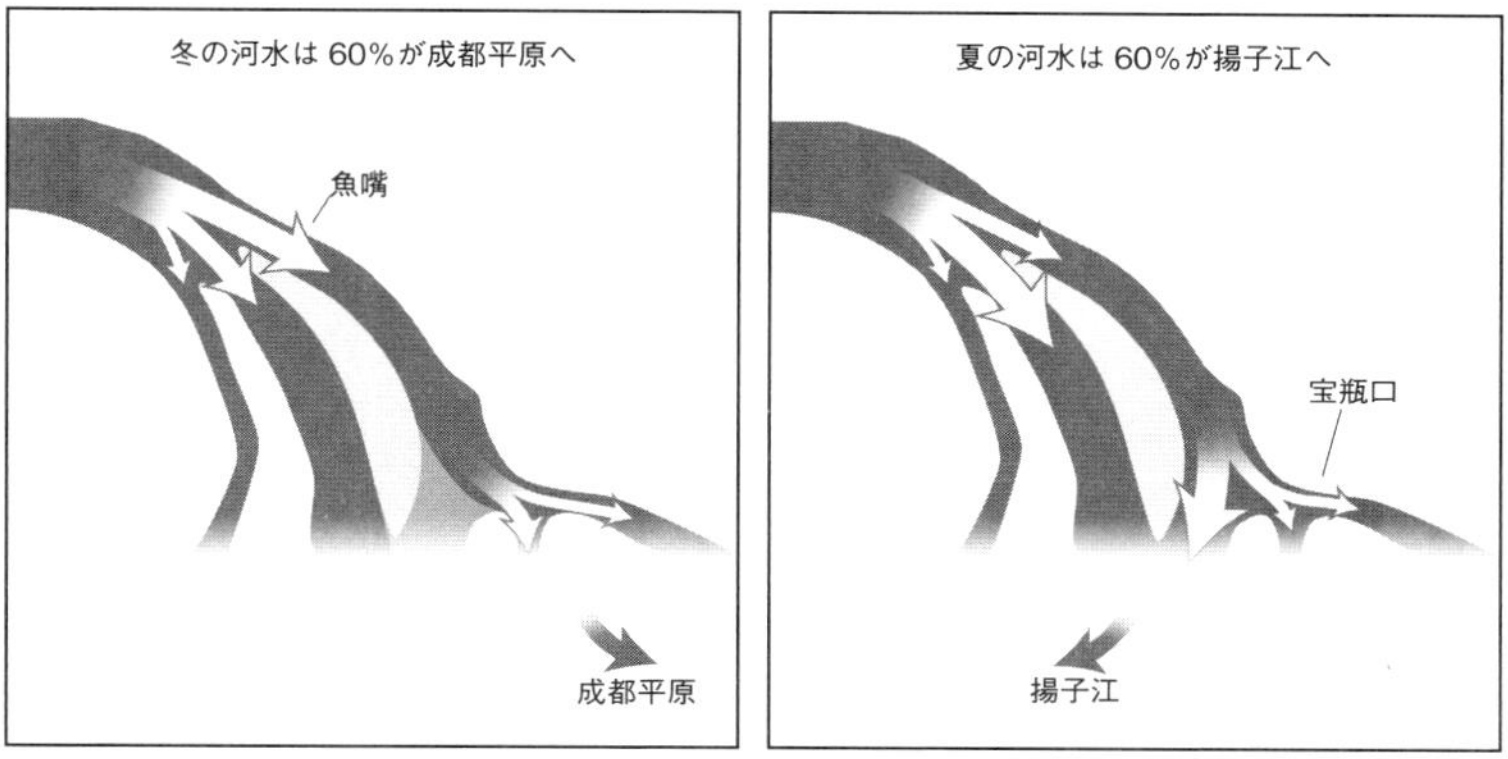

図 7.2　都江堰で季節毎に変わる水流（「Gillet and Mowbray 2008」より）。

裏目に出た狡猾な計画

『史記』を書いた中国の史家司馬遷は、紀元前三世紀（戦国時代末期）に企てられた、大規模で長く利用されることになる、もう一つの灌漑構想の発端について語っている。これは韓がライバルの秦の国力を疲弊させようとしたことから起きた出来事のようだ。韓は秦に対して、三〇〇里（およそ一五キロメートル）の運河を開削してはどうかと持ちかける。そうすれば、秦が韓へ攻撃を開始することを防げると考えたからだ。韓からは水工の鄭国《ていこく》が送り込まれた。彼が手にしていた運河の案は中山の西の涇水《けいすい》から、北の山系に沿って東へ流れ、最終的には渭水の支流洛水《らくすい》へ合流するというものだった。これによって二つの川の間に広がる広大な土地が灌漑される。秦はこの提案を真に受けて、鄭国に運河の掘削を要請した。運河が半分ほどできあがったときに、秦は自分たちがまんまとだまされてこのはかりごとに乗せられたことに気がつく。鄭国は追放のために呼び出しを受けたが、彼は自分を弁護して次のような説明をした。「たしかに当初、私はあなた方をだましていました。が、この運河が完成した暁には、秦にとってそれは非常に有益なものとなるでしょう。この策略で私はたしかに韓の命数を数年間引き延ばしました。しかし、私が今完成しつつある仕事は、秦国を一万世代にわたって支え続けるでしょう」。秦王は彼の言う通りだと思った。鄭国は許され、運河は紀元前二四六年に完成した。が、それだけではない。鄭国の名誉を称えて、運河には彼にちなんで「鄭国渠《ていこくきょ》」という名前がつけられた（図7・1）。

鄭国の予言は正しいことが証明された。運河は以前非生産的だった二万七〇〇〇平方キロメートルの土地を灌漑可能にして、肥沃な土地へと生まれ変わらせた。秦は農産物で十分な恩恵を受けた。そしてそれによって軍隊を拡張し、最終的には他のすべての封建国家を征服した。

中国の歴史を通して、この運河はさらに延長し発展していった。紀元前一一一年には、支線水路がつけ加えられ、さらに広い地域を灌漑した。そして紀元前九五年には平行した運河が作られた。それは鄭国渠に溜まった沈泥が運河の流れを悪くしたからだ。このような改良は以後も続けられた。それはつねに運河内の堆積物と戦う形を取った。が、その一方で涇水は川底を浸食していった。その結果、運河の取水口はつねに高い位置に移動した。ニーダムが書いていた頃には、運河の取水口は川よりはるかに上となり、川の渓谷へ移動していた。そしてそれに関連して、以降、一三〇〇フィートのトンネル、巨大な堰、それに運河に谷川を渡らせるために一一の橋が作られた。

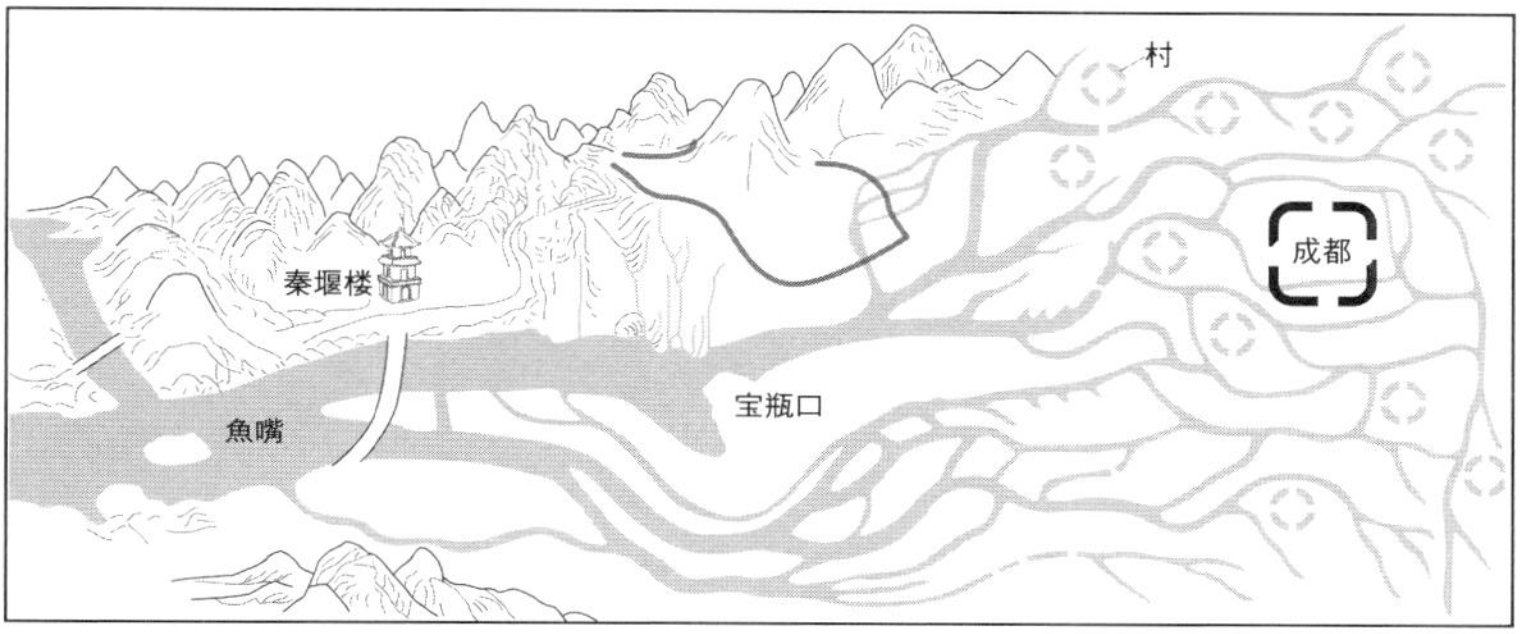

図 7.3　秦王朝が思い描いた、都江堰構想による成都平原の灌漑。

都市への給水

私は中国の都市のスケールやその継続する膨張率を前にして、自分が感動をしているのか、恐怖のために震え上がっているのか判断がつかない。ともに二〇〇〇万の人口を持つ北京や上海は、都市自体がどこを見ても、つねにクレーンが立ち並ぶ巨大な建設現場のように見える。中国西部の重慶はもっとも速いスピードで成長を遂げた都市で、市域内には三〇〇〇万の人々が住む。一方、人口が一四〇〇万の成都もまた、速い速度で拡大を続けている。これにくらべるとロンドンやニューヨーク——人口はともにおよそ八〇〇万ほどだ——は非常に地味な感じがする。中国では八〇〇ある都市の内の六〇〇、そしてもっとも大きな都市三二の内の三〇が水不足に悩まされているという。[9] 都市に真水を供給し、洪水から守るために中国政府は、都市の水管理に対する財政投資額の増額を計画している。それは二〇一一年の七七〇億米ドルという驚くべき額から、二〇一五年の九三〇億米ドルというさらに気の遠くなるような額への増加だ。[10]

私が（これまでに）中国の都市を訪れたのは、考古学の研究を除くと商用できたくらいだが、そのつど私は水管理の痕跡に出くわしていたように思う。タクシーの中から運河や堰や水門などをちらりと見かけた。これが証しているのは、都市計画の立案者たちにとって、水管理はつねに関心の中心にあったということだ。「胡同《フートン》」は北京の伝統的な裏通りを指す言葉だが、以前、私はこれがモンゴル語で「井戸」を意味することを知った。数多くの井戸がこのような市街地の裏町に置かれていたのである。その数は一八八五年の時点で一二四五あったと記録されている。(11)

清浄水を供給して廃水を除去し、洪水の防御策を講じる、これが古代中国の諸都市が直面した課題だった。したがってそれは、都市計画や都市設計の段階で重要な役割を担った。これは単に急増した人々の生活を支えるためだけではなく、上流階級、とりわけ皇帝にふさわしい庭園や観賞用の池を作るためでもあった。水の重要な役割について私がはじめて思い当たったのは、北京の紫禁城を訪ねたときである。紫禁城は一五世紀から、一九一二年に最後の皇帝が退位するまで、皇帝の居城として使われていた。建物群――およそ一〇〇〇ほどある――の規模と壮麗さはほとんど圧倒されるほどで、訪れた人々の注意を否応なく、中庭やその地下に迷路のように張り巡らされた水路や、かつては消火用の水を貯えていた大釜から引き離す。紫禁城の中に入った訪問客たちは、興奮気味に皇宮や謁見の間を見て回るが、城を取り巻いていた濠を今自分たちが渡ったことに気づく者はほとんどいない。濠には明らかに、皇宮内の水の存在を深く象徴しているものがあった。が、今なお私はその象徴を理解できないでいる。

古代中国における都市の水供給を調べようとすれば、短い間だけでもよい、ひとまず西安を訪れてみることだ。西安は渭水盆地に位置した古代の首都で、中国の真ん中にある山脈に囲まれている。(12) 一四世紀の明王朝以前、この都は長安として知られていた。長安は文字通り「永遠の平和」を意味する。長安が繁栄のピークを迎えたのは七五〇年頃（唐王朝）で、人口は一〇〇万に近く、世界で当時最大の都市だったコンスタンティノポリスとその大小を競っていた。

もともとは、紀元前二〇六年に劉邦が漢王朝を開いたときに、長安を首都にしたのがはじまりである。やがてそれは中国の政治、経済、文化の中心となった。シルクロードの東端に位置していたこともあり、長安は大交易都市でもあった。そこには、東アジアのさまざまな民族と自由に行き来をする国際人たちが居住していた。紀元前七世紀にはすでに、長安の人口は新たな給水が必要なほど大きなものとなっていた。

昆明池という巨大な貯水池が前漢の武帝によって、長安の西に作られ、近くの洨水《こうすい》から水を引き入れた。池の容量はおよそ三万五〇〇〇立方メートルあったと推測されている。現在の貯水池のおよそ半分くらいの大きさだ。川から貯水池に流入する水は堰によって調節され、貯水池や流水路が雨季にあふれないように工夫されていた。昆明池からは二つの水路が出ている。一つは輸送用の水路に水を送り、もう一つは飲料水や洗濯用、そして観賞用の公園へ供給するのに使用された。この二番目の水路は第二の貯水池へ流れ込んだ。そしてそれはさらに二つの水路に分かれ、一つは皇宮へ給水し、もう一つは都市の居住区へ水を送った。

中国人の専門家たちは、昆明池やその水路を「貯水、配水、排水、洪水制御などの機能を結びつけた総合的水利プロジェクト」として述べている。このプロジェクトがうまくいったおかげで、漢王朝の末期（紀元前二二〇年）には、長安の人口はおよそ三〇〇万にまで増加した。

が、長安は名前に応えることができず、漢王朝の崩壊に続いて起こった内乱に巻き込まれてしまう。そして水供給のシステムや都市の大半がひどい損傷を受けた。これが五八九年に隋王朝が創建されたとき、首都としてはそのままに、長安を三キロ南東に移転させたおもな理由である。

新しい場所では、滻水《さんすい》、洨水《こうすい》、潏水《きっすい》などから水を引くことが可能となった。新たな首都は横八キロ、縦一〇キロの外壁に囲まれた、長方形で碁盤目状の坊条都市として設計された。南北に一一本、東西には一四本の街路が走る。都市は一〇八の長方形の区画（坊）に分かれ、それぞれの坊が壁で囲われている。東市と西市があった。街路には果樹が植えられ、ときに道路幅は広くなり防火帯の役割を果たした――中国の都市ではしばしば壊滅的な火災が起きた。皇城（官衙街）は長安の北の地区にあり、そこには太極宮と大明宮の二大宮殿がある。大明宮は都壁の外に突き出ていた。この宮殿の西側には果樹園やブドウ園のある公園や、ポロのようなスポーツをする場所があった（図7・4）。

水は長安に川から運河を経由して供給され、坊の中では井戸によって水が調達された。裕福な者たちは専用の井戸を持っていたが、ほとんどの市民や作業場は公共の井戸を利用した。三つの運河（渠）が洗濯や排水用、そして皇帝使用の水を提供した。五一九年に作られた龍首渠《りゅうしゅきょ》は滻水から引いた水を、東部の都壁を通り抜けて皇城へ入れ、太極宮の人造池「東海」へ流し込んだ。この運河の支流は北の都壁の外に流れ、大明宮の禁苑へと流れていた。第二の運河――永安渠――は洨水の水を西市へと運び、第三の運河――清明渠――は潏水の水を皇城へと運ぶ。この運河については何回か考古学上の探査が行なわれてきた。そして、運河の断面が半月形になっていて、幅が一〇メートル、深さが三メートルあったことが明らかにされている。保存状態もよく、水の流れをよくするために、いくつかの地点で細かい砂が運河の底にまかれていた。

第四の運河――漕渠《そうきょ》――は七四二年に作られ、当初は輸送用に設計されていた。この運河は潏水と西市を結び、最後は大きな池に流れ込む。七六六年には東へ、さらにそのあと西へと延長され、龍首渠、永安渠、清明渠を結んで皇城に達した。第五の運河——黄渠——は庭園や都市の景勝地へ水を供給するために特別に作られた。最終的には長安の南東隅にある曲江池に流入する。

その他ここには、多く運河の支流や地下の排水用の溝が存在した。つまるところ、運河や井戸、それに溝などが都市全体に、洗練された水のネットワークを張り巡らし、給水、輸送、排水、さらには防火

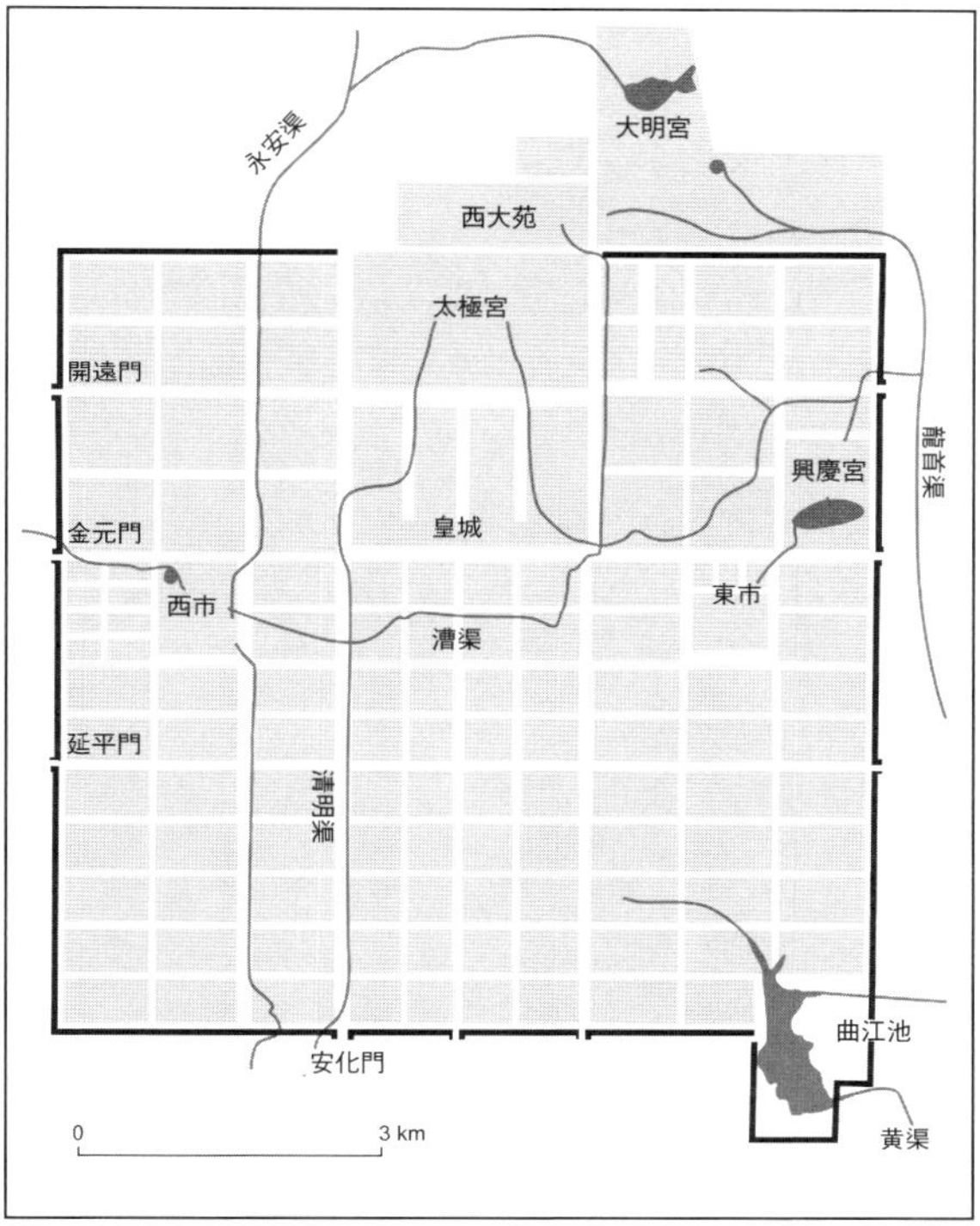

図 7.4　隋唐王朝時代の長安の坊、街路、運河（渠）（「Du and Koenig 2012」より）。

手段、そして皇帝にふさわしい公園や観賞用池などを作り出す能力を提供していた。

輸送用運河、水力、そして中国文明の経済的基盤

いちだんと強化された運河を経由する都市輸送の輪は、都市計画にとって重要な要素だったし、それは都江堰灌漑構想の歓迎すべき副産物でもあった。が、長距離輸送への対策は、もっとも早い時期の史料にも記録されている通り、おびただしい数の水工事の主要なモチベーションでもあった。それは中国の歴史を通じて変わらず、現在もその状態が続いている。輸送に対する欲望は、諸侯や皇帝たちの権勢欲に由来するものだった。彼らは税として集めた穀物を輸送したり、食料を出征中の軍隊に送ったり、軍船を戦いに送り出したりすることで権勢欲を実現させた。しかし、水上輸送が成し遂げたことは、中国の諸侯や皇帝たちの権力基盤を確固とさせることにもまして、はるかに大きなものがあった。それが寄与したのは驚くべき経済成長である。そしてこの経済成長こそが、隋唐王朝で花開く中国文明の文化的成果の基礎となるべきものを提供した。紀元前三〇〇〇年紀のメソポタミアで、灌漑農業によって生じた膨大な余剰と、交易を促進した運河の結びつきが、経済的、文化的、政治的な観点から見ても、目の覚めるほどすばらしいものだったのとそれは同じだ。

記録に残されている運河の中でもっとも古い鴻溝《こうこう》は、「ガンの運河」あるいは「遠く離れた水路」としても知られている。運河は黄河と淮河をつないだ。おかげで重要な二つの経済地域である北部と東中央部を、荷船が自由に行き来できるようになった。この水路を「運河」と呼ぶのはやや正確さに欠ける。

それは鴻溝がそれぞれ数百マイルをカバーする人工の水路のグループ——その詳細な地理を復元することは不可能だ——だったからである。

この水路が最初に開削された年代は今なおはっきりとしていない。早い時期の作家たちの中には、それを大禹の仕事とする者もいた。他にもそれが紀元前三六〇年から三三〇年の間に作られたと言う者もいる。ジョゼフ・ニーダムは紀元前五世紀か六世紀初頭の開削だと考え、それは十分に論証できるとした。ニーダムの説によると、鴻溝の役割は当初、灌漑用水をもたらすことだったかもしれないが、それがやがて輸送を改良することに変わっていったと言う。黄河と淮河をつなぐことで、鴻溝はいくつかの封建国家を結ぶことになった。それは国家の存続にとって悪い前兆だったとニーダムは述べている。改良された輸送が戦闘能力を大いに高める結果になったからである。

このことが初期に作られたもう一つの運河、霊渠《れいきょ》開削の背後に、モチベーションとしてあったことは疑いを容れない。霊渠は「魔法の運河」とも呼ばれ、ある者たちの主張によれば、世界中でもっとも早い時期の「等高線に沿った運河」として知られていたという(図7・1)。『史記』に書かれているように、それは紀元前二一九年に秦の始皇帝の命によって作られた。南越を征服するために南下していた軍隊へ食料を輸送するためである。運河は三マイルほどの短いものだったが、二つの大規模な河川のネットワークを結んでいた。それは中国の中央部を南と分断する山国の鞍を横切って走る。山脈の北側では湘江《しょうこう》が湖南平原を北へ流れ、揚子江へと注ぐ。南側では漓江《りこう》が南へ流れて西江《せいこう》の支流に合流し、現在の広東省を通り抜けて南シナ海へと達する。霊渠は湘江と漓江のシステムを結ぶために、等高線をわずかに下り、単に尾根の鞍を横切っていただけだった。

が、むろんこれはそれほど簡単なことではない。漓江の源流では荷船が通れるように、ほとんど二〇マイルにわたって、運河を切り開かなければならなかった。それに湘江のもう一方の端では、都江堰で施されたように、水の流れを調節しなければならない。そのためには岷江とよく似た方法がとられた。川と平行して放水路が作られ、水流を安定させて荷船の通過を可能にさせた。

これは水利事業のすばらしい成果だった。九世紀には水門がつけ加えられ、霊渠は歴史を通じてたえず発展し続けた——以前は荷船を引きずって、運河に運び入れなくてはならない場所もあった。霊渠はもちろん、都江堰のシステムのように修理が必要だったが、今日にいたるまで二一八五年以上の間機能し続けている。しかし、その重要性は土木工事の域をはるかに越えたものだった。運河は短いほんの三マイルほどのものだったが、今ではそれが中国北部、今日の北京の緯度からはるか南シナ海まで、まっすぐに二〇〇〇キロ以上伸びた鎖、水路や運河からなる巨大な鎖の最後の輪を形成しているからだ。荷船や他の船は、このわずか一つの水路を端から端までたどるだけで、現実にはそれに倍した距離を行き来するほどの価値があった。

運河建設がピークに達したのは七世紀で、隋王朝の時代だった。この時代に南部の揚子江下流域、今の杭州から、当時北部の首都だった洛陽まで、途切れのない運河のルートが完成した。距離にして一六〇〇キロメートル。そして一三世紀には、さらにそれが一六〇〇キロ延長された。これは今もなお人工の水路としては最長で、ニューヨークからフロリダまでの距離に等しい[13]。それはまさしく「大運河」の名前にふさわしい水路だった(図7・1)。この運河が万里の長城と同じくらい、技術的、経済的、文化的に見ても重要な業績だと言う者もいる。万里の長城は紀元前七世紀から一七世紀にかけて建設されたもので、人類の「輝かしい工学上の成果」として記されてきた[14]。

大運河の主要なモチベーションは、農業の生産性に富む揚子江盆地から、穀物を北方へ移動させることにあった。北方では軍隊が、アジアの大草原地帯に住む遊牧の騎馬民族の手から、帝国を守るために駐屯している。大運河は鴻溝のような早い時期に作られた多くの運河とつながっていたが、旧来の運河はまったく改造されていて、沈泥で詰まった古代のルートには、平行した運河が新たに作られていた。歴史の記録――その正確さを疑問視する向きもあるが――には、大運河のはじめの部分が六〇五年に完成するまでには、五〇〇万もの男女の労働力が必要とされたと書かれている。水路は深さが一〇メートル、幅が三〇メートル、それに橋が六〇、水門が二四あった。六〇九年に完成したときには、隋の煬帝が六五マイルに及ぶ船団を率いて、北部から南部の首都の揚州まで下ってきた。

北方にいる軍隊に穀物を供給することが、運河開削の本来のモチベーションだったとすると、それがもたらした結果は、中国にとってはるかに大きなものだった。というのも、それは、中国東部に一つの経済的な市場を作り上げたからだ。七世紀の中国東部は世界でもっとも人口の密集した地域の一つだった。歴史家のスティーヴン・ソロモンはその様子を次のように書いている。「運河はあらゆる形とあらゆる大きさの商業船であふれんばかりだった。その動力は帆やオールや外輪などさまざまだ。……米を積んだ荷船が巨大な穀物倉へ行き来をしている。穀物倉は運河に沿ってその合流点に政府が作ったもので、国家の安全に備えて食料のライフラインを確保するためだった」[15]。運河開削の最大の利点は陸上輸送にくらべて水上輸送が、何倍も格安でしかも迅速になったということだ。

古代中国では運河が、紀元前三〇〇〇年紀にシュメール文明でそれが果たしたのと同じ役割を果たしたのかもしれない（3章）。しかし、中国人はさらに水の付加的な使用（水力として使用）をして、彼らの経済を一変させた。スティーヴン・ソロモンは次のような主張により、この中国人の業績を擁護してきた。「優に一〇〇〇年紀以上の間、水をエネルギーとして利用し、有益な仕事を成し遂げることで、中国は人類文明のリーダーの役目を果たしてきた」(16)。ソロモンはさらに、三〇〇年頃には、強力な垂直型水車がトリップハンマーを動かし、鉄を打ちつけて道具を作ったり、米を脱穀したり、金属鉱石を破砕するために使われていたと述べている。それは水車が西洋に出現する何世紀も前の話である。その後、中国が技術の発展において、なぜ西洋に追い越されてしまったのか、という「ニーダムの疑問」が生じた要因の一つがここにある。ソロモンはまた、五三〇年頃、中国人はすでに水車を動力にして、小麦粉を振るい落とす機械を動かしていたと書いている。その機械は西洋で産業革命を促進させた蒸気機関と、原理的には同じ意匠のものだったという。水力はまた絹の生産にも利用された。その技術によって、古代の旧世界で珍重された、大いなるエキゾチックな品物を中国は手に入れ、それが帝国に何世紀にもわたって富をもたらした。

三峡ダムにて

三峡ダムへ向かう途中で私の連れの中国人が言った。ダムの近くにはミサイルの貯蔵庫があると思う。というのも中国政府は、ダムを攻撃する恐れのある者に対して、核攻撃をも辞さないと言明しているからだと言う。それで私が思い出したのが都江堰だった。二〇〇七年、一二〇〇名の兵士たちがこの灌漑システムへ派遣されたのだが、それはどのような脅威からもシステムを守り維持するためである。当時の中国経済にとって、都江堰は現在の三峡ダムと同じくらい欠くことのできないものだった。しかし、三峡ダムを目の前にして、私はこの比較は見当違いだと思った。第二次世界大戦時、日本の爆撃機は本来なら都江堰のシステムを探し出していたはずだ。それはこのシステムが食料の供給を確かなものにし、そのために、中国の戦争遂行努力は強化促進されたのだし、それを日本軍は当然知っていたからだ。が、爆撃機は探し出すことができなかった。李冰が行なった灌漑工事は、継ぎ目が分からないほど自然に溶け込んでいたからだ。しかし、それは三峡ダムでは起こりえない。実際このダムと、とりわけそれが作り出した広大な湖は、宇宙からでも簡単に見て取ることができると言われている。

三峡ダムを目前にすれば、誰しも感動を覚えざるをえないだろう。それは人間の文化の証しであり、人間の能力——自然世界を根本から変容させる事業を計画して、実行に移す能力——を示したものだったからだ。このダムが生み出す電力を、石炭を燃やす火力発電で作り出そうとすれば、年間一億二〇〇〇万トンの二酸化炭素を大気圏へ排出せざるをえない。この排出を三峡ダムが防いでいると中国は公言している。ダムはまた揚子江の中流域や下流域を洪水から守り、その一方で川の航行はいちだんとたやすいものになってきた。私がダムを訪れたときには、船舶のための閘門《こうもん》システムがまだ使用されていた。そのために、花崗岩の山腹を切り抜けていく水路が必要とされた。ここで見られるのはもう一つの奇妙な都江堰との共鳴だ。やがて閘門は、現在建設中のプロジェクトの最終要素である船舶昇降機に取って代わられるだろう（写真29）。

二酸化炭素放出の低減、洪水予防、船舶航行の促進などすべては称賛に値する成果だ。が、それでは、それを得るためにはたしてどれほどの犠牲が払われたのだろう？　一三〇〇万の人々が再定住を強いられた。彼らが住んでいた村や町や市は、今ではダムの背後の湖底に沈んでいる。数知れないほどの主要な遺跡も水没した。そして、過去に起きた中国の重要な出来事を学ぶ機会も失われた。ダムの建設については、環境上の理由から多くの反対があった。何か不吉な予言として片づけられていたことが、今では現実のものとなりつつある。ダム、あるいはとくにそれが作り出した湖がすでに、周囲の崖を不安定にして、多数の地滑りを生じさせている。その結果、かなりの死亡者の数と堆積物による川の閉塞がもたらされた。ダムは二つの大きな断層に交差する形で建設されていた。湖水の重量がさらに地面にかかるために、その圧力によって弱い地震が頻発した。それだけではない。そこにはダムが引き起こす巨大な地震の危険――それはまさに他に例を見ない規模の、人間のそして環境の大惨事となるだろう――がつねに存在する。生物多様性の損失、水系感染症や汚染の増加、それに中国の東部及び中央部で誘発された干ばつは、中国の指導者たちがこのようなプロジェクトから身を遠ざける、さらなる理由となっている。実際、国家主席（当時）の胡錦濤や首相（当時）の温家宝は、二〇〇八年に開催されたプロジェクトの落成式に欠席している。また二〇一一年には指導者たちがはじめて、ダムによって引き起こされた生態系の問題や社会的問題の存在を認めた。三峡ダムでは彼らの像を見ることはできない。[17]

それでは都江堰との違いはどこにあるのだろう？　世界遺産への入口の向こうには、賑わいを見せている中央公園のまわりに掲示板がある。そこに記録されているのは、毛沢東から胡錦濤まで一連の中国指導者たちだ。彼らは李冰の灌漑システムを訪ね、魚嘴や宝瓶口を背景にしてカメラに収まっていた。おそらく指導者たちは李冰の業績に刺激を受けたことだろう。中国の歴史的遺産ともいうべき、彼の水利事業上の仕事に触発されたかもしれない。その仕事は指導者たちに、これにもましてさらに偉大で、さらに壮大な仕事をするようにと促し励ましたことだろう。ただ願わくば、指導者たちがタオイストのやり方で仕事をしてくれることだ。ダムは低く、水路は深く。自然に逆らわずに、自然とともに仕事をすること。それは鯀のようにではなく、禹のようなやり方でだ。

ふたたび水路を深く掘ること——黄河のデジタル化

　この章は少し明るい話題で終わりにすることにしよう。中国は三峡ダムよりさらに大きな、そして生態系的にはいちだんと破壊的なプロジェクト——南水北調（南方地域の水を北に送り、慢性的な水不足を解消する構想）という名で知られている——を建設することに決めたようだが、それはまたハイテクによる解決策を採用したプロジェクトでもある。そのハイテク利用はすでに、別のプロジェクトである程度の成功を収めているようだった。二〇〇一年七月、黄河管理委員会（ＹＲＣＣ）は「黄河のデジタル化」として知られるプロジェクトを打ち出した。[18] これが目指していたのは、遠隔探査（リモートセンシング）や衛星利用測位システム（グローバル・ポジショニング・システム）を使って、川の分析や管理をコンピュータで行なうことだった。当時、黄河は悲惨な状態に陥っていた。河水の四〇パーセントが高い汚染度を示し、川は堆積物で逼塞していた。流域の途中で行なわれる水の採取も度を越えていて、一年の内で二二六日の間、川は海へ到達することができなかった。[19]

　黄河に設置された最初のデジタル治水局が活動をはじめたのは二〇〇二年六月である。二〇一〇年三月三日には、ＹＲＣＣがリー・クアンユー水賞を受賞したことが伝えられた。この賞は、「人類に利益をもたらす政策や計画を採用することで、世界的な水問題の解決に顕著な貢献を果たした」[20]者に与えられる。こうした賞には政治的な優位が見られる、と皮肉屋たちならつねに言うだろう。が、ＹＲＣＣの黄河デジタル・プロジェクトは実際に成功を収めたようだ。今ではふたたび、川は途切れることなく海へと流れ入っている。そして数多くの環境上の利益、さらには社会的な利益をもたらしている。成功の鍵となったのは、川の状態に関する情報をリアルタイムでとらえるリモートセンシング・システム、それに貯水槽やダムを開閉する自動装置だった。この結果、川床はおよそ九〇〇キロにわたって、平均で一・五メートル深くなり、流れる速度も倍以上に速くなった。都江堰を作った李冰、それに李冰の前の大禹はさぞかし誇りに思っていたことだろう。二人はともに、水路を深く掘る考えを推奨していたわけだから。

8 水利都市
──アンコールの王たちによる水管理（八〇二年−一三二七年）

私の乗った飛行機が機首を下げて、シェムリアップ（シェムリアップ州の州都）の小さな空港に向かって着陸態勢に入ったとき、最初に目に入ったのは西バライ（巨大な貯水池）だった。幹の高いサトウヤシや水田、散在するカンボジアの木造家屋などの間で、青い鏡のように貯水池はきらきらと輝いていた。

シェムリアップはアンコールの寺院群に囲まれている。アンコールはクメール文明の中心地で、八〇二年から一三二七年にかけてその最盛期に達した（図8・1）[1]。何百万の人々が毎年、正真正銘、人間が作ったこの石の山を訪れる。石にはその多くに、この上ないほど精緻な浅浮き彫りで、ヒンドゥーの神々や踊り子、戦争の場面などが彫り込まれている。それはリアルなものであると同時に、想像されたものでもあった。アンコール・ワットはこのような寺院中最大のものだ。実際、それはかつて地球上で作られた最大の宗教建造物だった（写真30）。しかし、アンコールの王たちはそれとは違ったタイプの、（少なくとも私にとっては）はるかに謎に満ちた記念建造物を作り出していた。それは巨大な貯水池（溜め池）と濠である。その最大のものが西バライで、八×二キロメートルの矩形をした内海だ。この貯水池はかつて四八〇〇万立方メートルの水を貯えていた。建設されたのは一一世紀前半で、当時は人類が作り上げた最大の建造物の資格を有していた。古代世界の建造物の中で、宇宙空間から認識できる数少ない一つだった。

この章でわれわれがやってきたのは東南アジアだ。ここで訪ねるのは熱帯地方で栄えた二つの文明中の一つである。二つ目の文明は中央アメリカの古代マヤで、10章でその地に到着する予定だ。カンボジアはメコン川下流域の盆地に位置する。メコン川は世界の大河の一つで、チベット高原に源を発して南シナ海に注いでいる。この川は世界でもっとも大きな滝のある、世界で七番目に長い川だ。その滝が今日、ラオスとカンボジアの国境をなしていた。古代都市アンコールは、メコン川のデルタから五〇〇キロほど離れた盆地の中央に位置する。地理的に二つの特徴を持ち、その特徴がアンコールの歴史で重要な役割を果たした。第一はアンコールの北東二〇キロの所にあるプノン・クーレン高原だ。西バライやアンコールにある他の人工貯水池（バライ）に最終的に水を送り込んでいたのは、この高原に水源を持つ川である。さらに、アンコールの寺院はすべて、プノン・クーレンから切り出された赤色砂岩によって建てられていた。プノン・クーレンはアンコールの王や人々にとって、すこぶる神聖な場所だったのである。

第二の地理的特徴はアンコールの南一〇キロの地点にあるトンレサップ（巨大な湖）だ。[2]東南アジアで最大の淡水湖であるために、この名前はふさわしい。乾季は広さが二七〇〇平方キロメートルだが、雨季になると、驚くことに一万四〇〇〇平方キロになる。湖が拡大するのは単純なことで、メコンデルタがモンスーンのもたらす雨に対処できなくなるためだ。水がトンレサップ川を遡り、湖へと流れ込む。そして氾濫原を水浸しにした。トンレサップは今日、魚が豊富なことで知られている。それは古代も同じで、魚はアンコールの人々にとって貴重な食物源となった。湖はまた他にも提供していて、それはア

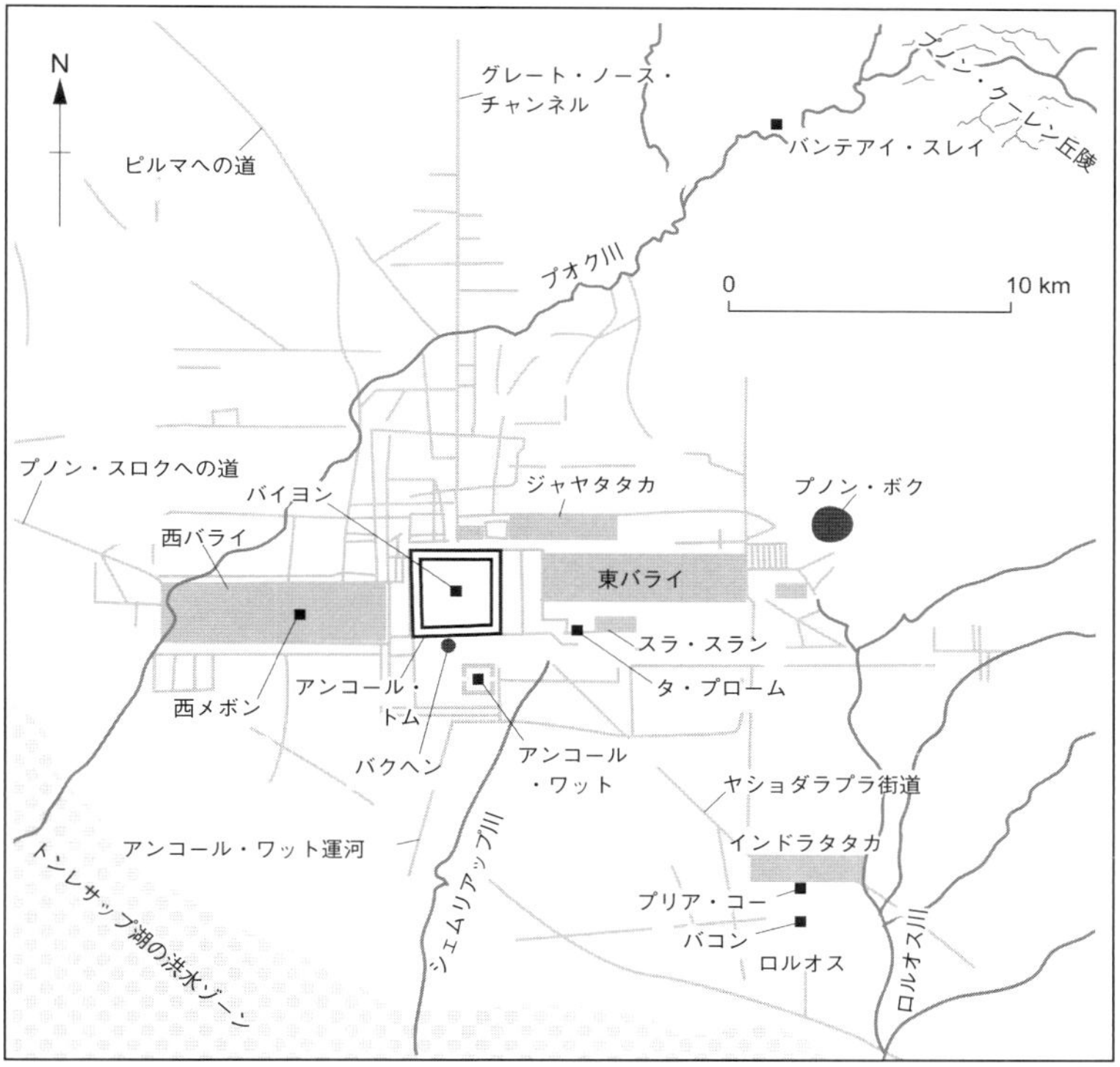

図 8.1　8 章で取り上げるバライ（貯水池）、水路、川、それにアンコール・ワットの寺院の一部（「Fletcher et al. 2008」より）。

ンコールが隣国や外国の敵と戦った場所である。動乱の戦争史の中でトンレサップは数多くの戦場となった。

シェムリアップへ飛行機がさしかかると、眼下にはトンレサップ湖の目を引く光景があった。そのとき私は、アンコールの寺院や貯水池を見たあとで、湖に浮かぶベトナム難民たちのフローティング・ビレッジを訪ねてみようと思った。飛行機が旋回して降下していくにつれ、もう一つの内海が目に入った。それは完全な長方形をした人工の貯水池西バライである。その姿をしっかりと心に留めることではじめて、古代世界の水管理の中でも、もっともすばらしい業績の一つと私が思うもの、つまり、アンコールにおけるクメール文明の水管理の研究が現実味を帯びてきた。その手はじめに必要とされるのは以下のことだ。巨大な貯水池がなぜ建設されたのか、その答えをめぐって、興味深いアカデミックな議論を引き起こすきっかけとなった、一連の王たちや考古学上の発見のあとを追ってみること。

議論は貯水池を中心に展開している。このような貯水池は乾季に灌漑用の水を貯えるために作られたのだろうか？　あるいはモンスーンの期間中、洪水をコントロールするためのものだったのか？　いずれにしても、この二つはともに注目すべき優れた工学上の技術で、一九七〇年代に考古学者ベルナール・フィリップ・グロリエがはじめてアンコールに対して使った、「水利都市」(3)という言葉を十分に正当化するものだった。が、他の学者たちは、この実用的な解釈を認めずに、貯水池は地上に天国を再現する試みに他ならないと提言した。王たちがつき動かされたのは、人々の渇きを癒そうとする気持ちではなく、ヒンドゥーの神々を喜ばせたいという願望だったと言うのだ。飛行機の窓から見えた巨大な西バライには、たしかに、人間の要求を満たすための単なる治水工事にはない迫力、崇められた神の栄光を称えて建設された大聖堂の持つ迫力があった。

われわれには二つの出発点がある。一つはジャヤヴァルマン二世だ。彼は八〇二年に、聖なる山プノン・クーレンでバラモン僧によって、クメール文明の最初のチャクラヴァルティン（王の王）に選ばれた。ジャヤヴァルマンのあとには、帝国が混乱に陥るまでに一四人の王が続いた。われわれが取り得るもう一つの出発点は一八六三年だ。これはアンコールを「発見した」、フランスの博物学者で探検家のアンリ・ムオのノートが刊行された年である。

アンコールの発見

アンリ・ムオ（一八二六－六一）は一九世紀の中頃に、シャム、カンボジア、ラオスなどの奥地を探検した。資金を提供したのは王立地理学協会とロンドン動物学協会だった。一八六〇年一月、彼はアンコールに達してそこで三週間を過ごし、宮殿、寺院、環濠、溜め池、テラスなどについて詳細なノートを作成した。その翌年、ラオスのジャングルの中でマラリアに罹患して彼は死ぬ。だが、ノートは彼の死後、一八六三年に出た『Voyages dans les royaumes de Siam, de Cambodge, de Laos et autres parties centrales de l'Indochine』（邦訳『インドシナ王国遍歴記』）の中に収められた。そののち一八六八年に出版された英語版にもそれは収録されている。[4] ムオの記述、スケッチ、それにアンコールの寺院が、ギリシアやローマなどの建物より壮大だという彼の主張、さらにはすでに死に絶えているが、文明化した賢明な民族によってそれらの寺院は建てられた、とする彼の憶測などが人々の心をとらえた。ムオは彼の時代のインディ・ジョーンズに、つまり、ジャングルの奥深くで失われた文明を発見した男になったのである。

が、もちろん彼は発見などしていない。アンコールは失われていなかった。地元のクメール人たちは記念建造物の存在をことごとく知っていた。中でもアンコール・ワットは、クメール文明が終焉したのちも、引き続いて仏教の僧侶たちの故郷となっていたし、当時もなおそうだった。その上、遺跡にはすでにヨーロッパの訪問者が次々と押し寄せていた。とりわけ目立ったのは、ポルトガルの交易商人やフランスの伝道者たちだ。彼らもむろん自分が見聞きしたことを公にした。が、それは単にムオの書いたものにくらべて、説得力に劣っていたし、同等の読者を獲得できなかったということだ。ヨーロッパ人の想像力に火をつけたのはムオの書物である。そしてそのあとに、遺跡を記録し、再建するための調査隊が続いた。この仕事は現在もなお、世界の至る所から集まった多国籍チームによって続けられている。

アンリ・ムオはアンコールを「発見」しなかったかもしれない。が、彼はたしかに自分のために発見したにちがいない。今日、アンコールを訪れた誰もがするように。観光シーズンが終わりかけていた頃、私も遺跡を訪れる何千人の一人だった。次から次に観光客がやってきてはカメラのシャッターを押す。が、それでも、人混みを逃れて誰もいない寺院に行くことは可能だ。私は静寂の中にたたずみ、この上なく精緻でエキゾチック、ときにエロチックな彫像をじっと見つめていた。タ・プローム遺跡ではそれができる。この寺院は一二世紀末に作られたもので、発見された当初の面影をとどめていた。巨大な木の幹や枝や根が、崩れかけた石造建造物に絡みつき、壁に沿って伸び広がり、入口へ身をよじりながら入り込んでいる。そしてこの遺跡は自分のものだと主張していた（写真31）。

私の訪問とアンリのそれを隔てているのは一五〇年以上の歳月だったかもしれない。しかし、私の個人的な発見の感覚はたしかに深遠だった。というのもこの東南アジアの熱帯文化が、世界各地の古代文明の現地で経験したものとは異質に思えたからだ。しかし、私に最大の疑問を投げかけたのは巨大な柱、壁、彫像、彫刻などではない。タ・プロームを訪れた私は、崩れかけて木で被われた建物をあとにして、周囲の森に通じる小道をたどった。そこで私が見つけたのは遺跡を囲んでいた環濠だ。幅が数メートルあり、きらきらと光る水が、木々の上へ姿を見せた寺院のてっぺんを映していた。アンコールの寺院はすべてこのような環濠に囲まれている。が、今日、そこに水をたたえている濠はほとんどない。寺院はその多くが、そばに長方形の溜め池を持っている。その中で最大のものが西バライだった。しかしそれにしても、なぜこれほどまでの水が必要だったのだろう？

アンコールの王たち

この問いに対する明確な答えはおそらく見つからないだろう。それもこれも、貯水池の建設を依頼したアンコールの国王たちの心の中には、そんな答えなどどこにも存在していなかったからだ。アンコールの人口は数十万に達していた――宮廷の廷臣、貴族、僧侶、兵士、職人、農民、奴隷など。われわれが今日目にするのは、石で作られた寺院ばかりだが、かつてはこのような人々が住む、木造の家屋が広い範囲で軒を並べていた。トゥクトゥク（小型バイクで引く人力車）――移動にはもっとも安価で最良の手段だ――のうしろに乗って寺院を巡っていると、否応なく考えさせられるのは、道路に沿って並んでいる現代の高床式の家屋や、野外での煮炊き料理用の鍋、水牛などそのすべてが、一〇〇〇年前の古代アンコール時代とほとんど相違がないのではないかという思いだ。農業生産物についてもその多くは古代と変わりがなかっただろう。主食の米はマンゴー、タマリンド、サトウヤシなどの樹木作物、それにキビ、モロコシ、ヤエナリ(緑マメ)などのさまざまな野菜によって補われていた。

古代アンコールにいた大多数の人々は、米作に従事する小作農民だったにちがいない。彼らは兵役や勤労奉仕の義務を負わされ、王や大規模な官僚組織を支えるために、おそらく重い税を課せられていたのだろう。寺院の壁に描かれた農民たちの日常生活や、一三世紀末にアンコールへやってきた中国使節のユニークな報告の他には、人々の生活についてわれわれが知るところは何一つない。アンコールで一般の人々の住居が広い範囲で発掘されることがなかったら、この都市の歴史は、国王と彼らが仕掛けた戦争、それに彼らが手がけた水利事業の成果を記載するだけのものとなっていただろう。

はじめて貯水池を建設した者

ジャヤヴァルマン二世は「王の王」と称された最初の人物である。名前は「勝利によって守られた」という意味。実際、彼は成功を収めた軍事指導者だった。数多くの王国を自らの支配下に置いて、アンコール王朝(クメール王朝)を作り上げた。それはもっぱら軍事力による征服のおかげだった。彼の後継者たちもそうだが、われわれは人間ジャヤヴァルマン二世についてはほとんど何も知らない。われわれの入手できる情報は碑銘によるものだけだ。が、碑銘に書かれているのは圧倒的に王と出来事の羅列ばかりで、王の人柄はもちろん、その日常生活についてはわずかな情報しか与えてくれない。

ジャヤヴァルマン二世が、トンレサップ(巨大な湖)の端からおよそ三〇キロ北、今日のロルオス村に近いハリハラヤに王都を置いたことはわれわれも知っている。その場所は広々とした氾濫原で、そこでは米作がとりわけ豊かな実りをもたらしていた。この地方では、古代アンコールの農民たちも、今日と同じやり方で農業を営んでいたようだ。それは氾濫原農法として知られているもので、洪水に遭ったばかりの土地に稲を植える方法だ。ジャヤヴァルマン二世は八三五年にハリハララヤで死んだ。息子で後継者のジャヤヴァルマン三世も八七七年に王都で死んでいる。

巨大な貯水池（バライ）をはじめて作ったのは、次の王のインドラヴァルマン一世だった（図8・1）。碑文から読み取れるのは、彼が即位したときに「今から五日したら、私は掘ることをはじめるつもりだ」[5]と約束したことだ。

もちろんこの「私」は王自身である。長さ三八〇〇メートル、幅八〇〇メートル、モンスーンのまっただ中なら、七五〇万立方メートルの貯水能力のあるバライを作るために、王は掘り手の一団を雇ったにちがいない。おそらくそれは奴隷たちだったろう。貯水池の壁として堤防が築かれ、クーレン丘陵から、ロルオス川に沿って流れてくる水をとらえた。ロルオス川は水量を増やすために、所々で水路が切り開かれていた。このバライはインドラタタカ（インドラの海）の名で知られている。碑銘によるとインドラヴァルマン一世は、「彼の栄光を映し出す鏡として、海のようなインドラタタカを作った」という。[6]

インドラヴァルマンが作ったものはこれだけではない。二つの寺院プリア・コーとバコンを王都に建設した。それぞれには環濠が巡らされていて、よりいっそうきらきらと輝く水をたたえていた。が、規模から言うと、のちの王たちによって作られた寺院にくらべてやや控えめだ。が、二つの寺院はともにすばらしい記念建造物だった。建物のほとんどは華美で精緻な彫刻で埋めつくされた石の山だ。寺院は二つとも王朝を守る最高神シヴァのために建てられた。インドのシヴァ神は王朝が創建されるかなり前から、この地方で崇拝されている。おそらくそれはインドの商人たちによって持ち込まれたものだろう。

シヴァ神の次には、ヴィシュヌ神がもっとも崇拝されていて、壮大な石造の寺院から、小さな木造の祠堂——今日では跡形もない——にいたるまで、数多くの建造物で祀られていた。導入されたのはヒンドゥー教の神々だけではなかった。仏教もまたアンコールでは栄えたし、土着のクメールの神々も引き続き信仰された。つまり、アンコールでは宗教が驚くほど豊かで複雑に入り交じっていたのである。そしてそれは、国家や日常生活の隅々まで浸透していたにちがいない。この点では、カラカラ浴場内のミトラ神殿に典型的に現われていた、伝統的な信仰の混淆という古代ローマの宗教によく似ている。

インドラヴァルマンの息子でその後継者は、さらに大規模な建造物を作り続けた。彼の名前はヤショヴァルマン（「栄光に守られた」という意味）で、最初に思いついたことは、父親が作った貯水池よりさらに大きなものを作ることだった。より大きな寺院もそのあとで建設された。ヤショヴァルマンが命じて掘らせた貯水池がヤショダラタタカと呼ばれていたもので、今は東バライの名で知られている。この貯水池はインドラタタカの八倍の大きさがあり、長さが七・五キロ、幅が一・八キロ、そして五〇〇〇万立方メートルの水を貯えることができた。その堤防を築くには六〇〇万人日（人日は一日一人の仕事量）は必要とされただろう。

ヤショヴァルマンは王都をアンコールに移すと、バケンという名で知られている五層のピラミッド型寺院を建てた。寺院の建設だけで、プノン・クーレン山の岩盤から切り出した砂岩が八五〇〇万立方メートル、それに四五〇〇万個の泥土れんがを必要とした。もちろんこの寺院もその周囲に環濠を巡らしている。国王たちにとって水をコントロールすることは、寺院建設に必要な膨大な数の労働人口をコントロールするのと同じように重要なことだったと思われる。

ヤショヴァルマンは九〇〇年に死んだ。彼のあとには一連のチャクラヴァルティン（王の王）たちが続き、建築に対する自らの野心を実現しようと、たがいにたえずしのぎを削っていた。今になって歴史を思い返してみると、われわれがもっとも感謝すべきは、おそらくラジェンドラヴァルマン二世だろう。統治の終わり頃に、彼の保護の下で、バンテアイ・スレイとして知られる寺院の建設がはじめられたからだ。寺院は九六八年に神々に奉納された。アンコールを訪ねた期間中、アンコールの二〇キロ北にあるこの比較的小さな寺院は、アンコール・ワットにもまして、はるかに大きな印象を私に与えた。そして宗教と水との関わりについてはっきりと理解させてくれた。

バンテアイ・スレイ（「女たちの砦」の意味）は現代の名前で、古代の碑銘にはトリブヴァナマヘーシュヴァラと記されている。これは「三界の大王」と訳すことができる。名前の出所は寺院の祠堂内にあるリンガだ。リンガは男根に由来する短い石の柱で、アンコールの人々にとってはシヴァ神のシンボルとなっている。寺院には同心の長方形をした周壁がある。真ん中の周壁の中へ行くには、環濠に架かっている土を盛った橋を渡ればよい。中には凝った装飾の施された祠堂があり、全面が複雑な彫刻で被われている（写真32）。

バンテアイ・スレイと、他のアンコールに立つすべての寺院との著しい違いは、その大きさにある。この寺院は大人よりむしろ子供用に作られたと思えるほど、ミニチュアの寺院だった。そのためリンテル（まぐさ石）の込み入った彫刻も、わざわざ首を伸ばして見るまでもなく、目の高さで見ることができた。固い赤色砂岩はこの一〇〇〇年の間にほとんど色が褪せていない。深いレリーフは縁も鋭いままで、中にはほとんど立体と思われるような彫像もある。そこでは数多くのヒンドゥーの神々、そして彼らが織りなす物語を見て取ることができる。何本もの腕を持つシヴァは生命のダンスに打ち興じている（それも最終的には破壊的な踊りになるのだが）。ハヤグリーヴァは殺したばかりの悪魔の首をいくつもつかんでいた。ヴィシュヌは馬となって現われた。何百もの人間や動物、それに両者が入り混じった姿が、レース状の枝葉とともに石の中に彫り込まれている。中には胸をはだけて踊る美しい少女たちの姿もあった。

私が訪れた日には寺院がいつにもまして、まばゆい青空に映えて驚くほど美しかった。日の光が遺跡を取り囲んでいるサトウヤシをきらきらと光らせていた。環濠の土手の橋を渡っていると、赤い砂岩、銀白色の樹皮、緑の葉っぱ、青い空が、濠の水に写って一つとなっていた。私はふたたび観光客が踏み固めた道をあとにして、曲がりくねった道をたどり森の中へと入った。そこで目の前に現われたのは、もう一つの長方形をした水の広がりだった。それは大半の旅行者の目には止まらない。ここでも水はまたきらきらと輝いていた。私にはこれが寺院の壁に彫り込まれた彫像と同じくらい、宗教的な感動に満ちたものに思われた。

地上に天国を築く

すばらしく野心的な貯水池西バライが建設されたのは、スールヤヴァルマン一世（「太陽に守られた」の意味。在位一〇一一－四九）の治世中だ。彼は他にも巨大な王宮を建てていたし、この上なく偉大な軍事指導者でもあった。国内の反乱を制圧し、忠誠の誓いを確かなものにした。西バライの建設は彼の後継者のウダヤディティヴァルマン二世（在位一〇五〇－六六）によって引き継がれた。ウダヤディティヴァルマンは、水を貯える堤防の高さをさらに高くして、貯水池の真ん中に小島を作り、その上に西メボン寺院を建立した。寺院の中には巨大なヴィシュヌ神の横たわった像（破片だが）がある。

　そののちもチャクラヴァルティン（王の王）の継承が続いた。そして絶えることのない戦争と、増加の一途をたどる建築計画の無節操さも。スールヤヴァルマン二世（在位一一一三－五〇）は帝国を拡張し、今のベトナム領まで進出した。そしてそののち彼はアンコール・ワットを建てた。この寺院はアンコールの寺院中、もっとも広大かつ壮大だった。実際それは、これまでに建てられた宗教建造物の中でも一番だと主張する者もいる。雄大さから言っても、ローマのサン・ピエトロ大聖堂を優に凌ぐと言うのだ。事実、アンコール・ワットはヴィシュヌ神のために建立された国家の寺院だったが、それと同時にまた寺院そのものが独立した都市でもあった。敷地の広さが二〇〇ヘクタール。寺院は幅二〇〇メートルの環濠に囲まれた、一・五平方キロの島の上に建てられていた。そこには多数の周壁、テラス、回廊があった。五つの塔のあるもっとも高い所まで登ってみると、アンコール・ワットがヒンドゥー教の宇宙を地上で表現するために建てられた、とする主張が説得力をもって迫ってくる。五つの塔はヒンドゥーの神々の故郷メール山（須弥山）の五つの山頂で、環濠はそれを取り巻く神話上の大洋を表わしていると言う。

　アンコール・ワットの浅彫りレリーフは、規模の大きさやきわめて緻密な描写で、まさに目を見張るほどだ。描かれているのは現実と想像の入り交じった壮大な戦いである。いつも水のことを考えている私は、渦を巻く海洋生物たち――魚、ワニ、ヘビ、それにカメ――の登場場面に引きつけられた。この場面はヒンドゥー教の創造神話である「乳海攪拌」を描いた、四九メートルに及ぶ長いレリーフのほんの小さな一部分だ。巨大なヘビ（ヴァースキ）が体をうねらせて山に巻きついている。八八のデヴァ（神々）がヘビの頭を押さえつけ、九九のアスラ（悪魔）がその尾っぽを押さえつける。彼らがたがいに引っ張り合うことで山を回転させ、宇宙の大洋の乳海を攪拌しようとする。それを見守っているのはヴィシュヌ神だ。攪拌によってアムリタ——不老不死の霊薬——が生じるはずだった。が、残念ながら彼らの協力作業は失敗に終わってしまう。神々はふたたび、アムリタを悪魔たちと分かち合うという約束にもどらざるをえず、カオス（混沌）が蔓延した。

ジャヤヴァルマン七世（在位一一八一－一二二五）によって建てられたバイヨン寺院は、壮大さでアンコール・ワットに次ぐものだ。が、その謎めいた性格では、むしろいくぶんワットをリードしている。この寺院も人間が作り出したもう一つの山で、巨大な顔の彫刻を持つ数多くの塔でできていた。その顔は静かにそして厳かに、あたり一帯をあらゆる方向へ凝視している。寺院の内部には薄暗い通路や階段があり、まるで迷宮のようだ。うねるようにして進んで行くと、突然、シヴァ神と鉢合わせをした。あるいは、少なくともリンガの形をしたシヴァ神のエッセンスに直面する。直立した石柱がアルコーブ（壁の窪み）の中にあった。さらに前へと進むと、ふたたび水に行き当たる。が、それは寺院の内部の奥深い所にあった。今度は曲がりくねった階段を昇って屋上へ出てみる。そこで出会うのはもう一つの大きな石の顔だった。それは穏やかな表情で、アンコールの風景を見つめていた。アンコール・ワットと同じように、壁の多くは見事な浅彫りのレリーフで埋めつくされている。が、ここでは、市場でのやり取りや料理をしている様子など、日常生活の場面が描かれていた。

ジャヤヴァルマン七世もまた、もちろん貯水池を作っている。彼がこしらえた最大のものがジャヤタタカ（勝利の海）と呼ばれるものだ。が、これは三・五×〇・九キロで、大きさとしては慎ましいものだった。彼はまた「王の浴場」（スラ・スラン）も建てていて、それは今も、きらめく水を満面にたたえている（写真33）。浴場には巨大なライオン像のある美しい砂岩のテラスがあった。その横には水へと下りていく階段がある。暑い太陽の下で寺院を見て歩いたために、くたびれた私はそこに腰を下ろした。これまでに見たものを思い浮かべて気分は昂揚していたが、心の中は消耗し切っていて、いくぶん困惑気味だった。

アンコール文明を研究する後世の歴史家たちにとって、とりわけ重要な出来事が起こったのは、最後のチャクラヴァルティン、インドラヴァルマン三世の治世下だった。それは一二九六年八月一二日に周達観がアンコールにやってきたことだ。彼は北京の元朝の宮廷が送り込んだ使節で、丸一年ほどアンコールに逗留した。中国に帰ってから書いた『Memoirs of the Customs of Cambodia』（邦訳『真臘《しんろう》風土記』）は、王や宮廷人、それに一般の人々の日常を知る上で貴重な資料となった[7]。周が描いていたのは富裕で贅沢な国家だったが、王朝はすでにベトナムやタイの軍隊による挑発を受けつつあった。そのとき、文明はすでに衰退の道をたどっていたのである。

王朝がストレスにさらされていたことを示す兆候が一つあった。それは突然起きて長くは続かなかったが、仏教に対するある不寛容な行為だ。数世紀の間、仏教とヒンドゥー教はたがいに協調し合い共存していた。そして、ときにそれは豊かな宗教的混淆をもたらした。しかし、一三世紀のある時期、アンコールにあったすべての仏像が――何千という数だ――打ち壊されて破損した。アンコール王朝最後の王たちの内、誰がこのような破壊行為を命じたのかは分からない。が、一二九六年に周達観がアンコールを訪問した頃には、仏教はふたたび興隆しつつあった。それは周がサフラン色の僧衣をまとった僧侶について報告していることからも明らかだった。

アンコール文明の最後の王はシュリーンドラジャヤヴァルマンで、統治したのは一三〇八年から一三二七年までである。その間、タイの軍備は増強され、アンコールにおける建設の企ては下降線をたどった。一三二七年に王が死んだあとで作られた石の寺院や碑銘は、一つとして知られていない。たしかに、シャム人の侵攻はアンコール崩壊の原因の一つだったろう。が、もう一つ考えられるのは国際交易の重要性が増したためだ。国際交易には他の諸都市、とりわけメコンデルタのプノンペンなどが絶好の位置を占めていた。さらにわれわれがまもなく見るように、水利事業システムの失敗もまた、国王たちの権力や、不規則に拡大する都市アンコールに、致命的なダメージを与えることになった。

アンコール王朝時代、それは驚くべき文化的業績をもたらした五〇〇年余りだった。人間の歴史上、それ以前にもそれ以後にも、これほどまでに大きな寺院建築のプログラムが遂行された時代はなかった。今日、毎年何百万という観光客をアンコールに引きつけているのは、寺院の遺跡とその芸術である。しかし、アンコールの国王たちによって同じように着手され、同じように驚異的で、しかも、いろいろな意味ではるかに神秘的な水利事業の成果については、訪れた観光客たちもそのほとんどが知らない。西バライは飛行機から見ると、非常にはっきりと認識できるかもしれない。が、地上では水の広がりは、寺院やそこに彫られた彫刻のように人々を惹きつけない。他のバライは今では水もすっかりなくなっていて、考古学者の目を持つ者でなければ、実際、地勢上で見つけることなどできない。彼らだけが、以前に堤防があったことを示す微妙な地形上の起伏や、埋もれた土の含水量の変化が反映した、植物の変化を見抜くことができた。

現在、視界から消えてしまったのはバライだけではない。かつてはそこに、バライや寺院の環濠をつないでいた、池、水路、運河などの複雑なネットワークがあった。実際、この水利上のクモの巣は、一九世紀と二〇世紀を通して、アンコールで仕事をした考古学者たちにさえ見えなかった。アンコールにおける水利事業の真の成果が、現代の世界に知られるようになったのは、二〇〇二年にはじめて高機能の航空機用レーダーが使用されてからである。したがってここではわれわれも、もう一つの注目すべき歴史へ目を向けなければならない。それはアンコールの地図作成の歴史だ。

寺院の遺跡の中に水利都市を見つける

イギリスの探検家ジョン・トンプソンはアンリ・ムオの跡を継いで、アンコールの写真をはじめて撮った。そのすばらしいコレクションは一八六七年に『Antiquities of Cambodia』（カンボジアの遺跡）として刊行された。その頃にはすでに、アンコールはフランスの保護領となっていた。そのために次の世紀にアンコールで行なわれた仕事は、すべてフランスの古物研究家、美術史家、考古学者の手になる。この状態は一九七〇年の内戦に至るまでずっと続いた。内戦は結果として、クメール・ルージュの専制政治をもたらした。

さらに探検隊が送られたり、旅行者の報告などがあったあとで、一八九九年にフランス国立極東学院（ＥＦＥＯ）が設立された。そしてそれとともに、より秩序立ったアンコールへのアクセスがはじまった。当初はジャン・コマイユを団長として、この植民地対策の組織が記念建造物保存の責任を担うことになった。コマイユは土砂や瓦礫を取り除いて、アンコール・ワットやバイヨンの全体像を明らかにした。その後、彼は一九一六年に強盗に襲われて命を落とす。遺体はバイヨンの近くの墓に埋葬された。コマイユのあとを次いだＥＦＥＯの遺跡保存局保存官アンリ・マルシャルもまたアンコールで死に、やはりこの地に葬られた。が、彼の場合はアンコールを愛していたので、自らの意志でこの地の土となった。

彼は一九七〇年に安らかな死を迎えた。享年一〇一歳。

マルシャルは一九一九年にアンコールで管理官になり、一九五七年までその職務についていた。一九三〇年代に彼は「復元」という方法を開発した。これは記念建造物を解体し、石ごとにナンバーをつけ、中央部は現代の資材――手近な材料はコンクリートだ――で修理して、改めて解体した個々の石を元の正しい場所にもどすという方法だ。復元作業では、建物の崩壊を防ぐために、見えない部分にコンクリートの梁を使う。この方法がはじめて採用されたのがバンテアイ・スレイ寺院である。作業が行なわれたのは、フランスの作家でこの地を旅したアンドレ・マルローが、寺院から彫刻を盗み出し、そのために告訴されるという事件が起きてから間もなくのことだった。が、このような文化芸術の破壊行為にもかかわらず、マルローは最初の文化相となり、一九五九年から一五六九年まで大臣を務めた。

二〇世紀の中頃に二人の考古学者がアンコールの研究方法を一変させる。寺院を復元することから離れて、芸術作品を記録し、碑文を解読すること、それも都市の社会的・経済的な組織との関連でそれを読み解いていく方法に転換した。最初の一人がロシア生まれのヴィクトル・ゴルベフ（一八七三-一九四五）だ。彼ははじめて航空写真を使用する道を開いた。航空写真が広範囲に及ぶ運河や貯水池を明らかにしたことで、アンコール遺跡の隠されていた秘密が姿を見せはじめた。その秘密とはおびただしい数の複雑な水利事業である。ゴルベフはこのような水利事業は、宗教的な目的と実用的な目的の両方を兼ねていたと言う。そして実用的な目的とは乾季の期間中、水田を灌漑することだった。(8) 一九五九年にEFEOの考古学研究の責任者となったのが、二人目のベルナール・フィリップ・グロリエ（一九二六-八六）である。彼はこのテーマを追い、アンコールを「水利都市」として特徴づけた。

グロリエはEFEOを現代的で専門的な団体に変貌させた。そして彼の指揮の下、はじめて組織的な調査が行なわれ、アンコールの地図が作成された。彼はまたアンコールについて幅広い執筆活動をして、一九六〇年から一九八〇年の間に刊行した一連の書物の中で、自らの提唱する水利都市の仮説を発展させた。グロリエは自分自身の調査やゴルベフの調査などに依拠しながら、一九六六年に次のような説を打ち出した。「アンコールはもともとが水利事業の巨大なシステムだった。主要な給水運河、堤防、貯水池、田んぼの水路などは、そのすべてが、真水を貯えて、それを綿密に計画された水田のネットワークへ再分配するように考案されていた[9]」。彼はさらに一九七九年、画期的な記事の中で、アンコール王朝を崩壊させたのは、水利システムの失敗がその原因だったと発表して、自説をさらに先へと進めた。

あてにならない降雨と多人数を養うこと

グロリエが言うには、大きなバライが作られたのは、モンスーンの期間中に水を集め、それを乾季のときに、あるいはモンスーン時の降雨が不十分だったときに、いつでも、水田の灌漑用に使うためだという。土壌はひどくくずれやすく、雨もきわめて不規則だったと彼は考えた。寺院の規模から見て、食料を必要とする巨大な人口がそこにはあったにちがいない。そんなことから、グロリエは灌漑が欠かすことのできないものだったろうと思った。今日、アンコールを訪ねた者には、その考えが理不尽とはとても思えないだろう。もはや残存していない木造の建物のすべてはもちろんのこと、石の寺院を建設するにも、何千という働き手が必要とされたにちがいない。いくつものバライの総面積と複雑な運河のネットワークが、ゴルベフとグロリエの調査によって明らかとなったのだが、それが意味したのは、このような水利施設が何らかの実用的な目的で使用されたものであり、その建設のモチベーションはイデオロギー的なものを越えていたということだ。

グロリエの意見では、水はバライの南の堤防から単に運河へと漏れ出て、それが下方へ向かい、一つの水田から次の水田を満たす。そして、巨大な湖（トンレサップ）の北端へと向かって進む。このようにして、複数のバライとトンレサップとの間の全地域が灌漑された。グロリエはこの地域を「水利ゾーン」と呼んでいる。彼はこの地域で、米の栽培に利用できる水田の広さを八万六〇〇〇ヘクタールと計算した。灌漑された一ヘクタールの水田から収穫できる米を一・四六トン、そして一トンでまかなえる人の数を四・八人と見積もることで、グロリエはバライから給水される水により、六〇万の人々の生活が支えられただろうと言う。(10) 彼は続けて次のような主張をしている。つまり、さらに四二万九〇〇〇人がトンレサップの増水分に頼っていた。湖の年間増水量によって灌漑を行なっていたと言う（そしてヘクタール当たり一・一トンの米を生産した）。さらに、バライの北の地域にいた八七万二〇〇〇人が、陸稲《おかぼ》の栽培によって生活を維持してきた。グロリエは全体として、古代アンコールの人口は一九〇万人ほどだったと推測している。

ウィットフォーゲルの説に影響を受けたグロリエは、灌漑システムの規模から見て、その建設や管理には厳格な集中管理が必須で、そのためには国王の権力を必要としたと考えた。同じように、バライが沈泥でいっぱいになり、灌漑システムの機能が停止したとき、国王はその権力基盤を失って都市や王朝は崩壊したのだと言う。

ベルナール・フィリップ・グロリエは、一九七〇年にカンボジアで内戦がはじまり、アンコールが対立に巻き込まれたときにもなおフィールドワークを行ない、執筆活動を続けていた。が、クメール・

ルージュの銃弾で重傷を負い、多くのノートを失ったあとで、一九七三年にはアンコールを離れた。が、彼はなおこの地域の研究を続行し、最終的にパリへもどる前まで、タイやマレーシアやビルマで調査を行なっていた。

「水利都市」説への反論

ベルナール・フィリップ・グロリエの提唱する、アンコールは水利都市だったという説ははたして正しいのだろうか？　彼が一九七〇年代にこの説を発表して以来、一つの点については誰もこの意見から距離を置こうとする者はいなかった。その一点とは、これほどまでに多くの貯水池、運河、環濠、池を人々は、一体全体、どのように利用していたのかという点だ。しかしそれなら、この水利事業が神のためだったのか、あるいは人間のためだったのかという点になると、これまでにも議論は百出している。が、グロリエもたしかに、バライや環濠は一方では灌漑の手段として機能してきたが、その一方では、地上に天国の大洋を復元するための、イデオロギー上の役割を果たしてきた、という考えを拒否しているわけではない。しかし、考古学者のW・J・ファン・リーレは一九八〇年に書いたものの中で、灌漑や洪水の制御の両方か、あるいは、そのいずれか一方の役割を否定している。彼の主張はこうだ。貯水池、運河、池、環濠の設置位置は、宗教的な判断によって決められている。その証拠にすべてが地勢の起伏に何ら関わりなく、東西、南北の方向に合わせて作られていた。さらに、このような建造物から、周囲の水田に水が引かれた証拠は何一つ見つかってないと彼は言う。(11)

ファン・リーレは単にアンコールの水力学に対して、その灌漑機能を否定しただけではない。さらにその先へ論を進めている。彼が言うには、貯水池、池、環濠が水を貯えることがなければ、水は水田へ流れて有効に使われるのだが、水利建造物がそれを阻止している。さらに彼は、アンコールの建設者たちの全般的な技術能力に、次のような疑問を投げかけた。たとえ彼らに、効果的な灌漑システムを作る意志があったとしても、はたして彼らにそれを作ることができたのだろうか。人類学者のフィリップ・ストットは、一九九二年にファン・リーレの主張をさらに発展させて次のように言った。

アンコールの巨大バライのような水利事業の成果は、まったく寺院の山と同じだった。本質的にそれは都会の風景の一部であり、宗教的な象徴であり、美、浴場用及び飲料用の水、輸送の手段、そしておそらくは魚を人々に与えていた。が、その水の一滴でさえアンコールの水田には注がれていなかったようだ。[12]

グロリエの水利説に対する次のおもな異議申し立ては、一九九八年に、ロンドン大学の東洋アフリカ研究所のロバート・アッカーから出された。[13] 地理学者として訓練を受けた彼は二つの疑問を提示した。最初の疑問——灌漑によって生じた米の収穫の増加分が、はたしてアンコールの人口に大きな影響を及ぼしたかどうか？　第二の疑問——バライが灌漑用の水を供給するのに、はたして適正な場所に築かれていたかどうか？

最初の疑問については、アッカーがアンコールの推定人口を計算し直している。彼がまずはじめたのはグロリエが使ったのと同じ収穫高の見通しだ。灌漑した土地で一ヘクタール当たり一・四六トン、そして雨水を利用した農業では一・一トンが見込める。古代の収穫高は降雨量が多いために高かった。が、その一方で、米の品種が実りの少ないものだったために収穫高は低い。アッカーはこの点を考慮した。つまり全般的に見れば、相反する傾向はたがいに打ち消し合って、古代の収穫高は今日とあまり変わらなかった、とアッカーは推測したのである。その結果、彼はグロリエの推定値をそのまま使用した。

しかし、それとは対照的に、土地の広さの推測についてはアッカーも異を唱えている。バライの南にあり、灌漑が可能な土地の広さを、グロリエは著しく多く見積もりすぎていると考えた。それでこの広さを、グロリエの推定値八万六〇〇〇ヘクタールより少ない、二万五五〇〇ヘクタールへと修正した。灌漑が施されなくても、雨季にはこの土地は雨水農業で米を生産することができる。雨水を利用した農業で収穫した量（一ヘクタール当たり一・一トン）と灌漑によって収穫した量（一・四六トン）との差を出し、乾季に灌漑で収穫できる米の量を考慮に入れてアッカーは、バライに頼ることなく収穫した米の量に、さらにバライによる灌漑で加算できる量を二万九六〇〇トンと算出した。米の消費量はグロリエが出した一トンの米につき年間四・八人より、若干低く見積もって年間五人として、アッカーは灌漑による米の追加量で養える人の数を一四万八〇〇〇人と計算した。これは巨大な湖（トンレサップ）の増水量や乾燥地農業によって養える人数（約一三〇万人）にくらべると、取るに足りない数だと彼は考えた。このようにして、人々の基礎的なニーズに応じるためにバライが建設された、という考えをアッカーは退けたのである。

アッカーはまた、灌漑が年毎の雨量の変化を緩和するために必要とされた、という考えを退けている。彼のキーポイントとなる根拠の一つが、近年、カンボジアはアンコールの推定人口の最大値（約一九〇万）の少なくとも三倍の人口を抱えているという事実だ。二〇世紀の中ほどで約六〇〇万の人口である。この人口が水利事業に頼ることなく、米作農業によって維持されている。そこには巨大な貯水池もなければ灌漑用の運河もない。それなのに、アンコールの国王たちが統治していたときに、なぜ灌漑用の水利事業が必要とされていたのだろう？

アッカーはさらに異議を唱える。地勢の中でバライの作られた場所が、グロリエの水利都市という仮説を弱体化させていると言うのだ。単純に見て、それぞれのバライが灌漑用の水を効果的に使用できるように配置されていない。たとえばインドラタタカは、七二〇万立方メートルの水を貯えていて、それは雨季に三〇〇〇ヘクタールの土地を灌漑するのに十分な量だった。が、この貯水池が位置しているのはトンレサップのほとりからわずかに五キロほどの所である。したがって、インドラタタカが灌漑できる土地は、わずかに二四〇〇ヘクタールにすぎない。しかし、貯水池はまたハリハララヤの都市の真北に位置しているために、この都市が水の流れの邪魔をしていて、それがなければ灌漑できるはずのかなり広い土地を、できないままに放置しておく状態になる。さらには東バライ（貯水量は五四二〇万立方メートル）がインドラタタカの北にあり、これがインドラタタカを事実上不要なものにしていた。インドラタタカとハリハララヤの位置する、潜在的に灌漑可能な土地の多くを、東バライが自らの灌漑地としていたからだ。

西バライについては、アッカーは次のような提言をしている。この貯水池の容量は、灌漑すべき土地が必要とする水量をはるかに越えていると言う。彼の計算ではバライの貯水量は一億五六〇〇万立方メートル。これは乾季で一万四一六ヘクタールを、雨季では六万二五〇〇ヘクタールを灌漑できる水量だ。しかし、その水利ゾーンで灌漑のできる土地はわずかに一万四〇〇〇ヘクタールにすぎないと言う。なぜそれほど限定されているのか。それは西バライがシェムリアップ川の右岸にあり、貯水池から出た水がトンレサップ湖の北に広がる稲田へ到達する前に、川の中にすべて流れ込んでしまうからだ。アッカーは、ジャヤタタカ、プレア・カーン・バライ、南東バライなど他のバライについても調査をした結果、同じタイプの疑問を見つけた。これらのバライはいずれも、その水を効果的に使用できる場所に作られていなかった。

アッカーの結論はこうだ。「アンコールには人々が耕すことができたものより、はるかに多くの耕作可能な土地があった」。そして「何よりも無限の水があった」[14]。もし水田に人工的な水利が必要だったとしたら、何百という、おそらく何千という小さな、あるいは中くらいの貯水池を地下水面の下まで、地中深く掘って作ることは可能だった。しかしそれならアッカーは、バライや大きな運河は何の目的で作られたと考えたのだろうか?

一つは洪水の制御のためだと考えた。毎年やってくるモンスーンがとりわけ激しいときには、水がプノン・クーレン山の高地から勢いよく流れてきて、洪水がアンコールに押し寄せ、石造の建物を揺るがし、水田の土壌をトンレサップ湖に洗い流しかねなかった。運河やバライは洪水の水を導きそらせたり、貯えたりするために作られ、その機能を果たしたのかもしれない。それはまた、なぜ運河やバライの周囲に高い堤防が築かれたのか、その理由も説明していた。

もう一つ考えられるのは、バライが完全に宗教的な目的で作られ、使用されていたことだ。そこには機能的な価値はまったくない。それはただ、神々の故郷であるメール山を取り囲む湖を、地上に再現したものにすぎないという考えだ。グロリエによると、アンコールは天地万物の宇宙を再現するミクロコスモス(小宇宙)を意図したものだと言う。したがってそこには、宇宙が神々の指示で形作られたと同じように、王の命令で作られた原初の大洋があった[15]。ある解説者は、バライが「王の栄光と権威の容器」であり、「彼の神性を表わす」手段だったと書いている。(16) このようなわけで、大聖堂と同様にバライもまた、以上のような目的にかなうために、途方もない大きさを必要としたのである。

水利都市はやはり水利都市

一九七五年にカンボジアはルメール・ルージュの支配下となった。その結果四年間にわたって、地球上でもっとも恐ろしい残虐行為――このことはほぼまちがいがない――が行なわれた。が、一九七九年に自由を取りもどしたとき、アンコールの記念建造物は無傷のままに残った。これはおもに、クメール・ルージュがこの都市を、奴隷化された人々が努力して目標とすべき理想として使ったからである。が、しかし、その土地には至る所に地雷がばらまかれていて、復元作業や考古学調査を再開する前には、それを除去しなくてはならなかった。

一九九三年、アンコールは世界遺産に指定された。今では世界各国――フランス、ドイツ、日本、ニュージーランド、ハンガリー、オーストラリア、中国、ハワイ――からやってくるチームが集中する調査対象となっている。フランス国立極東学院（EFEO）はまだ存在していた。が、アンコールで行なわれる作業はすべて、現在ではカンボジアの政府機関（APSARA）との協力の下で行なわれている。国際チームはそれぞれが専門知識を持ち合って協力した。APSARA、EFEO、シドニー大学によって行なわれたグレーター・アンコール・プロジェクト（GAP）がこの協力の一例だ。プロジェクトは最近、アンコールの注目すべき新しい地図を作り上げた。これが否応なくわれわれを、アンコール

はある程度広い範囲で、水田への灌漑を工夫していた水利都市だった、という考えに立ちもどらせてくれた。(17)

ベルナール・フィリップ・グロリエは以前、アンコールの地図の製作を依頼していた。が、その地図は現代の基準からすると荒削りなもので、しかも未完成のままだった。そしてそれはアンコールを、一連の比較的孤立した寺院やバライとして理解させるのではなく、一つのコミュニティとしてとらえることを強要した。もう一人のフランス人EFEOのクリストフ・ポティエが、アンコールの南部地域に限定したとはいえ、はじめて詳細な地図を作成している。彼はテルのような丘状の遺跡、地方の寺院、家庭用の溜め池、運河、水路などを地図に書き込み、数千の特徴を記録し、数面の水田が特別な寺院とつながりのあることを立証してみせた。彼のフィールドワークはまた、グロリエ、ファン・リーレ、アッカーなどと違って、バライには入口と出口があり、一連の水路と十分に連結していたことを示した。

ポティエは地上で地図の製作に当たったが、その一方で、空からも――実際は宇宙からだ――調査が行なわれていた。一九九四年、スペースシャトルのエンデバーがアンコールのレーダー画像を作成した。それはポティエの地図の範囲を越えて、北部地域まで収め、複雑な考古学上の地勢を明らかにした。画像にはアンコール・トムから北の丘陵まで、二五キロにわたる水路が映し出されていた。それは「グレート・ノース・チャンネル」(大いなる北の水路)という、この水路にふさわしい名前で呼ばれている。二〇〇〇年に、シドニー大学はNASAのジェット推進研究所(JPL)にレーダーによる調査を依頼した。これはAIRSAR(航空機搭載合成開口レーダー)の名で知られる方法で行なう調査だ。空を被う雲を突き通して、きめの細かな解像度の高いアンコールの画像を作り出し、地勢の微細な起伏や植被を検知することができた。この二つの方法により、かつて水田や水路や池などが存在した可能性のある場所が明らかとなった。

グレーター・アンコール・プロジェクトは二〇〇三年から二〇〇七年にかけて行なわれたが、その主要な成果は、アンコールと周辺の地図をわずかに一枚作り上げただけだった。が、その地図は三〇〇〇平方キロメートルを一枚の中に収めていた。この地図を作るのに使われたのが地理情報処理システム（GIS）で、それはあらゆる現存の情報を統合し、地図上で表現して分析するコンピュータシステムだった。集められた情報は、グロリエやポティエの調査結果、スペースシャトルや航空機搭載レーダーの調査結果、過去の世紀に作り出された広範な考古学上の地図などからなる。[18] が、この地図作成作業の鍵を握っていたのは、地上で行なうフィールドワークだ。それは、レーダーで確認されたさまざまな隆起や突起を調べ、タイルやれんがや陶器の破片を探すことだった。仕事は二〇〇七年に終了し、公表されたその結果は、アンコールに関するわれわれの知識に変更をもたらした。今われわれが見ることができるのは、グロリエがかつて想像したものよりいっそう複雑で、実に入り組んだ水利管理能力を持つ都市だ（図8・1）。プロジェクト・チームの言葉を引用すると、地図製作が明らかにしたのは、「アンコールの広範囲に広がったコミュニティの姿で、それは早い時期に開発を進めた水資源と密接なつながりを持つものだった」。そして「アンコールは控えめに見積もっても、その最盛期、おそらく世界でもっとも規模の大きい、低密度の前産業都市複合体だったろう」[19]。

アンコールの水管理

アンコールの新しい地図の作成は、水路や膨大な量の粘土質の砂――簡単に手に入る建築資材――でできた堤防などから構成された都市の精緻な形状を明らかにした。水路や堤防は、北部の丘陵地帯から都市部へ流入する水の量を低減させたり、制御するのに役立った。またそれは灌漑用や単に水の悪影響を避けるために、水を貯えては分散させた。

シドニー大学の考古学教授で、グレーター・アンコール・プロジェクトのリーダーの一人ローランド・フレッチャーは水利システムを解釈して、それは三つの部分から構成されていたと言う。[20] まず丘陵とバライの間の北部ゾーン。このゾーンは、一連の巨大な水路で水を集めて、それをバライや環濠に向かわせる機能を果たしていた。ここには東西に走る堤防がいくつも作られていて、中には四〇キロにわたるものもあった。水は堤防の背後で集められたのだろう。堤防は南北の水路と結びつけられていて、水路が水をバライに送り込んだ。また水路は地勢を貫通している川とも連動して働くように工夫が施され、必要があれば水は川へそらされた。フレッチャーと仲間たちが強調しているのは、アンコールの水利事業の洗練された技術だった。中でも、彼らが指摘しているのは、モンスーンの時期、あふれ出た水に対処する石積みの水路である。ファン・リーレやアッカーは、アンコールの技術者たちの技術能力を疑ったが、そこには彼らの過ちを示す、反論の余地のない確固とした考古学上の証拠があった。

水利システムの中央ゾーンは巨大なバライや寺院の環濠で構成されていて、北部の集水システムから水を受けていた。そして、バライや環濠に貯えられた水は南部へと分配される。ふたたびそこには、まったく思いも寄らないほど複雑な水路のシステムがあった。水路は貯水池に水を注いだり、そこから水を取り入れたり、貯水池の間に水を流したりした。

南部ゾーンは一連の水路から構成されていて、それがバライや環濠の水を都市の南部や東部へと配水していた。中でももっとも大きな水路は、西バライの南西隅から出ていて、南東へ四〇キロの距離を走っている。もう一つの出水路は南西へ流れ出て、最短ルートでトンレサップへと注ぎ込んだ。アンコール・ワットの環濠からも、大きな分水路が出ていることが発見されている。それが堤防や都市の南部に配水している水路の、複雑なネットワークとつながっていた。

三部構成の水管理システムを作り上げるために必要とされたのが、かなり慎重な計画と水力工学だったことは疑いを容れない。それはアンコールが成長した五〇〇年にわたって、追加とたび重なる変更というプロセスの中で発展したものだった。ロバート・アッカーが言っていたように、それがはじめから、全体として完璧に計画されたものでなかったのは、何ら驚くべきことではない。たえず変更が加えられ、手直しされることは、複雑なシステムが本来つねに持っていた性格なのだから。複雑なシステムはしばしば多数の機能を果たす。これはたしかにアンコールの水利システムにも当てはまっていたようだ。モンスーンが過剰な水をもたらしたときには、洪水を制御したし、乾季には水田に灌漑を行ない、地上に神々の天の湖を創造するのに十分な水量を貯えた。

ベルナール・フィリップ・グロリエが生きていて、水利都市という考えが、説得力のある論旨でその正当性が示されているのを見ることができたらよかったのだが。しかし、彼が提示したもう一つの考えについてはどうなのだろう？　水システムの失敗がアンコール王朝の崩壊を招いたという意見だ。

気候変動と水利管理の失敗

グロリエはアンコールの水管理システムが、モンスーンの不確実性に対して、また、とくに乾季の長さに対処するために考え出されたと提言していた。しかしながら、彼はそのモンスーンが、アンコールの興亡五〇〇年の間に、どれほどの「不確実性」をもたらしていたのか、その点についてはどのような評価も下していない。おそらく彼は、一年の間に降る雨の強さと期間が、次の年とどれくらい違っているかについて、自分が東南アジアで過ごした経験にもとづいて推測したのだろう。アンコール王朝時代のモンスーンの不確実性について、はじめてその査定方法が考案されたのは二〇〇九年のことで、それ以前にはなかった。これは樹齢一〇〇〇年のイトスギの年輪を研究することからはじめられた。[21] 研究はアンコール王朝時代を通して、非常に大きな気候の変動を想定したグロリエの正しさを示しただけではなかった。さらにその不確実性が、一四世紀末から一五世紀へと向かう最中に、とくに著しくなったことを示していた。ひどい干ばつと激しい降雨の大きな振幅が、アンコール王朝の崩壊を引き起こしたと考えられる。

ベトナムの高地では、珍しい、そしてとくに古いイトスギ（ラオスヒノキ Fokienia hodginsii）が何本か生育している。コロンビア大学のブレンダン・バックリー教授と仲間たちは、このイトスギを探し出し、木の幹から芯の部分を切り出した。そして、木の生育期間全体を描いた年輪のサンプルを得た。それぞれの年輪は一年間の成長を記録している。大まかに言えば、年輪の幅はどれくらい多くの水分を木が吸収したかを記録していた。バックリーと仲間たちは、一二五〇年から二〇〇八年まで七五九年間の、連続した年輪を手に入れることができた。年輪はモンスーンの強度の変化を記録していた。これこそグロリエが目にしたいと思っていたデータだった。

年輪が示しているのは、一四世紀末に向かうにしたがって徐々にモンスーンが弱まり――つまり雨量が少なくなり――、ときには長い干ばつの時期もあったということだ。一五世紀のはじめには、より深刻な干ばつが短い時期だが起こっている。全記録中でもっとも乾燥の激しかった年は一四〇三年だった。が、ここでとりわけ重要なのは、一四世紀末から一五世紀はじめに至るこの時期に、三つの年輪がもっとも雨の多かった年、つまりもっとも激しいモンスーンが襲来した年を記録していることだ。そうしてみると、全体的に降雨量の減少傾向の中で、アンコールが衰退し、事実上遺棄されるようになったとされているのは、降雨量の変動――激しい雨の年が干ばつの年に組み入れられている――がもっとも大きかった時期だったことが分かる。

ローランド・フレッチャーと仲間たちは、アンコール遺跡でこのような気候変動の影響を見つけている。それはアンコール・ワットからトンレサップへ走っている大きな水路の一つだ。この水路に、急な鉄砲水がもたらすタイプの粗い砂や砂利がいっぱい詰まっていた。[22] このような沈殿物は北部ゾーンからやってきたもので、その地域の土壌が浸食されやすくなっていたことを示している。それはおそらく山林伐採と干ばつの組み合わせから生じたものだろう。沈殿物の下には木の葉の部厚い堆積が見られた。これを放射性炭素の量で年代測定をしてみると、洪水が一二二〇年から一四三〇年の間のどこかで起きたことを示していた。これはちょうど木の年輪が気候変動を示していた時期に符合する。

アンコール遺跡の建造物の中にも、水不足に対応するために改造を余儀なくされていた水利システムがあった。たとえば東バライには数多くの入水路と出水路があるが、その中のあるものには、激しく低減した水流に対処するために、工夫が施されたと思われる跡があった。そこには主要な取水路があるのだが、それが貯水池の北東隅から東側の堤の中ほどへ移動している。それが示しているのは、バライを満たしていた水が少なくなっていたことだった。

ブレンダン・バックリー、ローランド・フレッチャー、それに彼らの仲間たちが主張しているのは、アンコールの水管理全体が、あまりに複雑化して入り組んだものとなっていたために、環境の変化に対応できなかったのではないかということだ。もちろんこれが直接、アンコール王朝の崩壊をもたらした原因ではないだろう。が、それがシャム軍との戦いや、経済的・政治的権力の淵源として、農業生産より重要性を増しつつあった交易など、外部の影響に対して、アンコールをよりいっそう被害を受けやすいものにしていたことは確かだった。アンコールにおける水利システムの断続的な失敗、そして最終的な崩壊が、直接国王の権威を弱体化させてかどうかについては依然として不明だ。だが、アンコールが水利都市であったという事実は動かしがたい。ここから、考古学の新しい局面をめぐる議論がはじまる。それは、長い時間をかけて水利システムがどのようにして発展してきたか、という議論にとどまらない。それはまた、無秩序に広がっていったアンコール都市の風景の中で、どのようにして人々の日常生活が営まれていたかを理解する議論でもある。

西バライにて

私はある日の夕方アンコールを離れた。次の朝、トンレサップへ行くためにタクシーを予約した。ロンドンへ正午前後の便で帰る前に、ベトナム難民が暮らすフローティング・ビレッジへボートで行ってみようと思ったからだ。湖に浮かぶ彼らの家や店、学校や作業場を見るためだ。アンコールで暇になった時間は、西バライをさらにつぶさに見て過ごすことに決めた。西バライは到着した日に、飛行機の中から目にしただけだった。午前中と午後の早い時間を、アンコール・ワットでだらだらと浅彫りのレリーフを見たり、一番高い塔の階段を昇ったりして過ごした。そこで私は、オレンジ色の服をまとった仏教の僧侶たちを見かけた。彼らがここの住人なのか、私と同じ旅行者なのかは分からなかった。

アンコール・ワットへ行く参道の入口の外には、タクシーやトゥクトゥクの騒がしい集団がいた。私はトゥクトゥクの運転手に、西バライの南西隅へ連れて行ってくれと頼んだ。クリストフ・ポティエはそこで出水路の痕跡を見つけていた。それは西バライが、灌漑や洪水の制御という貯水池の役割を果たしていたまぎれもない証拠である。私はそのことを知っていたので注文をした。トゥクトゥクの運転手は怪訝な顔をして、旅行者でバライのあんなに遠い所まで行く人はいない、四〇分もかかるし、あそこには「見るものなんて何もない」とブロークンな英語で説明した。

一〇分かそこいらで、われわれは他のすべてのタクシーやトゥクトゥクをあとに残して、水田と木造家屋の間の道路を進み、さらに西バライの堤に沿って走った。水の広がりは実に広大だ。が、道中はほとんど、堤に立ち並んだ木の茂みから、水をのぞき見するので精いっぱいだった。道はひどくなり、トゥクトゥクは泥だらけの輪だちの深みを苦労しながら進んだ。輪だちはまったく新しくて、つい最近それがつけられたことを示していた。実際、われわれがバライの南西隅に近づくと、停車中の車が現われ、オートバイに乗った人々や歩行者のグループが、われわれの方へ向かってくる。トゥクトゥクはいったん停止せざるをえなかった。運転手にどうしたんだと訊くと、今日は祝日で、家族が集まってピクニックをしたり、泳いだりしているんだと彼は説明した。

バライの一画はお祭りのようだった。旅行者は一人もいない。考古学者がうろうろ歩き回るチャンスはとてもなさそうだ。自動車やオートバイは道のはずれの片隅に、所構わず「駐車されていた」。そして屋台の列があらゆる食べ物を売っている。エキゾチックな野菜、ジュース、揚げ魚、バーベキュー料理をした魚、焼き魚、焼いたカエルなど。人々はイグサのマットの上で、あるいはハンモックの中でくつろいだり、眠ったり、食べたり、おしゃべりをしていた。その向こうには水があった。そこでは何百という人が泳いだり、大きな黒い浮き輪のまわりで跳ね回っていた（写真34）。すばらしい眺めだった。最後の数日間を費やし、はたしてバライは洪水制御や灌漑のために作られたのだろうか、あるいはヒンドゥーの神を崇拝するために作られたのか、と考えあぐねていた私に、この光景はもう一つの水の重要な役割を思い出させてくれた。水はこのように面白さと楽しみの源となりうる。インドラヴァルマン、ヤショヴァルマン、スールヤヴァルマン、そしてその他アンコールの水の王たちよ、あなた方はでかした、よくやった。

9　あとわずかで文明に
――アメリカ南西部ホホカムの灌漑（一年－一四五〇年）

アリゾナ州フェニックス市のスカイハーバー国際空港に降り立ったときには、北アメリカでもっとも広域に達した先史時代の灌漑システムの近くにいるというより、むしろ文字通りその真上に立つことになる。タールマカダムで舗装された滑走路、ターミナル、消防詰所などの下に、かつては砂漠を灌漑したが、今はふさがれている溝や運河（用水路）が埋まっていた。(1) それを作ったのはホホカム人で、彼らは一〇〇〇年紀初頭に最初の運河を作った。その頃彼らが住んでいたのは、のちのアリゾナ州を流れるソルト川やジラ川の隣接地区で、小さな集落をなしていた。そして数百年後には、一〇〇〇人単位の定住生活を送るようになった。彼らは巨大な建造物や複雑な物質文化、それに広範囲に及ぶ交易ネットワークを持っていた。メソポタミアやエジプトなど、旧世界に定住した初期の人々は自らの畑に灌漑を施したが、彼らと同じようにホホカム人もまた、文明へのコースを着実に進んでいるかに見えた。(2)

が、何かがうまく行かなかった。一〇〇〇年経つか経たずの内にホホカム文化は崩壊する。そして、多層の建造物や塀を巡らせた住まいは打ち捨てられた。運河は涸れて沈泥で埋まり、畑は砂漠の低木地帯へと逆もどりしてしまった。ホホカム人たちは書記言語を残していない。彼らは車輪というものを発明することがなかったし、それを導入することもしなかった。信仰体系や階層についてもほとんど知られていない。ホホカム人自身がやがて忘れ去られた。今日彼らの名前ホホカムは、「いなくなった人々」あるいは「すべて使い果たした」という意味を持つ。これはピマ族――アキメル・オオダム（川の民）とも呼ばれる――の言葉に由来する。ピマ族は、一七世紀末にやってきたスペインの宣教師たちが遭遇したネーティヴ・アメリカンで、その子孫は今もジラ川に隣接した保留地で暮らしている。(3)

ここで語られる物語は、灌漑がどのようにして一つの社会を繁栄に導いたのか、そしてにもかかわらず、なぜその社会を、文明の領域へと至る入口まで運ぶことができなかったのかについてだ。シュメール人、エジプト人、インカ人の名前は広く知られている。が、学者を除けば、はたして誰がホホカム人のことを知っているだろうか？　彼らの考古学的遺跡を訪ねた私の旅と同じように、ここで語られる物語も、スカイハーバー空港で、あるいは少なくともその近辺ではじまり、そこで終わることになる。

すべてが失われていたわけではない

私が乗った飛行機が着陸したとき、ちらっとフェニックス市の中央を走るソルト川の水のない川床が目に入った。乾いた褐色の傷跡が、灰色のコンクリートの世界、タールマカダムで舗装され、ガラスの窓ばかりの世界を切り裂いていた。そこは合衆国で六番目に人口の多い都市だった。遠くアリゾナ州東部の山々に水源を持つ水はもはやここへは届いていない。都市へ到着する前に、灌漑のためにところどころで引き取られてしまう。現代の灌漑は人口――都市だけで一五〇〇万に達している――を支えるためにも欠かすことができない。水力発電計画によって生じる電力もまた必須のものだった。平均気温が華氏一〇〇度（摂氏三八度）になる夏場には、この電力がエアコンディショニング（空調）を可能にしてくれる。

実際、今日の灌漑システムは過去の遺産だった。というのも、アリゾナ運河は二〇〇〇年も前に、ホホカム人によってはじめて掘削された運河と、まったく同じルートをたどっているからだ。フェニックス市が開発したと言っても、それはただホホカム運河の涸れた溝を利用したにすぎない。スペインの宣教師たちを除けば、一八六〇年代まで、この地方に住み着いたヨーロッパ人は一人もいなかった。が、伝説によると一八五〇年代に、南北戦争時、南軍兵だったジャック・スウィリングが「西部に」現われたという。金を探査して名声と富を手に入れようと思った。ある日、彼はソルトリバー渓谷の景観に出くわした。そしてその場所が農業に向いていると感じた。また彼はそこで、廃墟と化したホホカムの集落やすでに涸れていた長い溝を見つけた。さっそくスウィリングは運河の再建に取りかかり、このベンチャー・ビジネスに「スウィリング灌漑運河カンパニー」という名前をつけた。この他にも彼は、数多くの投機的な事業に手を出している。製粉所、採鉱所、酒場、ダンスホールなどの建設、そして農民、牧場主、政治家にもなった。やがてソルトリバー渓谷には賑わいを見せる集落ができ、この地はパンプキンヴィルという名で知られるようになった。名前の由来は運河のかたわらで生育した大きなカボチャだった。集落はいくつか名前を変えたあとでフェニックスとなる。それは文化の廃墟——運河——から生まれた都市、という意味からつけられた名前だった。

ホホカム集落の発掘がはじまったのは一八八〇年代である。それが「ボストン・グローブ」紙上で報告されると、東部エスタブリッシュメントの目が昔の文化に向けられた。(4) ホホカムの建物——のちにカサ・グランデという名で知られるようになる——の発掘作業は一八九〇年代に開始された。建物は木材と土壁で作られた四階建ての家屋で、ジラ川に隣接した場所に建てられていた。一九一八年に出されたウッドロー・ウィルソン大統領の布告を受けて、カサ・グランデは合衆国ではじめて国定記念物に指定された。(5) その頃にはすでにホホカム運河の調査は進行していて、一九三〇年代には空からの調査が行なわれるようになった。発掘作業はまた、ソルト川の近傍にあるプエブロ・グランデでも実施されていた。この遺跡はホホカムの全集落中、最大のものとして知られていて、一〇〇〇人を越える人口を抱えていたとされる。集落には土を盛って作った断面台形のマウンド（土塁）があり、その上にはエリートの支配者たちが住んでいた。その他にも球技場、日干しれんがでできた多くの家々、広場、カサ・グランデにあったものとよく似た「大きな家」（ビッグハウス）などがあった。プエブロ・グランデは、ソルト川から水を引いて周辺の畑を灌漑する運河システムの入口に位置していた。そのためにこの集落は、さらに下方のシステム周辺へ流れる水を制御する立場にあった。プエブロ・グランデの遺跡は一部が発掘され、一部は復元されて、現在、スカイハーバー空港のすぐ隣りにあり、かつての運河は滑走路の下を走っている。(6)

ホホカム人の成し遂げたことを理解するためには、現在のプエブロ・グランデを訪ねてみることがどうしても必要だ。その廃墟と博物館は遺跡公園の中にある。残されたマウンドの上に立つと、ほんの数メートル離れたところを流れる現代の運河を見ることができる。それはホホカム人がマウンドの上から畑の方を眺めていたときと同じコースを通っている。今はマウンドも崩れかけているが、かつてはそれを取り巻く平坦な土地に八メートルの高さでそびえていた。そこには迷路のように入り組んだ部屋部屋、中庭、それに他の建物などがあった。マウンドにはすぐにそれと分かる入口がないし、階段もない。地表にはマウンドを囲んで二メートルの壁があった。土塁や、とりわけその頂上へのアクセスは非常に制限されていたようだ。マウンドの上の部屋部屋が何に使われていたのかは不明だ。部屋の中には二階作りになっているものもあるが、他の多くは天井が高い。部屋で発掘された鉱物や塗料などの遺物から類推されるのは、この場所で儀式めいたことが行なわれていたことだ。マウンドでもっとも人目を引くのは、そこから見える風景で、今日では規模が小さくなったとはいえ、それでも、非常に平坦な周囲のパノラマはすばらしい。見下ろすと、復元された竪穴住居や日干しれんがができた家々が囲い壁の内側に見える。保存のいい球技場も目に入る。さらに遠くには、フェニックス市の低層オフィスビルや空港も見える。が、ホホカム人が見たのは畑や運河の風景だったろう。そして八〇〇メートル北の方には、少なくとも、ホホカム特有の大きな家とそれを取り囲む集落が見えたことだろう。球技場は周辺に二つある内の一つだが、卵形に窪んでいて、周囲にはゲームを観戦するために、斜めにせり上がった観客席が設けてある。

プエブロ・グランデの集落には、日干しれんがの家々の間に、あるいはその中に墓地があった。埋葬の仕方には一貫性がない。大半は火葬に付されていたが、仰向けやかがみ込んだ姿勢で埋葬されているものもある。中には家の中に埋められているものもあった。マウンドからは一〇体の遺骨が発掘された。埋葬場所にはしばしば副葬品が置かれていたが、個人間の富や地位の差異を証明するものはほとんどない。集落内の配置や建造物には、社会的地位の差異を示す兆候がはっきりと見て取れるが、そのことから類推しても、埋葬の差異の欠如はおそらく驚くべきことなのだろう。

先祖たち――ソノラ沙漠の狩猟採集民

プエブロ・グランデを訪ねることは、ホホカムを知るための第一レッスンとなる。そして第二レッスンは周囲の砂漠へ足を踏み入れることだ。そこはアメリカ南西部のソノラ砂漠の一部で、ホホカムの人々がはじめて運河を掘削しはじめたときと、基本的には同じ風景を見せてくれる。

砂漠は足を踏み入れた当初、信じられないほど厳しい所のように感じられる。とくに私が訪れたときのように、気温が四八度に近づく六月の終わりはなおさらだ。砂漠の年間雨量は二〇センチ以下で、冬の気温は通常氷点下まで下がる。わずかな雨も不規則で、夏と冬の両方に降る。これは連鎖反応を呼び、植物の季節ごとの開花を不定期なものにし、そのために鳥や動物の活動も不規則になる。そしてそれはまた、川の流れや灌漑用の貯水量にも影響を及ぼす。しかしこの暑さにもかかわらず、砂漠を訪ねることは何にも代えがたい喜びをもたらす。そこには生命が満ちあふれていて、砂漠は驚くほど美しい。

植生はおおむね、丈の高いサワロによって占領されている。鳥たちもサワロをつついて穴をあけ、その中に巣を作る。サワロのまわりには数多くの砂漠の植物がある。中にはユッカや、トゲのあるさまざまな形をした小さなサボテンのように、家庭で室内用の鉢植えとしてよく見かけるものもあった。他にもクレオソート、リュウゼツラン、ホホバ、チョヤ、オコティヨなどのエキゾチックな植物が目につく。山の上の方にはジュンパー（セイヨウネズ）、オーク、松の木が生えている。おびただしい数の昆虫が地面や植物の上にいて、その昆虫や植物の種子を食べる鳥、それに齧歯《げっし》動物――ハツカネズミ、ネズミ、ジリス、ウサギ——も見かける。トカゲ、ヘビ、カメの類いも、そしてかつては野生のシカ、レイヨウ、ライオン、コヨーテなどもいた。タカはしばしば急降下しているのを見かけたし、ワシは雲一つなく晴れ渡った青空を滑空していた。

砂漠はかつて何本もの川で横切られていた。川は青々とした緑豊かな回廊を作り出し、数多くの植物や動物に生育の場とすみかを与えていた。このような回廊をちらりとかいま見るためには、今は排水計画が進行しているため、かなり奥の上流へ向かわなくてはならない（写真35）。二〇世紀にダムが建設されるまで、川は魚の豊かな供給源だった。ホホカム人にとって重要な水系は二つ、ジラ川とその主要な支流であるソルト川である。ジラ川はニューメキシコ州西部の山系に源を発したが、ソルト川の水源はアリゾナ州東中央部の山系にあった。二つの川はともに広い流域を持っていて、総計すると一八万六〇〇〇キロに及ぶ地域を流れて行く。

何をいつ探せばよいのか、それを知る者にとって、砂漠の風景は驚くほど多様な食物や素材を提供してくれる。食用の草木に至っては少なくとも二〇〇種はある。(7) それを探すのに必要な知識は今でも、アキメル・オオダム（ピマ族）たちがそのいくぶんかは知っている。が、彼らも今ではわれわれと同じように、スーパーマーケットや店に依存していた。この地方に最初にいたネーティヴ・アメリカンは、いわゆる古アメリカ・インディアンと呼ばれている人々で、時代は少なくとも紀元前八五〇〇年の最終氷河期まで遡る。(8) 彼らは草や木に被われた地形をマンモス、オオナマケモノ、その他の大型動物と分け合って暮らしていた。が、このような動物たちは氷河期の終わりに、おそらくは気候変化のために、その途中で、古アメリカ・インディアンによる槍や落とし穴による攻撃が手助けした可能性もあるが、ともかく絶滅してしまった。

今日、ソノラ沙漠で生息する動植物は、紀元前七〇〇〇年以降の、より温暖な気候の中で進化したものだ。アルカイック時代として知られる期間、砂漠の動植物は砂漠に適応した狩猟採集民によって利用された。おもな野生の食べ物としては、メスキートの莢果《きょうか》、サワロ、ヘッジホッグ・サボテン、オプティアなどの実や芽、アカザ、タンジー・マスタードの種子、その他いろいろなものの根や球根などがある。ウサギはおもなタンパク源だったようだ。タンパク源はまた、ときに猟で殺した大きな獲物によって補われた。さらに砂漠の植物、とりわけ大きなサワロサボテンの内部の「骨格」や、川岸に生えるアシなどは建築材料として使われた。

紀元前一〇〇〇年頃、アルカイック時代の狩猟採集民は小規模ながら農耕をはじめた。そしてメキシコ原産のトウモロコシ、カボチャ、マメなどの家庭用品種を栽培した。砂漠の雨は量が少なく、しかも予測が不可能だ。そんな砂漠の環境の中で行なう農耕は明らかに骨の折れる仕事だった。乾地農業が頼りにするのはもっぱらこの雨である。おそらく畑へ流す水も、目と鼻の先へ流すのが精いっぱいだったろう。氾濫原農業も行なわれたかもしれない。が、これに必要とされるのは、原野を水で満たせるほどの水量の川だ。次の洪水で穀物が水浸しになることを確信して、はじめて氾濫原を耕すことができる。アルカイック時代の集落の中には、このような氾濫原農業にふさわしい、河畔の湿地帯に位置するものもあった。

農業はたしかに栽培植物の発展を促したが、それにより、栽培植物が食用の野生植物に取って代わったというわけではない。むしろそれは野生植物の補完という形を取った。しかし、野生植物と栽培植物の混淆は、変化に富んだ健康食をもたらしただけではなかった。それはまた食料不足のリスクを広げた。つねにそこにあったのは、食料源となりうるものが入手できないという可能性だった。いずれにしても野生の収穫は干ばつや、苗木が鉄砲水で洗い流されるといった出来事で失敗しがちだ。が、それでも、わずか一年の内に食物源がすべて失われるという事態は起こりえなかった。

このように、いわゆるアルカイック時代に砂漠に適応した狩猟者＝採集者＝農民から、ホホカムの文化が出現してきたようだ。が、考古学者の中には、ホホカム人がメソアメリカからやってきた移住者たちだと考える者もいる。(9) 考古学的に言うと、ホホカム文化は独特な赤色をした共通の土器によって正式に定義されていた。土器の分布状況から、この文化の中心はフェニックス盆地にあるとされ、その地域はソルト、ジラ、サン・ペドロ、サンタ・クルスの各河川を含む、六四〇〇平方キロのソノラ沙漠の植生下にあった。これがホホカム文化の中心域だったが、その特徴的な土器は、アリゾナ州の南中央部及び南部の全域に分布していて、八万平方キロに及ぶ地域で発見されている。物質文化のこのような共通性は、言語やさらには宗教観の共通性をも反映しているのではないかと、しばしば考古学者たちは推測している。

この点では、最古のホホカムのコミュニティも、北アメリカにいた先史時代のネーティヴ・アメリカンの生き方に似ていないこともない。ホホカムの人々は竪穴住居に住み、小さな集落をなしていた。生計は狩猟と採集と農耕の入り交じった形で立てた。彼らが使用していたのは弓、矢、輪なわ、落とし穴、網、棍棒などで、おもにウサギを捕らえた。一方で、砂漠の至る所に野生植物を調理する場所をこしらえていた。そこにはあぶり焼き用の穴、すり鉢、石皿（メタテ）などがあった。彼らはまた犬を飼っていた。土器作りや他の工芸品作りにも精を出している。そして、共通のスタイルの工芸品によって自分たちが共有する文化を表現した。近隣のグループ間では若干の交易が行なわれていた。全体として、初期のホホカム人について言えば、それほど特別なところは見つかっていない。が、その後、紀元五〇年頃になると、ホホカム人は他のコミュニティとはまったく違ったことをしはじめる。運河を作りはじめたのである。

運河と灌漑

ホホカム人が運河や灌漑というアイディアを、単独で考え出したのか、それとも運河建設の理由や方法を、彼らが交易していたさらに南のグループから学んだのかどうかは、今なお定かではない。ホホカム人にはじめて刺激を与え、運河の発展を促したものを見つけるために、はるか南のメソアメリカへ目を向けることが、かつては流行の考え方だった。次の章で見るように、メソアメリカには紀元五〇〇年より前に水管理が行なわれた実質的証拠があった。しかし、フェニックスの南わずか一五〇キロのツーソン盆地で、一九九八年に行なわれた考古学的調査では、サン・ペドロ川に隣接したアルカイック時代の農民が、紀元前一二五〇年頃に灌漑用の運河を作りはじめていたことが分かった[10]。現在ラス・カパスとして知られている集落の住人が、ホホカムと同じソノラ沙漠の環境で、トウモロコシ、カボチャ、マメなどを栽培し、同時代のメソアメリカで使用されていたものより、かなり進歩した灌漑用運河を使っていたことも知られている。ラス・カパスとその灌漑システムは紀元前八〇〇年頃には遺棄され、一〇〇〇年紀の間に、フェニックス盆地でホホカム人によって成し遂げられた規模には、けっして発展することがなかった。ホホカム人ははたしてツーソン盆地の農民の末裔なのか、そして彼らから運河による灌漑技術を学んだのか、それとも、ホホカム人自らが独立して考え出したものなのか、それは今も

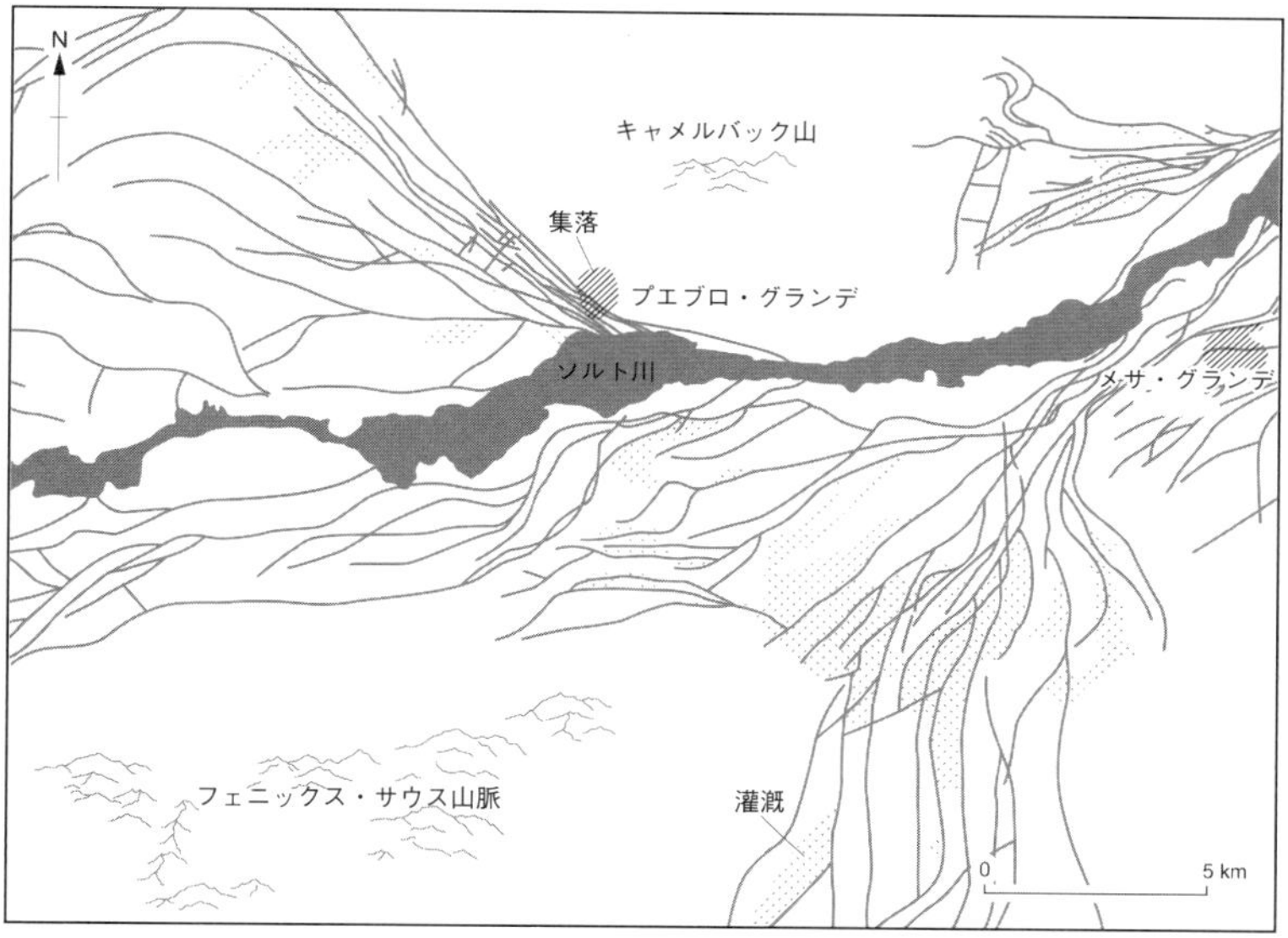

図 9.1　ソルトリバー盆地におけるホホカムの灌漑用運河（フェニックス市の Puebro Grande Museum の地図による）。

不明のままだ。そして、それはもっとも興味深い考古学上の研究課題でもある。

いずれにしても、ホホカム人は延長した溝のようなものにすぎないにせよ、ともかく、泉や川の水を近くの畑に送り込むものを作りはじめたようだ。そして数百年経つか経たずの内に、彼らは非常に長い運河を作り出した。それはジラ川とソルト川から不規則に、何百マイル、おそらくは何千マイルにも伸び、さらに小さな規模でホホカム地方の全域に張り巡らされた（図9・1）[11]。この運河によってホホカム人は、トウモロコシ、カボチャ、マメ、パンプキン、綿などの畑を灌漑して、自分たちも十分に一人立ちのできる農民に変身した。そして、すんでのところで文明へとなりえた文化的発展の火つけ役となったのである。

運河のシステムは一時に作られたものではなく、ばらばらに少しずつ建設された。

そのために考古学者たちは、どの時期でもいいが、はたして一度にどれくらいの数の運河が使われていたのか、それを知ろうと努力している。そこには数多くの主幹運河があり、ソルト川かジラ川、あるいはその主要支流から水を引き入れていた。今はすでに残っていないが、河道には堰が築かれていたようだ。それは川の水位を上げ、運河に水が十分に流れ込むようにして、丸太やソダで作られた取水門へ水を到達させるためだ。ここから運河はより小さな多くの支流運河へと枝分かれする。水流は取水門の開口部か閉口部によってコントロールされた（図9・2）。これらの支流運河が水を畑へ送り込み、さらに小さな横方向の運河（側設運河）を経由して水は土壌へと解き放たれる。

この地方で運河のシステムを建設することは、メソポタミア（3章）のような他の地域にくらべると、いっそう手間のかかる仕事だった。運河は他地域では比較的柔らかな沈泥を掘って作られる。それにすでに主要河川が、堤防によって周囲の土地より自然に高くなっている。そのために水を運河へ流すためには、単に土手を切り開けばよかった。が、ホホカムでは、太陽の熱で乾き切った土を掘り棒、石のつるはし、斧、鍬などを使って掘り進まなくてはならない。またホホカムには、土を掘削したり、掘った土を運ぶのに手助けとなる役畜がいない。さらに彼らには、運河の取水口や支流運河の取水門の傾斜をどうすべきか、という大きな課題もあった。水の流れを速くしすぎないように（それは堤を浸食する原因になる）、逆にあまり遅くしすぎないように（堆積物を残すことになり、運河を浅くする原因になる）、適正な傾きを持たせなければならなかった。

ときには不浸透性の岩盤が運河の底面近くにあったりする。そんなときには結果として、より安定した地表流を得ることができる。浸透しやすい堆積物の上では、水が沈み込んでしまい、表面から水が完全に姿を消してしまうことがあるからだ。このような不浸透性の「岩礁」は川の中で自然に水頭（圧力

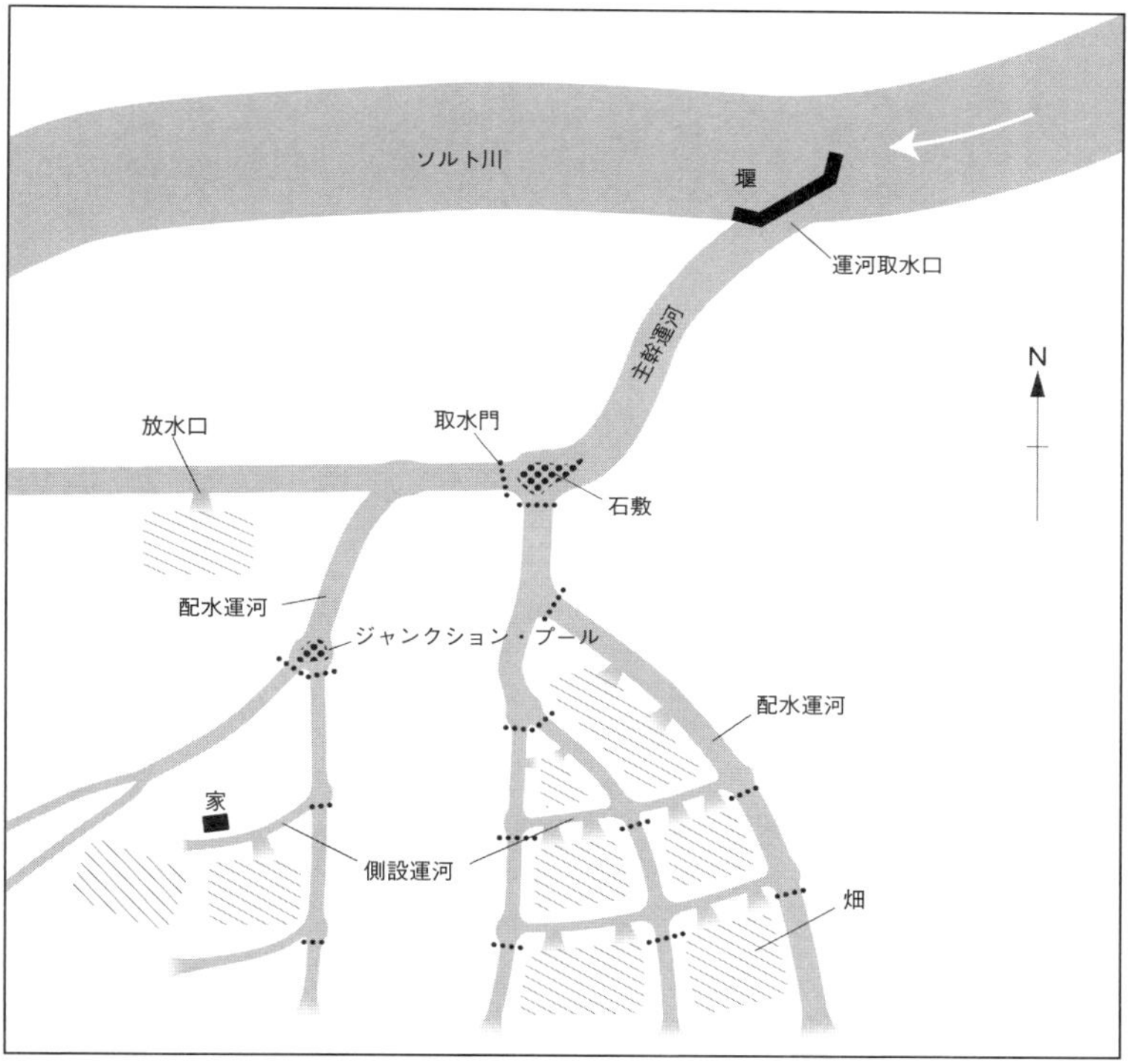

図 9.2　ホホカムの灌漑システムの構成部分（「Masse 1991」より）。

のかかった水一キログラムのエネルギー）を生み出す。したがって岩礁は、水を運河へ、あるいはじかに隣接する畑へとそらす理想的な場所だった。ホホカム人はこんな方法で岩盤を上手に利用した。そしてそれが、彼らの住む集落の位置に影響を及ぼし、岩盤を利用した集落がもっとも実質的な成長を遂げることになった。実際、集落の分布と運河のネットワークは、この土地の地勢変化と非常に密接に関連している。

運河の中にはとりわけ大きなものもあった。幅一五メートル、深さ三メートル、そして堤の高さが三メートルもあり、六メートルもの深さの水を流すことが可能だった。百聞は一見にしかず。今では涸れて乾燥した運河の道を見て、私はその大きさに深い感動を覚えた。それはフェニックス市の郊外、メサ市にある「運河公園」と呼ばれている所で保存されている。しかもホホカムでは、これでほんの中くらいの大きさだという（写真36）。今日、あたり一面何一つ見当たらない平坦な風景の中で、このような運河を歩いてみると、一九世紀はじめにここへやってきた開拓者たちが、運河の跡を見て驚き、ホホカム人の優れた水利上の業績を現状のまま再現したいと思ったのも十分にうなずける。

集落の成長とスネークタウンの発掘

灌漑システムが建設されていく過程で、集落の数は増え、規模は大きくなっていた。それは土着の人口増加とともに、他の場所からホホカム地方へやってきた人々の移動を反映していたにちがいない。この土地に人々が惹かれた理由は、食料の確保が保証されているのと交易の機会の高まりだった。典型的な集落のパターンは村落、村落内の小村落、農場、フィールドハウスなど。これらすべては概して、運河の堤に沿ってまっすぐに並んでいた。村落にはつねに少なくとも一〇〇人ほどがいた。それが少しずつ増加していき、ホホカム時代の終わり頃には、大幅に増えて多人数になった。[12] が、そのどれもが町と呼ばれるまでには至らない。「文明」の定義の中心につねにあったのは都市生活だった。

村落にはいくつか共通の特徴と共通の建物の配置がある。中央の広場のまわりに居住区があり、その中に竪穴住居が並んでいた。共用の地域としてはゴミ処理場、墓地、戸外の作業場、大きな土かまどなど。中央広場の他に、ほとんどの村落には二つの公的な建造物がある。球技場とマウンドだ。

二〇〇以上の球技場が記録に残されている。そのすべてが七五〇年から一二〇〇年の間に作られたものだ。[13] 球技場は長さ三〇メートル、幅一五メートルの楕円形をした窪みで、掘り出した土は周囲に盛り土をして土手とし、内側で行なわれる試合が観戦できる観客席にした。この施設の少なくとも一つの機能が球技用であるのをわれわれが知るのは、陶器製の人形や岩絵で、腕やお尻にパッドをつけた選手が作られたり、描かれたりしているからだ。

球技場はメソアメリカ文化の一要素として、至る所に行き渡っていて、アステカやマヤ文化でも見られる（10章）。メソアメリカの球技場はホホカムのものとは少し形が異なる。トンネルの壁のように側面が垂直で、床は平坦、ときに側壁には石でできた輪がついている。ホホカムの球技場は広く拡散した文化現象の、最北地域の表現なのかもしれない。おそらくそれはメソアメリカに起源を持つものだろうが、あるいはまったく独自に発展したものかもしれない。メソアメリカの球技場で行なわれたゲームについては、われわれも記録で読むことができる。それによるとゲームは、上方と下方の霊界をつなぐ通路の象徴だという。球技をプレーすることが神と交信する手段だった。そしてときには勝者が、自ら名誉の犠牲に供されて終わることもあった。これがすべてホホカム人たちに当てはまるかどうかは分からない。が、球技場という形態が非常によく似ていることは、ホホカム人のイデオロギーの中の、メソアメリカ文化と共通する何らかの要素が、球技場で行なわれる行為によって表現され、再確認されていたことをそれとなく示している。

最初に断面台形のマウンドが現われるのは九〇〇年頃で、はじめて球技場が登場して二、三世紀が経ってからである。もともとはまったく小さなもので、直径が一〇メートル、高さは一メートルに届かないほどだった。中には柱の柵で囲まれていたものもあり、それは近づくことが制限されていたことを示している。またマウンドの上に建物が立っているものもあったし、他には炉床も見られた。しかし、最古のマウンドには人の居住した建物の痕跡がない。おそらくマウンドは本来儀式を行なう場所だったのではないだろうか。

ホホカム人の儀式やコスモロジーに関するわれわれの知識は限られている。が、砂漠の環境、雨の予測の不可能性、灌漑への依存などを考慮に入れると、水が彼らの宗教の主要なテーマだったと考えても、それは驚くべきことではないだろう。したがって、マウンドの上で行なわれた宗教儀式は、洪水と干ばつを避けるために、ひたすら神々の怒りを鎮めることだったのかもしれない。水に関連したイメージは彼らの作る土器のテーマでもあった。(14) 土器には水鳥、魚、ヘビ、カメ、オタマジャクシの形をしたものなどが、彩色して描かれていた。このようなフォルムは岩の表面にも彫りつけられている。またそれは、貝で作られた工芸品の上にも刻まれていて、波形の幾何学的模様に抽象化されていることもある。これらの装飾が象徴的な意味を持ち、ホホカム人の考え方の中で、水が重要な役割を果たしていたことをわれわれは推測すべきだろう。

考古学者の中には装飾の施されていないホホカムの壷について、次のようなことを言う者がいる。きらきらと輝く壷の表面は、粘土にグロッグ（耐熱耐火性材料）として片岩を混ぜて作られているためで、これは水に映る陽光の輝きを再現しようとしたものだ。[15] 片岩がもっとも多くあるのは、ジラ・ビュートと呼ばれる山頂のとがった石の山である。それはホホカム最大の集落スネークタウンから、ほんの数キロ先を流れるジラ川を、上流へ五〇〇フィートほど行った所にあった。

一九三四年から一九三五年にかけて、スネークタウンの発掘作業がはじめて行なわれ、その発掘はホホカム文化の主要な特徴を定義づけるのに役立った。さらに次の発掘が行なわれたのは一九六四年から一九六五年である。作業をしたのは当時の傑出したホホカム学者エミール・「ドク」・ハウリーで、彼は村落の広い領域を掘り返した。[16] 一九八〇年代になると、ホホカム考古学の再分析が北アリゾナ博物館のデイヴィッド・ウィルコックスによって行なわれた。彼はスネークタウンの集落内で空間がどのように使われていたのか、その配置具合をかなり明らかにした。[17] 集落の中央には「何もない」。つまり中央の広場があるだけで、そのまわりに重要な建造物がすべて建てられている。広場は八つの人工のマウンドに囲まれていた。その内の一つにはとがった杭の柵があった。二つのマウンドの頂上はカリーチ――炭酸カルシウムで硬くなった堆積岩――で被われている。環状になった八つのマウンドの内側には、大きな家々、共同墓地、個人の墓所があった。比較的大きな球技場が一つ集落の東部、マウンドの輪の外側にあり、それより小さな球技場がもう一つ西側で見つかっている。マウンドの一つは土器製作の中心になっていたようだ。土器の製作はおそらく、コミュニティや交易、あるいはその両方のために集中的な生産のスタイルを取っていたのだろう。スネークタウンの五〇〇年に及ぶ歴史の中で、そこには最大一〇〇〇ほどの世帯が住んでいたようだ。ウィルコックスは世帯のライフサイクルを一五年と見て、つねにどの時点でもスネークタウンの人口は最大で三〇〇人ほどだったと推測している。

スネークタウンの運河システムは、ジル・ビュートの麓の硬い岩床を利用していた。これは工学上から見ても優れたアイディアだが、それ以上だと考える者もいる。陶器の容器にはすべてに片岩がいくぶんかは組み込まれている。片岩をふんだんに含む山から、文字通り、水が流れ出てくるというアイディアが、ひょっとして陶器の製作から生まれた可能性は皆無だったのだろうか？

干ばつと洪水に立ち向かう

ホホカムでは雨はきわめて予測しがたいし、とぎれとぎれで一様に降らない。これは前にも強調したところだ。灌漑システムは、広い範囲の集水に頼ることによってリスクを軽減できる。したがって、このシステムが利用できるのは降雨だけではなく、地上の水源もまた利用できた。これはたしかにホホカムの灌漑システムについて言えることだが、とは言っても、ホホカムのシステムが、システム内の水量の劇的な変化に影響を受けやすかったのも確かだった。

ホホカム人が直面した課題が、はっきりとした形で残されているすばらしい記録を、われわれは七四〇年から一三七〇年の——これは正確にホホカム文化が拡大し消滅した期間を示している——年輪の中に見ることができる。[18] 年輪の幅が年間の雨量の程度を示しているからだ。そしてそれはまた、近隣の川の流量を計算するのにも利用できる。一九八〇年代、アリゾナ大学年輪研究所のドナルド・グレイビルは、北アリゾナの古代木の年輪を分析し、それによってソルト川の水量を再構成した。彼が言うにはこの年輪を調べることで、ソルト川の本流でもあるジラ川の水量も分かるという。

予想していたことだが、グレイビルは水量にたえず変動があったことを見つけた。彼はまた周期的に巨大な水流――洪水――が起こっていた証拠も見つけた。洪水はおそらく、川に隣接した泥壁の竪穴住居に住む人々に壊滅的な結果をもたらしたことだろう。洪水の時期を正確に知ることが、ホホカム人の発展や最終的な崩壊を知るためには重要だった。年輪を見ると、七九八年から八〇二年の四年間に、ふだんとはまったく異なる洪水が起こっている。おそらく集落は水浸しとなり、堅牢な堰や取水門を除いてすべてのものが洗い流されただろう。川底や堤では沈殿物が浸食され、それが配水運河や側設運河に堆積されていったのだろう。

このような洪水が水系という極小の地形図全体を変えてしまい、灌漑システムの再設計と再構築を要求することになったにちがいない。グレイビルと仲間たちは、洪水による地形の変化が、数シーズンの間ホホカム人から耕作する機会を奪い、彼らに一時的ではあるが野生の食物への依存を高めさせたと言う。おそらくこの依存はさらに大規模な形を取って、一世紀の間繰り返されたのだろう。そして八九九年には、年輪が記録していた六四〇年の間で、もっとも大きな水量が河川に流れた。これがたぶんソルト・ジラ盆地全域に及ぶ洪水を生み出し、結局、それは数シーズンの耕作不能な状態をふたたびもたらしたにちがいない。

それほど苛酷でない洪水はホホカム文化の時代を通じていくつか記録されている。が、次にもっとも人目を引く出来事は一三二二年から一三五九年の間に起こっていた。それは劇的なまでに低い水量の年月だ。ここで推測されるのは灌漑システム内の水不足、とりわけ配水運河の末端にいた人々にとっての水不足である。が、事実上の干ばつと言ってもよい三八年の期間中に、洪水の年が一年挟まっている。

それが一三五六年。さらに年輪の証拠が示しているのは、一三八〇年、一三八一年、一三八二年と連続して大きな洪水が起こっていることだ。

灌漑システムというものはおしなべて、洪水と干ばつの挑戦を受ける。ホホカム人は、建築上の多くの工夫と努力をしたにもかかわらず、いくつか重要な要素を単純に見落としていた。そのためにとりわけ洪水や干ばつの影響を受けやすかったようだ。たとえば、そこには河川の大きな水量を食い止めたり、あるいは干ばつ時に水を貯えることのできる、頑丈なダムを建設した形跡がまったくない。また、畑から水を排水した水路の痕跡もない。水浸しになった畑から洪水の水を取り除くことができなかったために、ホホカム人は農作物から遠ざかったばかりでなく、土壌の生産力を低下させる塩分を、土の中に蓄積させるリスクを犯すことになった——それはかつてシュメール人の陥った運命でもある（3章）。

一四世紀の干ばつと洪水がホホカム人に及ぼした影響については、このあとで検討するつもりだ。ここではひとまずわれわれは、九世紀に記録されている、従来の雨量の変動と洪水という脈絡の中で、灌漑システムがどのように計画、建設、維持され、そしてしばしば修理されていったのかを考える必要がある。

集権的計画、あるいは非公式な協力はあったのか？

序章で説明したように、灌漑システム構築のためには権力の集中的な管理を必要としたかどうか、という問題は今なお継続されている論争の一つだ。それはウィットフォーゲルが、一九五七年に発表した大作『Oriental Despotism』で提案していたところだ。ホホカムについては、この意見を支持する直接的な証拠はない。運河システムがはじめて構築され、そのあとで引き続いて修理されたときにも、そこに支配的エリートが介在した痕跡をわれわれは手にしていない。一二〇〇年以降に上層エリートが存在したことは証明されている。この年が考古学者たちの言う、いわゆる「古典ホホカム時代」のスタートだった。そして、この時代を特徴づけているのが「大きな家《ビッグハウス》」の出現である。

一二〇〇年以前は、他の者より目立って大きな家や、人目を引くほど突出した家はなかった。墓地もとりわけ豊かな副葬品を持つものはない。また、見るからに権力を手にした人物を描いた岩面彫刻も見当たらない。手短かに言うと、正規の指導的地位がそこにはなかったということだ。しかしそれは、「自然発生的な」指導者たち、つまり、自らの業績のおかげで高い地位を得た人々がいなかったと言うわけではない。この種の人々はあらゆる社会にいる。それはたとえ平等主義者と言われた狩猟採集民の中にもいた。が、指導的な地位は継承されることがなかった。それは日々の生活の中で得られた地位だったからだ。

それぞれのコミュニティには、正規の首長がいなかったようだが、それと同じで、どの集落にも他の者に権力をふるう者がいた証拠はない。集落はたがいに五キロほどの間隔で、主要運河や配水運河沿いに、等分に場所を分け合っていた。それぞれの小さなコミュニティは、自分たちの領分の運河を建設したり、畑の取り分を耕したりした。

たとえ全体を指揮する者がいなくても、そこにはコミュニティ同士、コミュニティ内の家族同士の間で、運河システムの計画、建設、維持について、幅広い協力があったにちがいない。主要運河の開削にはかなりの労働力を必要としただろう。それは一つの村落が提供できる労働力でまかなえる仕事ではない。配水運河の末端にいる人々が水の分配を確実に受けることができるように、取水門から取り入れる水の量の制御についても取り決めが必要とされただろう。「灌漑コミュニティ」は考古学者たちの間で使われている言葉で、主要運河を共有するコミュニティ間の協力の必要性を表現している。それなら、この協力はどのようにして成し遂げられたのだろう?

球技場、交易、祝宴

ここでひとまずわれわれは球技場へともどることにしよう。これは自信をもって言えるのだが、ゲーム――あるいはこの建造物の中で行なわれる、他のどのようなグループの活動でもいい――をプレーすることは、隣り同士のコミュニティがいっしょになる機会を作り出した。村落同士で行なわれるリーグ戦を想像することは魅力的だ。それはサッカーのプレミア・リーグや野球のメジャー・リーグのようなものだったろう。が、これが球技場で行なわれたすべてだとする証拠はない。現代ともっとも類似したものを探すとなると、それは球技をする機会が同時に、取引の機会でもあったということのようだ。取引とは交換やディスカッション、それに運河システムの設計、建設、維持に関する計画のようなものを指している。

私は思うのだが、ホホカムの灌漑に必要な協力は、このような球技のために人々が集まったとき、あるいは少なくとも球技の前かあとに催された宴の場で、提案された程度のものだったのではないだろうか。そしてこれこそが、七九八年から八〇〇年にかけて起こった破壊的な洪水の直後に、球技場の普及が、これまでにないほど広い範囲に及んでいた理由を説明するものかもしれない。洪水で打撃を受けた灌漑システムの再設計や修復に、いちだんと高いレベルの協力が要求されたにちがいないからだ。

ゲームは交易を行なう機会だったのかもしれない。ホホカムのコミュニティ間だけではなく、さらに遠くまで、広い範囲で交易や交換が行なわれたことをわれわれは知っている。[19] 銅製のベルが二、三のホホカム遺跡で見つかっている。それは服に縫いつけたり、紐で垂らす程度の大きさのものでメキシコ産だった。金属加工をホホカム人は自分で行なうことも、技術を導入することもしなかった。二〇〇個ほどの銅製のベルが回収されているが、その内の二八個はスネークタウンにあった一つの墓から出土したもので、おそらく二八個をひとつなぎにし、ネックレスとして使われたのだろう。

ステータス・バリューという点では、銅製のベルは砂岩で裏打ちされた黄鉄鉱製の鏡に匹敵する。この鏡もまたメソアメリカからやってきた。さらに同様の価値を持つものとしては、ホホカムの集落でその骨が見つかっているオウムやコンゴウインコがある。が、この鳥たちはホホカム地方の原産だったかもしれない。もし遠くからきたものだとしたら、それが生きたままやってきたのか、死んだ標本としてきたのかわれわれには分からない。が、推測できるのは、色鮮やかな羽根を記念行事や儀式で使用するために、鳥たちが求められたということだ。このような品々はホホカムのグループの間に行き渡り、それといっしょに灌漑システムに関する議論もまた、人から人へと伝えられた可能性がある。

ホホカム人はカリフォルニア湾や太平洋岸でとれた貝を手に入れた。未加工の原材料のまま、あるいは宝飾類やブレスレット、腕章などの加工品として。交易品の中には黒曜石、黄鉄鉱、ステアタイト(凍石)などの宝石類もあった。ホホカムの遺跡には外国の土器類が多く見られる。これも土器そのものが持ち込まれたり、考えられるのは土器に食料品や飲み物を入れて取引されたことだ。このような材料は遠方との交易を証明するものだが、ホホカムの村落内、あるいは村落間で取引された品物もかなりあったにちがいない。その取引の多くはおそらく球技場でイベントとして行なわれたものだろう。

取引の大きな部分を占めたのは傷みやすい品物だったろう。歴史の記録によると、ソノラ沙漠のネーティヴ・アメリカンはこの種の品物について、非常に多種類の取引をしていたという。その中に含まれていたのは、サボテンの種子とシロップ、リュウゼツランのケーキと繊維、野生のゴード、胡椒、ドングリ、干し肉、皮、顔料、塩などである。われわれはホホカム人もまた、ネーティヴ・アメリカンと同じことをしていたと推測せざるをえない。腐食しない実利的な品物、たとえば土器や石製の植物加工用道具、手回しひき臼の上臼、石皿などは専門的な生産拠点で作られていたようだ。

もちろん交易と言ってもそれは包括的な言葉で、そこにはさまざまなタイプの交換のプロセスがあったようだ。とくに多くの異なった素材が含まれているときにはなおさらだ。交易を特徴づける一つの方法として、三つの「交換の領分」について考えることができる。「高級の領分」は村落のリーダーたちのために用意された一流品に集中している。この品々はおそらく宴の席で交換されたのだろう。二番目は「社会生活の領分」。ここには貝の装飾品、籠、布地、土器など、社会関係を揺るぎないものにするための品々で、たぶん結婚やその他、社交の場という脈絡の中で交換されたものだろう。三番目は「実用の領分」。食料、原材料、用具などで、市場や見本市で交換されたものかもしれない。品物のあとにつき従って、それぞれの領分を巡回していたのは、灌漑システムの建設や維持についての発案、提案、計画、取り決めなどだったにちがいない。

高級品の交換にはおそらく祝宴がつきものだったろう。ジラ川の近くにあったグレーヴェの集落では、多数の土かまどが球技場の近くで見つかっている。それはサッカー場や野球場で見かける、ファーストフード会場のホホカム版のようなものだった、と考えることができるかもしれない。が、しかし、それにもましてよりふさわしいのは、著名人たちのために貴賓席で用意された仰々しい昼食だ。グレーヴェでもっとも大きくて、もっとも裕福な家々があるのもやはり土かまどや球技場の近くだった。

そんなわけで宴は、富裕な人々が客人たちに自分たちの村落を印象づけ、そうすることで、必要なときに求められる相互義務を築き上げる、もっともふさわしい機会だったのである。私の推測はこうだ。つまり品物が交換され、すべての人々にとって利益となる、運河システムの新しい計画、建設、修復について、その取り決めが行なわれたのはこのような宴の場だったと思う。実際、交易はあらゆる分野において、八〇〇年から一一〇〇年の間に最大の規模に達していた。これはちょうど壊滅的な洪水のあった直後で、灌漑システムが再建を必要とした時期だった。コミュニティの協力が何にもまして重要だったのである。

古典期の文化的変質

ホホカム世界で変質が生じたのは一二〇〇年頃だった。それがもっとも顕著だったのは、ソルト・ジラ盆地にあった村落内の灌漑コミュニティである。球技場は使われなくなり、交易の範囲も量も劇的に減少した。交易がおもに球技との関連で行なわれていたとしたら、これはさして驚くべきことではない。[20] 集落にもまた大きな変化があり、スネークタウンは打ち捨てられた。そこはなお灌漑には非常に適した場所だったのだが、それでも人々がふたたびその土地にもどることはなかった。ジラ川の反対側にあったグレーヴェもまた徐々に遺棄された。人々は数キロ離れた、われわれが今日カサ・グランデとして知る新しい集落へと移動したようだ。名前が示しているように、そこでは新しいタイプの建物——大きな家《ビッグハウス》——が作られていた。この集落にあった球技場はホホカム人によって建設された最後のものとして知られている。

ほぼ一〇〇〇年近く、焦げつくような南西部の太陽の下にさらされていたあとでも、カサ・グランデの「大きな家」は、今なおソノラ砂漠に巨大な姿で立っている（写真37）[21]。何枚も重ねた日干しれんがと木の支柱だけで作られた四階建ての建物は、いくつかの部屋に分かれていた。部屋はアクセス通路や天井にあけられた出入り口でつながっている。一階には泥がいっぱい詰まっていたが、四階は一つの部屋として使われていたようだ。

概してカサ・グランデから、中でもビッグハウスからはジラ川沿いにすばらしい眺めが一望できる。それはスネークタウンやグレーヴェにくらべてはるかに眺望がきく。ここでわれわれがどうしても推測してしまうのは、カサ・グランデの人々、あるいは少なくともこの土地のもっとも有力な家族が、なぜここへ移転してきたのかという点だ。それはジラ川一帯で起こる出来事を監視する、つまり支配するのにこの場所が都合がよかったからである。

カサ・グランデが最初に「発見」されたのは一六九四年で、発見者はイタリアのイエズス会宣教師エウセビオ・フランチスコ・キノ師だった。彼はビッグハウスを自分も含めて、ソノラ沙漠を横切る初期の旅行者たちの目印として使った。彼はまた大ぜいの人々を土壁の中へと案内し、そうすることでこの家を西洋文化の一部として聖別した。一九世紀半ば過ぎにユニオン・パシフィック鉄道が開通すると、さらに大ぜいの人々がビッグハウスを訪れるようになる。そのためにこの家は、旅行者やレジャー・ハンターたちから受けた損傷に苦しんだ。一八九二年、カサ・グランデはアメリカでもっとも早く国定記念物に指定された。が、これがさらに旅行者を呼び、ビッグハウスの中で史劇にもとづく劇が行なわれるような事態に立ち至った。一九二六年から一九三〇年までに一万三〇〇〇人の人々がホホカムの遺跡群を訪れた。今日、カサ・グランデは、一九三二年に作られた象徴的な覆い――これが建物を守っている――のおかげで、ハイウェイ八七号線からでもはっきりと見て取ることができる。そしてそれは今では、すばらしい博物館と考古学公園の一部をなしている。

ビッグハウスはまた一二〇〇年以降、他の場所でも建設された。とくにプエブロ・グランデで。他にも巨大な建造物で変化が起きていた。その建造物とはマウンドのことで、文字通りその高さが変化した。小さなマウンドが長い間、ホホカムの村落のおもな特徴をなしていた。それは宗教的な活動の場として、コミュニティの全メンバーがホホカムの神々と交流できる場所とされてきた。が、一二〇〇年頃からは、同じように石壁を持つてはいたが、マウンドの形は長方形へと大幅に変化した。そしてそののち、周囲に壁を張り巡らせたために、マウンドは囲いのあるスペースの中に位置することになった。マウンドの上には建造物が建てられた。おそらくそれは普通の住まいだったろう。が、それはまた埋葬の場所にもなった。家々はまた囲い壁の内部にも建てられた。これが裏付けているのは、囲い壁で囲まれたこの集落が集合住居だったという見方である。

囲い壁で囲まれた家々の建設は、古典期のホホカム集落の一般的な特徴だった。この形が初期集落の竪穴住居の塊に取って代わった。新しい囲い壁に囲まれたグループは、それぞれのグループ間の距離が、竪穴住居の塊にくらべてより離れている。これはおそらく社会的な距離がより大きくなったことの反映だったろう。たがいの集落の中にはそれぞれ一つだけマウンドを持つグループがあった。それは明らかに、そこに住むグループが他にくらべてより高い地位を占めていたことを示している。彼らは巨大な建造物によって地位の高さを表わし、それを維持していた。球技場と同じで、マウンドの構築には大きな労働力を必要とする。それはマウンドを占領するグループだけでは、とてもまかなうことのできないほどのものだった。

このような労働力ははたしてどのようにして調達されたのか、それについては今なお不明だ。が、そこには念頭に置いておかなければならない点が二つある。第一点。概して球技場ははっきりとコミュニティのためにあったように思える。球技はそれに自由にアクセスする、あらゆるグループの人々の心に十中八九アピールするからだ。それに対して、マウンドやビッグハウスはただ一つの社会集団――囲い壁の中に住む人々――の直接的な利益だけのために存在していたように思う。グループ以外の人々はマウンドへ近づくこともできないし、そこで何が起きているのか、うかがうことすらできなかっただろう。第二点。古典期の巨大なマウンドは、それより前にあった小さなマウンドから発展したものだった。以前存在したマウンドは、儀式的な活動のための場所として使われていた。一つの解釈として次のように考えることができる。高い地位を得た社会集団が、彼らの身をマウンドの上に置くことで、今では自分たちだけが、ホホカムの神々に直接アクセスできると主張する。したがって彼らは、自分たちの地位を正当化するために宗教を使っていた。神々とのさらに大きな交流の仲立ちをするために、聖なる権限が自分たちにあると主張しているのである。

このような仲介は天文現象が現われたときに、儀式として行なわれたのかもしれない。天文現象を予言し、経験して、それを知らせることができるのは彼らだけだった。カサ・グランデには壁に小さな穴がいくつかあけられている。それは春分秋分時の日の出、夏至の日の入り、それに月の観測などのときに使われたものだ。ソルト川のほとりのプエブロ・グランデでは、マウンド上のある部屋がとりわけ天文学的意義を持つことで有名だった。「夏至の部屋」には二つの出入り口がある。一年の内でもっとも日の長い夏至の日だけに、太陽の光線がそこを通り抜ける。ソルト川の南にあるメサ・グランデのマウンドには、同じような方法で冬至の到来を示す部屋があった。

要約すると、一二〇〇年以降にわれわれが見たものは、ホホカムの集落や社会で起こった数多くの、相互に関連のある変化だった——集落の遺棄、他の集落の成長、竪穴住居の塊がさらに大きな、さらに間隔の空いた共同住居に取って代わられたこと、ビッグハウスの建設、誰もがアクセスできる儀式の場だったマウンドが、コミュニティ内の単一社会集団に支配された巨大建造物へと変質したこと。

管理への試み、あるいは権力の掌握?

変化がどのようなものであったにしろ、それが灌漑システムの直面していた課題と、まったく関係がなかったと想像するのは難しい。年輪の記録はこうした変化が起きた時期に、取り立てて劇的な現象——洪水や干ばつ——を記録していない。が、そこにはつねに持続して雨量の変動があった。変化をしていたのは人口である。大幅に増加した人々が必要としたのは、生産力の強化や、耕作地と灌漑システムの範囲拡大による食物の供給だった。さらに、交易のネットワークが拡張したために、工芸品の生産の継続はもちろん、おそらくは交易のために、つまり宴に供給するためにも、食料の余剰が必要とされただろう。

何人かの個人が、あるいは一族が支配権を握る機会を持ったのは、このように灌漑システムが切迫した状況においてだった。彼らはマウンドの上に住み、それからというもの、神々を利用することで自らの地位を正当化した。彼らの動機については、寛容な見方をすることもできるし、冷めた見方をすることもできる。

一方の見方では、灌漑システムを管理することが非常に難しくなったために、球技場で行なわれるざっくばらんな討論のフォーラムでは、もはや対応しきれなくなったと想像することができる。誰かが全体の指揮を取らなくてはならない。が、それは非常にたやすいことだったのである。というのも、ソルト・ジラ盆地の地勢はきわめて低地で平坦だったからだ。数メートルほど高い所に上れば、つまりマウンドの上やビッグハウスの最上階に立てば、主要な運河の分岐合流点を一望の下に見渡すことができるし、畑の中で行なわれていることを観察するのも可能だった。したがって、灌漑の水をどこに放てばよいのか、あるいはどこで水を必要としているのかについて、すばやい決断を下すことができた。とりわけ彼らは、そうする権限を神々から授かっていると主張していたわけだから、なおさらである。しかも、このお膳立てはすべての人々の利益となる。人々にとって、マウンドの上やビッグハウスにいて、自らリーダーだと名乗る者を大目に見ること、そしてどんな貢ぎ物でも要求されればそれを与えることが、水量がなお変動する中で、灌漑システムを目いっぱいフル回転で維持できる道だったのかもしれない。

これとは違った見方もできる。一二〇〇年頃は灌漑システムもきわめて順調に機能していた。そのために食物の余剰も生じていた。指導者に必須の性向と能力を持った個人や一族は、この状況を利用して、自らの地位を強化するために権力基盤を確保した。ビッグハウスやマウンドの中に安全に身を置くことで、彼らは他の家族集団やコミュニティへと流れる水を、自分たちの意のままにコントロールすることができた。そして、その見返りとして貢ぎ物を要求した。このことが彼ら自身の村落、つまり、概して灌漑コミュニティにとって利益になるかどうかなど、彼らにとってまったく重大なことではなかった。彼らの権力欲は今や灌漑システムや、彼らの生み出した食料を利用することで満たすことができるからだ。そこでふたたび、次のような疑問が生じるかもしれない。灌漑にあずかった農民たちは、なぜリーダーたちに使用料を払ったり、貢ぎ物を与えることに同意したのだろう？　理由は簡単だ。農民たちには他に選択の余地がなかったからだ。彼らは運河と畑に縛りつけられていた。そのためにそこを離れるわけにはいかなかった。新たに出現した上流階級の者たちにとって、彼らは絶好のカモだったのである。

二つの考古学上の証拠によって、私の考えは二つ目の見方に傾いている。最初の証拠は、マウンドに多くの貯蔵部屋があったことだ。その数はマウンドのない囲い壁のグループ内で見られる貯蔵室にくらべてはるかに多い。これが示しているのは、食料の余剰分がそこに貯蔵されていて、マウンドの住人が誰であれ、ともかくそれが住人の管理下にあったことだ。第二の証拠は古典期になると、ソルト・ジラ盆地の周辺に、要塞化されて防備の施された丘上の遺跡が数多く出現したことだ[22]。それはホホカム社会で闘争と支配の度合いが高まってきたことを示していた。

「いなくなった人々」？

マウンドやビッグハウスに居住した人々の動機がどのようなものであったにしても、ホホカムの古典期は比較的短命だった。プエブロ・グランデ、カサ・グランデ、それに他の中心地も建築上、文化上の複雑度がピークに達したのは一〇〇年ほどの間で、そのあとではいずれの土地も遺棄された。そしてホホカムは事実上消失した。

姿を消した理由としてもっとも考えられるのは、一四世紀の劇的な環境の変化だ。一三二二年から一三五五年の干ばつ、一三五六年の大洪水、そして一三八〇年から一三八二年のさらなる洪水。どのような新しい管理のレベルが実現されたにしろ、かなりの人口を支えなくてはならないこの時期に、環境の変化に対して、灌漑システムが立ち直る力を持てなかったということだ。そのために干ばつや洪水はふたたび、取水門や堰を押し流し、運河の川床を浸食して沈殿物を堆積させた。そして川の流域の極小な地形図を根本的に変えた。

それではなぜホホカム人は、これまで七九八年から八〇二年の洪水や、八九九年の洪水のあとにしたように、再スタートを切ることができなかったのだろう？　理由として一つ挙げられるのは、もし新しいリーダーたちが、支配する権限を神から付与されたと主張するのなら、彼らが干ばつと洪水を防ぐことができなかった時点で、その権限もまた洗い流されてしまったからだ。そのあとに残ったものは、システムの計画や管理をする指導者を失ったホホカムの人々だったろう。ホホカム人たちの周囲には、もはや以前、必要な計画を社会的活動へと移行させることのできた球技場のシステムや、交易のネットワークはなかったのである。

ソルト川とジル川のシステムの中で、ホホカム人が再スタートを切ることのできる機会はそれほど多くなかった。このことも真実だったかもしれない。これはさらに単純に、取水門を建設するのに都合のいい場所がなかった、ということだったのかもしれない。また、一〇〇〇年に及ぶ集約農業が違った形で被害をもたらしていたのかもしれない。十分な排水路もなしに、何度も繰り返された灌漑が土壌に塩分を堆積させ、そのために土壌は肥沃さを失ったのかもしれない。あるいはそこにあったのは、おそらく単なる文化疲労だったのだろう。

ホホカム人に何が起きたのだろう？ もっとも妥当な推測は、彼らが単に文化の規模を縮小したということかもしれない。乾地農業、狩猟、それに採集といった生活スタイル、それはホホカム文化の崩壊に先立つこと一〇〇〇年以上前に、彼らがはじめたスタイルだったが、結局はそれにもどったということだ。実際一七世紀にスペイン人の宣教師たちが、そしてそのあとで、一九世紀に最初のヨーロッパ人開拓者たちがやってきて、はじめて遭遇したネーティヴ・アメリカンは、十中八九、ビッグハウス、マウンド、球技場を建造し、先史時代に北アメリカ最大の灌漑システムを構築した人々の直系子孫だったにちがいない。ホホカム人はけしてどこかへ消えて、いなくなってしまったわけではなかったのである。

原点に立ち返って

エアコンの効いた飛行機が、うだるような暑さのスカイハーバー空港を飛び立って、フェニックス市とソノラ沙漠の上空にさしかかったとき、私の目にとまったのは涸れたソルト川ではなかった。その代わりとしてあったのは、フェニックス郊外のテンピ・タウン・レイクのきらきらと輝く長方形の水だった。それは長さ二マイルに及ぶ人工湖である。一九九九年にテンピの市民たちの手により、堂々と完成されたものだ。洪水制御プロジェクトの一環として行なわれたもので、これがなければ、そこは水の涸れた川床にすぎなかった。プロジェクトは少なくとも、ソルト川の一部に昔の輝きを取りもどさせ、本来の自然の環境を再現し、マリーナ、サイクリングとハイキングの道、子供たちには水遊び場を提供した。

しかし、これは不規則に広がる広大な都市の中では、ほんの小さなきらめきにしかすぎない。フェニックス市の人口はとどまることなく増え続けている。エアコンを効かせた家庭や職場のための電気需要、そして灌漑用や、人々の渇きを癒すための水の需要も同じように増え続ける。ホホカム人たちはこの乾き切った沙漠の中で一〇〇〇年の間生き延びた。ジャック・スウィリングや一九世紀の開拓者たちが、ホホカム人の打ち捨てた運河を見つけてから、まだ二〇〇年しか経っていない。古代世界を巡る旅で、次の目的地に向かおうとしていた私には、現在のソルト・ジラ川流域の人口が、ホホカム人たちの成し遂げた仕事にマッチしているとはとても思えなかった。

10 「睡蓮の怪物」の生と死

――水、そしてマヤ文明の興亡（紀元前二〇〇〇年－紀元一〇〇〇年）

中国の大禹は洪水を制御するために働き、足の爪が剥がれ落ちてしまったが（7章）、古代の水管理を理解しようとすれば同じような努力が必要だ。その努力は、私がこの本を書くために覚悟していた量をはるかに凌ぐものだった。そんな犠牲を払って、大禹の志を継いだのが考古学者のレイ・T・マセニーである。マセニーは人生の大半を、メキシコのユカタン半島にあったマヤの都市エズナの研究に費やした。中央の広場を囲む壮大な神殿群、それに数千人の人口を擁したエズナが、文化の最盛期を迎えたのは七五〇年頃である。エズナでマセニーが仕事をはじめたのは一九六〇年代のはじめだったが、やがて彼は、エズナが輸送や灌漑や飲料水についてはもっぱら運河に頼っていたのではないかと考えはじめた。マセニーのマヤ文明に対する見方は、ちょうどベルナール・フィリップ・グロリエがアンコールに対して抱いていた考えに対比できる。二人は同時代人だったが、たがいに知ることはなかった。しかし、二つの熱帯雨林文明の興亡に水管理が深く関わっていたことを、はじめて正しく理解したのはこの二人である。(1)

乾季――季節ごとに非常に異なった様相を見せるユカタン地方の熱帯雨林で、仕事をするにはもっとも心地のよい時期だ――に発掘作業をしていたマセニーは、水が遺跡を巡って流れる様子が、地上の発掘では理解できないと気がついた。好奇心に駆られた彼は、鬱蒼とした熱帯雨林の上に自家用機を飛ばし、植生の差異――そこに地上の水の特徴が示されていると彼は思った――を調べて地図を作ろうとした。そのために彼は間に合わせの飛行場を作った。また、自分が発見したことをもとに、さらにシステムを知るためには、雨季に仕事をしなければならないと判断した。(2) それは従来のマヤ考古学者にはとても考えられないアイディアだった。

一九七一年から一九七四年の間、フィールド・ワークのシーズン中の大半を費やして、マセニーは水浸しの溝の中に立ちながら地図に記入する作業に従事した。それはマヤ文明の中でも、もっとも精緻な運河や貯水池のシステムと判明したものを書き入れる作業だった。足の爪を剥がすくらいは、悩みの中でも最小のものだったかもしれない。彼が取り囲まれていたのは蚊の群れた沼地で、そこにはきまって毒蛇のいる溝があった。さらに注意しなければならないのは、うようよいるミツバチだ。が、当時八六歳のマセニーはひるむことのない器量の持ち主だった。彼がまだ考古学上の業績を残す前の、比較的おとなしかった時代の話だが、一九四四年に彼は、燃え上がるB‐17爆撃機からパラシュートで降下したことがある。それより以前には――わずか五歳のときだ――、祖母が複葉機のオープン・コックピットから身を乗り出して、エンジンの修理をしていたとき、マセニーは祖母の膝にしがみついていたという。

エズナを訪ねている間中、マセニーのエピソードがことごとく私を恥じ入らせた。私はと言えば、ばかでかいブーツを履いて、マセニーが発見し今では運河の草に被われた溝を見つけようと、神殿のまわりに広がる森林の端に、恐る恐る足を踏み入れただけなのである。そしてわずかな蚊にもいらいらとして、森林の下生えの中で何かが動くと、びっくりして早々にその場を立ち去った。振り返ってみると、それは地面を足でひっかきながら、のそのそと歩いていたただのイグアナだった。

溝を見て、エズナの注目すべき文化的な偉業を改めて評価し、判断する必要など私にはなかった(3)。私は都市の支配者たち——彼らはクフル・アハウ（聖なる王たち）として知られている——の刻まれた像を綿密に調査して、大アクロポリスの階段を昇り、球技場を訪れた。さらに中央広場では立ちすくんで動けなくなってしまった。カンボジアのアンコールのときのように、私は熱帯雨林文明の人工の山に囲まれていたのである（写真38、39）。

マヤ文明の興亡

マヤ文明は二五〇〇年から九〇〇〇年の間——古典期——に最盛期を迎えた。そしてその時期、メキシコとベリーズの南、ユカタン半島の熱帯雨林に被われた低地と、それより南、現在のグアテマラ、ホンジュラス、エルサルバドルなど太平洋岸沿いの高地に、王国のネットワークを形作っていた(4)。そして文明がこの上ない雄大さに達したのが、ユカタンの中央低地においてだった（図10・1）。

文明の発生についてははっきりとしたことが分からない。明確なマヤの特徴を持つもっとも早い時期の集落は、太平洋岸の高地とユカタン半島の低地の両方で知られている。高地の遺跡としてはカミナリフユ遺跡が有名。紀元前八〇〇年頃に起源を持つ。低地との翡翠や黒曜石による交易を支配することで、カミナリフユは富と力を得た(5)。低地ではクエロという田園にある小さな遺跡が知られているが、それは紀元前一二〇〇年頃のものとされる。ここでは木造の軸組に草葺きの屋根を持つ家々が中庭を囲んでいた。紀元前九〇〇年頃に作られた墓には、選ばれた個人と思われる者たちが陶器製の器とともに葬られていた。これが示しているのは、すでに社会的エリートが確立されていたことだ。(6) クエロ遺跡はかつて、その起源を紀元前二〇〇〇年まで遡ると言われていた。が、このあまりに早い年代は、今では信頼できないものとされている。低地ではっきりマヤ文明と特定される遺跡は、おそらくはるかに時代の新しいものだろう。われわれの知るところでは、紀元前六〇〇年頃に、ナクベやエル・ミラドールのようなマヤのセンター(都市)が、ピラミッド、神殿、広場などを含む巨大な建造物をともなって低地に創建された。紀元二五〇年頃までには、低地全体に数多くの王国が作られ、ティカル、カラコル、カラクムル、エズナなどの巨大で堂々とした、政治上、儀式上のセンターが出現した。

このようなセンターには、畏怖の念を抱かせるような大きな記念建造物の密集した塊があった。神殿は階段式ピラミッドの頂上に建てられていて、熱帯雨林の林冠の上にそびえている。そしてその窓は、天のイベントに向けて位置合わせがされていた。宮殿は聖なる王たちの住まいで、内部には部屋と中庭があった。聖なる王たちは政治的な権威とイデオロギー上の権威を合わせ持つ支配者だった。宮殿の中には大きくて多層をなすものもあり、そのためにわれわれはそれをアクロポリスと呼んでいる。他のモニュメントとして重要なものに球技場があった。ホホカムにあったものとは違って、規模も大きく、配置の具合も異なっている。マヤで行なわれたゲームでは、ゴム製か石でできた球が使われた。後古典期の球技場には、コート脇の斜めの壁に石でできた輪があって、そこに球を通した(写真39)。後古典期の遺跡チチェン・イッツァの球技場には石のレリーフがあり、そこではゲームの選手と思しい人物——おそらく敗者だろう——が描かれている。儀式で供犠された様子で、首はもう一人の選手の手にあり、切断されたその首からは血がほとばしり出ていた。血がヘビのように見える。勝者と思われる者のもう一方の手にはナイフが握られていた[7]。

ピラミッド、宮殿、球技場が、それぞれの王国を支配する聖なる王たちに与えたものは、権力の表現と権力の源だった。王たちは自らの権力を神の威を借りて主張した。そしてそれを使い、膨大な労働力を駆り集めて、神殿、宮殿、ピラミッドを建設した。石碑《ステラ》――垂直に立っている一枚岩――には、精緻な身の回りの品に囲まれた聖なる王たちの姿が彫られている。そしてそこには、彼らの名前、統治期間、軍事征服――王国はたがいにしばしば戦争状態に陥った――などについて、われわれに語りかける象形文字も書かれていた。

神殿、広場、球技場は公の儀式や祭式を執り行なう場所だった。聖なる王たちが神々を喜ばせ、祖先の人々を崇めるために行なう儀式には、何千もの人々が集まったことだろう。王たちはこうして、

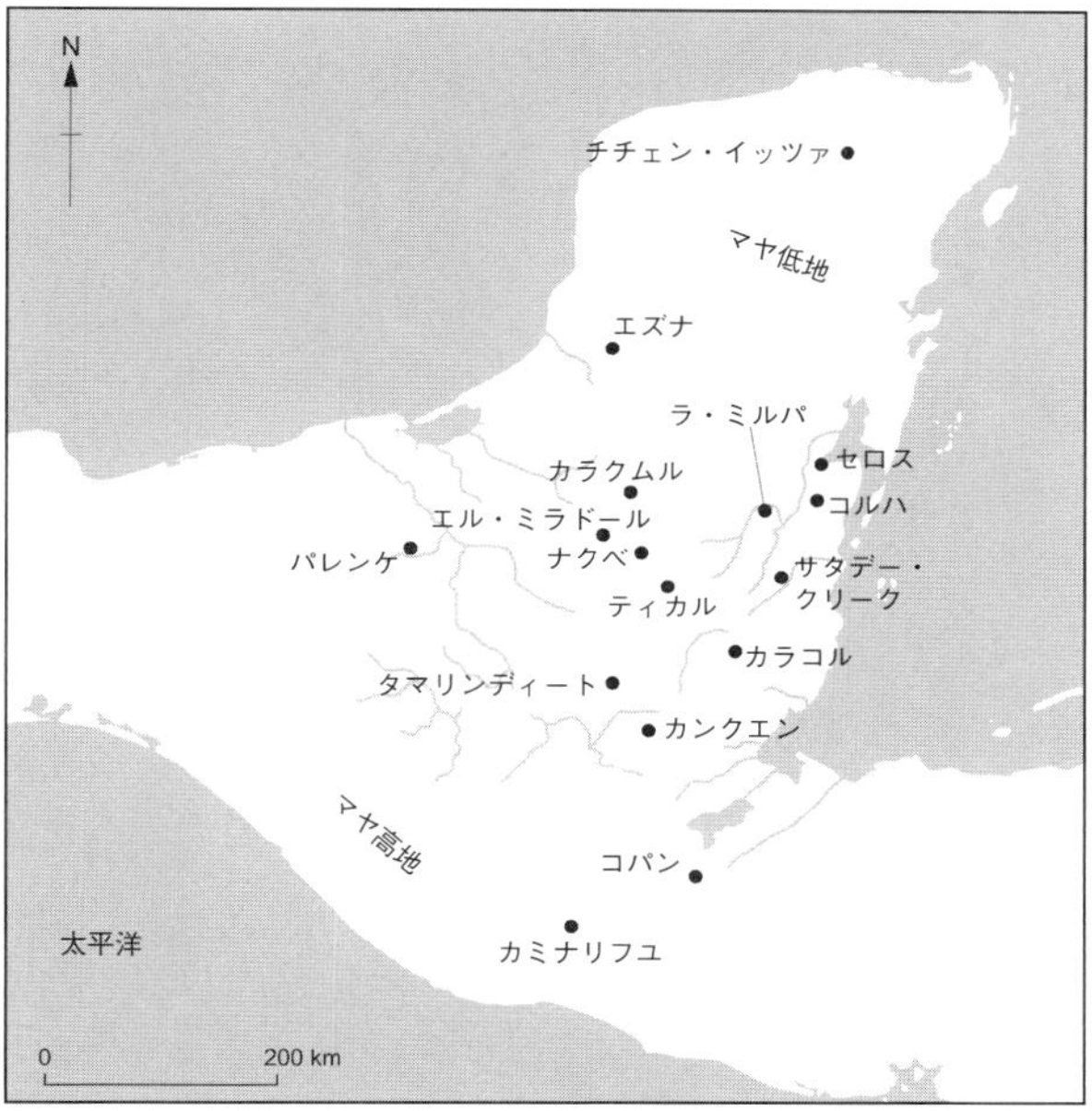

図 10.1　10 章で言及されるマヤの遺跡。

やがて雨が降り、穀物が実ることを人々に保証し請け合った。王たちはまた精巧な器を割って粉々にし、身を傷つけては血を流した。そして自ら人身御供を演じてみせた。そんな王たちに人々は貢ぎ物——食べ物、原材料、労働——を差し出しては忠誠を誓うのだった。

それでは見返りとして王たちは、はたして人々に何を与えるのだろうと疑問に思うかもしれない。それは食料ではなかった。他の古代文明やホホカムの古典期と違って、王の都市には貯蔵庫と名のつくものは存在しなかった。熱帯雨林で実る穀物のタイプ——トウモロコシ、マメ、カボチャ——は、分散していた農民の農場や、それに熱帯性の気候と相まって、集中的な保管にはとても向いていない。したがって、食べ物を集めて再分配することはまず不可能だった。が、しかし、それなら王たちは見返りに、農民たちを保護したのかと言うとそうでもない。人々はたとえ身を脅かされたとしても、熱帯雨林の中に散り散りに逃げ込むことができた。それに彼らの農場が保護されていたという証拠は何一つない。聖なる王たちが人々を何によって支配していたかを証す鍵は、王たちの内何人かが選んだ称号の中にあった。それはたとえば「カラコルの水の王」「ティカルの睡蓮の王」といったものだ。(8)

このような名前をわれわれが知ることができるのは、マヤ文字の解読のおかげだった。マヤ文字は象形文字でできていて、常時五〇〇ほどの文字が使われていた。マヤの時代を通して知られている文字の数は一〇〇〇以上に上る。マヤ文字はエジプトのヒエログリフと同じで、単に表意文字にとどまらず、かなりの数の象形文字が、人間の発話音に直接関連した表音文字としても使われた。マヤ人は石碑に文字を書いただけではない。彼らは樹皮から作られた紙に長い文章を書きとめている。残念なことに、何千枚というテクストがスペインの宣教師たちによって破棄され、われわれの手元に残されているのは、比較的無傷の手書きテクストが三つあるだけだ。

書き残されたものと同じくらい印象的なのは彼らの数学で、それはおもに暦の計算に使われた。マヤ人は——あるいは少なくとも、その内の何人かは——数のシステム中二〇と五を基数にし、位取りの記号にはゼロの概念を使って、何百万の桁数まで計算することができた。

マヤ人の宗教はきわめて複雑で、それは彼らの自然環境と密接に結びついている。彼らは多くの神々を崇拝していたが、中でも特別だったのが太陽、月、雨、動物たち、惑星の神々だ。マヤ人の世界観は世界樹「ツクテ」の枝、幹、根として絵で表現されていた。つまりそこには三つのレベル——天国、現世、来世——がある。来世は「シバルバ」として知られていて、そこにはさらに九つの下位レベルがあった。シバルバへ入るには洞窟、地上に開いた穴を通って行く。この穴は低地の至る所にあった、それは地質学上で陥没穴と呼ばれているものに似ていて、「セノテ」(洞穴井戸)という名で知られていた。

供犠はシバルバの神々のために行なわれた。そこには、自らの身を傷つけて血を流す血債に対する償い、さらには球技の敗者や他の犠牲者の儀式的な供犠などが含まれている。暴力による死こそ、天国へ通じる道だとマヤ人たちは信じていた。神殿は天文学上の調整をもとにして、とりわけ金星に合わせて建てられた。その階段や層はしばしば、三六五日やシバルバの九つのレベルに対応するように設計されている。

マヤ人の信仰システムの中には、偶然の要素は一つとして残されていない。マヤの帝国内で旅をしたり交易を行なうことは、繁茂した熱帯雨林のジャングルに妨げられるために困難をきわめた。これは今も変わらない。サクベ(白い道)と呼ばれる舗装歩道のネットワークが、マヤのセンターをつないでいた。が、マヤ人たちはけっして車輪のついた乗り物や役畜を使わない。それでもなお彼らにとって交易は重要だった。モザイクのように異なる地域が寄せ集まった環境のために、食材の交換は必要だった。

塩は沿岸のコミュニティから手に入れなくてはならなかったし、マヤの支配的エリートたちはさらに遠くの、太平洋沿岸やカリブの人々と交易をする必要に迫られた。それは上質の陶器、翡翠、黒曜石、ケツァールの羽根、ムラサキガイなどの貴重品を手に入れるためだ。すでにシュメール人、ナバテア人、ホホカム人などについて見たように、このような交易は労働人口と上層エリートたちの両方を支えるために必要だったのである。

手短かに言うと、神殿や数学、それに物質的な文化をともなったマヤ文明が、古代世界のもっとも偉大な業績の一つだったことは誰一人疑う者などいない。だとしたら、なぜそれは崩壊してしまったのだろう？

が、われわれはこの質問を言い換えて、単数の崩壊ではなく複数の崩壊で表現すべきだ。というのも、王国や王のセンターが栄えては衰退する長い歴史を通して、その中のあるものは永遠に見捨てられてしまうが、その一方で、他のものは息を吹き返して生き延びているからだ。[9] 考古学者たちの中にはマヤの歴史を述べるとき、好んで「浮き沈み」という言葉を使う者がいる。いくつかの都市は三〇〇年頃に最終的な崩壊に至った。そしてそれが先古典期の、とりわけ大都市エル・ミラドールの終わりを告げることになる。九〇〇年頃には広い範囲で王のセンターの遺棄が起こった。これが告げたのが古典期の終焉である。それでも北方の低地ではなお、センターが何らかの形で繁栄を続けた。が、一四五〇年までにはこれも打ち捨てられる。それはユカタン半島に、スペインのコンキスタドール（征服者）たちがやってくる前の、わずか一世紀に満たない頃ことだった。

王のセンターの遺棄が示したものは、政治的な権威――聖なる王の支配――の失墜であり、それは人口の崩壊ではなかった。どんな場合でも人々は新たな地域へと移り住むし、あるいは熱帯雨林の中へと分散して永遠に分け入ることができた。いくつかの地域では、たとえばサタデー・クリークのコミュニティ――一五〇〇年まで続いた[10]――のように、その土地のコミュニティが、いわゆる「マヤの崩壊」の影響をほとんど受けることなく存続したものもある。実際、われわれが注意しなければならないのは、マヤの文化がなお力強く成長して現在にまで至っていることだ。マヤの人々の宗教的信仰は今でも、古代マヤの信仰とカトリシズムの混淆に他ならないからである。

マヤの農業共同体に遭遇した最初のヨーロッパ人は、一六世紀にやってきたスペインのコンキスタドールたちだった。それに続いて一九世紀に、ヨーロッパの探検者たちがきて、すでに密林に飲み込まれていたマヤの大センターの廃墟を見つけた。彼らがただちに疑問に思ったのは、マヤ文明を興隆させ、滅亡させたのはいったい何だったのかということだ。そこには、マヤ研究を行なう考古学者の数と同じほどたくさんの説がある。が、もっともらしいシナリオに、つねに必須の構成要素として現われるのが水――その利用の可能性と管理――だった。

バホ、セノテ、アグアダ――文明とはまったく縁のなさそうな地形

マヤの文化上の達成は、低地のセンターが常在の水供給をほとんど望めない地形に建設されていただけに、なおさら驚くべきものに感じられる。ユカタン半島の大半は、地質学者によってカルスト平野と呼ばれているものだ。その地形の下層は、多孔質できわめて溶けやすい石灰岩の岩盤でできている。石灰岩はしばしば小さな隆起をなして表面に現われた。そして、そこには溶解による水路がたくさんでき

ていて、それがスポンジのような機能を果たした(11)。

石灰岩はそれほどたやすく溶けてしまう。そのためにほとんど残留物がない。また粘土や砂などを作るタイプの岩が他にないので、ユカタンの土壌はしばしば層が薄く、ときにはほとんど存在しないこともある。が、土壌のあるところはきわめて肥沃となりうる。降った雨は川となって流れるより、むしろすばやく地面に染み込み、石灰岩の亀裂を通って地下の水路にはけていく。そして、その大半はすぐに海へと流れ込んでいった。地下水面はしばしば地表から三〇メートル以上の深さにあり、とてもマヤ人が井戸を掘ることはできなかった。

地形には地下の洞穴や空洞が至る所にあった。その多くは天井部分が崩れ落ち、セノテと呼ばれた陥没穴になっている。通常それは側面が険しい円筒状をしていて、地上の口はしばしば非常に小さい。中には地下水面に到達しているものもあり、それはつねに水の供給を行なうことができる。水面は季節によって上下した。

古代のマヤで人々が経験した降雨の基本的なパターンは、本質的に今日と変わりがない。雨季と長い乾季の境目はきわめてはっきりとしているが、はじまりの時期がともに予測しがたいのだ。五月から一〇月の間には、一五〇〇ミリもの激しい雨が降る。それはしばしば雷をともない、車軸を流すような豪雨となる。激しく降った雨の水は短期間で集まり、雨季独特の大きな沼地(バホ)や内側が粘土で被われた低湿地(アグアダ)を作る。洪水やハリケーンがしばしば襲ってきて、農場、穀物、それに堤や運河のような、小規模な水管理システムに甚大な被害を及ぼしかねない。一年の残りの期間——一一月から四月の長い乾季だ——には、ほとんど雨は降らない。その季節にユカタンは緑の砂漠となる。

雨が降りはじめる時期が不規則なのがマヤ人には問題だった。雨季のはじまりは重要である。雨の降りはじめが予想より遅れれば、蒔かれた種子は発芽できない。雨の到来が早すぎても種子は地中で腐ってしまう。さらに問題だったのは、バホの水が腐敗しやすかったことだ。沼地の縁は居住するにも農耕するにも最適の場所だった。が、家庭のゴミから出る廃水が直接バホに流れ込んでしまう。そこには汚れを取り除いてくれる、部厚い土壌の水平フィルターがないからだ。その上、沼地の植物は暑くて湿気の多い状態の中、速い速度で自然分解する。それがバホの水に淀みをもたらす。このような問題をさらに悪化させたのが、塩分を含んだ海水の流入だった。海の水はユカタン半島の北側三分の一の地下に浸潤していた。そしてそれが、しばしば真水の地下水と混じり合っていたのである。

人間が定住するのにやっかいな地形の性質は、かなり以前から認識されていた。一五六六年に、ユカタンの司教ディエゴ・デ・ランダは次のように書いている。「この地方では川や泉の様子が他と違っている。他の国々では川や泉は地上で流れている。が、ここでは地下の見えない道を通って流れる[12]」。最近になって、米国地質調査所のウィリアム・バック教授が次のように述べている。「肥沃な土壌がわずかしかないこと、飲料水の欠乏、天然資源の不足などが、この地域をもっとも人の近寄りがたい所にしている。そんな地域で洗練された文明がかつて発展した[13]」。

生計を立て、貢ぎ物をする

が、にもかかわらずマヤ文明が栄えたのは、激しい雨と水不足を特徴とするこの地形の中だった。文明の基礎として必要とされるのは、高い生産力を持つの農業システムだ。それでこそ聖なる王、その供人、行政官、書記、職人、軍隊などを十分に支えうる余剰物を生み出すことができる。が、このような余剰物がどのようにして可能となったのか、それが今なお不明だ。旧世界の文明を特徴づけていた大規模な集約農業が行なわれた証拠は何一つない。だとしたらわれわれが想定すべきは、家族を基礎にしたトウモロコシ、マメ、カボチャ、ジャガイモなどの塊茎類の栽培が、十分な余剰を作り出していたということだ。

農民の大半は熱帯雨林中に散在する農場で暮らしていた。農場は王のセンターに近いものもあれば、奥地の広い範囲に散らばっているものもあった。典型的な農場には家がいくつかあり、それが中庭に面していた。農場の空間的な配置は、広場のまわりに宮殿や神殿を配した王のセンターのそれに酷似している。このように分散した農家はそれぞれが自給自足していたのだが、王のセンターへの貢ぎ物は食料や労働の形で差し出されていたようだ。

農民たちは熱帯雨林の中で、自由に居住地を移動することができる。そのためつねに、自分たちの忠誠をある王のセンターから、別のセンターへと切り替えるチャンスを持っていた[14]。このようなわけで、ティカル、カラクムル、カラコルなどの聖なる王たちは、農民の忠誠を求めて、ということは彼らの貢ぎ物を求めて、つねに働き、たがいに張り合わなければならなかった。

農民の忠誠を手にする手段の一つは、彼らを説き伏せることだった。王たちは自分こそ、これまでにないほど入念な儀式、祭式、宴、球技を行なって、超自然の世界ともっとも効果的にコミュニケーションができる、と言って農民を説得した。他の手段としては、しばしば図像の中でテーマとなっている軍事紛争に訴えかけることだ。たとえばわれわれが知っているところでは、六世紀後半に、カラコルの王たちがティカルの王たちを二度打ち負かした。その結果として、彼らの奥地で農民たちの移動が起こった。このような戦争の目的は、単に強制による資源の確保というより、むしろステータスの競争という感じが強い。戦いによって聖なる王が得た勝利は、自分が神々や祖先の者たちから、この上ない支持を得ていることを、農民たちに知らせることができたという意味合いを持った。

中央低地の外側にあった農場やコミュニティは、自分たちの居住地をつねに、水のある川の隣りに定めることができたし、王のセンターの力の及ばない所、あるいはセンターを必要としない所に置くこともできた。たとえばベリーズ川の氾濫原に位置していたサタデー・クリークでは、マヤのコミュニティが紀元前九〇〇年から紀元一五〇〇年まで、比較的平穏な暮らしを送っていたようだ。そこでは外部からの干渉や、聖なる王への貢ぎ物があった兆しは見られない[15]。コミュニティの住人たちが、自分たちで神殿や球技場を建てることはけっしてなかったし、他に支配的エリートがいたという兆候もない。水や肥沃な土壌の使用についても、何ら制約のなかったことから見て、一家族が権力基盤を確保していた可能性はなさそうだ。が、にもかかわらずサタデー・クリークでは、黒曜石の刃物や陶器を供える儀式が数多く執り行われていた。それは王のセンターで行なわれていたのと同じ儀式の、小規模な地方版といった感じのようだ。

「切り倒して燃やす」が古代マヤの農法だとかつては考えられていた。これが一九世紀中頃に、ヨーロッパ人がはじめて古代マヤ人に遭遇したとき、マヤの人々が行なっていた農法だったからだ。「切り倒して燃やす」とは焼畑農業のことで、土地の一区画にある木や植物を切り倒し、乾かして燃やす。そして燃えた炭を使って土壌のかさを増やし、そこに年間ベースで作物を植えつけた。植えつけと収穫が短い年月だとこの農法は可能だが、やがて土壌が疲弊し、小区画の土地は休閑地のまま残さなければならなくなった。

一九世紀のマヤ人は畑で、トウモロコシ、マメ、カボチャ、塊茎類を作ったが、彼らは古代の先人たちにくらべて、はるかに少ない人数で暮らしていた。先人たちの人数は数百万を越していたにちがいない。樹木を切り倒して燃やすだけでは、これだけの人数をまかなうには不十分だったろう。だいたい焼畑農法では、かなりの土地を耕さずに放置しておかなければならない。もし古代マヤ人が切り倒し燃やす方法を取っていたとしたら、それは彼らの農法のほんの一要素にすぎなかったにちがいない。その他の要素としては、家族と家族の間に設けられた菜園、バホの縁を取り巻く排水路の掘削でできたレイズド・フィールド（堀をともなう盛り土畑。スカ・コリュ）、土壌とその湿り気をとどめ置くために作られたテラス壁などがある。テネシー州ヴァンダービルト大学の人類学教授で、傑出したマヤ学者でもあるアーサー・デマレストは、マヤの農業を特徴づけて、彼らがさまざまな実践を試みていること、しかもそれが地形全域に分散していて、ミクロの環境変化に敏感なことだと述べている。(16)

多くの食材が熱帯雨林の中で手に入ったのだろう。その中にはカカオマメから作るチョコレート、ヴァニラ、オールスパイスのようにエキゾチックなものもあった。森はまた原材料——樹液、樹脂、樹皮、それに建築用や燃料用の木材など——の宝庫でもあった。七面鳥は檻で、ミツバチは巣箱で飼われた。野生の動物——とくにシカ、アグーチ、バク、カメ——も罠で仕留められ、肉や脂や皮が利用された。

マヤ人が土壌や雨季にできる湖（アグアダ）、それに森から入手した産物を、どれほど効果的に利用したとしても、水供給の管理なくしては、とても王のセンターを支えることなどできなかっただろう。もっとも早い時期の定住者たちは、窪みの中に自然に集まった水に依存していた。が、低地では、少なくとも紀元前一〇〇〇年までに水利事業がはじまっていた。その時期にベリーズ北部で、沼地の縁に廃水用の浅い溝が作られたことが知られている。先古典期には、エル・ミラドールやセロスなどの大きなセンターが、広い範囲の集水域から流出する水を受けることが可能な場所に建設された。シンシナティ大学の教授で、マヤ人による水使用研究の第一人者ヴァーノン・スカーバラ教授は、これを「受動的な水管理」の一形態――自然にできた窪みを非常に早い時期に使用した、その論理的延長――だと述べている。[17]

しかしながら古典期までには、水管理の方法が一変して、王のセンターでは途方もない規模で行なわれるようになった。が、そこには型にはまった方法というものはない。各センターが環境に見合った独自の方法を工夫したようだ。それぞれが共有していたのは、想像力と地形全体の水利事業に参加できる能力だった。われわれは次に、三つの王のセンター――ティカル、エズナ、カラクムル――を見ていくことにしよう。

ティカルの貯水池

ティカルは王のセンターの中でも、もっとも壮大なものといってほぼまちがいがない。それに考古学上でも、もっとも研究がなされているものだ。[18]場所は低地中央部、現在のグアテマラに位置していて、二〇〇年から九〇〇年の間、つまり古典期に建築上でも、軍事力、政治力でもそのピークに到達した。ティカルには聖なる王の長い継承の歴史があり、隣りのコミュニティを吸収し、競合するセンターと衝突した歴史を持つ。一〇〇〇キロ西方にある、メキシコ盆地の都市テオティワカンとは相互交流の形を維持していた。おそらくそこには両王族間の結婚があったのだろう。

遺跡は広大で神殿は荘厳だ。宮殿、ピラミッド、広場、球技場、行政建造物、文字が刻み込まれた石碑、巨大な貯水池などがある中、神殿は七〇メートル以上の高さでそびえていた。そこには一六平方キロメートルの敷地に、全部で三〇〇〇以上に及ぶ建物が立つ。それらは沼のような周囲の低地に突起した石灰岩の上に建てられていた。建物は集合し、一段高い石の舗装歩道（サクベ）によってつながれた建造物グループをなしている（図10・2）。

もちろんこのような建物は一気に建てられたものではない。ティカルのノース・アクロポリス（北のアクロポリス）の発掘が明らかにしたのは、わずかにこの建物一つのだけでも、一〇〇〇年以上にわたって建設が行なわれていたことだ。二〇もの床面が継続して作られていて、そこには破壊されたあともいくつかあり——おそらく儀式の一環として破壊されたのだろう——、そのあとで再建されている。最初に作られた床は六×六メートルほどだが、最後の床は一〇〇×八〇メートルの大きさになっていて、それが四つの葬祭殿を支えていた。ノース・アクロポリスの南面には一二五×一〇〇メートルの大広場がある。そこでは何千という観衆が、聖なる王によって執り行なわれる儀式のパフォーマンスを眺め、それに参加したことだろう。儀式は彼らが自分の家で行なうものと同じだが、その規模ははるかに壮大だった。ノース・アクロポリスが発掘されたとき、儀式に使われたおびただしい数の供託物が、床の下や上、さらには壁龕《へきがん》の中で見つかった。その中には黒曜石で作られた工芸品、貝、アカエイの尾の針、海の環形動物などがあった。儀式のパフォーマンスは芝居のように雄大な一大イベントだったろう——視覚的にも、聴覚的にも、感情に訴える点でも。

ティカルのもう一つの記念建造物である神殿1は、ティカルでもっとも権力のあった聖なる王ハサ

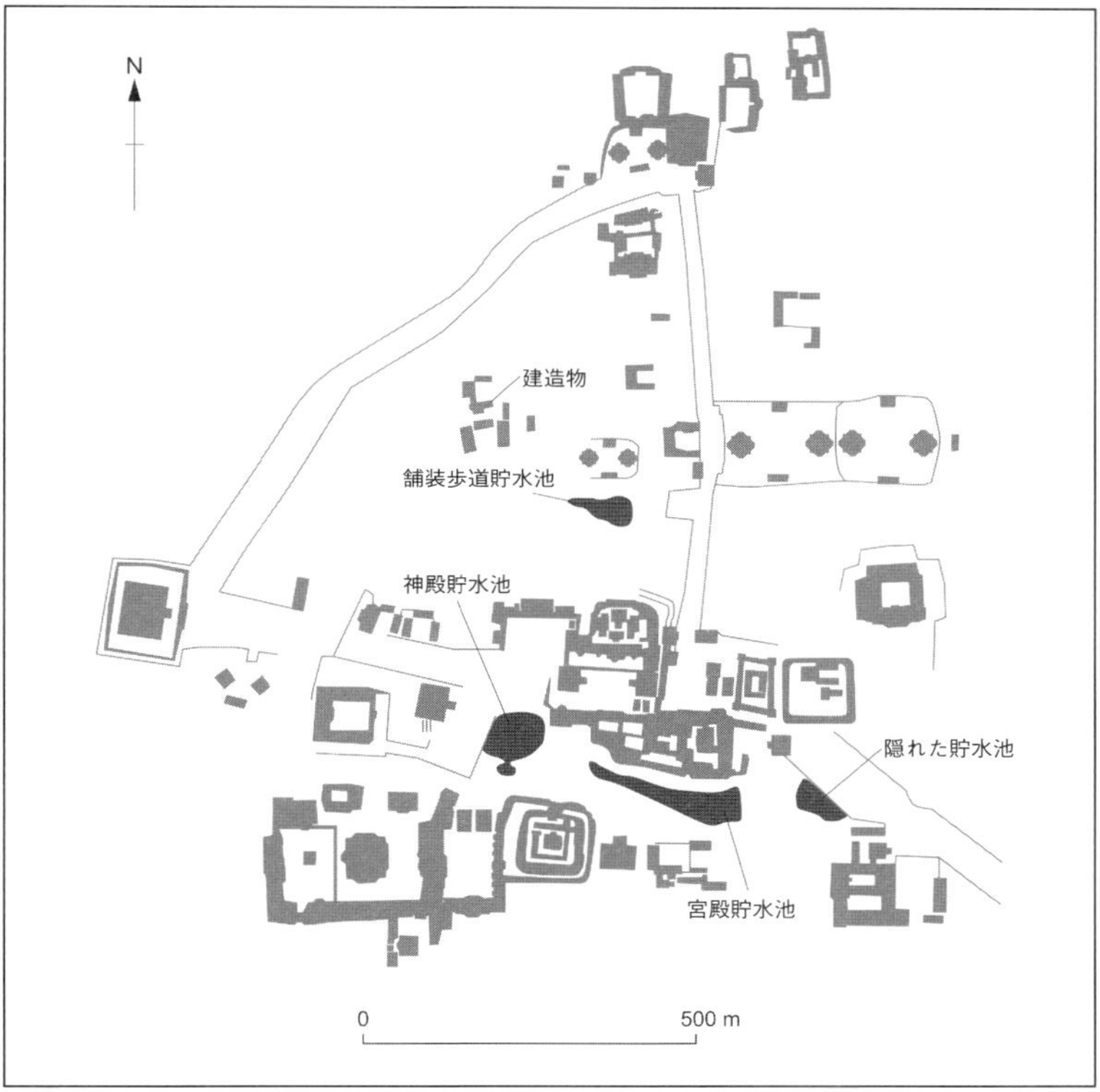

図 10.2　貯水池の位置を示したティカルの集落図（「Lucero 2006」より）。

ウ・チャン・カウィール（「神々しい首領」の意）一世（在位六八二−七三四）の墓を収納している。彼はジャガーの皮の上に横にして置かれ埋葬されていた。副葬品は二〇以上ある器、粘板岩の飾り板、アラバスター製の皿、絵や文字を彫り込んだ骨、それに重さ一六ポンドの翡翠の工芸品など。彼の墓からは広場を見渡すことができた。おそらく何千という人々が死んだ王の埋葬を見つめていたことだろう。

巨大な石造建築の集合体はたしかに印象的だ。が、それがティカルのすべてではなく、単に中心部にすぎないということは思い起こす必要がある。人口の大半は丘の中腹や低地で木造の家に住んでいた。センターのすぐ近くでは、一平方キロメートル当たり一八七から三〇七の家が密集していた。そしてそれより離れた場所では、一平方キロメートル当たり一一二から一九八の家が立っていた。

本当に驚かされるのは、ティカルが緑の沙漠に位置していて、そこではまったく自然の水供給がなかったことだ。すぐ近くに泉、河川、湖がまったくないのだ。乾季に人々や作物に水を供給するのに、雨季に降る雨が貯えられたのだが、それには六つの大きな貯水池が使われた。貯水池は、石灰岩の間に自然にできた窪みや、広場や神殿の建設用に石が切り出された採石場を利用して作られた。底の岩盤は流水で沈殿した粘土や、周到に用意された漆喰などを使って密封された。[19] 貯水池は記念建築物群の中に設置されたが、それはティカルにとって神殿と同じくらい、なくてはならない重要なものだったからである。

貯水池はヴァーノン・スカーバラと同僚たちの手により記録され、解釈が施された。スカーバラはティカルの中心部を「人間が作り変えた分水嶺」、あるいは「水の山」とまで表現している。[20] このように地形全体に水利工作を施すことは、たしかに政治的エリートの支配下で、集権的な計画と建設を行なうことにより、はじめて可能となったことだったろう。そうでなければ、はたしてどのようにして膨大な労働力を集め、協力させることができたのだろう？

記念建造物がその上に建てられた地表——広場、中庭、基壇——は、広い範囲に渡って石で舗装されていた。それは下に横たわる石灰岩を封じ込めて、雨を集水する平面として機能した。広場の中の舗装された一段高い歩道は、行列の通り道であると同時に、水流を貯水池へと向かわせる壁の役目を果たした。このように聖なる王たちは、水を制御することに直接関わりを持っていたのである。

年間の雨量は平均で一五〇センチ。中央の貯水池はこの雨を九〇万立方メートル以上貯えて、およそ六万の人々のニーズに応えることができた。貯えられた水のいくぶんかは飲料水として使われた。おそらくそれは限られた上層エリートとその従者たちのためだったろう。そして水の多くは（たぶん聖なる王の命令によるのだろう）粘土で内張りされた溝へ放たれた。溝はバホの周辺——ここで作物が栽培されている——に隣接した貯水池のスロープの側面に沿って作られていた。このような貯水池は当初、沼地のバホの隣りにあって、不浸透性の粘土の深い底を持つ自然にできたアグアダだったが、それを人工的に拡張して作られたものだ。ここに貯えられた水は一部は飲料水として、一部は灌漑用として、乾季の期間中必要な時に溝を使って穀物の畑へ流された。

住居用の貯水池と言われているもう一組の貯水池は、人口が密集した都市の中央地区から下方へ下った所にあった。こうした貯水池は、深さが一メートル以下の世帯用貯水池によって補完されていた。

自然の水源に恵まれていなかったが、ティカルはマヤの都市の中で、もっとも成功した最強の都市だった。ティカルは紀元前二〇〇年から九世紀にかけて着実に勢力を強めていったが、そののち衰退に向かい、同じ地域の他の都市とともに遺棄されることになる。

エズナは現在のカンペチェ市の南東五〇キロの地点にある。カンペチェはスパニッシュ・コロニアル様式のすばらしい城壁都市だ。レイ・マセニーが一九六〇年代にエズナをはじめて訪れたとき、エズナはまだ鬱蒼とした熱帯雨林の中に埋もれていた。熱帯雨林は丘陵にほど近い渓谷にあり、そばには雨季にできる湖――ピクという名のバホ――があった。今日、森の大半は切り拓かれて農地となっているが、記念建造物のまわりにはなお繁茂した木々が残されていて、マセニーやマヤ人たちに与えた印象を今に伝えている。(21)

マヤ人がはじめてエズナに定住したのは紀元前六〇〇年頃だった。おそらく彼らが魅力に感じたのは、比較的深さのある肥沃な土壌、隣接したアグアダ、少し離れているがアクセス可能な雨季の湖などだろう。が、それでも、つねに変わらない水の供給を受けることは不可能だった。その結果、当初のコミュニティは小さなもので、早い時期から、何らかの形で水管理をしなければならなかったにちがいない。紀元前二五〇年から紀元一五〇年の間に、儀式用の記念建造物が次々と建てられ、定住集落は急速に大きくなった。そのあとで一時的に拡大が停止する。そしておそらくは、大幅に規模が縮小されてしまったのだろう。それはマヤの先古典期の終末に合致している。が、この時期に遺棄された他のセンターと違って、エズナはふたたび成長しはじめる。五六〇年にはまた中断を余儀なくされるが、これも克服して七五〇年頃には全盛期を迎えた。そののち九世紀を通じて、エズナはゆるやかな衰退期に入り、最終的には九五〇年頃に遺棄された。

エズナの全盛期、中心となっていたのは多層のアクロポリス、球技場が一つ、大きなピラミッドがいくつか、そして中央広場を取り囲む建造物だった。周囲の地域には一段高くなった基盤の塊と小さなアグアダがあった。アグアダは地方の人々に水を供給し、鬱蒼とした熱帯雨林の中まで伸び広がっていた。ティカルと同じように、エズナの中心地も常時利用できる地表水——河川、湖、泉——を持たずに繁栄した。セノテ（陥没穴）もない上、井戸を掘るのも事実上難しい。というのも、地下水の水位が雨季で地上から少なくとも一五メートル、乾季ともなれば五〇メートル以上になるからだ。したがってエズナの遺跡では、これまでに井戸が見つからず、見つかったのは小さなチュルトン一二個だけだが、これもとくに驚くべきことではない。チュルトンは岩盤に掘られたベル型の貯水タンクで、アグアダの補完として作られた。小規模の貯水システムはやがて、より大きなシステムに席を譲ることになったようだ。それは一連の貯水池とともに、儀式建造物の中央グループへと向かい、集合する大規模な運河のネットワークだ。システム全体の水の容量は二〇〇万立方メートル以上で、すべては流水を集めたものだった。運河がことごとく完全に人間の手によって作られたものなのか、あるいは石灰岩の自然のままの特徴を手直ししたものなのか、またはもともと完全に地質上に存在した特徴だったのか、そのあたりは今もなお不明だ。一九七一年の雨季と乾季の両シーズン、マセニーは自分の軽飛行機を飛ばして、多くの運河や貯水池の航空写真を撮り、それぞれの位置を確認して地図を作成した。運河や貯水池の正確な性質を調べるためには、さらに発掘作業が必要だ。

この水システムが人力によるものなのか、自然の地形を利用したものなのか、あるいはその両方を合わせたものなのか、いずれにしても、システムはいくつかの記念建造物と連動しながら、大規模な形で機能していたようだ。もしそれが人力によるものならば、建設のために何千人もの労働者と何十年もの歳月を必要とする仕事だったにちがいない。ティカルにおけると同様に、これが指し示していることは、中央集権化した権力の支配だ。マセニーが「第一の運河」と呼んだ運河は最大のものだった。幅が五〇メートルあり、都心から一二キロメートル南へ走って、雨季の沼地のピクに到達する（図10・3）。この巨大さから見て、おそらく運河は貯水のためだけではなく、輸送のためにも利用されたと思われる。それは大量の大きな石が、都心へ運ばれた事実が知られているからだ。マセニーが一九七三年に、この運河の地図を作成しはじめた時点でも、まだ運河は深さ一メートルの水を集めていた。水は東側の丘の斜面から運河へ流れ込み、運河を掘削した土はその西側に積み上げられた。

マセニーは運河のコース沿いで濠を巡らした要塞を発見した。これは高さが一〇メートルほどの長方形のマウンドで、ほとんど完全に水が周囲を囲んでいる。マウンドの上にはマヤの建造物がいくつか建てられていた。そこには戦争があった兆候は見られない。濠を渡る道で酸化鉄の小さな塊がたくさん見つかったことから、建物は宗教的な重要性を持っていたのではないかという者もいる。考古学者たちは説明に窮すると、えてして最後には「儀式」を使いたがる。

儀式建造物グループの北側にあった運河や貯水池は、すべて記念建造物へと集中して向かっていた。もっとも長い運河でも最長が三キロほどで、どう見てもこれは交通路ではなさそうだ。それに貯水池と運河の区別も判然としない。運河も貯水池もおそらく隣りの渓谷まで伸びて、チャンポタン川の源流の泉に達していたので、双方のおもな水源は泉から流出する水によるものだったろう。マヤ人はエズナ河谷の自然なスロープを利用していた。貯水池をやや高い場所に作り、丘から流れてくる水を集めた。そして運河を利用して、石でこしらえた取水門で制御しながら、人口の集中した中心部に近い低地の貯水池へ水を送って振り分けた。

大きな運河と結ばれた建造物グループの、南面が持っていた水利上の特徴や性質については、マセニーと彼のチームが情熱を注いで取り組んだ仕事だったのだが、なおわれわれには不明だ。一九七二年には、チェーンソーやブルドーザーで農地造成のプロジェクトがはじまった。樹木を急速に取り除いた結果、

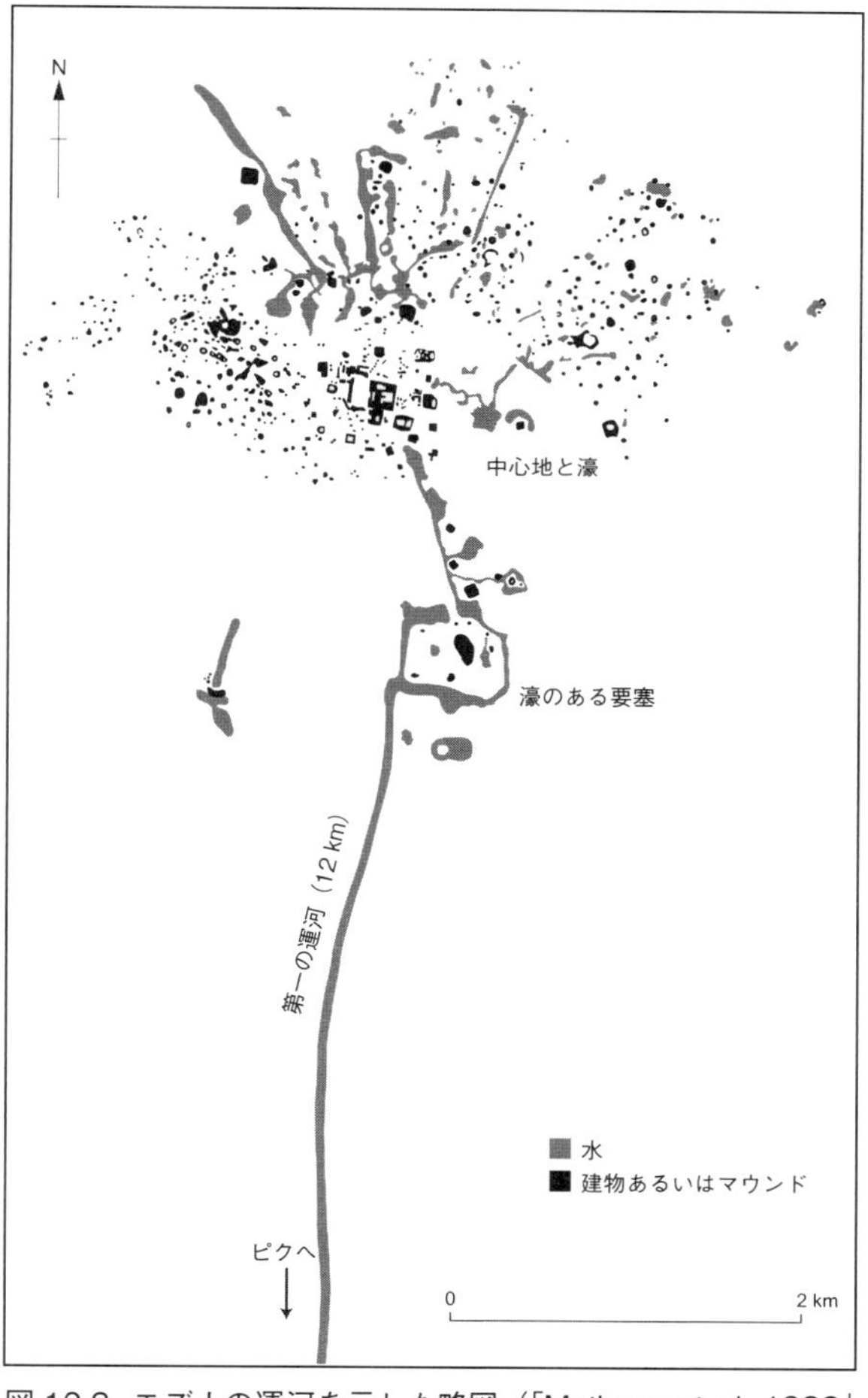

図 10.3　エズナの運河を示した略図（「Matheny et al. 1983」より）。

あらわになったのはエズナの北側の考古学的な特徴だった。マセニーはただちにそれに注意を払う必要があった。そのおかげで、計画していた南側の発掘を行なう時間も資金も底をついてしまった。建造物群の南側はそのためいまだに調査が行なわれていない。

水に囲まれたカラクムル

マヤ人の水管理を示す三番目の例として、われわれはカラクムルの都市を訪れることができる。カラクムルはメキシコの中央低地、グアテマラとの国境から北へおよそ三〇キロの地点にあった。(22) この都市は一九三一年に発見された。人目を引くピラミッドが二つあり、大きな方は熱帯雨林の林冠を越えて、四五メートルの高さにそびえている。一九八〇年代から一九九〇年代にかけてようやく、カンペチェ自治大学のウィリアム・フォーランの率いるチームが、この都市と周辺を体系的に調査して地図を作成した。その結果、カラクムルもまた、洗練された水管理システムに依存していたことが分かった。

カラクムルにマヤ人が住んだのは、先古典期中期から後古典期（八一〇年頃）までで、少なくとも一二〇〇年間に及ぶ。都市は低地に囲まれた、高さ三五メートルの石灰岩ドームの上にあった。中心部には古典期の全盛時、七〇平方キロメートルの敷地に五万人の人々が住んでいた。この時期、少なく見ても八〇〇〇平方キロメートルの地域がカラクムルの支配下にあった。中でも都心の中央集合体は一・七五平方キロメートルを領していて、北側は巨大な壁によって境界が定められていた。壁は高さが六メートル、幅は二メートル近くあった。そしていくつかの入口を持ちながら一キロにわたって伸びていた。中央グループには一〇〇〇近くの建築物が立ち並び、中でも目立っていたのは、数多くの巨大なピラミッド、神殿、広場、石碑などである。建物の中にはデザインや配置具合で天文観測を可能にさせるものがあった。ある建物に立つと、他の建物との並び具合から、夏至冬至や春分秋分の日付を定めることができたらしい。

一九八〇年代に宮殿の一つの発掘作業が行なわれ、カラクムルの聖なる王の一人と思われる人物の墓が発見された。墓の中で仰向けに横たわっていたのは三〇歳ほどの男性だ。胸の上で腕を交差して織物のマット上に横たわっている。遺体には赤い顔料がかけられていた。顔料の塊が布で巻かれて五枚重ねの皿の上に置かれている。その隣りには何百もの貝で飾られた布があった。墓は副葬品でいっぱいで、精緻な陶器類、八二五二個の貝製ビーズ、三二個の翡翠のビーズ、大きな貝、アカエイの尾の針、赤い顔料の塊などがある。中でも人目を引くのは三面の翡翠製マスクだ。一つは男性用で一七五個の翡翠で作られていて、目と唇と歯は貝でできていた。もう一つのジャガーをかたどったマスクは遺体の胸の上に置かれている。一方、三つ目のマスクはベルトの上にあって、それには石のペンダントが三ついていた。おそらくそれは、チャリンと鳴らして音を出す目的で作られたものだろう。

ティカルやエズナで見られたように、地形の水利事業はこのような支配者たちの権限の下で、はじめて達成することができた。同じような水利事業はカラクムルでも行なわれている。フォーランと彼のチームは、考古学上の記念建造物を調査すると同時に、すぐそばの地勢を調べた。それで分かったのは、マヤの多くのセンターのようにカラクムルもまた、エル・ラベルティノと呼ばれている大きなバホ——三四×八キロの地域をカバーしている——の隣りに位置していたことだ。このバホが季節の水供給を可能にさせ、そのために最初の定住地を人々に提供したにちがいない。都市が大きくなるにつれて、常時水供給の利用が可能となるように、カラクムルのマヤ人たちは一連の地形変更を実行した。その結果、二二平方キロメートルにわたる都市の出現を見たわけだが、その内域は、相互に接続したアグアダ、運河、涸れ河道（アロヨ）によって完全に囲まれていた。

この水利システムの基礎をなしているのは、総貯水量が約二万立方メートルに達する三〇のアグアダである。とりわけ大きな二つのアグアダが、エル・ラベルティノのバホの縁に沿った所にあり、雨と流水によって水を貯えた。その内のもっとも大きなアグアダがいっぱいになったときには、水を運河に流し、その水を運河が二番目に大きなアグアダに運んだ。内部地域を取り巻く水の輪の中には、他の場所にもやや小さなアグアダが二つある。それがまた二八〇メートルの長さを持つ運河とつながっていた。輪の他の部分はアロヨによって形成されている。この小さな河道は雨季のとき以外は涸れていて水がない。が、おそらく流水を最大限に集水するために地勢を変形したものだろう。

このような水供給のシステムが、墓の中で発見された人物によって考え出されたものか、あるいは別の聖なる王の手によるものかは不明のままだ。それが一度の試みで建設されたものか、あるは数世紀にわたって少しずつ作られたものかについても、われわれの知るところではない。が、いずれにしても、王のセンターとしてカラクムルが成長し権力を持つために、それは重要なことだった。

広く行き渡った、さまざまな形の水管理

ティカル、エズナ、カラクムルの三つのケーススタディは、都市と地方の両方で見い出される、マヤ

のさまざまな水管理システムのわずかな導入部にすぎない。とりわけ南部の高地や海岸の湿地帯などを含めると、マヤの環境は多種多様なために、水管理システムの形態もさまざまなものとなる。マヤ文明は、生態的にモザイク状をなし、それぞれが独自に取り組むべき水利上の課題を持つ各地域の中で発展し繁栄した。

古典期の都市パレンケは、メキシコ・チアパス州の低地南部にあったが、この都市では、導水管、ダム、水路、排水路、橋などを用いた水管理が、都市を貫通する九つの川が引き起こす洪水と浸食のコントロールにもっぱら従事していた。[23] 洪水の制御はまた、ホンジュラス西部の古典期都市コパンでも、水管理を推進させるための重要な要素だった。そしてそれは暗渠、排水路、広場、舗装歩道などの、地上と地下の複合システムによって企てられた。[24] ベリーズのラ・ミルパでは、集水域の上部を封鎖して貯水池が作られた。取水門とチェックダムのシステムが、貯水池から放たれる水を制御した。これは孤立した高地の痩せた土壌の水分を調節することが目的だったようだ。それによって高地の土壌は肥沃になり、集中的な耕作が可能となったのだろう。[25]

ベリーズ北部にある湿地帯ではマヤ人が運河を掘った。そして水を送り込み、断層の上がり落差（アップスロー）を利用してレイズド・フィールドを作り、アボカドやトウモロコシを栽培した。[26] 他にも、グアテマラのペテシュバトゥン地方の高地にあった農村地域では、古典期後期の水管理として、土壌から水を排斥するより、むしろ水を保持しようとする試みが行なわれた。古典期初期には森林を伐採して農耕したために、土壌の浸食や人口低下を招いたが、その後やがては森林も再生した。古典期後期に人々がもどってきたときには、土壌の浸食を阻止し、水分量の保持を助ける精巧なテラス壁のシステムによって、彼らの耕作は支えられることになった。[27] この地域ではタマリンディートで、長さ六〇メートルのダムや、二〇〇〇立方メートルの水を貯蔵できる貯水池が建設され、隣接する段々畑（テラス）の灌漑を可能にさせた。[28]

水管理で言えば運河、ダム、貯水池などは、かなりの程度共同体で行なわれる企てだ。が、われわれはここでまた、世帯レベルの水管理にも注目すべきだろう。とくに人工のあるいは自然にできた井戸の使用について。[29] マヤの水管理の広がりに関しては、ほぼたえず新しい発見の報告があり、水管理が田舎の農民であれ、聖なる王であれ、ともかくマヤの人々の生活に行き渡っていたことは明らかだった。二〇一〇年八月二六日にもプレスリリースが、古典期の都市ウシュルで巨大な貯水池が二つ発見されたと報じていた。池の底は壊した壷の破片で密閉されていたという。[30]

水の図像学《イコノグラフィー》

マヤの人々にとって水は一つのオブセッション（強迫観念）となっていた、というのは少し言い過ぎかもしれない。が、それはたしかに、彼らの心や手の中にしばしば存在した。陶器は水を入れているだけではない。それはまた容器そのものの中に水の記憶をとどめている。水は粘土の重要な成分だからだ。マヤの農民がありふれた容器を使うとき、あるいはマヤの王が精巧な容器を手に取るとき、彼らはともに象徴的な意味で水に触れている。陶器を作る人々は彼らにそのことを忘れてほしくなかった。そのためにしばしば、彼らは容器に水の世界のイメージを描いた。

パリ大学のパトリス・ボナフーはこのようなイメージを分析した結果、多数のセンターが崩壊

（二五〇年）し、それが古典期の終わりを告げたあとの数世紀、水のイメージがとりわけ顕著に現われているのを発見した。[31] 彼はマヤ人が水の図像学に魅力を感じていたと述べている。陶器にもっともよく現われるイメージは、ボナフーの言う「水の帯模様」で、それは一連の平行な線の真ん中に点線が走っている図柄だ。水の帯は真っすぐなものもあれば波状のものもある。それは波の静かな状態と波立った状態をそれぞれ表現していた。帯模様にはしばしば型にはまった睡蓮や貝が添えられている。ときにはそこに、泡のような卵形のモチーフが描かれることもある。イメージの中には水生生物——魚を探している水鳥、ワニ、睡蓮の間を泳ぐカエル、動かないカメ、花をつついている魚など（図10・4）——も散りばめられていた。

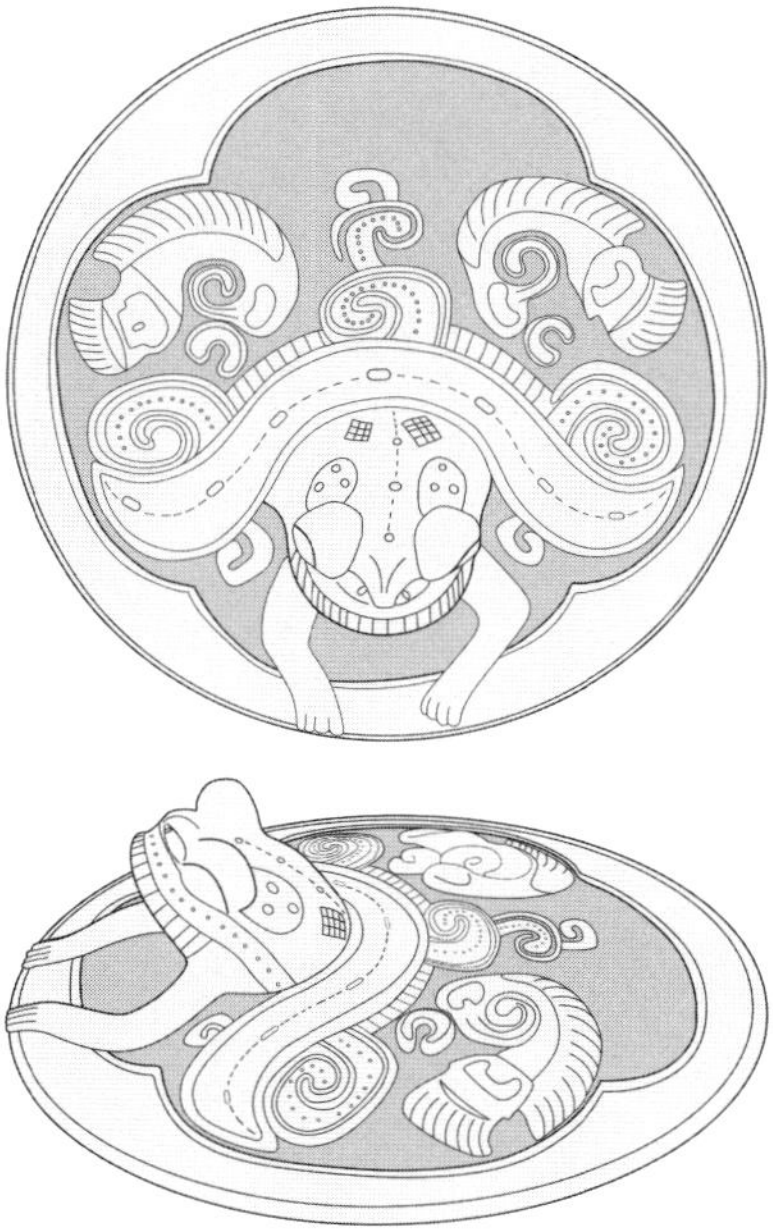

図10.4　マヤの容器の蓋。水から現われたカエルを描いている（「Bonnafoux 2011」より）。

睡蓮はマヤ人にとってとくに重要な植物で、高貴な人々の間では、自分たちのことを「アー・ナブ」、つまり「睡蓮の人々」と名乗る者がいるほどだった（写真40）。壷などの容器だけではなく、石碑や壁面にも描かれているし、王の頭飾りの一部にもなっている。ティカルの聖なる王たちには「睡蓮の王」という称号を持つ者さえいた。睡蓮がしばしば貯水池やアグアダの水面で咲いている姿を、われわれは思い浮かべるにちがいない。たしかに睡蓮は若干水を消耗する。だが、一方で睡蓮は水温を低く保ち、蒸発を抑える働きをした。それに魅力的な睡蓮はまた、きれいな水を守る目安ともなった。それは睡蓮が強い酸や藻類、カルシウムなどに耐えることができないからだ。(32)

マヤの陶器に描かれた静かな水の世界は、しばしば怪物のような生物によって脅かされている。この生物はさまざまな形で現われるが、共通しているのは長くて曲がった鼻と渦巻きの目を持っていることだ。中には羽根に似たものを生やしているものもいる。魚を嘴でくわえた姿で描かれることもあった。おそらくこのような生物はすべて、パトリス・ボナフーが「水の怪物《ウォーター・モンスター》」と呼んだものと同じ霊的な存在を表現したものなのだろう。

生き物を描くのに淡水世界と塩水世界を区別することはしなかったようだ。地域によっては塩水が内陸に浸透し、もっとも深いセノテの中では、淡水の下に塩水の層ができることもある。そんな特殊な地質を思い起こせば、これはさして驚くべきことではないだろう。壷の図柄に水の帯模様、睡蓮、水生生物などがすべていっしょに描かれているときには、雨季のまっただ中、バホやアグアダの中の華麗な生物たちの姿を、目の当たりにしているような気分になる。

水の世界のイメージはマヤ文明の歴史を通して見られるものだが、とくにそれが広く行き渡ったのは、古典期はじめの数世紀、二〇〇年から五六〇年の間だった。先古典期には水のテーマがとくに目立っていたという現象はない。流行していたのはむしろ地上の植物や動物のイメージだった。同じことは古典期後期でも言えた。その期間中、水のイメージは二次的な役割をさえしていたのかもしれない。しかし、それが古典期初期では主要なテーマだった。こうした事実が示しているのは、マヤ文明のこの期間中、人々の心にあった水に対する特別な関心である。

これはおそらく聖なる王たちが珍重し、彼らの墓の中に置かれた品々にも反映されているようだ。古典期初期の墓には、先古典期や古典期後期の墓にくらべると、貝や海洋生物から作られた物――アカエイの尾の針、珊瑚、ウニ、水で丸くなった小石など――が多く見られる。

ボナフーは容器の形状そのものを考察することで、さらにマヤの図像の解釈を続けている。古典期初期のもっとも際立った特徴は容器の蓋にあると言う。それは前後の時期にはけっしてそれほどポピュラーなものではなかった。彼が言うには、蓋や脚のついた容器はマヤの宇宙を象徴的に表現している。蓋は水面を表わし、容器本体は水中を表わす。そのために本体は、しばしば水の帯や水生動物の絵で飾られていた。脚が象徴しているのは世界を支えている神話上の柱だ。蓋の中には、カエルや水の怪物のような、水生動物の立体モデルで飾られているものもある。立体モデルは上半身だけで表現されることも多い（図10・4）。カエルや怪物たちはまるで水の中からはい上がっているように見える。それがボナフーの連想を誘い、容器の内部はそれ自体が洞窟やセノテを象徴していて、それが地下世界や水中に通じていると彼に思わせた。

水の中の世界へ

セノテをこのようにしてとらえる解釈は、北部低地のセンター、チチェン・イッツァの「聖なるセノテ」と呼ばれた所で見つかった、注目すべき発見物によって立証されることになる。(33) この大きなマヤのセンターが台頭しはじめたのは後古典期、とくに南部低地の多くのセンターが崩壊したあとだった。聖なるセノテはチチェン・イッツァにある二つのセノテの一つだ。もう一つのセノテは清澄な水をたたえていて、おそらくは飲料水の源となっていたのだろう。他とは異なる青い色の水をした聖なるセノテには、白い石灰岩のサクベ（舗装歩道）を三〇〇メートルほど歩くと到達できる。直径が五〇メートルほどの丸い穴で、深さは二七メートルある。スペイン人が記している初期の報告によると、マヤ人は雨の神チャクに祈りを捧げて、貴重な品々や人間のいけにえをセノテに投げ入れたという噂があった。

噂はセノテを浚ったときに、真実であることが証明されたようだ。セノテからは金、翡翠、銅、トルコ石、黒曜石、陶器、香料など三〇〇〇点に及ぶ品々が出た。それとともに二〇〇体の大人と子供の人骨があった。その骨には生前に受けた損傷の跡が見られた。セノテの底には青い色をした沈殿物の層が発見された。これは犠牲に供されたもの——工芸品や人体——に、マヤの青い儀式用の顔料が塗られていたことを示していた。顔料はコパル、インディゴ、パリゴルスカイトなどから作られた。チチェン・イッツァについて書かれた最古のスペインの報告書によると、若い女性たちは明らかに、聖なるセノテへ高所から投げ入れられたという。そしてもし女性たちが生きていたときには、ロープで引き上げられ、彼女たちがセノテの中で受け取った将来降るであろう雨の予言を、みんなに伝えなければならなかった。もちろんヨーロッパ人が、ネーティヴの人々について語った言葉には注意が必要だ。しばしばそこには、彼らを野蛮人としてしか見ない人種差別が見られるからだ。が、セノテから発掘された発見物から考えても、この報告は真実のような気がする。

マヤの支配的エリートたちにとって、水面下の世界へ行くことは死の主要なメタファー（暗喩）だった。[34] それは石に彫られたり、聖なる王たちの精巧な墓に描かれた図像の中でも表現されている。この移動は水面下や大きく開けた怪物の口の中に落ちたり、沈み込んだりすることで生じる。カヌーによる旅は、聖なる王が水面下の世界へ行くことのできるもう一つの手段だった。これを描いた図柄が彫りつけられた長い骨が数本、ティカルのハサウ・チャン・カウィール一世の墓で見つかった。そこではカヌーに乗った聖なる王が、動物の霊や「漕ぎ手の神々」によって水面下の世界にエスコートされていた。彫刻が施された二本の骨では、カヌーは今まさに水面下へ沈みかけていて、聖なる王は手の甲を額に押し当てていた。

水、そして王のセンターの儀式

われわれがこれまで見てきたのは、低地中央部にあったこの上なく贅沢な王のセンターだった。そこでは降る雨の量が季節毎にはっきりとしていて、しかもそれはほんのわずかだ。聖なる王たちは、食べ物や神殿建設の労働力という形で、人々からもたらされる貢ぎ物に依存していた。神殿では王たちがそこに集まった観衆を前にして、華麗な儀式や芝居じみたパフォーマンスを演じてみせた。このような儀式を通して王たちは神々とコミュニケーションを図り、やがて雨がきて、穀物が実り、戦いでは勝利を得ること、あるいはマヤ人の願いごとリストにあるものがことごとく成就することを、人々に請け合った。

われわれはまたこれまで、聖なる王たちが人々に食料を分配することで、彼らを支配してこなかったことを見てきた。そこには集約農業もなかったし、食料を再分配するための集中保管もなかった。が、王たちが——貯水池や運河やアグアダの中で——貯えていたのは水だった。そしてそれは、乾季に人々が水を必要としていたことを意味していた。その結果生じた水と権力との結びつきについて、ヴァーノン・スカーバラは簡潔に要約している。「長い乾季の季節には、水はどうしても必要な、しかし乏しい資源だったが、それをマヤの支配的エリートは政治的に利用して巧みに操った。そして古典期の期間中、権力を集中させてそれを保持した」。スカーバラは続けて次のように書き留めている。王たちはまた、自らの権威を確立し維持するために他の手段も使った。それは戦争、贅沢な品々、儀式などの人目を引く散財である。しかし何と言っても、水に対する基本的なニーズが一番で、水を支配することで王たちは、マヤの低地をまとめ上げる力を手中に収めた(35)。

ニューメキシコ州立大学の人類学教授リサ・ルセロはスカーバラの議論をさらに展開して、マヤ世界の中で、水と儀式と政治権力がいかに密接につながっていたかを詳しく研究した(36)。ルセロの提言は以下の通り。人々が食料や労働力の形で貢ぎ物を差し出した見返りに、聖なる国王は乾季の期間中、水を人々に分配した。水は貯水池から放たれて田畑を灌漑し、農民たちには貯水池から水を容器に入れて持ち帰ることが許された。さらに、洪水やハリケーンの襲来により、運河システムが破壊されたときには、それを修理するための資金——建築資材と労働力——が王たちから人々に与えられた。そして、聖なる王と人々の間の交流を仲介したのが儀式だった。国王たちは芝居がかったパフォーマンスで、神々とコミュニケーションをとり、彼らを喜ばせては怒りを和らげた。そして雨が降り、貯水池がふたたび水でいっぱいになることを請け合った。パフォーマンスが行なわれたのは、王のセンターの神殿や広場である。それが隣接する貯水池の鏡面に映り、ドラマをさらに大きく見せた。そして聖なる王と水とのつながりをいっそう強固なものにした(37)。

この筋書きがただちに説明してくれるのは、マヤの図像学で水のイメージが広く普及していた理由だ。

さらに、聖なる王たちが望んだのは単なる水との関わりではなく、とりわけ清浄水との結びつきを望んだ。そのために彼らが、デリケートな睡蓮を権力の重要なシンボルとして選んだことをわれわれすでに見ている。

このシステムは程度の差こそあれ、すべての階層に利益をもたらしたようだ。むろん、儀式で犠牲に捧げられる者たちは除くが。聖なる王は権力基盤を確固とさせたし、人々は乾季に水へのアクセスを可能にした。農地のシステムは散在していたために、人々は頼りになる水供給の方策がありそうな場合には——より大きな貯水池があったり、神々とより好ましい関係の聖なる王がいたら——、躊躇なくその王のセンターへ彼らの忠誠を移行させることができた。

それではどのようにして、王のセンターは終末を迎えることになったのだろう？

マヤの崩壊

マヤ文明の衰退、さらにドラマチックな言葉を使えば、マヤ文明の崩壊を引き起こしたものは何だったのだろう？　何らかの答えを引き出す前に、われわれが明確にしておかなければならないのは、崩壊が一度だけの出来事ではなかったということだ。たとえば、先古典期末の二〇〇〇年頃に、多くの王国の衰退と遺棄があった。広い範囲の「崩壊」は古典期末の九〇〇年にも起きている。しかしこれはあらゆる場所で起こったことではなかった。低地北部の王国はなお繁栄していて、それは後古典期まで続いた。明らかに衰退と思われる時期の合間で、いくつかの王のセンターが運命の劇的な逆転劇を演じていたのである。このような出来事のすべてを、はたして一つの説明でカバーすることができるのだろうか？

一九世紀の中頃、ヨーロッパ人によってはじめて「失われた都市」の報告がされて以来、さまざまな考察が飛び交った——農民の反乱、病気の流行、外国の侵略、交易路の崩壊。環境問題に意識的になった二〇世紀には、マヤ人のライフスタイルの持続可能性が問題となった。マヤの主たる農法だったと当初みなされていた焼畑農業が、結果として大規模な森林破壊を招いたのではないか。巨大な建築工事に使われる、石灰岩をベースにしたセメントやスタッコを作るには、膨大な量の薪が必要とされた。それが山林伐採を激化させたのではないか。実際、ますます凝った建造物、儀式、交易品などで競う王のセンター間の争いは、たちまち維持不可能なシステムの様相を呈してきた。そしてそれは他のいくつかの要因によって後押しされて、衰退の渦の中に巻き込まれていった。戦争が一役買っていたことも確かだ。王のセンターが遺棄される前に、そこに立っていた石碑の最後に描かれていた主要なテーマが戦争だったことからも、それは明らかだった。

マヤ文明に崩壊をもたらした第一の要因、他のすべて要因を一気に作動させた出来事は、はたして存在したのだろうか？　おそらくそれは存在した——干ばつである。

長い間議論は続いたが、ごく最近になって、リチャードソン・ギルは二〇〇〇年に書いた『The Great Maya Droughts: Water, Life and Death』（マヤの大干ばつ——水と生と死と）で干ばつ理論を擁護した。ギルは退職した銀行員だった。はじめてマヤに関心を持ったのは一九六八年である。彼はこのとき、ファミリーバンクの仕事が休みの日にチチェン・イッツァを訪れた。一九八〇年代はじめに起きたテキサス経済危機の際に、ギルの勤めていた銀行が倒産する。そのおかげで、彼は大学で人類学と考古学を勉強する機会を得た。そして重点的に取り組んだのがマヤ人だった。彼は自分の直感に従って、マヤの崩壊のミステリーを解き明かそうと思った。そのため、彼の干ばつ理論がアカデミズムによって、大むね論議の対象として受け止められたことは（一部でたまたま退けられなかったにしても）、それほど驚くべきことではない。しかし、この一〇年間で、干ばつ理論の確固とした証拠は集まりつつある。その証拠を、マヤの人々がたえず直面していた水問題、そしてリサ・ルセロが指摘した、政治システムの水配分への依存という脈絡から見たとき、干ばつ理論はがぜん説得力を持つものとなった。

ギルが踏み出した第一歩は、センターが遺棄された具体的な年代を探り当てることだった。このために、彼は石碑に彫り込まれた年代を注意深く調べた。そして石碑の中で一番最後に立てられたものの年代を見つけた。この作業を行なうことで、ギルは四つの明確な遺棄の時期を突き止めることができた。四つの崩壊の時期を彼は次のように記している。先古典期の崩壊（一五〇－二〇〇）、中絶期の崩壊（五三〇－五九〇）、古典期の崩壊（七六〇－九三〇）、後古典期の崩壊（一四五〇－五四）。彼はまた古典期の崩壊の間に起きた地理的変動（センターの遺棄）の年代を特定している。マヤの西部と南西部は八一〇年、南東部は八六〇年、そして中央と北部は九一〇年。

ギルの次のステップはこの地方の歴史的資料を調べて、干ばつが最近起きたかどうか、そしてその衝撃について調査することだった。彼が発見したのは一九〇二年から一九〇四年までの三年間、壊滅的な干ばつが続いたことだ。また同じようにひどい干ばつが一三三〇年から一三三四年、一四四一年から一四四六年、そして一六世紀にも起きたと記録されていた。一六世紀には、ユカタン地方のおよそ半分の人々が飢餓や病気のために死んだという。ギルは自分が一九五〇年代にテキサスで経験した飢饉の記憶と合わせて考えてみて、マヤ文明を衰退に導いたのは飢饉に違いないと確信を持つようになった。そんなわけで、彼は自分の理論を証明するために、科学的なデータを調べることにした。これはアカデミックな研究プロジェクトであると同時に、個人的な使命でもあった。

さまざまなタイプの証拠、とりわけ湖の沈殿物コア、海成堆積物、年輪、石筍《せきじゅん》（鍾乳洞の床にできた石灰質の石）などから、古代の気候風土の復元が可能なことを、科学者たちがより深く理解しはじめたのは一九九〇年代である。ギルも注目に値するデータのコレクションをすることができた。それは彼が特定したマヤ崩壊の四つの年代が、干ばつの時期と見事に一致していることを示す資料だった。

一九八四年に、ストックホルム大学のヴィビョーン・カーレンが八〇〇年頃、八六〇年頃、九一〇年頃の年輪の中に複数年の干ばつ期があることを突き止めていた。それをギルは発見したのである。[38] 八〇〇年、八六〇年、九一〇年にはスカンジナビア北極圏へ氷河の前進があったが、それもまたギルの示した古典期の崩壊時期と合致していた。氷河の前進は北半球に起こったことだが、気候科学者たちは、世界中の気候パターンの間につながりのあることを理解しはじめていた。世界規模の気候変化のモデルが示しているのは、北半球の厳寒の時期が、熱帯収束帯――北半球と南半球で生じた風が一体となる赤道近くの地域――の南方に変化を生じさせることだ。これがマヤの低地のような低緯度の地域に、夏場の雨不足をもたらし、干ばつを引き起こす。[39] これを支える証拠としては、一九九〇年代に刊行された報告で、アンデス山脈の二つの氷河から採取した氷床コアの分析結果があった。ペルーのケルカヤ氷河とボリビアのサハマ氷冠は、九世紀の終わり頃にアンデス地方が干ばつ状態に陥っていたことを示していた。これはマヤの古典期の崩壊とまさしく同時期だ。[40]

しかし、このような間接証拠だけでは、干ばつ論を疑ってかかる人々を説得することはけっしてできないだろう。ユカタン半島の証拠が必要だ。ギルはそれについてもすぐに利用できる証拠を見つけた。一九九六年、フロリダ大学のジェイスン・カーティスと同僚たちが、ユカタン半島のプンタ・ラグナ湖から採取した沈殿物コアを分析した。[41] コアには水生生物の殻から沈殿した炭酸カルシウム(CaCO3)が含まれている。沈殿物中の酸素の安定同位体 ^{18}O と ^{16}O の比率変化を測定することで、カーティスと同僚たちは、マヤ時代を通して湖から蒸発した水量の変動を記録することができた。したがって、それにより乾燥期の特定もできた。彼らの測定結果が示しているのは、五三六年と五九〇年の間に大きな干ばつがあったということだった。これもギルの「中絶期の崩壊」と時期が一致している。このことは、二番目の湖チチャンカナブ湖の沈殿物を分析した結果でも確認された。分析はまた、八六三年に厳しい干ばつのあった証拠も提示している。これは古典期の崩壊の時期に合致する。

リチャードソン・ギルは彼の理論を二〇〇〇年に発表しているが、新しいデータはさらにその後も蓄積されていった。二〇〇三年に、ポツダム大学のゲラルド・ハウクと同僚たちは、北西カリブ海やカリアコ盆地から採取された、海の沈殿物コアの分析結果を公にした。[42] 沈殿物は大洋へと注ぎ出るオリノコ川や、他のベネズエラの河川がもたらす沈泥からできていた。沈泥は激流に洗い流されるより、ここではむしろゆっくりと堆積する。したがって、年毎に層をなして積み重なっていくので、時系列で逆に数えることができる。各層の科学的特徴、とくにチタンの現われる頻度を記録することで、ハウクと同僚たちは、南米北部の河川の集水量から、その年に降った雨の程度を推測することができた。

ハウクのチームは八一〇年、八六〇年、九一〇年の三つの時期に厳しい干ばつが集中していたことを発見した。これはまさしく古典期の崩壊の年代だ。また一五〇年から二〇〇年の間の干ばつも見つけた。これは先古典期の崩壊に対応している。さらにハウクたちは七六〇年に襲った第四の干ばつの証拠も見つけている。それはマヤのセンター、ナーチトゥンの遺棄の時期に一致していた。年輪を数える能力を身につけることにより、ハウクのチームはそれぞれの干ばつがどれくらい長い期間続いたのか、それを決定することができた。干ばつは八一〇年が九年間、八六〇年が三年間、九一〇年が六年間続いた。

さらに、もう一つの情報源が二〇〇七年に刊行された。それはベリーズの石筍のデータだ。石筍は堆積物の年層ができる点で、湖や海の沈殿物にやや似ている。石筍の場合の堆積物は方解石で、それは科学的な分析が可能だった。石筍の利点は、方解石の独特な層がウラン系列を用いた方法で年代を測定することができる点だ。が、あらゆる年代決定の方法と同じように、正確な年代ということでは、石筍による方法にもある程度の不確定要素は残る。しかし、石筍にはもう一つの利点があった。考古学上の遺跡のすぐ近くで、石筍を見つける幸運に恵まれることもありうるし、そうなれば、遺跡のすぐそばの環境を再現することが可能となる。

アトランタにある米国環境保護庁のジェイムズ・ウェブスターと同僚たちの幸運がそれだった。[43] 彼らはティカルからちょうど六〇キロの低地中央にあった、マカル・カズムという名の洞窟の中で石筍を見つけた。深さ四〇メートル、直径五メートルの穴を下っていくと大きな部屋がある。マヤの地下世界への下降だ。ウェブスターたちが研究するために選んだ石筍は、高さが一メートル足らずで、のちに分かったことだが、三三〇〇年前に形成されはじめたものだった。そのために、それはマヤの時代のすべてをカバーしていた。ウェブスターと同僚たちは、方解石の独特なリングの年代を特定し、リングを使って、それが形成された年に滴下した水の程度を推測した。それはまた方解石の色や発光、化学成分に現われる^{18}Oや^{13}Cの頻度などを測ることで可能となった。

その結果示されたのは、三三〇〇年の歴史を通して、干ばつのもっともひどかった時期が七〇〇年から一一三五年の間——とりわけ八九三年から九二二年の間がもっとも厳しかった——だったということだ。これは古典期の崩壊と一致している。また一四一年には際立った干ばつの兆候が見られたという。

年代の不正確さを大目に見れば、先古典期の崩壊に十分に近い年代なので、これはこれで意味がある。他にも五一七年の干ばつが記録されている。これはギルが示した中絶期の崩壊のまさしくまっただ中である。とくに重要だったのは、マカル・カズムの石筍が、マヤ文明崩壊後にもなお形成を続けていたことだ。ウェブスターがその色や化学成分を分析して明らかになったのは、一四七二年に深刻な干ばつが起きていたことだ。大まかに見ればこれは一四四一年から一四七一年に起き、広い範囲で飢餓をもたらした干ばつの時期に十分近い。これを見ても分かる通り、分析手段としてこの方法は正当性を立証されうるもので、それは二世紀、六世紀、九世紀に起きた干ばつが、マヤの王のセンターで起きた一連の遺棄と時期を同じくするという、われわれの判断に自信を与えるものだった。

　年輪、湖の沈殿物、海の沈殿物、石筍などのデータによって、マヤの崩壊が干ばつによるものだというギルの理論は説得力のあるものとなっている。が、この考えは一部では、とりわけ考古学界の権威筋では今なお抵抗に遭っていた。ゲラルド・ハウクが海の沈殿物の分析で発見したことを、二〇〇三年に発表したとき、ボストン大学のノーマン・ハモンドはなお納得がいかないままだった。ユカタン北部のセンター、チチェン・イッツァについて、ハモンドは次のように問いかける。「もっとも乾燥の激しい地域だとわれわれも知っている所で、マヤの輝きの中でも、もっとも遅い時期の、もっとも大きな光がなぜ輝いたのだろう?」。これにジェレミー・サブロフ教授が答えているが、内容はハモンドと同じでギルの理論に否定的だ。「マヤはこのような干ばつが起きる前も一五〇〇年間にわたって栄えていた。だとしたら、ユカタン半島の南部の諸都市を衰退させたのは、明らかに気候ではない」[44]。

　その通り、たしかに気候だけではけっしてない。われわれが考えなければならないのは、このような干ばつが、本質的に持続が不可能な政治システムを、崩壊へと導いた引き金の働きをしたということだ。

貯水池やアグアダを十分に満たすことのできない不十分な降雨、その引き金が引かれることで、マヤの崩壊の原因として挙げられていた他の要因の多くが発射されたのだろう。それは不十分な灌漑からくる不作、否応なく腐敗した水を飲むことで罹患する病気、権威を回復しようとして聖なる王たちが行なう戦争などだ。

睡蓮の怪物の死

リサ・ルセロがもっとも重要な要因だったと考えているのが、王たちの権威の失墜である。彼女はマヤ文明の崩壊を人口の衰退より、むしろ政治的な解体にあったと見ている。雨が降らず、貯水池も空のままだとしたら、いったいどうして人々は聖なる王に貢ぎ物を与え続けるのだろう？　分かりやすく言えば、聖なる王たちは超自然の力と親しくコンタクトが取れると公言することで権威を保っていた。その王たちが今、雨が降らないために権威を失っている。その結果起きたのは、よくて、王たちが手中にしていた臣民の忠誠心が失われることだ。が、最悪の場合には、王たちは懲罰を受けていたかもしれない。

その可能性を示す証拠が出ている。カラクムルの南東にあるコルハ遺跡では、古典期末の「頭蓋骨の穴」が発見された。そこには乱暴な形で命を断たれた三〇体の遺骨があった。それぞれ一〇体ずつの男女と子供の遺骨だ。(45)どの遺骨の歯も隅々まできれいにそろっていて、宝石が埋め込まれていた。これを見ても、穴に埋められた者たちが高い身分にあったことが分かる。切断の跡から類推できるのは、頭蓋骨が肉体から切り離されたことだ。そこにはまた死後に身体を切断された形跡も残されていた。この高い身分の人々が、神々を慰め、雨を降らせるための絶望的な試みとして、犠牲に供されたものなのか、あるいは自ら犠牲になったものかはなお不明である。

「王家の皆殺し」と言われているもう一つの例は、八〇〇年頃、カンクエン遺跡で起こっていたようだ。[46]ここでは王と王妃、それに一二人の侍者たちが虐殺されたらしい。王は式服を着て穴に埋められていた。ネックレスでカンクエンの聖なる王カン・マークス（在位八〇〇－八〇二）であることが分かった。他にも美しい衣服、槍、宝石、翡翠の工芸品、ジャガーの犬歯で作ったネックレス、貝殻などの副葬品が出土している。もっとも多くを語っていたのは、このような遺骨が貯水池に投げ込まれていたことだ。おそらくそれは、聖なる王が、貯水池を水で満たすことができなかったことを象徴しているのだろう。

人々が聖なる王を殺害したのか、あるいは犠牲に供したのかはともかくとして、干ばつの状況が、王のセンターへ参列しようとする人々の動機を失わせてしまった。彼らは他の地域へ移動したり、小さくても維持継続が可能なコミュニティを作って、永遠に熱帯雨林の中に散ってしまった。その一方でセンターは朽ち果てていったのである。

このシナリオの中で、われわれが考えなければいけないことは、そこに存在したのが、あらゆるものを秘めたただ一つの崩壊だったのではなく、モザイク状の文化的な変化だったということだ。干ばつにしても、地形全体を通してさまざまな激しさで襲ってきた。そしてその衝撃は、それぞれの地域の生態的要因、人々の干ばつに対応する能力などによって左右された。

先古典期に起きた干ばつはエル・ミラドールに深刻な影響を及ぼしたようだ。貯水池は沈泥でいっぱいになり、そのままの状態にされていたために、二五〇年後により湿潤な状態がもどってきたとき、人々はこれに対応することができなかった。戦争も人々の想定外の結末ではなかったのだろう。タマリンディートでは、古典期後期、地域紛争のさなかに貯水池が建設された。おそらくそれは水供給をより確実に防御するためだったろう。(47)

パトリス・ボナフーは先古典期の干ばつが長い記憶として人々の心中に残った、そしてそれが、二五〇年から五六〇年の古典期初期に描かれた図像中に見られる、水のイメージの際立った流行を説明していると言う。水に関連したテーマはまた、この時期の儀式の中にもはっきりとその傾向をうかがうことができる。そしてそれはまた順を追うように、きれいな水の供給を維持することに対して、聖なる王たちが抱いた心からの関心にも反映している。それも王たちが、水の供給こそが彼らの権力基盤にとって、もっとも重要なポイントであることを知っていたからだ。(48) ボナフーはさらに、次の古典期で図像の中から水のイメージが徐々に消えているのは、より幸先のよい時代の到来に、先古典期の干ばつの記憶が薄れていったことが反映されていると言う。しかし、現状に満足しきった文化的な状況が続いているさなかに、古典期の干ばつがやってきた。

ギルによって特定された古典期崩壊の三段階は、ユカタン地方の地質と密接に関連している。八一〇年頃に、雨が主要な水源となっていた低地西部が一番はじめに崩壊した。次に崩壊したのが低地南部で、ここでは淡水の潟湖《ラグーン》や河川がしばらくの間、地表水を貯えていたのだが、それも八六〇年までだった。最後に崩壊したのは低地中央部とユカタン半島の北部である。そこでは地下水面が浅い上に、水は水位の低くなった湖や深いセノテから得ることができた。が、ここでさえ九一〇年には崩壊している。だが、例外はあった。低地南部のアルトゥン・ハは水を地表の貯水池に依存していたために、九〇〇年には消滅してしまった。が、それに対して、アルトゥン・ハからわずか四〇キロしか離れていないラマナイは後古典期まで、小さな人口にもかかわらず存続した。ラマナイは安定した真水の水源の近くに位置していたからである。

後古典期に低地北部で見られた繁栄は、おびただしい数のセノテによるこの地方への、継続した水供給を反映しているかもしれない。たしかにチチェン・イッツァは古典期の終わり頃に大センターとなり、人口を次の後古典期まで維持した。が、そこにはメキシコ中央部から流入した新しい文化の影響の証拠も見て取れる。また侵略や領土の奪取さえあったかもしれない。しかし、チチェン・イッツァの人口危機や、四方八方へ集団移動が起こった時期に存在したのは、明らかに文化的影響の自然な移行だった。チチェン・イッツァはマヤのセンターの中でも、最後で最大のものだった。が、その周囲にはセンターがなく孤立していた。そのために力が徐々に衰えていった。一二〇〇年頃になると、近隣の集落マヤパンが沿岸の交易を事とするコミュニティの支持を受けて、この地方の政治的文化的な中心となっていった。

けものの美しさ

マヤは古代の文明の中でも、もっともパラドクシカルな（相矛盾した）文明だと思う。一方から見ると、マヤは疑問の余地のない一頭のけものだった。熱帯雨林を切り開いて石の山を築いた。戦争はマヤに特有のもので、人身御供は至る所で見られ、自傷はむしろ尊敬される行為だった。聖なる王たちの競い合いは消費の上昇スパイラルを生み出した。が、このシステムは干ばつのあるなしにかかわらず、最終的には破滅する運命にあった。しかし他方で、彼らの怪物のような行為によって、マヤ人は文字や数学を発明し、どの人間文化もかなわないような、優れた芸術品や建造物を作り上げた。そして聖なる王たちは王のシンボルとして、そして何よりも自分のために、もっともデリケートな花（睡蓮）を選んではしばしばそれを美しく描いた。おそらくそれは、蔓延した環境の悪化といわれのない自然の猛威に対して、わずかとはいえ、彼らが見せた容赦の証しと見なしうるだろう。

11　聖なる谷の水の詩

——インカ人の水利事業（一二〇〇年－一五七二年）

マチュピチュの入口では、夜明けを待つ人の期待感が手に取るように感じられる。早朝、何百という人々が順番待ちの列を作っていた。その大半は何千マイルの旅をしてきて、今、マチュピチュの日の出を見ることで考古学の巡礼を終えようとする人々だった。バスは数分毎に到着している。数キロ下のアグアス・カリエンテスの町——マチュピチュを訪問する人々はここで一晩を過ごす——から、バスは何度もヘアピンカーブを曲がりながら、つづら折りの道を上ってくる。他にも歩いて険しい丘を上り、繁茂した熱帯の木々の間を抜けて、細い道から現われる人々もいた。ゲートが開くと行列がいっせいに動きはじめる。私は一瞬、何かインカ・ディズニーランドのような所へ入る錯覚を覚えた。が、ひとたびゲートが開くと、人々の群れはすぐにばらばらになった。何はともあれ、まずマチュピチュを一目見ようと階段を駆け上がる人々もいた。その一方で、息を切らしながら昇っていく人々もいる。グループでやってきた者も、連れのない旅行者たちも、今はそれぞれ一人一人が山の斜面で静かにたたずんでいる。彼らが待っていたのは、ヤナンティン山のごつごつした山頂から日の光が差し、マチュピチュへ投げかけられる最初の光線だった。誰一人、口を開く者はいない。そこで共有されていたのは、安らぎと静寂のすばらしい瞬間だ。この場面を目撃できる特権が、今の自分にはあると誰もがみんな感じていた。インカの過去と一体となれるこの瞬間を。

マチュピチュはインカをはじめとする失われた文明の象徴《イコン》だった（写真41）。マチュピチュの都市が建造されたのは一五世紀のはじめで、もともとがインカ皇帝の隠居場所だった。同時代のバルモラル（ビクトリア女王が創建した英王室の御用邸。スコットランド北東部にある）のような場所である。[1] インカの首都クスコから北へ七三キロ離れた急峻な山の背に建てられていたために、スペインのコンキスタドール（征服者）たちに見つけられることはなかった。征服者たちの残酷な破壊嗜好の手を逃れて、マチュピチュの建造物はすばらしい姿で保存されている。一九一三年、ハイラム・ビンガムの撮った写真が『ナショナル・ジオグラフィック』誌のページを派手に飾り、世界の目をマチュピチュに向けさせた。マチュピチュはたちまち建築上の傑作と見なされるようになった。が、マチュピチュはまた、水利事業の傑作でもあることが十分に評価されるまでには、なお一〇〇年近くの歳月を要した。

ゲートハウスからは、金色に輝くマチュピチュの石造建築が見える。それが太陽のぬくもりをとらえて、ウルバンバ川の上にそびえる尾根の輪郭に溶け込み、山と一体になっているように見えた。完全なプロポーションの家々や神殿などは、長い階段や広いテラスでつながっている。それが流動感と同時に静寂感を与えていた。どの方角を眺めても、遠くに雪を戴くアンデスの山頂が輝いて見え、マチュピチュにすばらしい背景を提供している。水の音が四六時中聞こえた。それは一つには、要塞内の所々にある水の湧き出る噴水からきていたが、下方の急流からも聞こえていた。

インカ人の業績

一六世紀のはじめにインカ帝国の領土は、北は現在のエクアドルやコロンビアから、ペルー、ボリビア、チリを通って、南のアルゼンチンまで、太平洋の沿岸地域に沿って一万四〇〇〇キロメートルも先にまで伸び広がった(2)。帝国にはおよそ一〇〇〇万の人々がいた。広大な帝国の領域内には、西に、地球上でもっとも乾燥した場所のアタカマ沙漠、東には雪で被われた険しい山頂と、深い渓谷を持ってそびえ立つアンデス山脈がある。

このように厳しい土地ではあったが、インカ人は一五三二年のスペインによる征服に先立つこと三〇〇年以上も前に、自分たちの帝国を拡張し続けていた。インカの人々の達成した軍事的、政治的、文化的な業績は結局のところ、彼らの水管理に由来すると言ってよい。インカ人は水力工学の専門知識を身につけていた。そして、それによって灌漑システムを構築し、険しい山腹に洪水よけのテラスを建設して、食料の供給を確保することができた。水の制御と調節はインカ人の都市設計の根底にあった。無用の水を排水システムによって取り除くことは、飲料用や灌漑用にきれいな水を確保するのと同じくらい重要なことだった。が、インカ人の水管理は水力工学の範囲を越えて広がっていた。彼らもまた水の美を理解して、それを有効に使っていたのである。アンコールの王たちも水の美しさを活用していた。しかしそれは、おもに濠やバライの静謐で音を立てない水の広がりによって、天上の天国を写し出すことだった。が、インカの人々はその逆を行なった。流れる水の眺めとその音を組み合わすことで、噴水や滝の建設に優れた手腕を発揮した。

インカ人の上げた成果はすばらしいものだったが、それはわずかに三〇〇年余りの短い期間しか続かなかった。衰退の原因は簡単だ。スペイン人による軍事征服である。もしこの征服が起こらなかったら、インカ人の作った灌漑システムはそのまま今日でも機能していただろう。実際、その多くはわずかな修復によって今でも機能する。が、その一方で、マチュピチュは何世紀にもわたる降雨に耐えて、現在もこの場所に立ち続けている。これほど精巧な排水計画がなされていなければ、おそらく雨がマチュピチュの土台を崩し去っていたことだろう。

インカ人はどこからきたのか、そして彼らは水力工学の知識をどのようにして身につけたのか？　この問いかけからわれわれはスタートしなければならない。

インカ人以前の灌漑と文明

インカ人が努力の末に達成した最大のものは、他文化の知識を吸収できる彼らの能力だと言う者もいる[(3)]。インカ人は最高の剽窃者だった。彼らが成し遂げた水管理にしても、単に剽窃以外の何ものでもない。したがってわれわれも、南アメリカのプレインカの文化を見ることからはじめる必要がある。が、しかし、それはかなり手間のかかる仕事だ。というのも、そこには長い複雑なプレインカの文化があるからだ。中には、本書で十分評価のしかねるほど傑出した成果を持つものが多い。プレインカの文化を、単にインカのそれに先行したものと見なすことは断じてできない。

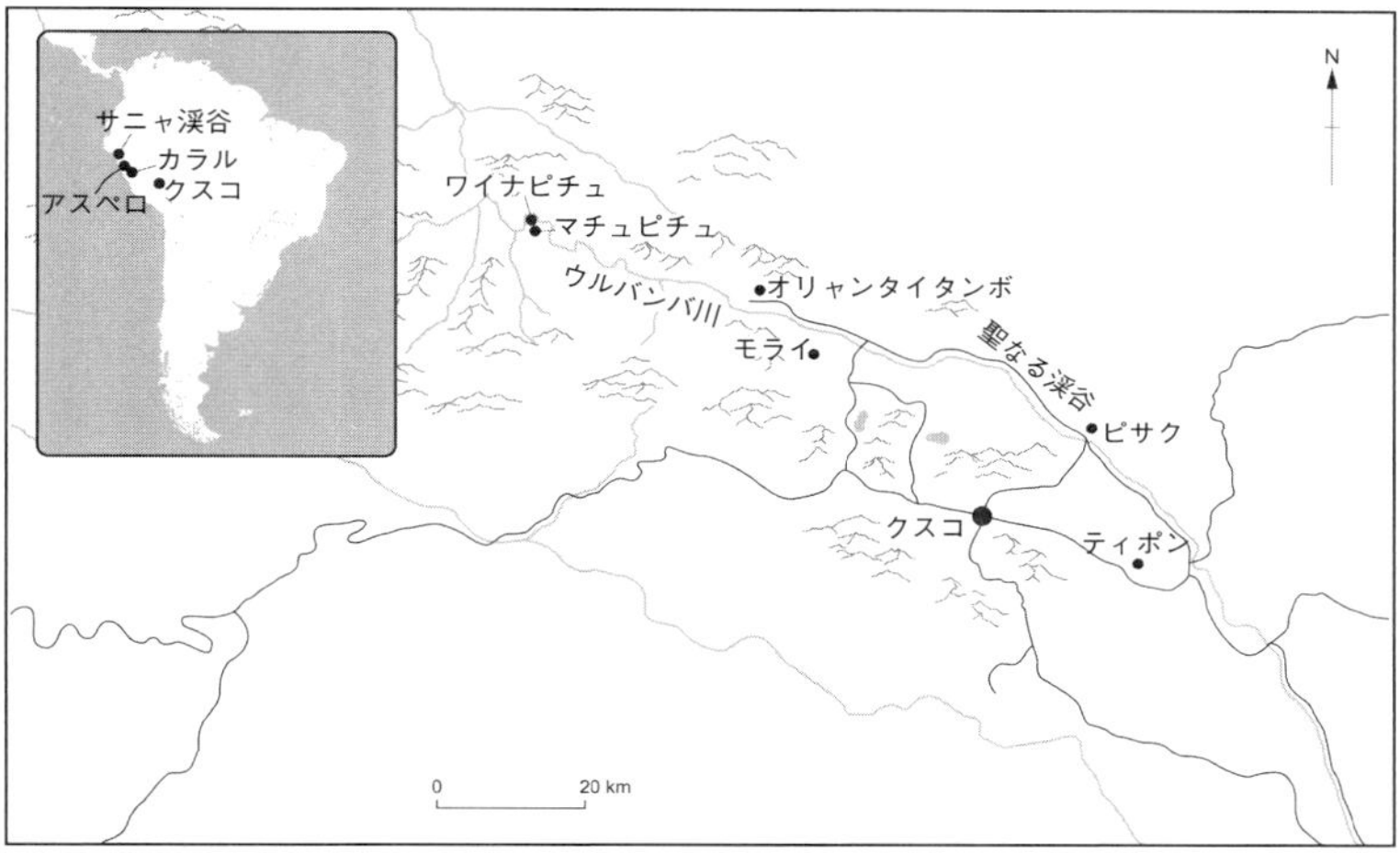

図 11.1　11 章で言及された、聖なる渓谷にあるプレインカやインカの遺跡とマチュピチュ。

南アメリカに人々が住みはじめたのは、少なく見ても一万三〇〇〇年前からである。もともとは、シベリアからベーリング海峡を渡ってアメリカ大陸へやってきた人々が、北から順次南へと広がっていった。ペルーの南海岸にあったケブラダ・ハグワイが、知られている定住集落ではもっとも古い。年代は紀元前一万一〇〇〇年から九〇〇〇年の間で、集落の人々は舟で航海し、浅瀬で魚を捕まえたり、ハマグリなどの二枚貝を採って暮らしていた。それは最終氷河期（更新世）が終わりを迎える頃だった。(4)

この早い時期に、どれほど深く奥地へ人々が入り込んでいたのかは不明だ。が、数千年後、ペルー北部のアンデス山中の丘陵地帯に作られた集落の遺跡は、水管理の起源について関心のあるわれわれには非常に重要なものだ。場所は太平洋岸から東へ六〇キロほど入ったサニャ渓谷（図11・1）。発掘は二〇〇五年に、バンダービルト大学のトム・ディヘイ教授と同僚たちによって行なわれた。そこで発見されたのは南北アメリカ大陸で最古の灌漑の痕跡だった。[5] それは一キロから四キロの長さを持つ、たがいに重なり合った四本の灌漑運河である。もっとも年代が古い運河は少なくとも紀元前三四〇〇年頃のもので、おそらく紀元前四五〇〇年まで遡るかもしれない。これはホホカム人がツーソン盆地で作りはじめた運河よりさらに三〇〇〇年以上古い（9章）。運河は小さな川から水を引いて、農耕地区へ水を送り届けていた。農地で作られていたのはピーナツ、マニオク、カボチャ、マメなどである。それはおそらく家庭で栽培される以前の品種だったのだろう。ディルヘイはこの運河について、それはおもに狩猟と採集によって支えられたコミュニティ内で、「人工的な湿地農業生態システム」を形づくるような試みだったと述べている。運河を建設し維持するためには、世帯間の協力がかなり必要とされたにちがいない。が、集権的なリーダーシップの証拠を、ディルヘイは何一つ見つけていない。

この灌漑用運河の発見はきわめて重要だった。というのもそこには、最初の「文明」を巡って長い論争があったからだ。南アメリカは豊かな海洋資源に恵まれた海岸地方で発展したのか、あるいは灌漑ベースの農耕に依存した奥地で発展したのか。スペ渓谷入口のペルー海岸に位置していたアスペロ遺跡が発見され、それに関する研究が進むにつれて、海岸地方だとする説は以前にもまして強く唱えられるようになった。[6] この遺跡は記念建造物、広場、テラス、大きな貝塚などからなる集合体で、広さは三二ヘクタールに及ぶ。だが、ここには農業と土器――ペルーでは紀元前一八〇〇年に現われていた――の痕跡がない。アスペロ遺跡が一九七〇年代に、考古学者のマイケル・モーズリーによって調査されたとき、彼はこの遺跡の年代を紀元前三〇〇〇年から二四〇〇年の間と定め、集落の人々が生計のもとにしたのは驚くほど豊かな沿岸資源、とりわけイワシ、アンチョビ、貝類などだったと推測した。これがモーズリーに、アンデス文明の「基盤は海にあり」[7] とする自説を提唱させることになった。

しかし一九九〇年代中頃に、ペルーの考古学者ルース・シェイディ・ソリスが、カラルという名で知られているかなり大きな遺跡の発掘をはじめた。この遺跡は二三キロ奥地へ入った、スペ渓谷の砂漠環境の内にあった(図11・1)[8]。六つの巨大な断面台形のマウンド――ピラミッド――といくつもの小さなマウンド、一段低くなった丸い広場が二つ、それに住居用建造物や他の建物の列などからなる六五ヘクタールの都市集合体だ。すべての建造物には、社会的エリートを持つ階層社会の兆しが見えた。カラルが建設された時期は紀元前二六二七年から紀元前一九七七年で、これはメソポタミアで栄えたシュメール文明初期王朝の年代と重なる(3章)。この集合体の規模と、ペルーの砂漠のような環境で定住する複雑さを何とか持ちこたえるためには、かなり高いレベルの灌漑が要求されただろう。

ソリスは遺跡で運河を見つけることができなかったし、したがってその年代を確定することもできなかった。が、彼女が言うには、近くにある現在の運河がおそらく、カラル時代の運河のルートをそのままなぞったもので、遺跡で見られる豊かな植物の遺物が、この地で行なわれていた灌漑にもとづく農業をそれとなく示していると言う。作物にはカボチャ、マメ、綿花などがあった。綿花はとくに重要で、漁網用の繊維を作るために栽培された。海岸地方では、豊かな魚類を捕獲するのに漁網が使われた。実際、アスペロやカラルでは動物性たんぱく質をとる唯一の手段が、おもにアンチョビやイワシや二枚貝など海洋資源の摂取だった。興味をそそる考えとしては次のようなものがある。つまり、灌漑は主として綿花を栽培するために発達し、綿花は漁網の原料となることで、大規模な漁を可能した。さらに漁は社会的なエリートに経済的基盤を与え、それによってエリートたちは記念碑的な建造物を建設することができたと言うのである。考古学者のジョナサン・ハースと同僚たちは、綿花の持つさらに大きな重要性を指摘している。綿花の生産をコントロールすることにより、エリート層は綿布の生産で富み栄える

ことができたと言う。綿花は漁網用の繊維として使用されるだけではなく、綿布として服や袋や装飾品を作るのに使われた。(9)

カラルの年代を確定したのに続いて、スペ渓谷や隣接するペルー北部の渓谷にあって、同じようなピラミッドや広場を持つ遺跡も、ほぼカラルと同じ年代と定められた。遺跡群は紀元前三〇〇〇年から一八〇〇年に栄えたノルテ・チコ文化としてまとめられた。(10)この文化が豊かな海洋資源に支えられて海岸地方ではじまったのか、あるいは綿花の栽培の大規模な栽培が可能となった内陸部ではじまったのか、この点については今もなお大きな議論の的だ。以上のようなわけで、ディルヘイが海岸地方でより、むしろ内陸で最古の灌漑を発見したことは、かなり興味深いことだったのである。

ノルテ・チコ文化がなぜ衰退に向かい、それが紀元前一八〇〇年頃のアスペロ、カラル、その他の遺跡の遺棄につながったのかについては、今なお明らかではない。よその文化が灌漑技術を採用し、ノルテ・チコ文化を失墜させるほど成長したのかもしれない。あるいは、打ち続く干ばつや地震が、ペルー北部の渓谷で灌漑を行なうことを不可能にしたのかもしれない。(11)が、ともかく、紀元前一五〇〇年頃には次の大きなペルーの文化が出現した。チャビン文化とティアワナコ文化である。チャビン文化では、乾燥した沿岸地帯で農耕が行なわれた。またティアワナコ文化は、それほど乾燥はひどくないが寒冷な高地で栄えた。両文化はともに洗練された水管理を行なっていた。(12)

チャビン文化は今のペルー海岸中央部や内陸の沙漠地帯などの、広大な地域に広がって影響を及ぼした。最盛期は紀元前九〇〇年から紀元前二〇〇年。(13)住人たちは精緻な灌漑システムを作り上げ、川の水を畑に導いた。また、排水システムを構築して、高地の集落に降った余分な雨を処理した。

さらに山の多い土地では、もはや降雨はそれほど問題ではない。ティアワナコ文化の担い手たちは、排水用運河を掘ってレイズド・フィールドを作り、ティティカカ湖の周囲の耕地を強化した。畝を盛り上げ、その周囲に水を張った堀をめぐらせるこの耕作技術は、紀元前三〇〇年から紀元三〇〇年にかけてもっとも発達した。[14] 紀元一世紀頃になると、ティアワナコ文化の住人たちはまた、農地を最大限に活用するために段々畑（テラス・フィールド）を作っていた。そして、これによって太陽の加温効果を最大に得ることができた。排水用運河とテラスを作ることで、畑の周囲一帯の温度が上昇して霜による被害が減り、生育期間が長くなった。日中、太陽によって暖められた水が高高度の寒い夜間作物を保護した。畑の間を通る運河は多目的に使われていた。そこでは食用に適した魚がいて食事を補ってくれる。その上、運河は肥料となる泥を生み出す。湖からさらに離れた地域で、ティアワナコ人は「コチャ」という耕作法を行なった。これは地下水面の真上の湿った土壌にアクセスするために、土を掘って一段低い畑を作る農法。これによってまた、穀物を霜から守る環境を作ることができた。

ナスカ文化は一世紀が終わる頃にはすでに、ペルー南部の乾燥した海岸地方で発展していた。[15] この文化が生み出したのは精緻な灌漑のネットワークで、それは運河と、地下水を引き出して利用する「プキオ」と呼ばれた地下水路からできていた。[16] ネットワークは畑を灌漑したり、貯水池に水を満たすために使われ、大きな人口と、ほとんど知られていないが注目すべき文化的業績——ナスカの地上絵だけは有名——を支えた。

一〇〇〇年紀の終わりには、モチェ文化が今のペルー北部の海岸地方で繁栄しはじめた。そして、それがピークに達したのは五五〇年頃である。この文化はデリケートな陶器、すばらしい金細工、記念建造物などを特徴とした。またモチェ文化は高度な階層社会を持ち、そこでは人身御供が行なわれていた。人々は灌漑用の運河を作ったり、川を迂回させたりして地形全体に水利事業を施している。

さらに注目すべき文化が二つある。五〇〇年から一〇〇〇年にかけて、ワリ文化がペルーの中心部と海岸地方で興り、これがインカ文明に直接先行する文化となった。ワリ文化では人々が灌漑システムやテラス、道路のネットワークを発展させた。インカ人はこのネットワークを領土内に広げて、帝国の道路網とした。もう一つはチムー文化。これは九〇〇年頃にペルーの北海岸で台頭しはじめた。モチェ文化から運河のシステムや貯水池などの多くを受け継いでいる。「歩いて入れる井戸」や一段低い畑を工夫した「オヤ」——地下水にアクセスして、自分たちの微小気候《ミクロクリマ》を作るために掘られた——を作ることで、高地の地表水を取り込んだ。

一三世紀がはじまるまでの数年間で、初期に栄えた文化のほとんどは滅びてしまう。人々は散り散りになるか、インカ帝国に吸収されるかのどちらかだった。滅びた文化がインカの人々に残した遺産は、灌漑と排水の知識と熱意——これこそ地勢全体の水利を変容させる能力だ——である。この能力はチャビン時代から発展してきたもので——おそらくはそれ以前からかもしれない——、今なおインカの人々に引き継がれている。引き継がれただけではない。それはこの上なくすばらしい形で拡張されている。工学的な実用性の点でもそうだが、水管理の美を褒めたたえることや、噴水を作り、記念建造物や町のあらゆる場所に、水の流れる水路を作ることでインカの人々は遺産を継承した。

文化、気候、カタストロフィ

南アメリカの気候と土地はこの四〇〇〇年紀の間、本質的に変化していない。むろん、気候と土地は人間の歴史の流れにとって欠かすことができない要素だ。これからも、それがつねに人間の歴史についてまわることは明らかだ。海岸地帯の乾燥過剰やアンデス山脈の超低温に加えて、環境問題はエルニーニョやラニーニャ現象の形で繰り返し起こる[17]。

エルニーニョは南米の太平洋沿岸沖で海面水温が上昇する現象。気温や風の向きを変化させる。これがもたらすものは、一連の大雨や川の大氾濫と、それに続いて起きる焼けつくような干ばつだ。ラニーニャ現象は赤道付近の太平洋で海洋温度が下がることにより、エルニーニョと同じような気候の変化が起きる。ペルーのケルカヤ氷帽から採られた氷床コア[18]や、ティティカカ湖から採った堆積物コア[19]のデータが示しているのは、五六五年に発生したエルニーニョが、以後三〇年に及ぶ豪雨と洪水を引き起こし、モチェとナスカの集落を徹底的に破壊したことだ。ナスカの住人はこのカタストロフィを自らの山林伐採によってさらに悪化させた。彼らは文字通り水によって一掃され、砂漠に残したものは水の涸れた運河だけだった。中でももっとも興味深い考古学上の発見は、川の泥の中で見つかった頭蓋骨だ。切り落とされて胴体から離れた状態で埋められていた。それはひどい雨の中で、実際に儀式として行なわれた戦いの敗者だったかもしれない。頭蓋骨の象徴的な意味合いからしておそらくそうだろう[20]。

過剰な雨のあとには三〇年もの間干ばつが続いた。これはモチェ文化の建物や記念建造物を飲み込み、町を埋めつくした巨大な砂丘が証明している。ナスカ文化と違ってモチェ文化は、小さな集落に分散し、強固に防備された丘の要塞を作ることでこの自然災害を生き延びた。モチェ文化の衰退を引き起こしたと思われるのは、環境災害よりむしろ内部の混乱であり内戦だった。が、戦争はしばしば、干ばつや洪水によって起こる資源不足の結果でもあった。

次の数百年は気候も安定して、平均を上回る降水量を喜んだ。が、九五〇年頃になると、徐々に乾燥した天気の時期がふたたびはじまった。ワリ帝国は六世紀の洪水と干ばつは何とかやり過ごした。それは彼らのテラスによる農法のおかげだった。ティティカカ湖近くで栄えた、高高度のティアワナコ文化も同様に生き延びた。が、住人たちは今ではすでにその数を大幅に減らしていた。しかし、ワリとティアワナコの両文化は、九五〇年にはじまった新たな雨量の減少と、時折襲来するすさまじい干ばつに苦しんだ。が、ともかく一三〇〇年までは存続した。ワリ帝国はやむなくクスコ渓谷のピキリャクタのように町を遺棄した。そのときに彼らは石で出入り口を封じた。これは明らかに帰還することを意図していたのだが、それが適うことはけっしてなかった。

一一五〇年頃から気候がよくなりはじめた——気温が上がり、雨が多くなった。そのことに後押しされて、農民たちは渓谷の高い場所に住居を構え出した。彼らは前の世代や文化から伝えられた知恵と経験を使って、農業用のテラスや灌漑システムを作った。干ばつにも洪水にも、同じように立ち向かうことのできる集落を作り上げた彼らこそ、最初のインカ人だった。水利事業を完全に新しいレベルに引き上げたのである。食料の供給を確かなものにしたために、インカの人口は急速に増加し、やがて帝国が出現した。

インカ人とは何者?

「インカ」という名前は古代ケチュア語からきた言葉で、意味は「統治者」。インカ帝国はエルニーニョ現象、干ばつ、洪水、地震、それに火山の噴火など、いくつもの経験を重ねてきた。が、インカの人々が成し遂げた業績の中で、とりわけ彼らに安全と安定をもたらしたのが水利事業だった。インカ帝国の中心地域となったのは、アンデス山脈の高地に位置する渓谷である。ウルバンバ川の流れている「聖なる渓谷」がそれだ。帝国の首都にはクスコが選ばれた。クスコはケチュア語で「へそ」を意味する。へそはインカ世界の中心だった（図11・1）[21]。

インカの技術者たちは農業用のテラス、入り組んだ灌漑システム、それに水路などを巧みに建設して見事な水管理を行なった。アンデスの山腹は、今なお十分に機能を果たすインカのテラスで覆われている。一方、聖なる谷もまた今なお、ペルーでもっとも生産力のある農業地域のままだ。山腹にテラスを作ることでインカ人は、農地に適した平地をこしらえただけではない。地滑りの危険を最小限にとどめ、豪雨の際に山の中腹へと滝のように流れ落ちる水から土壌を守った。日の光は山の陰に隠れて、めったに低い渓谷まで差し込むことがない。しかし山腹のテラスなら、長い時間、太陽のぬくもりをとらえることができる。そのおかげて格段に生産力が向上したのである。

インカ人は河川の流れを変えたり、それを制御することで干ばつの被害を効果的に除去していた。マチュピチュでは、自然の泉の水を引いて、飲料水や家庭用水とすることで、二つの山の先端部の間に、ドラマチックな集落をこしらえることに成功した。また、聖なる谷の丘上にある集落オリャンタイタンボでは、遠い氷河からの水を地下水路によって、数キロの距離を流して集落へと向かわせた。一方、やはり聖なる谷にあったモライでは、自然の窪みをさらに大きく掘り起こし、完全な同心円を描いて下降する円形のテラス（段々畑）をこしらえた。円形のテラスを下に降りるにつれて、種々さまざまな作物を生育するのにふさわしい微小気候《ミクロクリマ》が順次提供されることになる。

食料や水の供給を確実なものにした今、インカ人は記念建造物を建てるだけではなく、道路網を張り巡らす力を持ち、布や金など多くの材料を工夫して仕上げる、傑出した職人となることができた。また、彼らは軍隊を召集し、自分たちの支配力を隣人にまで押し広げることも可能になった。インカの統治原理は必要とあれば対立するというものではなく、むしろ一方的な強制をこととした。辺鄙な地域にやっかいな住人がいるときには、しばしば彼らをインカの本拠地に移動させ、帝国の中心地の忠実な市民たちといっしょに住まわせた。

インカ・トレイル（インカ道）には道に沿って倉庫が建てられ、地方の住人たちは倉庫に食料を満たすよう指示された。それは食料が欠乏したときの予備や、遠征中の軍隊への食料補給のためだった。インカの土地は険しく、トレイルは山腹を階段やトンネルや橋などを通って伸びていた。草を紡いで作られたロープの橋は、川幅が広く流れの速い川の上に、両岸の橋台から引っ張って架けられている。道路には所々に常備の治安部隊が配置されていた。地域によっては、峡谷に木の板でできた橋が渡してあり、非常時にはそれを取り外すことができた。インカ人は車輪のある乗り物を必要としなかった。それは地形が険しく、乗り物では簡単に通り抜けることができなかったからだ。実際、彼らは車輪を発明しなかったし、鉄製の道具も作り出さなかった。重い荷物や石の工芸品を運ぶのにはもっぱらリャマを使った。

これほど進歩した帝国にしては、少々奇妙なことなのだが、インカには書き言葉がなかった。象形文字というものが一切ない。インカ人が発明したのは、われわれにはコンピュータ・コードのように見える、色のついた結び目のある縄（「キープ」と呼ばれている）で、それは何か房飾りのようなものだった。このシステムがどのように働き、どのような情報を伝えるかはおおむねまだ分かっていない。が、現代のケチュア人は今も、伝統的な模様やシンボルを使って、布地に情報やメッセージを織り込んでいる。インカ帝国では、情報やメッセージはただちにリレー・ランナーのシステムによって、トレイルを使って送られた。建築上のプランは粘土や石でこしらえた模型により連絡され、石工たちは体の一部を測定の基準として使った可能性が高い。

インカの人々は、多くの神々を崇拝する複雑な信仰体系を持っていた。ほんの少しだけだが挙げてみると、インティ（太陽）、パチャママ（大地）、ママ・コチャ（母なる海）、ママ・キリャ（母なる月）、アプ・イリャプ（雨を降らす者）などがある。儀式の年中行事を念入りに記した暦もあった。その中には、アンデス地方の文化に深く浸透していた慣習として、動物や子供を生け贄に捧げるというものもある。あの世に対するインカの信仰は、人間のミイラ化や、食物を入れる陶器製の壺や衣類の副葬にまで及んでいた。

死んだインカの皇帝たちは埋葬されなかった。彼らは生前と同じように服を着せられ、食事を与えられてもてなしを受けた。そして儀式の際には助言を求められた。死者となった皇帝たちは力のあるワカ（神秘的な力を持ったもの）と見なされた。ワカとは宗教的なシンボルで、その中には彫刻が施された石、さまざまな意味の染み込んだ山々や河川のような自然現象なども含む。インカ帝国が崩壊すると、残されたインカの人々は、ミイラとなった昔の皇帝たちを隠そうとした。が、その大半は、結局、スペインのコンキスタドールたちに見つけられて没収されてしまった。ミイラはリマで公開されたが、それを見ていたのはヨーロッパ人だけで、ミイラは湿度の高い気候の中で解体していき、その後、弔いの儀式もされることなく埋葬された。

インカ帝国の支配は通常、父親から息子へと代々受け継がれていく。が、インカの皇帝は死んでもなお、自分の土地を支配していた。そのために新しく皇帝になった息子は、新たに王宮や別荘を建てなくてはならない。しかし、一四〇〇年代中頃、カンチャと呼ばれた南部の強力なコミュニティが反乱を起こした。皇帝のインカ・ビラコチャは恐怖のあまり逃げ出し、インカは危うく敗北の憂き目に遭うところだった。そのとき息子のインカ・ユパンキは、インカの兵をふたたび呼び集め、カンチャ軍を打ち負かした。そのあとでユパンキは父親を退位させると、自ら皇位についてインカ・パチャクテク（またはパチャクティ）と名乗った。名前の意味は「大地を揺るがす者」つまり「地殻の大変動」という意味だ（写真42）。

パチャクテクの統治は、インカが南北へと侵略するその端緒となった。そして帝国は大いに進展を遂げた。インカの首都としてクスコを創建し、神殿や要塞や宮殿をインカの独特なスタイルで作るように発注したのもパチャクテクだった。「失われた都市」マチュピチュも彼の手になる。パチャクテクは自ら太陽神インティの末裔だと名乗り、自分自身を民衆の崇拝の的とした。そして通説では、毎日新しい衣服を着ること、金製の皿で食事をすることを要求したという。

パチャクテクの死後、彼の軍事的成功は息子のトパ・インカ・ユパンキに引き継がれ、さらに次の世代のワイナ・カパクへと継承されていった。この頃になると、インカ帝国は最大の版図を誇るようになる。が、それを管理することが徐々に困難となっていった。ワイナ・カパクとその息子が二人して一五二七年に死んだ。おそらく天然痘によるものだったろう。天然痘はクリストファー・コロンブスやスペインのコンキスタドールたちによって、気づかぬ内に新大陸に導入されたもので、またたく間に原住民の間で広まった。インカの皇位を誰が引き継ぐかを巡って混乱が続く中、他に二人いた息子の間で残忍な内戦へと発展していった。内戦はインカ帝国の軍隊を弱体化させた。勝利したアタワルパは数年の間インカを統治したが、スペインの指導者フランシスコ・ピサロによって囚われの身となる。アタワルパは八カ月間投獄されたのち、一五三三年に殺された。

インカ帝国はなおスペインの支配に抵抗を続けたが、インカの人々は病気によって大きな打撃を受けるようになる。スペイン人は残虐だった。インカの諸都市を破壊し、金細工を溶かし、人々を奴隷にした。そして最後には、キリスト教徒のスペイン人が「偽りの神々」の崇拝を禁じた。また原住民の宗教や文化のあらゆる表現を禁止した。一五七二年には残っていたインカの本拠地が制圧され、インカの都市の大半は略奪を受けて破壊された。が、マチュピチュだけは難を逃れた。

ビンガムのマチュピチュ再発見

インカの「失われた都市」として、世界中の旅行者に知られているマチュピチュは、今では世界遺産に認定され、毎日何千人という観光客がこの地を訪れる。マチュピチュはクスコの西、ウルバンバ渓谷のはるか上に建てられた要塞都市で、インカ帝国の絶頂期に実施された都市計画の輝きを今なおとどめている。スペイン人の追跡を逃れたのも、草木に埋もれて忘れ去られたのも、第一にこの城塞の持つ地理的な位置からきたものだ。しかしそれはまた、献身的なインカの人々が一役買って、彼らの死――十中八九、それは天然痘による不愉快な死だったろう――まで、ひたすらその場所を秘密にしておいたためでもあった。

マチュピチュの再発見は長い間、ハイラム・ビンガムが一九一一年に行なったものとされてきた。当時彼は三〇歳。もともとハワイの富裕な宣教師の息子で、コネティカット州で教育を受け、のちにイェール大学でラテンアメリカ史を教えた。(22) ビンガムは名声を得たいという思いと、一攫千金の夢を実現したい気持ちに駆られて、やがては自分を「探検家」として名乗るようになる。資産家の娘と結婚すると、ますます旅への思いが募った。とくに南アメリカへの好奇心に駆られた。七人の息子の父親となった彼はおそらく、いろいろ面倒なことの多い家庭から、いくぶんか逃げ出したかったのかもしれない。

ペルーへ数回短い訪問を繰り返したあとで、一九一一年、ビンガムはコロプナ山の初登頂を目指し、そのついでに、経度七三度近辺の地図を作成しようと遠征隊を編成した。チームはビンガムと志を同じくする探検者たちが都合七人、それに、これよりはるかに人数の多い地元のシェルパたち、そして必需品を運搬するラバなどで編成された。荷物は折りたたみ式のベッド、テント、食料の入った箱、その他に「絶対不可欠な」ぜいたく品など。

たしかに……若者の中には、イチゴジャムやスイートポテト、ピックルスなどが、しばしばメニューに登場するなどと世間に知れたら、探検家としての名声が損なわれてしまうと思う者がいるかもしれない。

旅の途中で山岳地帯を通り抜けるのに、どの道を行けばいいのか頭をひねっていたとき、ハイラム・ビンガムはたまたま地元のメルチョル・アルテアガという農民に出会った。このアルテアガがマチュピチュ（ケチュア語で「年老いた山」の意）を指し示し、頂上には遺跡があるとビンガムに教えた。ビンガムは旅の目的から気分を転換する、ほんの気晴らし程度のつもりで、仲間たちをキャンプで休ませると、一人で骨の折れる午後のハイキングに出かけた。上りの最後の所では、一一歳になるケチュアの少年パブリト・アルバレスに案内してもらった。アルバレスはビンガムを遺跡に連れていった。遺跡の中には二つの家族が畑を耕しながら住みついていた。三〇年後に、ビンガムはマチュピチュを発見したときの様子を、次のようにロマンチックな表現で記している。

やがて、われわれは熱帯雨林のまっただ中にいた。木陰の下でようやく古代の壁の迷宮を見つけた。それは花崗岩のブロックで作られた建造物の廃墟だった。ブロックの中にはインカ建築のもっとも洗練されたスタイルで、ぴたりと美しく重ね合わせたものがあった。

が、実際には、ビンガムはすばやくあたりを見回した。そして石の一つに、木炭で書かれたクスコの探検家たち三人の名前を見つけると、そそくさと下山したらしい。彼が二人の同僚をマチュピチュへ送り返して、木々を切り開き、遺跡を記録させたのは、遠征が終わって数カ月が過ぎてからだった。

イェール大学にもどったビンガムは、遠征で得た結果を世界的な評価を受けるために利用する道を探った。最初の試みは旅の途中で発見した人骨によるもの。当初、ビンガムはこの骨が古代の人類の祖先だと信じた。が、それは最近の人骨であることが判明した。次にビンガムがエネルギーを注入したのはコロプナ山の登頂の報告だ。しかし、これも彼が思っていたよりも山が低いことが判明したために、一般市民やメディアの関心はほとんどなかった。ハイラム・ビンガムが発見したマチュピチュの可能性を、はっきりと認識しはじめたのはのちになってからで、それは一九一二年にふたたびマチュピチュで調査をしたあとだった。一九一三年に彼は『ナショナル・ジオグラフィック』誌に、自分の発見を雑誌一冊丸ごとで特集に組んでほしいと頼んだ。それもマチュピチュは二〇〇〇年も前のもので、古代インカ帝国の首都の遺跡だと言って説得したのである。

マチュピチュを発見したのはハイラム・ビンガムだと広く考えられているが、実際はこの古代の都市は失われていたというより、むしろ単に忘れ去られていただけだった。事実、地元の人々はインカ人が遺棄してからも、マチュピチュの農業テラスを使い続けていたし、遺跡そのものも避難所として活用していた。一九〇一年に遺跡を訪れた三人のクスコの探検家たちの他に、噂によると一八九〇年代に、マチュピチュから金製品や遺物を手際よく盗み出していたドイツ人がいたという。彼は下の渓谷で製材所を持っていたが、その経営を補うために盗みを続けていた。マチュピチュで行なわれた考古学上の発掘作業で、金の工芸品（ブレスレット）がわずか一つしか見つからなかった理由を、このことが説明しているのかもしれない。ブレスレットは排水壁の底部で発見された。それはまるで、わざわざそこにトーテムとして埋めたかのようだった。おかげで、ブレスレットは遺跡荒らしの目を逃れた。

しかしこのようなことはいずれも、ハイラム・ビンガムがマチュピチュの重要さをはじめて認めた事実を、そして彼が長い年月を遺跡の詳細な記録とインカの研究に捧げた事実を損なうものではなかった。マチュピチュは明らかにビンガムを名声と富の方へと押し出した。それは彼に教授職を与えただけではない。人生のさまざまな時期にそこへと立ちもどることのできる、アカデミックな、そして創造的な素材の豊かな源泉を提供することになった。しかし、ビンガムは現在の栄光に満足していなかった。第一次世界大戦の際には空軍に入隊し、のちに『An Explorer in the Air Service』（空軍に入隊した探検家）というタイトルの本を書いている。さらにそののち、彼は共和党に入って政界入りを果たし上院議員となった。ビンガムが軍隊生活の経験やマチュピチュの発見――『The Lost City of the Incas』（インカの失われた都市）。一九五二年に刊行――について書きはじめるのはそのあとである。

最初の動機がどのようなものであったにしろ、ハイラム・ビンガムがマチュピチュで行なった、熱心で細部まで行き届いた仕事は、とにもかくにもこの遺跡を世の中に知らしめることになった。そして、その後ずっと、マチュピチュはアカデミックな研究のテーマとなり、旅行者の目を引きつける目的地となった。しかし、それはまた論争のテーマでもあった。ビンガムがマチュピチュから掘り出した工芸品は四万点に上り、今ではイェール大学で保管されている。その中には青銅製や銀製の鏡、陶製の器、ペンダント、骨ピンなどがある。これらの品々は発掘されたのち「安全に保管する」ために船でアメリカに送られた。遺物が移動して一〇〇年後、わずかに一〇パーセントだが、その返還を進める交渉がペルー政府との間で継続中だ。

中央広場は大きな排水溝

マチュピチュが位置していたのは、マチュピチュ山とワイナピチュ山の頂きの近く、二つの断層の間に伸びた尾根の上で、海抜二四三八メートルの目を見張るような場所だった。[23]この要塞都市は戦略的な位置に建てられていて、そこは要害の地だった。四五〇メートル下方では、ウルバンバ川が三方を巡るようにして流れている。一方、クスコからアクセスしようとしても、ロープや木の幹で作られた橋が、切り立った断崖に架けられていて、マチュピチュはそれによっても守られていた。

これほど高い峰の上に位置しているマチュピチュだが、クスコにくらべると一〇〇〇メートルほど高度は低い。そのために気候はクスコより暖かい。それがマチュピチュを、パチャクテク皇帝が余暇の時間を過ごすのにふさわしい、安全で心地のいい、美しい場所にしていた。一五世紀の気候は今日とあまり大差はなかっただろう。五月から八月までは乾燥した冬の季節が続き、一〇月から三月までは湿潤な夏の季節が続く。気温は温暖で霜は降りない。要塞の建設地は慎重に選ばれていたが、インカの建築家にとってその場所は、数多くの複雑な水利上の問題を投げかけていた。住居用の建物を作るときでさえ、二つの頂きの間に広がる、岩石の多い谷の構造を若干改造する必要があった。

完成した要塞の中央広場は平坦で広く、何一つない草地になっている。サッカー競技場をいくつかならべたくらいの大きさで、市場、会議場、見せ物の舞台などにはもってこいの場所だ。まわりはテラス、階段、建物、基壇などに囲まれている。しかし実は、広場の元来の目的はさらに実用的なものだった。それは広場が排水域の働きをしていたからだ。大きな石や砂利の層からできていて、まわりの建物から排水された水をすべて集め、下のウルバンバ川へと導き流していた。広場の肥沃な土壌は、近くの山々や谷の氾濫原から運んできたもので、それを石や砂利の上に敷くことで、完全に草で被われた広場ができ上がった。毎年起こる大洪水を、広場は六〇〇年にわたって遺跡から排水してきた。が、にもかかわらず、そこには地盤の沈下は見られない。広場の地表に何一つ変化がないのは、広場がただの空き地とはまったく別物であることを示していた。

広場の向こうには二つの山の山腹あたりに耕地テラス（段々畑）の一群がある。中には幅が数メートルのものもあった（写真43）。雨が確実に降るために、ここでは灌漑の必要がなく、テラスは集中的に耕されている。土壌も浸食されることなく、半世紀以上もの間、同じ場所にそのままとどまっていた。一九一一年にやってきたとき、ハイラム・ビンガムが最初に感じた印象は、「インカ人はすばらしい技術者」だというものだが、これでもいくぶん表現は控えめだったのだろう。

マチュピチュの一七二の建物は巧みにインカのテラスに組み込まれていて、それは一〇〇を越す石の階段でつながっていた。要塞都市内の配置は農業地区、インカの貴族の住居地区、神殿などに分かれていて、整然と慎重にレイアウトされている。建物の建築に採用されているのは、古典的なインカのスタイルで「切り石積み」（アシュラー）と呼ばれるもの。石のブロックをモルタルを使わずにぴたりと合わせて空積みする技法だ。この工法で作られた壁は、地震が起こっても石壁自体が動くことで耐震性を発揮する。ダメージもなく、地震が収まれば石はふたたびもとの位置にもどる。他にもう一つ、地震の被害を少なくするためにインカ人が考案した工夫がある。それは窓やドアの形を台形にしたことだ。壁もまた安定度を高めるために内側に傾斜して作られていた。そして壁の外周コーナーには、たがいの骨組みを結びつけるためにL字型の石ブロックが使われた。高度な建築方法の結果として、神殿、祭壇、それに小さな家でさえ六〇〇年に近い間、草葺き屋根がなくなっているのを別にすれば、ほとんど損壊を受けることなく往時の姿をとどめていた。

あらゆる建物は長方形をしていて、シンメトリーと秩序というインカの原則通りに作られている。が、例外は「太陽の神殿」と呼ばれる建物だ。これは円形をしていて、自然に露出した岩の上に建てられていた。おそらくそれには儀式的な意味合いがあるのだろう。冬至のときには、太陽の光線が神殿の中央の窓から差し込んで、石の床に直接光を投げかける。湧き水の噴水が神殿区域に滝のように落ちていて、誰もが飲料水として飲むことができた。要塞都市の全体に排水路や導管のネットワークが張り巡らされていて、ひどい雨のときでも都市はきれいに乾燥した状態で維持されていた。

マチュピチュにはつねに三〇〇人ほどの人々が住んでいた。これはパチャクテクとその供人たちの到着に備えて、要塞を維持する役割のコミュニティである。彼らの白骨化した遺体は周囲の丘の墓地、洞窟、岩の裂け目などで見つかっている。[24] 一五四〇年頃に、マチュピチュは使用されなくなったのだが、そのときでもなお建築工事は進行中だった。巨石が、それを移動させるために転がす石を下に敷いたままで打ち捨てられていた。

現在、この遺跡をぶらぶら歩きまわったときに、誰もが引き込まれてしまうのが、要塞のかなたに見える風景だ。それはインカの人々にとって重要な意味を持っていた。まわりの山々の山頂が一望できるパノラマのような眺望、その山腹は熱帯林で埋めつくされている。あたりの空気は、下の渓谷を勢いよく流れるウルバンバ川の水音で満たされていた。自然界とのつながりはインカ人の意図したものだった。彼らは要塞内の立石を作るのに、背後の山頂の形をそのまま正確に模倣している。そして同じように噴水も川をまねて作られていた。

マチュピチュの噴水

水利事業の功績の一例として、マチュピチュを理解できるようになったのはケネス・K・ライトのおかげだった。ライトがはじめて、妻のルースとともにマチュピチュを訪れたのは一九七四年である。一九九四年に再訪した彼は、インカの水利システムがどのような働きをしているのか、それについて集中的な研究をしはじめた。彼はまた「ライト・ウォーター・エンジニアズ」というコンサルタント会社を立ち上げて、大きな成功を収めていた。そのこともあって、彼は古代文明の水システムの研究という古水文学への興味を徐々に深めていった。ライトは次のように打ち明けている。「一人の現代エンジニアが、先史時代の水資源管理について抱いた関心からはじまったものが、たちまち一つの強迫観念になってしまった」。一九九四年、ライトは妻やペルーの考古学者アルフレド・バレンシア・セガラを含めたチームとともに、マチュピチュやその他の遺跡で水システムの研究をはじめた。妻のルース・ライトは独創的なマチュピチュの案内書を書いた。それは各建物について詳細な説明がなされていて、マチュピチュを訪れる人には必携の書となっている。二〇〇八年にライト夫妻は、クスコのサン・アントニオ・アバ国立大学の名誉教授に二人そろって推挙された。

マチュピチュは雨に恵まれていて、降雨量は農業システムを維持するには十分なほどだった。が、その絶好な立地条件のおかげで、マチュピチュ山中腹の断層にあった、水の涸れることのない豊かな泉からも恩恵を受けている。インカの技術者たちは、泉から非常に効率的に集水するシステムを作り上げていた。泉の水を七四九メートルの水路（写真44）を使って都市へと送り届けた。この狭い水路（幅が一〇から一二センチ、深さは一二から一三センチ）はぴったりと重ね合わせた石でできていて、水漏れを最小限の一〇パーセント以下に抑えるために粘土で密封されていた。水路は頑丈に作られた石のテラスに沿って走り、農業テラスの広い地域を通り過ぎて、都市居住区のもっとも高い地点へと通じている。勾配はあってもわずかに一パーセントほどだ。水はインカの支配者の住まいにある第一の噴水へと導かれる。

その住居は、泉の重力流を受けることの可能なもっとも高い所に建てられていた。

水路はそのあと、マチュピチュの王族や宗教の区域を通り過ぎて、長い階段に隣接した一六の噴水へと水を届けた。ルース・ライトは一六の噴水のすべてにナンバーを振った。それぞれの噴水は独自なデザインで作られていたが、共通していたのは屋根のない部屋の中に設けられていたことだ。そしてそこには、水を入れる容器の置けるスペースがこしらえてあった。またプライバシーにも考慮が払われていて、おそらくそこでは洗い物をしたり、儀式が執り行なわれたりしたのだろう（写真45）。水の流れは巧妙に工夫されていて、アリバロ——水を入れるインカの容器——の狭い口にうまく注ぎ込むことができるよう、水は途切れることなく一様に流れ出た。それぞれの噴水には通常、少なくとも一つは台形の形をした壁龕が壁の中に作られていて、それは今でも、ケチュア人によって供え物を置くために使われている。水システムは細い水の流れを作るように工夫されていたのだが、インカの技術者たちはまた、過剰な水を排水溝へと溢れ出させる場所も準備していた。

マチュピチュの噴水システムは家庭にも飲料水を供給していた。噴水の中のいくつかは、噴水3のように儀式用に使われたものもある。そこには四つばかり壁龕があって儀式に使う物が置けるようになっていた。噴水3はまた「太陽の神殿」の近くにあった。この噴水だけは水が迂回するようにできていて、噴水2から噴水4へと地下の水路で水が流れた。最後の噴水16を除くと、すべての噴水は公共の使用が許されていた。噴水16にはかなり高い壁がある。この最後の噴水へは「コンドルの神殿」として知られる建物群からでなければアクセスできない。コンドルの神殿と呼ばれているのは、中央にある部屋のためで、その床にはコンドルの頭と襞状の首毛が彫り込まれた岩があった。上を見上げると、巨大なコンドルの羽のような岩がそびえている。マチュピチュにあった一六の噴水は、ケネス・ライトの骨折り

——そして修理用のプラスチック管——によってふたたび水が流れるようになった。水流の眺めや音は、古代マチュピチュの雰囲気をある程度は再現していて、水をコントロールすることで、環境に挑戦したインカ人の力をいくぶんかは回復させている。一九九八年に山腹の下方の噴水が一つ、きれいに掃除されて復元された。水が突然マジックのように出はじめると、ケチュアの労働者たちは集まってきて、インカの伝統的な感謝の祈りを捧げた（ここに示すのはそれを翻訳したもの）。

私はマチュピチュ、プトゥクシ、インティプンカ、マンドルの神々の霊に呼びかける。ここでは美しい大地の母パチャママ・パチャが噴水を涸れさせることがない。毎年われわれが飲めるように、水は流れてくるにちがいない

ティポンのウォーター・ガーデン

マチュピチュはそのきわめて劇的な立地場所と、巧みに作られた建築物のために、インカの遺跡の中ではもっともよく知られていた。が、他にもやはり、注目すべき水利事業の見られるすばらしい遺跡がたくさんある。たとえばティポンだ。この遺跡はクスコの東一八キロにあり、水利に関しては創意工夫の点でも、技術的なスキルの点から言っても、マチュピチュにけっして引けを取るものではない。ティポンはインカのウォーター・ガーデン（水の庭園）として知られるようになったが、まさにその名にふ

さわしい。ここでもやはり、今でもなおインカ時代に作られた水路で水は流れている。(25)

ティポンは、クスコから続く幹線道路の上方にある狭い渓谷の中に位置していて、そこは今日でさえ簡単に行ける場所ではない。私が乗ったタクシーは小さな村を通り過ぎ、急勾配の道に沿ってうねうねと蛇行する。そしてやっと小さな駐車場にたどり着いた。そこには限られた観光客用の施設があるだけだ。小さな上りの道を歩いていくと、人間のすみかと思しい最初の兆候が、美しいインカの壁や滝の形で現われた。どこからともなく現われた彫刻のような滝が垂直に落ちている。さらに少し上ると、突如、広いテラスの谷が眼前に開けた。至る所で水が落ちているが、それはテラスの土止め擁壁に慎重に組み込まれたひと続きの滝で、心地よく垂直に落ちていた。滝の優しい音があたりに広がっていて、その静かさが他の水路――テラスに沿ってたくさんの狭い水路が走っているが、その水はここからは見えない――の水音で乱されることはない。

ティポンの中心地区は一三段続く広いテラスだ。距離にして四〇〇メートル、斜面を下っていく落差は五〇メートルある。このテラスはインカの集落へ十分に肥沃な農地を与えた（図11・2、写真46、47）。ティポンは一四〇〇年頃にインカ帝国の注目すべき都市として発展を遂げたのだが、その数世紀前には、すでに人が住みはじめていた。この都市を創建したのはインカ・パチャクテクの父のインカ・ビラコチャである。ティポンは三方を川や崖によって守られ、もう一方にはティポン山があった。都市の周囲には、もともとワリ人たちによって高い壁が巡らされていた。

ティポンは水路、水道橋、噴水、垂直に落ちる滝、地下の暗渠など驚くほどの水利事業によって、水の可能性を称え、それを最大限に活用するよう巧みに設計されていた。流れる水が奏でる音は、遺跡で営まれた人々の活動を元気づけたにちがいない。ケネス・ライトはそれを「水利の詩《うた》」と記している。

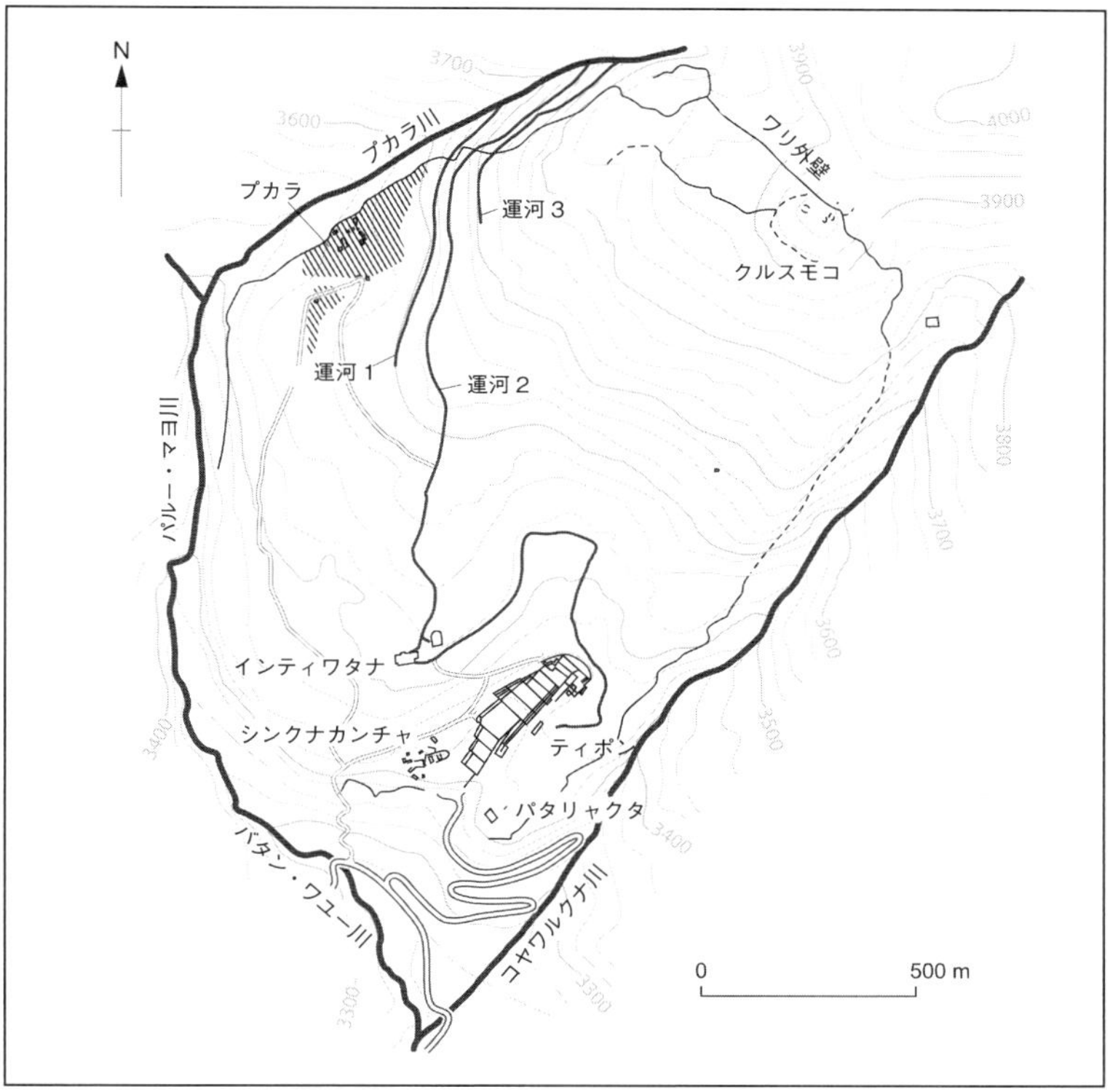

図 11.2　ティポンのテラスと運河（[Wright 2006] より）。

が、この詩には目的があった。流れる水や落下する水のほとばしりをコントロールすることは、インカの地と水の支配者が行なう権力の誇示でもあった。

水利の詩

ティポンが位置していたのは急勾配の南面、海抜四〇〇〇メートルの場所だ。ひどい霜が降り、気温は低く、五月から八月の間はほとんど雨が降らない。が、涸れることのない泉が干ばつからティポンを守った。泉は一三段あるテラスの（上から数えて）三段目に湧き水となって流れ出て、飲料水や灌漑用水となった。インカの技術者たちはこの泉水を補うために、北西一キロほどの地点を流れるプカラ川の流れを変えて、その水を利用した。川の水は谷に架けられた石造の水道橋を通って流れ、四〇〇メートルほど下って、ティポンの上から二段目までのテラスを灌漑したあと、下のテラスへ流れていく泉の水を補完した。

インカ人がこの場所を皇帝の地所として発展させはじめたとき、ティポンの泉は明らかに、人々の目を引きつけたものの一つだったろう。が、この土地はもともとが耕作地に不向きな、ほとんど利用不可能な場所だった。この問題を克服するために、意欲あふれるインカの技術者たちがはじめたのは、地勢を完全に設計し直すことだった。まずはじめに彼らは深い谷を一三段のテラスで埋めた。そのために土止めの壁やテラスの土台を作って基礎を固め、隣接する丘の上から土を運び込んだ。そしてそれを平らにならして、農地にふさわしい土地を作った。この仕事で使用された専門技術は、六〇〇年後の今でも土地の浸食を最小限に抑えていて、テラスでは最近まで耕作ができたほどすばらしいものだった。

三八〇〇メートルの高みにあった泉は、一五三エーカーの集水地域から水を集めた。インカの技術者たちは山腹に少なくとも八つの地下水路を石で作り、地下水を最大限に取り込んで泉に向かわせようとした。そののち、暗渠を流れる水は石造りの一本の水路に集中的に向かい、それが上から三段目のテラスへと流れ出る（写真48）。ここでインカ人は、水の摩訶不思議な到着を祝うかのように、入り組んだ構造を巧みに作り上げた。まず水の流れは狭い二つの水路に分かれる。そしてそこから第一の滝壺へと落下する。さらにいくつかに分かれた水路を伝って、水は第二の滝壺へと落ちる。三番目の滝がその水を、さらに下のテラスへと続く灌漑のネットワークへと送り出した。

水は一つのテラスから次のテラスへと連続して、きわめて魅力的に、そしてきわめて機能的に、重力によって水滴（滝）となって落ちていく。それぞれの滝にはめ込まれた水路は、しぶきの量を最小限に抑えるように巧みにデザインされていた。その一方で、滝を落ちる水の姿や音もまた印象的なものだったにちがいない。八段目のテラスの真上には、一般に「儀式用の噴水」と呼ばれているもう一つの、装飾された二つの口から流れ出る滝があった。他の滝あるいは噴水は、アリバロを水で満たすことができるように、注意深くデザインして作られていた。

テラス間のアクセスはほとんどが「長い階段」によった。階段はテラスの壁からはみ出していたが、それが魅力的なシンメトリーをなしている。テラスは優れた灌漑の働きをしたが、山腹の南面にあったために、褐色の安山岩で作られたテラスの擁壁は、太陽の熱を吸収して夜分の霜を防ぐのにも役立った。

ティポンでは、皇帝一族が住む建物は清浄な水にアクセスできるように泉のそばに建てられていた。また、テラスの下にはパタリャクタの名で知られる農村があり、山腹の突起部にはシンクナカンチャと呼ばれた守備隊の駐屯地があった。水使用に関して言えば、もっとも興味深い建物は、テラスの北西上方にあったインティワタナだ。

インティワタナはおそらく、宗教活動や儀式などが集中的に行なわれた場所だったろう。そこには馬蹄型の広場と、基岩の上にごつごつした岩で作られたピラミッド型の建造物があった。プカラ川から引かれた水道橋が、この建物群の真ん中を通っていて、水道橋は建物群のデザインの中にみごとに溶け込んでいた。残念なことに水道橋は現在水が涸れているが、かつてはその水が滝となって、玉座のある謁見の間に流れ込んでいた。さらに水は建物群の他の部屋部屋を開水路となって流れていった。ピラミッドの隣りには、他にも石の玉座が二つあり、その土台となっている石のブロックには浅い溝が彫られていた。それは儀式で何か液体（十中八九、水にちがいない）が使われたことを示していた。おそらくそれは、玉座に座ったミイラの遺体の喉を潤すためだったろう。一般的には建物群の至る所で排水管が目につくが、これは儀式を行なう際、かなりの量の水が不可欠だったことをほのめかしている。さぞかし水が流れる音があたり一帯に響いていたことだろう。

最後に挙げるのはテラスのはるか上方、ティポン山の頂きにあったクルスモコで、ここはインカの

「ワカ」、つまり崇拝の対象となった場所だ。この近づき難い聖なる場所からは、ティポンのコミュニティ全体を見渡すことができる。そしてそこには、二つの露出した火山岩があり、それがテラスの壁でつながっていた。岩の頂上には長さが一メートルほどの謎めいた窪みが彫られていて、これがしばしば水でいっぱいになる。おそらくそれは、この場所で見張りに立っていた人々のための、小さな貯水池だったのではないだろうか。あるいはまた、岩のへこみは儀式に使われた可能性もある。この独特な雰囲気の山頂にはまた、渦巻きや矢を描いた岩絵が数多くあった。岩絵は五〇〇〇年ほど前のものだが、インカ人以前の人々にとっても、ここが特別な場所だったことをそれは物語っている。

聖なる渓谷の過去と現在

私はペルーに行って、ティポンやマチュピチュだけを訪ねたわけではない。他にもいくつかインカの遺跡を見た。たとえばピサク遺跡にも行った。クスコから三〇キロほど離れた聖なる渓谷にそれはあった。現代の町と耕作地は谷底にある。が、インカ人はむしろ山腹の高い所を選んで住み着いていた。斜面には集中的にテラスが作られ、すばらしい住宅用の建築や神殿などは山頂に近い場所に建てられている。遺跡まで上ってひと休みしたとき、そこは私にとっても、六〇〇年前のインカ人にとっても、同じように見晴らしの効く理想的な地点だった。そこから渓谷に沿って北西方向を一望の下に見渡すことができた（**写真49**）。反対の方向には深い峡谷を挟んで、もう一つの山腹が見える。山腹には所々に動物の巣穴のようなものがあるが、それはインカ人の墓所だった。

聖なる渓谷に沿ってさらに二〇キロほど行くとオリャンタイタンボに到着した。ここはマチュピチュへと向かうインカ・トレイルの出発点で、そこには、もう一つの壮大なインカの集落があった。オリャンタイタンボはコンキスタドールに対して、インカ人が最後の抵抗を試みた場所である。険しい一六段のテラスの階段を上っていくと、頂上の神殿に着く。そこには渓谷から運び上げられた巨大な一枚岩があった。この場所に立つと、遠くに高いアンデスの山々の、雪を戴いた山頂を見ることができる。この氷河から水道橋を経由して、水がオリャンタイタンボやピサクへ運ばれてきた。二つの集落にはともに運河、灌漑用水路、噴水などの水利が施されていた。

私はペルー滞在中インカの集落をいくつか訪ねたが、そのすべてから深い印象を受けた。集落が注目すべきものだったのは、その水利事業だけではない。集落の建造物もすばらしかったし、私が学んだインカ帝国の興亡の物語もまたすばらしいものだった。インカ人の考え方、工芸品、キープのシステム、パチャクテクの偉業、そのどれもが学習に値した。そしてそれは、過去の知識に対するわれわれの渇きを癒してくれるだろう。

が、オリャンタイタンボから望む、雪を冠した山々の眺めが私に思い出させてくれたのは、過去はまたわれわれに、未来に対する教訓を与えてくれるかもしれないということだ。現在のペルーは水危機に直面している。その一因となっているのは、かつてインカの人々の渇きを癒してくれたあの氷河の後退だった。

12 癒されない渇き

——水について、過去の知識について

ペルー南部にあるケルカヤ氷河は、世界でもっとも大きな熱帯の氷帽だ。それがわれわれに与えてくれたのは、六世紀に起きた気候変動の証拠である。この変動はペルーのモチェとナスカの両文化にとって致命的なものだったという。[1] 変動の証拠は氷の深い部分から切り取った氷床コアから得たもので、それを証拠にするためには、専門的できわめて注意深い科学的な分析が必要だった。が、現在の気候変動に関してケルカヤ氷河が示す証拠は、はるかに簡単に入手できる。年二〇〇フィートのペースで氷河が後退を続けているからだ。一九六〇年代の後退率にくらべると一〇倍のスピードだ。これは一九五〇年代以来、一〇年間に摂氏〇・一五度の割合で上昇している平均気温のせいだった。[2] ペルーの他の氷河はいっそう速いペースで後退していて、それが科学者たちに次のような予測をさせた。二〇一五年までには、五五〇〇メートル以下の氷河はことごとく消失してしまっているだろう。

水供給について出された結論は厳しい。氷河はつねに自然の給水塔の役割を果たしていた。寒い季節に降雪を集め、暖かく乾燥した五月から九月に、それを流出水として放出する。インカの人々はこの雪解けの水に依存してきた。それは氷河近くの水源を利用したり（地下水路でオリャンタイタンボへ雪解け水を

引いたように)、あるいは解けた水であふれた川から水を引いた(ティポンのプカラ川から水道橋でテラスへ送水したように)。

現代のペルー人もまたこの雪解け水に頼っている——飲料水として、灌漑用水として、そして水力発電所用の水として。リマに住む一〇〇〇万の人々はリマク、チリョン、ルリンの各河川の水に依存している。乾季では雪解け水がこのような河川の唯一の水源だった。氷河がこのまま着実に後退していけば、やがては水は完全になくなってしまうだろう。リマがこれにどのように対処していくかについては、今のところ不明だ。一つのプランとして上がったのは、アンデス山脈にトンネルを作り、山々から直接水を貯水池へ運び入れるというものだ。この案は政府にとって、あまりに経費(九八〇〇万ドル)がかかりすぎるため棚上げにされた。もう一つのプランは海水淡水化プラントの建設だが、これも経費がかかり、かなりの民間投資を必要とする。いずれのプランもそのランニングコストを考えると、飲料水を生産するために法外な出費をしなければならない計算になる。

きれいな飲料水の不足はたしかに問題だ。が、灌漑用水の不足もまたもう一つの問題だった。これもまた氷河の雪解け水に依存している。したがって、予測される雪解け水の消失は、ペルー経済にとって重要な輸出品である農産物の生産を脅かす。

迫りくるペルーの水危機は、単に氷河の後退だけからくるものではない。雨の量もまた確実に減少しつつあった。降雨量の減少は多くの泉を枯渇させる。その一方で、リマの水供給は二年にわたる干ばつに、とても対処できそうもないと考えられている。その上二〇〇七年には、リマの国有配水公益事業(SEDAPAL)で、行方の分からない水の量が全体の四三パーセントに上っていると報道された。その三分の二は漏出で失われ、残りの三分の一は消費されたが料金が回収されていないという。

われわれはこの課題のカタログにさらに、重金属の採掘作業による水資源の広域汚染をつけ加えることができる。ペルーの河川の七五パーセントは重金属で汚染されていて、これはさらに農業セクターをも脅かす。灌漑用水の汚染を各国が恐れることになれば、ペルーからくる輸出品の受け取りを拒否するからだ。現に日本は二〇〇七年、ペルーの野菜の輸入を止めている。このような水質汚染は、地元のコミュニティと鉱山会社との間に多くの軋轢をもたらした。ときにはそれが暴力沙汰になったこともある。また地元のコミュニティの間でもたがいに敵対する状況を生んでいる。

ペルーの水危機は食料の確保、経済、人間の健康などを脅かし、社会不安を引き起こす。これに反応して人がまず最初にするのがインカとの対比だ。それはリマの漏水による給水有効率の悪さと、マチュピチュやティポンの精巧な水路で見られる、一滴の水も漏らさないインカ人の細心の注意を比較することだった。同じように、インカの人々が水の清浄さに払う畏敬の念と、現代の水道業者の汚染に対する傲慢な態度との対比にも、われわれは思わず惹きつけられてしまう。

しかし注意しなければならないのは、マチュピチュやティポンを訪れるとき、われわれがそこで足を向けるのが、つねに皇帝たちや貴族の住まいだということだ。現代のペルーがどれほど水に関して課題を抱えているといっても、リマの行政官庁内には、今も大量の水が流れているのではないだろうか。実際、リマを訪れた人は水が潤沢にあふれている印象を持つだろう。二〇〇七年、リマでは観光名所として「マジカル・ウォーター・サーキット」が開かれていた。これは一三の噴水がある公園のことで、噴水の一つは水を世界一高く吹き上げる(二四〇フィート)。手元のガイドブックにはこの公園について、「水を形や動きや光によって、どれほど巧みに操ることができるのか、ここではそれを紹介している」と書かれていた。

このことでわれわれが思いつくのは、古代の水管理の考古学的研究が抱えるもっとも明白な弱点の一つだ。それは証拠が部分的で片寄っているということ。証拠が語りかけているのはもっぱら上流階級の人々のことばかりで、総じて一般の人々の日常生活については、めったにその詳細が聞こえてこない。インカの農民、職人、兵士たちは安全な水の供給をはたして受けていたのだろうか？　クノッソスにいたミノア人の女王は自分用の水洗トイレを持っていた。が、それなら他の人々もみんな水洗トイレを利用していたのだろうか？　水ストレスを抱えている今日のリマ、そこで行なわれていた、噴水による行き過ぎた水の無駄使いを考えてみると、インカで見られた水の誇示も、大多数の人々の間で蔓延していた水ストレスの現実を隠蔽していたのかもしれない、と思わず考えさせられてしまう。そしてたぶん、同じことがナバテアのペトラにいた人々にも言えるのだろう。このようなわけで、過去について結論を出すときには十分な注意が必要だ。ましてやそれを現在の教訓とするときにはなおさらである。

たしかに水管理の技術がいつどこで最初に考え出されたのか、それを特定するについては慎重を期す必要がある。これまでにレバント地方で行なわれた発掘調査の記録によると、新石器時代の終わり頃まで水管理は現われていない。が、一〇〇年に余る歳月、考古学上の研究が行なわれてきた結果、キプロス、シャール・ハゴラン、アトリット・ヤムなどの井戸が見つかったのは、ほんのここ二〇年ほどである。藤井純夫教授がジャフル盆地で、新石器時代の「堰」を発見してからまだ一〇年も経っていない。

近い将来、さらに他のものが発見されるかどうか、はたして誰が知っているのだろう？

これまでのところでも、メソポタミア、アメリカ南西部、南アメリカで、もっとも早い時期に建設された運河の例として、それぞれチョガ・マミ（紀元前六〇〇〇年から四五〇〇年）、ラス・カパス（紀元前一二五〇年頃）、サニャ渓谷（紀元前四五〇〇年頃）などをわれわれは知っている。が、これらが真実として、はたしてどれほど長い間とどまっていられるのだろうか？　私は思うのだが、今イラクで新たな時代の考古学調査がはじまりつつあるため、やがてはチョガ・マミの地位もその挑戦を受けることになるだろう。われわれが直面しているジレンマは、もっとも早い時期の水管理の例が、考古学的な痕跡をまったく残していそうもないということだ。粘土のダムや沈泥の中を通り抜ける水路が、仕事を終えれば、やがては水に洗い流されてしまうように。

それでも考古学者は最古の証拠を探して、起源と発明の歴史を書き続けなければならない。それが学者の使命だからだ。実際、古代文明における水管理の証拠は部分的で片寄ったものかもしれない。しかし、それを修正し解釈することこそ、考古学の大きな成果の一つだ。心躍るような新しい発見は引き続き行なわれている。二〇〇九年一月には、ローマの北西四〇キロの所にあったブタの牧草地の下で、アクア・トライアーナが発見された。(3) また二〇一〇年八月にはウシュルで、陶器の破片によって内張りされた、マヤの貯水池が発見されたと報じられている。(4)

このような証拠はただ単に、歴史を推進させる重要な要素として水管理を特定するだけではなく、それはまたしばしば、古代世界の芸術や建築の技術に、何ら引けをとらない水力工学の技術をかいま見せてくれる。そしてこれが、過去に対するわれわれの理解を高め、旅行者にしろ研究者にしろ、われわれが考古学上の遺跡を訪れることを豊かなものにしてくれる。そのためにも、もしペトラへ出かけて、ナバテア人の業績を理解したいと思えば、これ見よがしの岩の墓を見るのとともに、ひそかに隠れていて見ることのできない水路や排水路に注意を向けてみてはどうだろう。ローマを訪ねたときには、都市をあとにして、パルコ・デッリ・アクエドッティへ行ってみることだ。またアリゾナへ行くのなら、フェニックス市の郊外にある運河公園で、ホホカム人の掘削した運河を探してみてはどうだろう。同じようにコンスタンティノープルでは、ハギア・ソフィアへ行くのはやめて、バシリカ貯水槽やアエティウス貯水槽を楽しんだ方がよい。もしビザンティンの業績を本当に理解したいと思うのなら、クルシュンルゲルメまで足を伸ばしてみることだ。

このような建造物を計画し、建設した名もない水利技術者こそ、まぎれもないこの本のヒーローだ。また水道橋、ダム、貯水池を汗水流しながら作った何万もの人々もむろんヒーローだ。フーバーダムの記録のように、歴史史料から確認できただけでも、建設中の死亡者の数はかなりなものだったにちがいない。過去のヒーローを認めなくてはならないのと同じように、われわれは現在のヒーローが成し遂げたことも認識する必要があるだろう。現在のヒーローとは、古代の水管理の証拠を見つけて調査し、発掘した考古学者たちである。彼らはしばしば、恐ろしく厳しい環境の中でしかも長期間働いた。このヒーローたちに、われわれは若干名前を追加することができる。

数ある者の中から特定の人を選び出すことには、つねに問題がともなう。が、私の個人的なチャンピオンを挙げると、メソポタミアではロバート・アダムズ、フマイマではジョン・オルソン、アンコールではベルナール・フィリップ・グロリエ。それに引けを取らない者として、さらに次の人々の業績をつけ加えたい。エバーハルト・ツァンガーが行なったアルゴス平野の地形的研究、乾燥したジャフル盆地で藤井純夫が行なった発掘作業、レイ・マセニーのエズナ調査など。ハイラム・ビンガムはマチュピチュを「再」発見して評価を得ているが、マチュピチュの水利事業をティポンのそれとともに紹介したケネス・ライトに、私は一票を投じたい。そして、誰もが認めざるをえないのが、ジョゼフ・ニーダムの真に目覚ましい貢献だ。古代中国の水管理に関するわれわれの理解を、彼は先達の司馬遷とともに手助けしてくれた。

古代世界で水管理が果たした役割や、それが新石器時代のコミュニティの中で考え出された状況を理解するためにも、さらなる調査と発掘がもっとも必要とされているのが、中国であることはほぼまちがいない。しかし、あらゆる地域で学ぶべきことはなお山ほどある。実際、私の研究の結論として言えることは、われわれが過去の水管理についていかに多くのことを知っているかではなく、いかに知るところが少ないかということ、それに、こつこつと歩いて行なう伝統的な方法と新しい方法の両方を使いながら、さらに大規模なプログラムで考古学のフィールドワークを展開する必要があるということだ。スペースシャトルから送られてくる画像も含めて、リモートセンシング（遠隔探査）はすでに、メソポタミアやアンコールの運河システムを明らかにするのに役立っている。たしかにこれはより多くのことを提供してくれる。が、放射性炭素年代測定法のさらになる活用によって、年代設定の正確さは増しつつあり、この方法の優先順位はなお高い。年代の設定は、文化の発展を環境変化の出来事、とくに年輪から見て取れるような出来事と関連づけるためには欠かすことができない。年輪は洪水や干ばつの歴史を、われわれがすでにホホカムやアンコールで見たように事細かく再現してくれる。

考古学上の証拠はそれ自体では何一つ語らない。それには解釈が必要だ。新たに証拠が見つかり、われわれの関心が変化するにしたがって再解釈が繰り返し行なわれる。このような議論の性格は、われわれがすでに見てきた通りである。それはたとえば、シュメール人が自らの失墜を招いたのは、十分な排水を行なうことなく、過剰に灌漑をしたためだったのかどうか、また、クレタ島のクールーラスの機能について、さらにはまた、アンコールの王たちが関心を抱いていたのは、灌漑や洪水の制御だったのか、それとも、自分が抱いた天国のイメージをこの世で実現することだったのか等々。さらにわれわれは次のような議論にも言及してきた。プレインカのペルーで灌漑がはじまったのは海岸地方だったのか、それともアンデス山脈の麓の丘陵地帯だったのか、そして、バジャの曲がりくねったシークは、かつて自然に作られた貯水槽の役割を果たしていたのかどうかなど。

このような議論はしばしば活発化する。それはもともと、文書による証拠の助けを借りることができないからだ。たとえば、クレタ島のクールーラスやアンコールのバライなど、他にも古代世界で見られる数多くの水利事業については、われわれの理解を手助けしてくれる文書記録がない。しかしながらこれまでに見てきた通り、たとえそれがあったとしても、簡単な答えを出してくれることはめったにない。メソポタミアから出た楔形文字の碑銘についても、往々にしてまったく相反した解釈が下されがちだし、多くの文書はおおむね意図的なプロパガンダとして書かれていた。おそらくその例外の一つが、九七年にローマで、セクトゥス・ユリウス・フロンティウスが書いた『水道論』だろう、もしこの論文がなかったとしたら、われわれはどのようにしてローマの水道を解明することができたのだろう？ もしこれと同じようにメソポタミア、アンコール、エズナなどの運河について、その建設と用途を説明してくれる論文があったとしたら、どのような再解釈をわれわれはそれに下しえたのか想像してみるとよい。

考古学上の議論はこれからもつねに続いていくだろう。しかし徐々にではあるが、われわれは古代世界で水管理が果たした役割について、理解を深める方向へと向かいつつある。そしておそらくそれは、現在に対する何らかの教訓を手に入れる方向へも。中には、求めるまでもなくやってくる教訓もあるだろう。古代世界に対する知識は、否応なく現在をはっきりと理解させることになるからだ。

創意工夫の能力と熱意

もっともシンプルな教訓は、メソポタミアからマヤまで、そしてアンデスからアンコールまで、水管理は古代世界の至る所で重要とされ、行き渡っていたことだ。もちろんこの結論は私自身の偏見を反映している。それに私が選んだケーススタディは、その中で水管理が意味を持っていたことがはっきりと分かっているものばかりだ。が、私が除外したもっとも明らかな二つの例――古代エジプトとインダス渓谷の文明――でもまた、人々が灌漑に依存していたことはよく知られている。アステカ人、アッシリア人、それに古代世界の多くの文化にとって、水管理が重要な役割を果たしていた証拠は、すぐにでも示すことができる。(5)

しかしそれにしても、水管理の存在しないケースなどはたしてありえたのだろうか？　古代文明を決定づける特徴としては都市生活がある。都市には多くの人々が密集して暮らし、そのためつねにそこには、水に対する需要が少なからずあった。しかし、そこで人目を引くのは、単に水管理が存在したという事実だけではない。古代世界で成し遂げられた水利事業の規模そのものが、単純に見ても驚くべきものばかりなのである。私はここで型通りの比較をしようとは思わない。が、五世紀に作られたヴィゼからコンスタンティノポリスへ至る五五一キロの水道橋、七世紀に中国で作られた一六〇〇キロの大運河、一一世紀にアンコールでスールヤヴァルマン一世のために建設された西バライ、一三世紀にインカのヴィラコチャのために建てられたティポンのウォーター・ガーデンなど、いずれの建造物も、三峡ダムや紅海－死海運河のような二一世紀のプロジェクトとくらべてみても、経済の規模に応じて必要とされた水資源の量という点では、たしかに比肩しうるものであることにまちがいはない。

水に対する欲望を満たすために、自然の外観を完全に改めたいと願う古代世界の熱意は驚異的だ。文明の兆しがあるなしに関わらず、それを実行しようとする、過去のコミュニティの技術的な創意や能力も、熱意に劣らず驚くべきものだった。たとえば、ミュケナイの都市ティリンスと周囲の原野を思い出してみるとよい。そこはたえず、洪水の恐怖に見舞われていた。洪水はいったん起これば建物を洗い流し、そのあとに砂利や沈泥を堆積させる。ティリンスは紀元前一五〇〇年の青銅器文化の中にあったが、問題の河川の流れを完全にそらすために、ダムや排水路の建設を思いとどまらせるものなど何一つなかった。それから一〇〇〇年ののち、サモス島のティガニの僭主ポリュクラテスは、ティガニの町とアギアデスの泉の間に山があることに気がついた。が、それは大した問題ではなかった。紀元前五三〇年の話だったにもかかわらず、エウパリノスは調査をして、山を抜けるトンネルを掘った。同じような問題は二五〇年後に、中国の都江堰《とこうえん》でもあった。そこでは山腹によって、成都平原へ向かう岷江《みんこう》の流れが遮断されていた。李冰《りひょう》は火と水を使って岩を打ち砕き、水路を掘削して水を通過させた。工事には一一年の歳月がかかったかもしれない。だが、成都平原ではそれ以来、二〇〇〇年以上にわたって灌漑が行なわれている。ペトラは年間の雨量が一〇ミリ以下であるにもかかわらず、ナバテアの首都に選ばれた。だが、三万の人々に水を供給する必要に何ら障害はなかった。泉はすべて利用され、降雨による流出は一滴たりとも逃すことなく集水された。そして砂漠の中で噴水や小さな滝、それにスイミングプールでさえ可能にさせた。インカ人は雨季の豪雨、急勾配の土地などの悪条件の中で、あえてマチュピチュ山の頂きの下、山腹の狭い肩を選んで要塞都市を建設した。

水と権力

このような水利事業の規模がほのめかしているのは、計画や制御の中央集権化が、かなりの程度に達していたのではないかということだ。貯水池、ダム、運河システムなどは、それを完成するために膨大な量の建築資材と労働力を必要とする。その間の事情を表現したジョゼフ・ニーダムのもっとも印象的なフレーズがある。古代中国では大運河や大きな堰が「ティースプーンを手にした無数の男たち」によって建設されたと書いていた。この言葉は、われわれがこれまで考えてきた古代文明のすべてに当てはまるように思われる。

しかし中央集権化の説に対しては、一九五七年にカール・ウィットフォーゲルによって提案された以下のような事実があるようだ。つまり、灌漑システムの当初の発展や、非国家的社会——王や皇帝のいない社会——における灌漑システムの管理などには、必ずしも中央集権的な支配が必要とされていなかったという。(6)ティグリス・ユーフラテス川流域に広がる沖積平野や、ソルト・ジラ川流域、アンデス山麓の丘陵地帯、そしてメソアメリカの沿岸湿地などでは、それぞれ小さなコミュニティが、支配的な権威を何一つ推戴することなく、灌漑システムの計画、建築、管理に至るまで協力し合って働いていたようだ。印象的なのはこの四五〇〇年を通して、同じような発展が世界の至る所で、たがいに知ることもなく、まったく異なったときに起こっていたことだ。よく似た発展はたぶん他の多くの地域でも起きていたのだろう。とりわけ中国の黄河渓谷でも。これは私の推測だが、この本の中で訪問できなかったサハラ以南のアフリカや、オーストラリアなどでもそれは起きていたことだろう。

したがってある状況下においては、特定のコミュニティ、家族、個人に、権力基盤を築くことを可能にさせたのが運河のシステムだったように思われる。その方が、権力基盤が当初運河を発展させるための必要条件だったとするよりも、むしろ妥当な考え方だ。そうして、特定の集団や人々の中から、食料の余剰を生み出すために運河が与える機会を利用し、システムによって交易を盛んにして、システムの水流をコントロールすることのできる者たちが出現した。そのためにわれわれがここで手にしているのは、ひそかなプロセスで得た次のような結論だ――水利事業のプロジェクトは、ある特定の家族または個人に権力の基盤を得ることを可能にさせ、新たな権威を手に入れた者たちは、労働力と資材をコントロールして水利事業などの規模を拡大させた。そしてやがてはそれが、紀元前三九〇〇年にメソポタミアのウル期や、九〇〇年のソルト・ジラ川流域のホホカム古典期へと到達するのである。

権力は水へのアクセスをコントロールすることで成立した。そのもっとも明白なケースと考えられるのが、マヤのセンターにいた聖なる王の場合だ。彼らの権力が依存していたのは、彼らが行なう儀式が、必ずや雨を降らせることができるという人々の信仰だった。王は乾季の期間中、忠誠を誓う者たちだけに、自分の貯水池に貯えた水に近づくことを許した。ホホカム人について言うと、古典期のマウンドの妥当な解釈は次のようなものだった。つまり、マウンドからは灌漑システムが見渡せる。そのためにマウンドを占拠した者は誰でも水流をコントロールすることができた。プエブロ・グランデは灌漑システムの入口に位置していて、今まで知られている中では、もっとも大きくて力のあるホホカムの集落となった。古代中国の諸侯や皇帝が依存していたのは食料の余剰分だったが、それだけではない。彼らは軍隊に穀物を運ぶためや、兵士たちを移動させるためにも運河に頼っていた。

古代ローマの水道橋の建築史が示しているのは、水と権力の入り組んだ関係だ。税と戦争の両方、またはいずれか一方が、新たに水道橋を建てる資金を提供した。水道橋は権力そのものの視覚的な表明であり、とくに田園地方を横切り、贅をつくして建てられたアーチはそうだった。水道橋で送られてくる水は、飲料水や農業、産業のニーズに応えるだけではなく、入浴、噴水、それにナウマキア――海戦を再現するために、紀元前二世紀にアウグストゥスによって作られた人口湖――などにも使われた。このように水道橋はローマに居住する人々の要求を満たしたが、その一方で、ローマへやってくる訪問者たちに、これ見よがしに水の利用法を示して見せた。

多くの場合、水供給のコントロールはイデオロギーによって正当化された。権力を持つ者たちは、神から人民を支配する権威を授かったと主張した。キプロス島では、現在知られているものの中で最古の井戸が見つかっている。紀元前八五〇〇年頃の井戸で、その中には人間や動物の遺体が投げ込まれていた。これは明らかに儀式によるものと見られている。こうした点から考えても、水と権力と儀式の結びつきは、もっとも早い時期からすでに存在していたと思われる。

権力の獲得はまた、運河を使い交易を促進させることで、やはり水を経由して行なわれていた。交易はつねに社会変動を推進する力だったし、それは今も変わらない。実際、紀元前三〇〇〇年紀のメソポタミア南部では、文明への「離陸」を促した最終的なものは、灌漑による農作物の余剰生産ではなく、むしろ交易だったのではないかと主張する者もいる。交易は原料や食料供給の移動を容易にするだけでなく、権威づけに必要な品々の確保、コミュニティや都市国家間の意見や情報の交換なども促進した。七世紀の中国で掘削された大運河の影響についても、同様な議論を行なうことができる。

水はまた武器でもあった。少なくともそれは、さまざまな文書の中で言われていることだ。が、しかし、それについて得心の行く考古学上の証拠を見つけることは、控えめに言っても難しい。メソポタミアから発掘された楔形文字の粘土板には、バビロニアの王アビ・エシェフが、ティグリス川の流れの向きを変えて平原を水浸しにし、そのために、敵の軍勢は動くことができなくなったと書かれていた。エルサレムでシロアムのトンネルが掘られたのは紀元前七〇〇年のことだったが、それによって、包囲の脅威にさらされながら、エルサレムは都市の水供給を確保することができた。ヘロドトスとツキュディデスはともに、古代ギリシアで戦闘の際に水が使用されたことを記している。古代ローマのものとしては、五三七年、東ゴート族がローマへ至る水道橋を封鎖した記録をわれわれは手にしている。その一方で、コンスタンティノポリスへ水を供給していた水道橋も、たえず脅威の下にあったと記録されていた。現にヴィゼから都市へ引かれた長い水道橋は六二六年に切断された。古代の中国については次のような記録があった。紀元前三世紀に、韓によって送り込まれた鄭国《ていこく》が、秦に対して運河（鄭国渠《ていこくきょ》）の建設を持ちかけた。それは秦の国力を疲弊させて、その軍事行動を阻止するためだった。が、完成した「魔法の運河」は案に相違して秦の軍隊を南下させるのに役に立った。このような報告の骨子をわれわれは疑うべきではないだろう。水は歴史を通じて戦争の武器であったし、現在でもなおそうなのだから(7)。

水はつねに心にある

古代世界を通して、水はつねに人々の念頭に去来していたようだ。それは権力基盤を作り、それを維持するために水を利用しようとしていた人々に限ったことではない。社会のメンバー一人一人の念頭につねに水はあった。喉を潤したり、穀物や家畜に水をやったり、工芸品を作ったり、建築の際にも水は必要だった。思い出していただきたいのは、泥で内張りした小屋を作るために必要とされた水の量だ。紀元前八〇〇〇年紀のヨルダン渓谷でも、一四世紀のペルーの高地でも、ともかく土地を耕す人々は雨が気にかかって仕方がなかったのだろう。いつ雨はやってくるのだろう？　雨はどれくらい長く降るのだろう？　雨は洪水を引き起こさないだろうか？　貯水槽がいっぱいになるほど雨は降るのだろうか？

水に対する気がかりが人々の心を一つにする。それがわれわれと古代マヤ人、ホホカム人、中国人とが分け合っているものだ。中国の黄河渓谷、アリゾナのソルト川流域、エズナやアンコールの熱帯雨林、ティグリス・ユーフラテス川の沖積平野などで運河を建設した人々の間には、何千年もの歳月が挟まっているし、もちろんたがいに面識などない。それに彼らは完全に異なった文化の中で暮らしていた。が、にもかかわらず、彼らは同じ考えや計画、肉体労働を共有していた。人々はそろって勾配について、また、どこに取水門を取りつけるべきかについて、同じ質問を投げかけた。そうして、水という共有物が課してきた問題に対して、同じ解決策を見つけては、同じようにみんなで、沈泥の堆積に立ち向かう戦いや洪水の防御に従事した。

われわれはこれまで、古代世界のイデオロギーや神話の中に、水のイメージがいかに蔓延していたかを見てきた。洪水を巡る物語は至る所に存在するし、水そのものの創造物語もよく見かける。しかし、水の神話やイデオロギーの機能を一般化することは難しい。場合によっては、マヤの聖なる王たちについて議論されたように、このようなイデオロギーが支配者たちの権力基盤を正当化するのに役立つときもある。しかし、他の場合には、イデオロギーがそれとは反対のことをして、水への平等なアクセスを促進し、階層の出現を阻むかもしれない。ホホカム古典期やレバノンの新石器時代以前の場合がそれだったかもしれない。複雑で水に飢えた社会だったが、そこには社会的エリートはいなかったようだ。ヴァーノン・スカーバラとリサ・ルセロは次のような論を立てている。亜熱帯の環境では、イデオロギーによってある土地が聖地として聖別されることはあるが、その場合、イデオロギーには土地の水が過剰に利用されることのないように守る機能があったと言う(8)。

水に関連したモチーフは、しばしば古代世界のイコロジー（図像）に見られる。私が旅の中でもっとも強い印象を受けたのは、クノッソスで紀元前一八〇〇年に描かれた壁画中の水のイメージ、三世紀のマヤの壷に描かれた水の怪物のイメージとデザイン、一二世紀にアンコール・ワットの壁に浅浮き彫りで彫られた「乳海攪拌」の中の図像、北京の紫禁城の運河掘削を描いた水晶のレリーフなどである。私にはこだわり続けている一つの考えがある。南ヨルダンのワジ・フェイナンで、紀元前九五〇〇年頃と思われる新石器時代の遺跡の発掘作業をしていたとき、私は石板や泥の壁に刻まれた波線を見て、これは水を表わしたものだと思った。おそらくそれは、世界でもっとも早い時期の水の表現ではないかと思ったのだ。が、残念ながら、それが真実かどうかは永遠に解明されないだろう。

昔は水の眺めがたいへん貴重なものとされた。水は沈黙の中で、木々やその上に広がる空——天国——を映し出していた、アンコールの静かで広大な濠やバライでも、あるいはマチュピチュやティポンの噴水でほとばしり溢れ出る水でも、眺めの貴重さに変わりはない。インカの遺跡は、水の音もまた限りなく重要なものであることを明らかにしていた。それがケネス・ライトに「水利の詩《うた》」というフレーズを思い起こさせた。紀元前三世紀のペトラでは、シークの下で、覆い隠された水路の中を流れる水の音が、都市を訪れて喉の乾いた人々をとりこにさせていたにちがいない。旅人たちはこれから入ろうとしているところが、水の天国だということにまったく気がつかなかった。われわれは今でも、四世紀にテミスティウスの行なった演説を楽しむことができる。それはワレンスの水道橋を通って、コンスタンティノポリスへやってくる水を「トラキアの妖精」と褒めたたえていた。たとえ今はそこに水が流れていなくても。

水のイメージ、水の眺め、水の音に、もう一つつけ加えなければならないのが水の感触だ。ローマの浴場でリラックスしようと、インカの噴水で指を水に浸そうと、ホホカムの運河を清掃するときに、膝まで水に浸かって水の中を歩こうと、あるいは西バライの隅で水泳ぎをしようと——最近訪れたときにも、そこで水浴びしている人々を見かけた——、水と触れ合っているという身体の感覚は、古代世界の至る所で感じられたことだろう。

希望あるいは絶望？

古代世界の水管理や水の経験を記したこの記録が、二一世紀の水危機という課題への取り組みについて、はたしてわれわれに希望を与えてくれるのか、それとも絶望を与えるのか？　おそらくそれはどちらでもないだろう。われわれが現在直面している問題の規模や水の使用法が、古代世界のものとはまったく異なっているので、比較することがほとんど不可能だからだ。(9) 水の使い方は一九世紀の終わりに変化した、と言う人がいるかもしれない。その時期に、流水の力は発電機と一体となって水力電気を生み出した。

この本ではほとんど議論がされていないが、水は遠い昔から機械力の源だった。ほんの少しだがわれわれもアルキメデスのスクリュー・ポンプに触れている。またカラカラ浴場の地下にあった水車や、成都平原に作られた水路に沿って立つ水車についても述べた。それは米の殻を取ったり、すり潰すのに使われたり、糸を紡いだり、機を織るのに使われた。このような水の使用法は、産業革命が初期の段階を迎えると著しく増加した。リチャード・アークライトの水力紡績機のように、さまざまな機械を動かすのに水が使われた。とくに一八世紀のはじめに水が蒸気に切り替わったときには、その使用がいっそう顕著になった。それはちょうどアンコール、インカ、ホホカムなどの社会制度が崩壊して、ほんの数世紀のちの出来事だった。(10) しかし、二〇世紀や二一世紀に、巨大ダムの建設を推進させる要因となったのは水力電気の発生である。したがって、ダム建設のモチベーションは古代世界のものとはまったく違っていた。

暗い気持ちになる

しかし、これは質的な変化というより、むしろ水管理の規模をさらに大きくしたにすぎない、と言う人がいるかもしれない。つまり、フーバーやアスワン、三峡ダムのような二〇世紀の巨大水プロジェクトは、ただ水力電気を生み出すために計画されたものではなく、それと同時に洪水のコントロール、航行、灌漑を含むマルチな問題に対処するために作られたと言うのだ。そうだとすると、われわれが過去に対して持つ知識も、単に現在に関係があるだけではなく、未来に対する希望より、むしろ絶望の理由を与えるものと結論づけても、それは理不尽なことではないだろう。当然のことだが、古代の文明はそのどれもが、現代の世界まで生き残ることができなかったわけだから。シュメール人は排水が不十分なまま、過剰な灌漑を行なったことで自らの失墜を招いた。ホホカム人、マヤ人、アンデスのプレインカ文化、そしてアンコールの人々はことごとく気候変動——干ばつと洪水、あるいはその両方の衝撃が立て続けにやってきた——に屈した。インカ人とナバテア人はより強力な帝国の拡大に圧倒された。前者はいくぶんかは疾病に征服されたとも言えるが。古代ギリシアや古代中国の文化の衰退、それに東西ローマ帝国の崩壊の理由は、これからも長い間議論されることだろう。このように、水管理にいくら多くの資本を投下しても、またどれほど技術が独創的なものであっても、古代の文明は最終的には維持できなかった。そしてわれわれに与えたものは暗い見通しだけである。たとえ天然痘の二一世紀版がわれわれに襲いかかることがなくても、気候変動はたしかに起こりうるだろう。

　過去における気候変動の影響はあまりに明白だ。そしてそれは未来への厳しい警告でもある。現在海岸地方に住む人々はその多くが、すでに上昇する海面に悩まされている。海水が真水の供給に浸透してくるからだ。[11] 彼らの行き着くところは、イスラエルのアトリット・ヤムで見られた通りだ。紀元前九〇〇〇年紀の井戸が今では完全に水中に埋没してしまっている。レバント地方のジャワにあった青銅器時代の遺跡も、集水及び貯水システムがいかに創意に富むものであっても、ひとたび雨量が臨界閾《いき》値《ち》を下回れば、もはやそれは住人を支えることができなかった。おそらく古代世界から送られてくるもっとも厳しいメッセージは、執拗に干ばつに見舞われる地域、それはたとえばアフリカの角のように気候変動がますます激しくなる地域だが、そんな場所は打ち捨ててしまうことが肝要だ、というものかもしれない。が、ジャワの人々はたしかに、まだ人の住んでいない土地を見つけて、新しいコミュニティを作り上げることができた。しかし、今日アフリカの角に住む何百万もの人々は、いったいどこへ行くことができるのだろう?

ここでつい比較してしてしまうのは、現在世界の各地で経験されることがますます多くなった洪水や干ばつと、九世紀のマヤの低地、一四世紀のソルト川流域、一五世紀のアンコールなどに住んでいた人々が過去に経験した出来事だ。彼らの生業や社会は、打ち続く極端な出来事によって破壊されてしまった。が、同じことは今日でも起きている。まさに文字通り同じことが。というのも、私が今執筆しているこの日(二〇一一年一二月一七日)に、フィリピン南部のミンダナオ島で鉄砲水が起こり、五〇〇人以上の人々が死んだ。すべての村が洗い流され、一万人の人々が故郷を失った。島の農業経済が被ったダメージは計り知れない。[12]

将来に対する絶望的な見通しも、歴史を通して、われわれの先人たちが環境をひどく破壊した——それはしばしば社会や経済が破綻した一因となった——事実について学ぶことからくるのかもしれない。干ばつはたしかにマヤ崩壊の原因だった。が、燃料や建築資材の調達のために森林を伐採したことが、彼らの環境を気候変動に対してとりわけ反応しやすくさせ、降雨量の上下に対応できる回復力を減じてしまう結果となった。森林伐採は、ペルーのナスカやレバントの新石器時代の文化が崩壊したおもな理由でもあったようだ。植生の喪失が水利システムの活力を変化させ、広範囲の土壌浸食を引き起こした。森林の伐採は中国北部のレス土壌を不安定にし、農業生産力を低下させた。その一方で黄河に堆積される沈泥の量はますます増加するばかりだった。政治上の指導者たちは、環境への影響に一切おかまいなく、自分の権力基盤を維持するために、以前にもまして無駄な金を使って水管理の事業を遂行しようとする。そんな状況が古代世界では広がっていた。が、それは今日でも変わらない。個人、政府、文化、国家などが抱く権力への渇望が、人類に環境維持と経済成長とのバランスを見つけ出すことを不可能にさせている。

憂鬱な気分になるが、われわれは水危機の存在だけではなく、その深刻さに気づくべきではないだろうか。それも水危機に直面している地域は、われわれがすでに見てきたように、古代の水供給の管理において、すばらしい技術的な創意工夫と業績を示した所なのである。それを私はすでにペルーについて書いたし、同じことはヨルダンについても言える。その地でナバテア人は、つねに砂漠における水利の達人だった。[13] 二〇〇七年八月、ギリシア政府は「緊急事態」を発表した。それは本土と島々の水不足のためだった。いずれの場所でもかつてはミュケナイ人やミノア人が水路を作り、流出する水を効率的に集めていた。島々は今、観光客の求める過剰な水の需要に頭を悩ませている。[14] ローマやコンスタンティノポリスでは、かつて古代ローマ人たちが模範となる精緻な水道橋を建設した。が、そのイタリアやトルコでもまた水危機が報告されている。[15] 中国の水供給は劇的な経済成長と人口増加のために、将来が不安になるほど大きな圧力をかけられていた。それは気候変動の影響が加わるか否かに関わらずそうなのである。[16] 二〇〇八年三月の「インディペンデント」紙の報告では、カンボジアが水危機に直面しているという。それはトンレサップ湖が陥っている深刻な水質汚染だ。そこから南へほんの数キロ行った所では、かつてアンコールの王たちによって、すばらしく巧妙な水管理が成し遂げられていた。[17] アメリカについて言えば、本書の1章で書いたように、その昔、ホホカム人が灌漑システムを構築していたテキサスやアリゾナで、二〇一一年に干ばつが起きている。それに先立つ二〇一〇年には、地方紙の「ツーソン・シティズン」の記事が、「今日のアリゾナの最重要課題が水であることは疑いを容れない」と報じていた。[18] フェニックスの周辺では、地下水をポンプで汲み上げすぎたために、地下水面が異常に低下して地盤沈下を引き起こしている。[19] そして最後はメキシコだ。ここではマヤ人が一連の水利事業の技術によって、緑の砂漠の中で大ぜいの人口を支えたが、そのメキシコシティで水危機が問題となっている。地下水の過剰な汲み上げ、水道管の水漏れ、少ない降雨量などが原因となって、市当局は二〇〇九年四月には水道を止めた。それを知った大衆は通りに集まると「水、水、水」と連呼した。[20] ちょうどそれはかつて、聖なる王がティカルのアクロポリスの中で小さくなっていたとき、外では大衆が騒いで連呼していたのと同じだった。

元気な理由

もちろん上に述べたことはすべて、向きを変えれば、将来の希望の根拠を証明する証しとしてとらえることができる。古代の文明や文化はたしかに消滅してしまったかもしれない。だが、それは長続きがしなかったわけではない。ホホカムの灌漑をわれわれは、砂漠に適応できなかった試みと見なすことはできる。そしてそれが一四世紀の子孫に残したのは、一世紀に生きた先祖たちとは少し違ったライフスタイルにすぎない。が、忘れてならないのは、この「試み」が幾多の気候の大混乱というエピソードに耐えて、一〇〇〇年紀以上もの間続いたことだ。それはマヤ、クメール、メソポタミアの文明についても同じことが言える。これらの文明はすべて、環境に適応して生き残るために変化しなければならなかった。変化が必要なのは今日のわれわれも同じだ。

古代文明はたしかに名前は消えたかもしれない。が、それが残した水利事業の成果は――ときには若干修理の助けを借りて——しばしば継続している。都江堰《とこうえん》で私が見たのは、水が灌漑システムを通って成都平原へと流れていく姿だった。それは紀元前二五六年からずっと、一日として休むことなく同じように流れている。ローマで私はティヴォリの噴水のそばに腰を下ろしていた。その噴水には修復されたアクア・ウィルゴを通って水が送られてきた。南ヨルダンでは、ベドウィンが今もなおナバテア人の作った貯水池を使っている姿を見かけた。そしてカンボジアでは、人々はなお水を満々とたたえた西バライで水浴を楽しんでいた。フェニックス市に行ったときには、アリゾナ運河がホホカムの運河と同じコースを流れているのを見た。さらにペルーでは、インカの水路を水が流れていたが、それはマチュピチュやティポンだけではない。ピサクでもオリャンタイタンボでも同じように流れていた。

が、それではわれわれは、先祖の技術的な創意工夫やスキルを希望の兆しとして、つまり、現在抱えている問題は何らかの新しい発明によって解決されうるという、希望の兆候としてとらえるべきなのだろうか？　たしかにそれは今、多くの人々の信念となっている。そして、人々は水をできるだけ使わないで電気を生み出し、塩水を脱塩し、遺伝子を組み換えた作物を作り出す新たな方法に信頼を寄せている。彼らにとっては、経済成長を支える新しいテクノロジーこそが事態の打開策なのである。たしかに過去は人間の創造性を立証している。したがってそのことは、当然、われわれに楽観を与えてしかるべきだ。現にリモートセンシングやデジタル技術は黄河で水流管理に導入され、黄河の長期的問題のいくつかを解決しているように思われる。おそらくいつの日にか、それは李冰《りひょう》が岷江《みんこう》に施した仕事と等価な突破口《ブレイクスルー》として認められることだろう。

しかし、古代の遺産は発明や物質的な建造物——他のものが廃墟と化している中で、なお機能を維持しているようなもの——だけとは限らない。われわれはまた古代人の水に対する考え方——あるいは少なくともその一部――を受け継いでいる。早い時期のテクスト、中でもホメロスの叙事詩や旧約聖書などは、身体を肉体的にも精神的にもきれいにするために水が果たす役割を強調していた。古代世界の至る所で見つかっている多くの石鉢、水壷、僻地の噴水などは、その昔、身体を洗うために使われていたものなのだろう。水によって精神的に身を清めることは現在でも行なわれていて、おもな宗教ではこれが一つの儀式となっている。それはキリスト教の洗礼や、イスラム教で祈りの前に顔や手足を洗うしきたりの中で見られる。入浴もまた多くの人々にとっては儀式の性質を持つもので、現代の温泉浴はローマ人の入浴習慣に直接由来する。そして、ローマ人の入浴はギリシア人のしきたりを受け継いだものだった。

過去から継承した三つめの特質は、都市の噴水で見られた仰々しい水の誇示だ。これは権威を正当化する手段として役立つ、水の政治的支配に密接に結びついている。が、私はうすうす感じているのだが、このような噴水にわれわれが惹かれるのは、古代世界にはじまったことではなく、もっと前の時代に遡るのではないだろうか。思うにそのはじまりはおそらく遠い先史時代で、その時点ですでに、われわれのDNAの中に水への魅力が埋め込まれていたのかもしれない。

われわれが持つ水の入ったグラスは、半分が空だと考えるより、むしろ、その半分に水が入っていると考えるべきだろう。最後にこんな風に思うのは、古代世界についてわれわれが今手にしている知識は、現在もそして未来も、われわれを導いてくれるからだ。過去を理解することは、われわれが現在をより明確に見ることを可能にしてくれる。

教訓ではなく、むしろ思い出させるもの

過去から教訓を引き出すにはは注意が必要だ。が、たしかにそこには、適切な行動の仕方を思い出させるものがある。それについては他のところですでにわれわれは学んだ。前に述べたのは、過去の社会が陥った運命が、気候変動の現実をどのように示していたのかということ、そしてその運命が告げていた警告についてだ。それは未来に対する科学者の予測や、その予測が世界のコミュニティに及ぼす影響を、けっして無視したり否定してはいけないということだった。

「自分の水供給は自分でコントロールするように。さもなければ少なくとも、あなたの水供給をコントロールする者たちには責任を取らせるように」——これが古代世界のもう一つの警告で、水と権力の強い結びつきについて述べている。はるか昔に死んでしまった聖なる王たち、ナバテア人、アンコールの王たち、ローマや中国やインカの皇帝たちが抱いていた真意を評価することは、今日の政治家やビジネスリーダーたちのそれを評価するよりはるかに難しい。が、歴史を通じて、水供給が権威を持つ者たちによって、その権威をさらに強化するために操作されたことはまったく明らかだ。これは今もなお世界中で、多国籍企業や——選挙や他の方法で樹立された——政府によって行なわれている。モード・バーロウが二〇〇七年に『Blue Covenant』（邦訳名『ウォーター・ビジネス——世界の水資源・水道民営化・水処理技術・ボトルウォーターをめぐる壮絶なる戦い』）で描いたように、そこには水の利権を巡ってますますエスカレートする争いがある。一方の側にいるのは、水と食物の多国籍企業、大半の先進国政府、国際学術

組織などで、その中には世界銀行、国際通貨基金（ＩＭＦ）などが含まれる。水を商品と見なすグループだ。そしてもう一方の側にいるのは、世界的にますます盛り上がりを見せる水の公正（ウォーター・ジャスティス）運動で、この中には環境保護主義者、人権問題活動家、それに地元の水供給支配を求めて戦う何千という草の根コミュニティが含まれる。古代世界についてわれわれの得た知識は、後者のケースを説得力のあるものとして彼らの理念に支援を与える。

「木を切るのなら覚悟の上で切れ」――これは過去から送られてくる変わることのないメッセージだ。森林伐採がグリーンハウスガス（温室効果ガス）の集積や、巨大な土石流を呼ぶ土壌の不安定化をもたらすことは、われわれみんなの知るところだ。古代世界の至る所から、森林伐採が与えた影響を伝える例をいくつか手にしているが、むろん害を及ぼしていないものもある。

「都市は水に飢えたけものだ」――これは都市化が抱える水ジレンマについて思い出させる言葉だ。本書の中でわれわれは古代世界の大きな都市をいくつか訪ねた。ローマ、コンスタンティノポリス、長安、アンコール、ティカル。いずれも国際的な人々が行き交う都市で、経済、芸術、知的革新の中心地だった。文明はこのような都市なくしては存在しえない。が、都市は水に飢えている。水の供給と廃水の除去のために都市が必要とするのは、貯水池、水道橋、運河、排水設備などだった。都市化現象は今日も速いスピードで続いている。今や地球は都市に住む人の方が、それ以外に住む人の数より多くなっているほどだ。そのために世界的な水危機と言われてもそれほど驚く必要はなく、とどまることのない都市の成長のもたらす結果について、古代世界から送られた警告にすなおに耳を傾けるべきなのだ。そして、このような都市を支えようとすれば、水管理に投資が必要なことを知るべきなのである。

「水供給と水の農耕への使用については、地元の知識を大切にすること」――これは同じ土地で、何代にもわたって仕事をしてきた農民が抱くノウハウで、改めて書き留めることでもなさそうだ。この助言を適確に説明しているのが、メソポタミアで起きた土壌の塩類化だ。これが生じたのは支配者が農民に対して、長期の持続可能性を犠牲にしてでも、短期間で収穫を上げるようにと要求した結果だった。ホホカム古典期は一四世紀に洪水に見舞われたのち、灌漑システムを再建しないという決定を下して没落したのだが、崩壊の少なくとも一部は地元のノウハウと、かつては球技場のシステムを通して維持されていたコミュニティの協力段階が、欠落してしまったことによるものだったのではないだろうか。

他の「思い出させるもの」と同じように、地元の知識を大切にしてそれを維持することは、言うにやさしく行なうに難しい。とくに規模が大きく、国家が統制する農業システムではなおさらだ。二〇一〇年三月に、スーダンにあったジャジーラの灌漑システムを訪ねたとき、私はそれが複雑であることを学んだ。このシステムは運河と水路とからなる広い範囲の複合体で、長さを合計すると四三〇〇キロになる。システムはナイル川から引いた水を各借地人たちに分配していた。もともとは一九二〇年代にイギリスによって計画され、建設されたシステムで、畑ではおもに綿花が作られた。が、私が訪れたときにはさまざまな作物が生育していた。一九九〇年度の世界銀行報告書では、ジャジーラの低い生産性に触れて、次のような結論が出されていた。大きな灌漑の官僚組織を巻き込んだ構想によって実施された集中的な（綿花栽培の）管理が、借地人の能力を抑制してしまった。それはどのような作物を栽培すべきか、そして、どこでどのようにして作るべきかなどを決定する能力だ。これは地元のノウハウが活用されなかったことを意味している。[21]が、しかし、その後に行なわれた借地人の自己統治へ移行する試みは、彼らの所有意識を高めるより、むしろそれを低減させてしまった。[22]その上、私がジャジーラで聞いたところでは、農民には望むがままにすることが許されたために、作物はもはや交代で作られることがなくなり、組織的に虫害を減らすこともできなくなったという。おそらくそれは、何十年にもわたる厳しい国家の統制が、地元のノウハウや協力をもはや回復が不可能なほどに、ひどく破壊してしまったためかもしれない。(23)

「水を無駄使いしてはいけない」――これは過去が思い出させてくれることとして、ことさら取り上げる必要はほとんどない。とくに水道料が徐々に値上がりつつあり、干ばつに襲われた世界のイメージを、四六時中メディアで目にする今日ではなおさらだ。水をとらえ、それを保存して、リサイクルすることに十分な注意が払われていれば、水の節約は必ずや成し遂げうることを、古代世界はわれわれに思い出させてくれるだろう。ミノア人の宮殿やマヤの中庭では流水が集められた。ナバテア人はおそらく水一滴たりとも無駄にしない節約の名人だったろう。とりわけペトラの中や、ネゲヴ砂漠の集落ではそれがはっきりと分かった。ナバテア人はまた、システムの中に余分の水を貯えることの重要性について思い出させてくれた。一つの水供給ができないときには、予備に貯えた水が供給を可能にした。ナバテア人のこの工夫は、確実に現代のヨルダン指導者たちへ伝達することのできるものだ。アンマンは現在水ストレスに陥った都市とされ、驚くほど非能率的で無駄の多い水供給システムに悩まされている。(24) それはナバテア人ならとてもがまんのできないシステムだった。ナバテア人、ギリシア人、ローマ人、インカ人などがすべて、水をリサイクルするシステムを考案していたことをわれわれは見てきた。飲料水で使った水は洗い物に、洗い物で使った水は灌漑や動物用にリサイクルされる。ここで感じざるをえないのは、水に対する彼らの考え方を復元することが、彼らの水システムの復元と同じくらい重要だということだ。

過去が「思い出させること」の最後は、おそらくもっとも重要なものだろう。そしてそれは古代世界の多くで、また現代において、もっとも無視されてきたものだ。それは大禹から発したもので、古代世界の水利事業の中でももっとも成功した都江堰の建設の際に、李冰がしっかりと心に留めていたことだった。「自然に逆らわずに、自然とともに仕事をせよ」。

癒されなかった渇き

新石器時代以来、世界は変わらず水に対して癒されぬ思いを抱いてきた。古代社会においては、このニーズに応えることが経済及び社会的変動を推進する主要な力だった。そしてそれはまた、古代文明の興亡においても根本的な役割を果たしてきた。が、この癒されぬ渇きは今日もなお続いている。おそらくそれは以前にくらべて、いっそう絶望的になっているのかもしれない。

二一世紀の水危機にわれわれが取り組む際に、古代の水管理や水利事業の知識が重要な役割を果たし、効果的な方法を示してくれるかどうかについてはなお異論が多い。が、私はそれは可能だと思う。しかし、私は根っからの楽観主義者だ。このような知識が援助してくれるのは、人間が抱えるもう一つのタイプの渇きを癒すときだろう。それは過去の人間について知りたいと思う知識への渇望である。

この本を書くために、私は世界各地を旅する幸運に恵まれた。そして地球上でもっとも興味をそそられる考古学上の遺跡をいくつか訪ねた。それは壮大なマチュピチュの要塞都市から、かつてはホホカムの運河だったが、今は水の涸れたソノラ砂漠の水路に至るまで。私はまた各地の図書館で、発掘や環境調査のアカデミックなレポートを読み、考古学者たちの業績や成果に驚く機会にも恵まれた。これは残念なことなのか、喜ばしいことなのか私には分からないが、私が今読者の方々に伝えなければならないのは、見たり読んだりすればするほど、私の渇きはますますひどくなったということだ。過去について学べば学ぶほど、さらに知る必要に迫られる。この本で取り上げることのできなかった文化を調べたい、世界中の考古学上の遺跡をもっと訪ねてみたい、そして、ワジ・フェイナンで行なっていた私の発掘も継続したい、という気持ちに今は駆られている。この本のページから読者の方々が過去について、いくぶんかでも学んでくださったことを願うとともに、私と同様、みなさんの渇きがなお癒されることのないようにと願っている。

原注

1 渇き

（1）これはフーバーダムのバイパスブリッジ、あるいはマイク・オキャラハン＝パット・ティルマン・メモリアル・ブリッジとして知られている。橋はそれ自体が注目すべき建造物。西半球でもっとも幅の広いコンクリートのアーチ橋で、アメリカでは二番目に高い橋だ。二〇一〇年一〇月一九日に開通。

（2）Hiltzik（2010, III）で引用されている。

（3）ダムについての詳しい、そして非常に明晰な説明とその影響についてはHiltzik（2010）を見よ。

（4）Solomon（2010）は、古代文明から現在に至る歴史の中で水が果たした役割を包括的に研究し、アスワンダムと三峡ダムがもたらした経済的、政治的、環境的影響について、きわめて優れた説明をしている。

（5）古代文明のもっとも傑出した紹介はTrigger（2003）で見ることができる。

（6）UN Water（2007）. 現在と将来の水資源へのアクセスに関する統計と予想についてはClarke and King（2004）を見よ。そして、現在の水危機についてはRoddick（2004）の中の魅力的な短いエッセーも。さらに掘り下げたアカデミックな研究を読みたい人は、Gleick（2007, 2009a）にある真水資源の隔年報告中のエッセーを見よ。Solomon（2010, Chapter 14）は現在の地球規模の水危機について、概要とその深刻な状況を伝えてくれる。

（7）http://www.azcentral.com/news/articles/2011/09/25/20110925arizona-water-drought-may-deepen.html, accessed 16 November 2012を見よ。

（8）数字は明らかに疑わしい。ＢＢＣニュースの関連ウェブページから取られたもの。

（9）この申し立てはhttp: //www.nation.com.pk/pakistan-news-newspaper-daily-english-online/Politics/19-Aug-2010/Heavily-funded-FFC-fails-to-deliver/ による。

(10) 紅海‐死海運河についてはLipchin (2006) を見よ。
(11) 中国の「南水北調」プロジェクトや、中国におけるその他の巨大な水管理プロジェクトについてはWatts (2010, Chapter 3) を見よ。
(12) リビア砂漠の人工河川プロジェクトの概要についてはPearce (2006) を見よ。
(13) Hiltzik (2010).
(14) Ibid. (2010).
(15) 三峡ダムの数字はLi Jinlong and Yi Chang (2005) から取った。プロジェクトの評価についてはGleick (2009c) を見よ。
(16) Pearce (2006).
(17) 国民国家間の「水戦争」がめったに起きないことについてはBarnaby (2009) を見よ。多国籍企業と地元住民との間の水資源をめぐる紛争についてはBarlow (2007) を見よ。またGleick (2006a) は水とテロリズムについて考察している。
(18) Solomon (2010, Chapter15) は、中東や北アフリカにおける水の紛争について優れた説明をしている。二〇世紀末までの「中東水問題」について、さらに詳細な説明を求める向きはAllan (2002) を見よ。
(19) Wittfogel (1957).
(20) Scarborough (2003). 彼は水管理の研究こそが、過去の社会における、資源の利用と管理を理解する機会を与えるものだと提案した。そして、水管理はたいてい儀式や宗教的信仰に根を下ろした決断を伴うと主張している。
(21) 古代エジプトの要約はEl-Gohary (2012) で見ることができる。一方、Solomon (2010, 26–37) は水管理と古代エジプト史との関わりについて、とりとめのない説明をしている。
(22) Solomon (2010, 38) はエジプトとメソポタミア間でこの比較をしている。
(23) アステカ族とシンハラ族の要約研究についてはScarborough (2003) を見よ。Geertz (1980) は一九世紀のバリの古典的研究。Angelakis et al. (2012) はこの本で取り上げなかった地域——古代イラン、古代ペルーのコロンブス以前の社会——における、古代の水管理の事例をいくつか挙げている。さらにはキプロスやバルセロナの歴史時代の水管理についても。Scarborough and Lucero (2010) は亜熱帯地方の水と共同事業の関係を概観し、西アフリカ、バリ、アマゾンの水管理を要約する。Wilkinson and Rayne（2010）はメソポタミア北部（イラク北部、シリア、トルコ南部）の水利地勢について優れた報告をする。そこではアッシリア、パルティア、ササン朝ペルシア、ローマ（ビザンティン）、初期イスラムの各時代が取り上げられている。

（24）カナートについてはForbes（1956）とBeekman et al.（1999）を、ノリアについてはSolomon（2010, 34）を見よ。

2 水革命

（1）Caran et al.（1996）はメキシコのサン・マルコス・ネコストラの井戸について述べている。井戸は幅一〇メートル、深さ五メートルで、中は九八六三年から五九五〇年前の遺物で満たされていた。

（2）水を運ぶのに葉っぱを道具として使う、チンパンジーの描写と分析についてはMatsuzawa et al.（2006）を見よ。

（3）いわゆる「アフリカ単一起源説」、そして最初のヒト亜科のユーラシア大陸への移動についてはFleagle（2010）を見よ。

（4）ウベイディア遺跡には大量の石器の破片と動物の骨の破片がある。そしていくらか疑問の余地のあるヒト亜科の遺骨も。Fleagle（2010）の説明を見よ。

（5）Shea（1999）はウベイディアのいわゆる「生活面」を描いている。

（6）オハロ第二遺跡は多くの書物の中で述べられている。Nadel and Hershkovitz（1991）は遺跡の生活ベースについて、Nadel et al.（1995）は遺跡の年代について、Nadel and Werker（1999）はソダでこしらえた小屋について報告している。

（7）ホモ・サピエンスの分散を示す、考古学上と遺伝学上の証拠の解釈については、最近のものとしてStringer（2011）がある。

（8）ネアンデルタール人と現生人類が持つ言語と象徴能力の程度と性質は、考古学者たちの間で重要な討論のテーマになっている。証拠の一解釈についてはMithen（2005）を見よ。

（9）レバント地域の気候変化についてはBrayshaw et al.（2011）を見よ。

（10）Bar-Yosef（1998）とBar-Yosef and Valla（1991）がナトゥフ文化の再検討を行なっている。

（11）アイン・マラハ遺跡の記述についてはValla et al.（1999）を見よ。Mithen（2003, Chapter 4）は初期及び後期ナトゥフ文化の解釈を行なっている。

（12）Brayshaw et al.（2011）と Robinson et al.（2011）を見よ。

（13）エリコでケニヨンが行なった仕事のすばらしい報告については Kenyon（1957）を見よ。Kenyon and Holland（1981）はテルの層位学についてアカデミックな報告をしている。

（14）チャイルドが新石器時代の定義を行なった主要な著書としては Childe（1936）や Childe（1957）がある。

（15）ＰＰＮＡとＰＰＮＢの解説としては、Kuijt and Goring-Morris（2002）を見よ。

（16）植物の栽培と動物の飼育、それに農耕のはじまりについては非常に多くの説がある。Mithen (2003) と Barker (2006) を見よ。

（17）私はこれまで「～年前」を使ってきた。が、考古学者たちはしばしば「ＢＰ」(Before Present ～前) を使う。一九五〇年を「現在」とするアカデミックな年代測定の単位。そのためにＢＰをＢＣの年代に変えるには、ＢＰから 1950 を差し引かなくてはならない。

（18）Por（2004）はアイン・エッスルタンの水文学上の背景について述べている。

（19）ギルガル、エリコ、ネティヴ・ハグドゥドなどの遺跡の、詳細な文献をともなう新石器時代の解説については、Kuijt and Goring-Morris（2002）を見よ。ネティヴ・ハグドゥドについては Bar-Yosef and Gopher（eds, 1997）を、ギルガルについては Bar-Yosef et al.（2010）を見よ。

（20）Por（2004）はネティヴ・ハグドゥドの水文学上の背景について述べている。

（21）ザラット・エドゥラーについては Edwards et al.（2002）、ドゥラーについては Finlayson et al.（2003）、ＷＦ16 については Finlayson and Mithen（eds, 2007）や Mithen et at.（2010）を見よ。

（22）Brayshaw et al.（2011）は完新世初期におけるレバント地方の気候について、最先端のコンピュータ・シミュレーションを行なっている。

（23）ギョベクリ・テペについては Shmidt（2002）、同じような芸術活動が見られる遺跡ジェルフ・エル・アフマルについては、Stordeur et al.（1997）を見よ。Watkins（2010）がこのような遺跡の巨大建造物について解釈を行なっているが、Mithen et al.（2011）や Finlayson et al.（2011）も見よ。

（24）ジェルフ・エル・アフマルの建築については Stordeur et al.（1997）を見よ。

（25）Kuijt and Goring-Morris（2002）はＰＰＮＢの建築、経済、芸術、宗教を総括している。

（26）ベイダの建築について、Kirkbride（1968）は暫定的な報告を、Byrd（2005）は詳細な報告を行なっている。

（27）以下の記述は Rambeau et al.（2011）による。

（28）以下の記述は Gebel（2004）による。

（29）グワイルについては Simmons and Najjar（1996; 1998）を見よ。

（30）Bar-Yosef（1996）.

（31）ワジ・アブ・トレイハについて述べた以下の文は Fujii（2007a, 2007b, 2008）による。

（32）Peltenberg et al.（2000）はキプロス島の初期の井戸について述べている。

（33）アトリット・ヤムの井戸の記述と解釈については、Galili and Nir（1993）と Galili et al.（1993）を見よ。

（34）Garfinkel et al.（2006）はシャール・ハゴラン遺跡の井戸やその発掘について、きわめて優れた記述をしている。

（35）Kuijt et al.（2007）はドゥラーにおける土器新石器時代の地形変化について述べている。

（36）ジャワの発掘とその解釈については Helms（1981）と Helms（1989）を見よ。

（37）Whitehead et al.（2008）.

（38）レバント地方の初期青銅器時代については Philip（2008）、水管理の技術については Finlayson et al.（2011b）の Lovell の解説を見よ。

（39）Rast and Schaub（1974）がバブ・エ・ドゥラーの貯水槽について書いている。他にもその地域全体で貯水槽がいくつか発見された。ホルヴァト・ティットラについて書いているのは Rast and Schaub（2003）だ。

（40）テル・ハンダククについては Mabry et al.（1996）を見よ。

（41）Bienert（2004）はキルベト・ゼラクオンのトンネルについて書いている。トンネルは地下六〇メートルの所にあり、建設には三つのたて穴が使われたと考えられている。

（42）テル・デイル・アッラーの灌漑システムや、継続中の遺跡調査の報告については Van der Kooij（2007）で述べられている。Kaptijn（2010）はヨルダンのゼルカ地方における鉄器時代の灌漑について、すぐれた考察を行なっている。その中で彼は、二〇世紀とマムルーク時代（一二五〇－一五一六）、それに鉄器時代の各灌漑の類似性を描いて、灌漑のシステムと権力のつながりを分析した。

（43）以下のテクストは http://relijournal.com/religion/water-meaning-and-importance-in-the-old-testament/accessed on 5 December

2011による。

（44）シロアムのトンネルについてはFrumkin and Shimron（2005）を見よ。

（45）聖書に書かれている言葉は以下の通り。「ヒゼキアの他の事績、彼の功績のすべて、貯水池と水道を造って都に水を引いたことは、「ユダの王の歴代誌」に記されている」（列王記下二〇・二〇）、「ヒゼキヤはセンナケリブが来て、エルサレム攻略を目指しているのを見ると、将軍や勇士たちと協議し、町の外にある泉の水をせき止めることにした。彼らは王を支持した。多くの民が集まり、そのすべての泉と、この地を流れる谷川をせき止め「アッシリアの王が来るとき、豊富な水を得させてはならない」と言った」（歴代誌三二・二－四）、「上の方にあるギホンの湧き水をせき止め、ダビデの町の西側に向かって流れ下るようにしたのも、このヒゼキヤであった。ヒゼキヤはそのすべての事業を成し遂げた」（歴代誌三二・三〇）。

3

「黒い畑は白くなった／広い平野は塩で窒息した」

（1）シュメール文明の入門書にはすぐれたものがいくつかある。この章で利用したおもな著書は次の三つだ――Postgate（1992）, Pollock（1999）, Algaze（2008）. Tamburrino（2009）はメソポタミアの水技術について総括している。

（2）この詩句は天地創造と人類の初期の歴史を記した『アトラハシース叙事詩』から取った。Tamburrino（2010, 33）で引用されていたもの。

（3）Algaze（2008, 5）.

（4）Wilkinson（2000）はメソポタミアの地域調査について概観している。そして一九六〇年代及び一九七〇年代を考古学調査の「黄金時代」と言っている。

（5）スペース・シャトルの画像をメソポタミア考古学に使用したものとしてはHritz and Wilkinson（2006）を見よ。

（6）チョガ・マミについてはOates（1968; 1969）を、その農業基盤についてはHelbaek（1972）を見よ。

（7）Algaze（2008, 88）には次のことが書かれている。紀元前四〇〇〇年紀では、羊毛は手で摘み取らなくてはならなかった。四〇〇〇年紀の羊は毎年、春の終わりに毛が生え変わったが、現代の羊と違って、柔らかな下毛は固いごわごわの死毛にまだ被われていたからだ。

（8）Adams（1981, 11）. この言葉はまた、織物加工の重要性を強調するAlgaze（2008, 92）でも引用されている。

（9）メソポタミアの集落の数字はAlgaze（2008）から取った。
（10）Postgate（1992）.
（11）Solomon（2010, 46）による引用。
（12）Postgate（1992, 45）.
（13）アダムズの考古学上の業績についてはAdams（1981）とAdams and Nissen（1972）を見よ。
（14）以下のテクストはGibson（1974）による。この手の解釈を採用したい人はFernea（1970）を参照すべきだ。
（15）Postgate（1992, 178）.
（16）Tamburrino（2009）はシュメール神話における水の役割について述べている。
（17）数字はAlgaze（2008）による。この本では生産性と交易について幅広い議論がなされている。
（18）Algaze（2008, 100）.
（19）この描写はPollock（1999）による。
（20）Gibson（1974）の休閑地の使用についての議論を見よ。
（21）ラッセルの言葉はJacobsen（1958, 67）で引用されたもの。
（22）Jacobsen and Adams（1958）.
（23）Powell（1985）.
（24）Artzy and Hillel（1988）.
（25）Gibson（1974）.

4　「あらゆるものの中で水は最良だ」（テーバイのピンダロス、紀元前四七六年）

（1）Clarke（1903, 598）.
（2）Clarke（1903, 598）.
（3）Clarke（1903, 597）.
（4）ミノア期のクレタ島については、Castleden（1992）, Dickinson（1994）, Warren（1989）を見よ。
（5）Warren（1989, 69）.

（6）Dickinson（1994, 24–5）.
（7）クノッソス宮殿の詳細な学術研究についてはCadogan et al.（2004）やEvely et al.（2007）を見よ。
（8）以下の記述はAngelakis et al.（2006）とMays（2010）による。後者はミノア期の送水路、水利事業の他の形体について論じている。またKoutsoyiannis and Angelakis（2007）とKoutsoyiannis et al.（2008）も見よ。
（9）Angelakis et al.（2012）はミノア期のテラコッタ管のデザインとエネルギー効率について、その技術的説明を行なっている。
（10）テラコッタ製の管や、テラコッタ及び石でこしらえた開水路を使った長距離の送水路は、ティリッソスやマリアといったミノア期の遺跡にも、山の泉から水をもたらし給水をしていた。
（11）Angelakis et al.（2012）.
（12）Mays（2010）はファイストスの集水システムについて書いている。
（13）以下はAngelakis et al.（2012）による。
（14）Cadogan（2007）.
（15）Cadogan（2007, 108）.
（16）Cadogan（2007, 107）.
（17）ミュケナイ文化の概要についてはTaylour（1983）を見よ。
（18）Homer, *The Illiad*, 1.313.
（19）『オデュッセイア』における沐浴の重要性についてはGutgluede（1987）を見よ。
（20）Mays（2010）がミュケナイ人の水利技術を概説している。
（21）Balcer（1974, 148）.
（22）以下の文はKnauss（1991）による。
（23）以下の文はBalcer（1974）, Zangger（1994）, Maroukian et al.（2004）による。
（24）Crouch（1993）は、古代ギリシア諸都市の水管理について独創的な研究を提供している。アテナイの水供給に関する記述についてはクラウチの研究を利用した。Zarkadoulas et al.（2012）もまた、古代ギリシアの都市における水管理についてすぐれた解説をしている。そこで見られるのは、アテナイの民主主義と、主要な水利事業プロジェクトの欠落との関係に関する興味深い意見である。

（25）古典期アテナイの水供給の詳細な説明は Chiotis and Chioti（2012）で行なわれている。

（26）「大排水路」については Chiotis and Chioti（2012）で述べられている。

（27）Crouch（1993）がコリントスの水管理システムについて述べている。

（28）以下の記述は Goodfield and Toulmin（1965）, Apostol（2004）, Mays（2010）による。

（29）Kienast（1995）.

（30）Apostol（2004）.

（31）Crouch（1993, 49）で引用されている。

（32）アルキメデスのスクリューや、その他、ギリシアやローマの機械で作動する揚水装置については Oleson（1984）を見よ。

（33）クテシビオスのさまざまな発見については Rihil（1999）, Tuplin and Rihil（2002）を見よ。

（34）シシリー島のヘレニズム都市、モルガンティーナにおける水管理のすぐれた研究については Crouch（1984）を見よ。

5　水の天国ペトラ

（1）この章におけるナバテア人の説明は、おもに Politis（ed., 2007）, Bienert and Häser（eds, 2004）, Bedal（2004）の中の諸論文によった。

（2）Diodorus, *Historical Library*, 19.94.7. Bedal（2004, 6）は、シチリアのディオドロスが紀元前一世紀に、カルディアのヒエロニムスの報告に基づいて書いたと説明している。カルディアのヒエロニムスは紀元前四世紀に、自身の目撃証言をもとに報告を書いたという。

（3）Oleson（2001, 2007a）はナバテア人の水管理の技術について包括的な概要を示している。

（4）Strabo, *Geography*, XVI.4.26.

（5）以下の記述は Oleson（1995, 2001, 2007a, 2007b）による。

（6）Evenari（1982, 9）.

（7）このような壁やテラスや小山のすべてが、年代的に見てナバテア人によって作られたものだとはっきり言明されていたわけではない。イヴナリは、青銅器時代、ナバテア期、ローマ時代、ビザンティン時代に属するものの間に明白な区分をしないで、「古代の農民たち」という慎重な言い方をしている。

（8）Evenari（1982, 194）.

（9）Evenari et al.（1982, 415）.

（10）Evenari et al.（1982, 414–15）.

（11）おもにOleson（2007a）による。オルソンの長期にわたるフマイマの調査の概要についてはOleson（2007b）を見よ。

（12）水文学上のモデリングに基づいた人口の推定はFoote et al.（2011）でも見ることができる。そこで挙げられた数値はおおむねOleson（2007a, b）のそれと一致している。

（13）以下の記述はOrtloff（2005）による。

（14）Akasheh（2004）は、ワジ・ムーサ村を訪れる観光客が増加したために、ワジ・ムーサ流域に深刻なアンバランスが生じていると書いている。道路が増え、コンクリートの建物が建てられるにつれて、流域では貴重な土壌——雨水の大半を吸収するのに必要な覆土——の不足が生じ。その結果、大きな鉄砲水の脅威も同じように増加する。

（15）Bedal（2004, 95）.

（16）Bedal（2004）. Bellwald（1999）は、描かれた荷物が見えにくいことは認めているが、ラクダはたしかに荷物を運んでいると考える。「夜、側面から強い光を当てて撮った写真を見ると、上部グループの上方のヒトコブラクダは、荷物を運搬するバスケットのような鞍をつけている。……一方、下のラクダは、長い飾り房のついた毛布で被った円錐形の荷物を運んでいる」。

（17）Oleson（2007a）.

（18）Akasheh（2004）.

（19）Bedal（2004）.

（20）Joukowsky（2004）による記述を見よ。

（21）以下の記述はBedal（2004）とBedal and Schryver（2007）による。

（22）Bedal and Schryver（2007）は、ガーデン・テラスの発掘作業で回収された埋蔵物に、炭化した植物の遺物が含まれていたと述べている。私がここで言及したものの他に、そこには雑草類、マメ類、穀物など幅広い種類のものがあった。そしてこれらの遺物もすべて炭化していた。それは庭で特殊な植物が生育されていたというより、むしろ広くペトラで行なわれていた経済活動を反映しているのかもしれない。

（23）Strabo, *Geography*, XVI.4.21.

6　川を作り、入浴する

（1）Haut and Viviers（2012）は中東におけるローマ人の水利事業について、とりわけすばらしい報告と写真を与えてくれる。De Feo et al.（2012）はより広範囲に及ぶ報告をしており、Martini and Drusiani（2012）はローマに焦点を当てている。

（2）ニームの水路とポン・デュ・ガールの研究についてはFabre, Fiches and Paillet（1991）を見よ。

（3）カラカラ浴場の建築費用の研究についてはDeLaine（1997）を見よ。

（4）噴水から地面へと流れる水は、かならずしも無駄な浪費というわけではない。水が汚物を洗い流してくれるからだ。Solomon（2010, 88）は次のように述べている。ローマの「豊富できれいな公共用水はたくさんの汚物や病気を洗い流した。そしてそれは、一九世紀に産業化した西洋で大いなる衛生上の覚醒が起こるまで、卓越した都市衛生の構成要素となっていた」。

（5）Hodge（1992, 11）.

（6）Bono and Boni（1996, 126）.

（7）Nielsen（1990, 2）.

（8）Nielsen（1990）は、植民地や属州に普及した浴場について包括的な報告を行なっている。そして、つねに浴場が最初に建てられた建造物だったと記している。

（9）Hodge（1992, 1）.

（10）Veyne（1997, 199）の中で引用されている。

（11）Seneca, *Epistles*, 56, 1–2. ここで描かれている浴場は南イタリアのバイアエにあった。

（12）Nielsen（1990, 6–13）はローマの浴場に先行するものについて詳細な見直しを行なっている。目が向けられているのはギリシアとイタリアの中でもさらに地方だ。論じられているのは浴室内で温水を使って体を洗うことと、川やプールなど冷たい水の中で泳ぐことの観点から。Hodge（1992）は、概して水利事業に関して、ローマより前にあったものをざっと概観している。

（13）スタビア浴場は水道橋という給水装置の建設によって特大浴場になったのだが、Nielsen（1990, 33）は、この浴場に特有な建築上の変化について述べている。彼女はまた「造管」の導入がどのようにして、重要な革新と改善を浴場にもたらしたかについて語る。これは壁やときに丸天井などに施されたヒーティング・システム（暖房装置）のことで、これによって部屋はかなり暖かく保たれ、いちだんと居心地のよいものになった。が、それはまた冷水で体を洗い流さなくてはならないという大きな要求を生み出した。

（14）「入浴の習慣」に関する詳細で包括的な説明についてはNielsen（1990, 115–48）を見よ。

（15）Nielsen（1990, 151).

（16）Hodge（1992).

（17）De Feo et al.（2012).

（18）以下の記述はおもにAshby（1935）とEvans（1997）によった。

（19）Martini and Drusiani（2012）はクロアカ・マキシマや他の古代ローマの下水について書いている。

（20）フロンティヌスの論文 *De aqua ductu* は、一八八一年のロドルフォ・ランチャーニによる注釈をはじめとして、これまでに活発な議論を引き起こしてきた。以下に続く本文は、おもにEvans（1997）の中のフロンティヌスに関する言及によった。Evans（1997）にはフロンティヌスの論文の全訳も含まれている。

（21）Tacitus, *Annals*, XV.40によると、これは五日半にわたって燃え続けた六四年の「ローマの大火」だという。

（22）Hodge（1992, 1）で翻訳されているFrontinus, *De aqua ductu*, I.16.

（23）Martini and Drusiani（2012, 462–3）はピアッツァーレ・デッリ・エロイにある噴水について述べている。この噴水は、一八四九年から一九〇八年にかけて建設されたペシエラ水道からの水が到着したことを示している。

（24）Martini and Drusiani（2012).

（25）Hodge（1992, 93–125）は水道建設のプロセスを、導管の清掃と維持に必要な事柄とともに詳細に報告している。

（26）マルクス・ウィプサニウス・アグリッパ（紀元前六三－一二）はローマの偉大な政治家にして将軍。皇帝アウグストゥスの義理の息子で、皇帝ティベリウスの義父だった。彼がローマで行なった仕事には、水供給システムの総点検の他に、公のフェスティバルや芸術作品の展示を促進させたことなどが挙げられる。

（27）Nielsen（1990）.

（28）Bono and Boni（1996, 132）.

（29）以下の文はおもにPiranomonte（1998）による。

（30）カラカラ浴場の建設や、それにかかった費用の詳細かつ包括的な分析についてはDeLaine（1997, 193）を見よ。彼女は次のように書いている。「カラカラ浴場のおもな建設期間である四年間に要した作業要員の最小平均数は、直接材料の生産や建設に携わった人員が七二〇〇人、それに加えてローマのすぐ近くへ輸送するのに必要な人員一八〇〇人と、おびただしい数の牛。ピーク時には作業要員と輸送要員が、それぞれ一万四〇〇人と三二〇〇人に増加した。作業要員をもっとも多く必要とした二一三年には、その数が一万三一〇〇人に達した。しかし、これも控えめに見た推測で、その中には、外の区域に建てられたパビリオンやポーティコ（屋根のある玄関）は含まれていないし、水道や連絡道路の建設も考慮されていない。さらに、ローマから半径一〇〇キロ以内のさまざまな田舎地方で行なわれる、れんが作りや石灰作りにも、それぞれ平均で二〇〇人ほどの人員が必要だった。これもピーク時には、れんが作りが三〇〇人、石灰作りが二四〇人と増えた。またそこには型枠用の木材、足場を組むための丸太、ロープ、籠などを生産する人員も計算されていない。こうした材料のすべてをローマまで輸送する人員もさらに必要だろう。その要員は平均して五〇〇人ほどが妥当な数で、ときにはこれも七〇〇人近くになっただろう」。

（31）以下の文はBono et al.（2001）とCrow et al.（2008）による。

（32）Crow et al.（2008）は、ハドリアヌス帝が一二三年に水道をニカイアに贈与したと述べている。

（33）Çeçen（1996）.

（34）Crow et al.（2008, 1）.

（35）Themistius, *Oratio*, 11.151a−2b. Crow et al.（2008, 9）で引用されている。

（36）Themistius, *Oratio*, 13.167c−168c. Crow et al.（2008, 9–10）で引用されている。

（37）Crow et al.（2008, 16）を見よ。

（38）クルシュンルゲルメの詳細な記述については、Crow et al.（水の流れについては2008, 57–61, 水道橋については93–7, 装飾については157–76）を見よ。

(39) さらに詳細な点については Crow et al.（2008, 17–20）を見よ。
(40) バシリカ全体を記述したものとしては Ciniç（2003）がある。
(41) Theophanes, *Chronicles*. Crow et al.（2008, 19–20）で引用されている。

7 ティースプーンを手にした無数の男たち

(1) この主張は Du and Koenig（2012, 169）によると、さまざまな作者によって行なわれているという。Solomon（2010, 107）は「一〇〇〇年をはるかに上回る期間、中国はエネルギーとしての水を利用して、有用な仕事をする点で人類文明のリーダーだった」と述べている。
(2) Gillet and Mowbray（2008）で引用されている。
(3) たとえば、古代都市への水供給については Du and Koenig（2012), そして漢の時代の集落を襲った大洪水については Kidder et al.（2012）などがある。
(4) ジョゼフ・ニーダムのすぐれた伝記については Winchester（2008）を見よ。才気にあふれてはいるが、やや奇抜な伝記だ。
(5) Needham（1971).
(6) Liu and Xu（2007).
(7) 漢とローマの比較は Kidder et al.（2012, 30）で行なわれている。Solomon（2010, 105）が指摘しているのは、史上もっとも大きな富と権力と影響力を保持した二つの帝国が、同じ時期に興隆したことだが、それだけではない。solomon はまた、両帝国が似たような規模を持っていたこと、ともに文明世界の周辺で栄えたこと、そして帝国崩壊の直接の原因となったのが、北方の国境への異民族の攻撃だったことも指摘している。
(8) 以下の記述は Kidder et al.（2012）による。
(9) 二〇一二年二月に、中華人民共和国水利部副部長胡四一（フー・スーイー）の発言による。http://www.china.org.cn/environment/2010-02/16/content_24653422.htm（accessed 22 April 2012）を見よ。
(10) 二〇一一年七月にシンガポールで開かれた会議で、中華人民共和国住宅都市農村建設部の代表が行なった報告による。http://news.xinhuanet.com/english2010/china/2011-07/07/c_13969749.htm（accessed 22 April 2012).

（11）Du and Koenig（2012, 187）.
（12）長安の水管理について述べた以下の説明は Du and Koening（2012）による。
（13）Solomon（2010, 97）.
（14）Solomon（2010, 112）.
（15）Solomon（2010, 112）.
（16）Solomon（2010, 107）.
（17）三峡ダムによって引き起こされた環境上の課題については Gleick（2009c）と Watts（2010, Chapter 3）を見よ。
（18）*China Daily*,（16 june 2002）. Guangqian Wang et al.（2007）を見よ。
（19）*Guardian*（29 June 2011）のレポートからの引用。
（20）http://www.waterworld.com/index/display/article-display/0785922114/aricles/waterworld/world-regions/far-east_se_asia/2010/03/Lee-Kuan-Yew-Water-Prize-awarded-to-Yellow-River-Conservancy-Commission.html で引用されている。

8　水利都市

（1）クメール文明について、この章で利用するのは Coe（2003）と Higham（2001）による優れた概説だ。コウは現存する証拠によって、できるうかぎり人類学的なアプローチをしている。一方、ハイアムの仕事は、国王とその業績を説明しつつ、クメール文明の歴史的発展を述べた、より従来型の伝統的研究。Freeman and Jacques（2003）はアンコールの芸術や建築に関する傑出した研究。それぞれの記念建造物について、美しい写真を交えた詳細な説明が施されている。とくに明記しないかぎり、この章の記述は以上三つの仕事による。
（2）トンレサップの優れた物語や写真入りの研究については Poole and Briggs（2005）を見よ。
（3）ベルナール・フィリップ・グロリエ（一九二六－八六）は、二〇世紀における東南アジアの考古学研究では重要人物の一人だ。彼の簡単な伝記については http://www.efeo.fr/biographies/notices/groslier.htm を見よ。グロリエは多くの出版物を出している。東南アジアの考古学研究でもっとも重要なものは Groslier（1952; 1956; 1960）と Groslier（1979）だ。後者は「水利都市」としてのアンコールを、この上なくはっきりと述べている。
（4）Mouhot（2001）を見よ。アンコール発見に関する私の記述は Coe（2003）によっている。

（5）Higham（2001, 60）で引用されている。
（6）Higham（2001, 65）で引用されている。
（7）周達観がみずからの訪問を記した一二九六年の報告は、一三一九年にフランス語に翻訳された。そして、さらにそれはフランス語から英語へと訳された。Zhou（1993）.
（8）Goloubew（1936; 1941）.
（9）Groslier（1966, 75）.
（10）アンコールの灌漑や作物の生産量に関する数字は Acker（1998）から引用した。
（11）Van Liere（1980）.
（12）Stott（1992, 55）.
（13）Acker（1998）.
（14）Acker（1998, 31）.
（15）Groslier（1974, 112）.
（16）Acker（1998, 35–6）で引用されていた Siribhadra and Moore.
（17）Fletcher et al.（2008）は Greater Angkor Project（GAP）の簡潔な要約を与えてくれる。そしてそれは以下の文の重要な情報源となっている。
（18）Evans et al.（2007）. Fletcher et al.（2004）も見よ。
（19）Fletcher et al.（2004, 137）.
（20）Fletcher et al.（2008）.
（21）以下の文は Buckley et al.（2010）による。
（22）Fletcher et al.（2007）.

9　あとわずかで文明に

（1）Rogge et al.（2002）はスカイハーバー空港のホホカム運河の発掘について述べている。
（2）ホホカム人の概要については Crown が編集した数冊、そして Judge（1991）, Fish and Fish（2007）を見よ。とくに明記しないかぎり、この章の記述はすべて以上の資料による。

（3）アキメル・オオダムとホホカムの関係を考察したものとしてはBahr（2007）がある。

（4）ホホカム人の研究史についてはCrown（1991）を見よ。

（5）カサ・グランデの保存の歴史についてはTaylor（withn Doelle 2009）を見よ。

（6）Andrews and Bostwick（2000）はプエブロ・グランデについて、ホホカム文化との関連で述べている。

（7）Masse（1991）はソノラ砂漠の生活について述べている。

（8）古アメリカ・インディアンと大型動物の絶滅についてはMithen（2003, chapter 26 and 27）を見よ。

（9）Wallace（2007）はホホカム人の出自について考察している。一方、Doyel（1991, 227–8), Wilcox（1991, 273–4), McGuire and Villalpando（2007）はメソアメリカとホホカム人との関係について考察する。

（10）Mabry（ed. 2008）はラス・カパスとツーソン盆地の初期の運河について述べている。

（11）ホホカムの運河や灌漑に関する記述や論考は、ホホカム人について書かれた論文中で広く見られる。とくに役に立つのはGregory（1991), Masse（1991), Wilcox（1991), Andrews and Bostwick（2000), Doyel（2007）など。

（12）ホホカムの集落のパターンについてはMasse（1991), Gregory（1991), Wilcox（1991）を見よ。

（13）Elson（2007）はホホカムの球技場の建築について述べている。

（14）Whittlesey（2007）はホホカムの陶器に描かれた図像と、それが彼らの信仰システムにどれほど関連しているかについて述べている。その他、ホホカムの工芸品についてはBayman（2007）を見よ。

（15）Whittlesey（2007, 71).

（16）Haury（1976).

（17）Wilcox（1991). また、スネークタウンに関する見方の変化についてはRavesloot（2997）を見よ。

（18）以下の記述はGregory（1991）とMasse（1991）による。

（19）ホホカムの交易とそれが持つ社会的意味についてはDoyel（1991）を見よ。

（20）古典期の社会変化については、Wilcox（1991), Masse（1991), Gregory（1991）が述べて検討を加えている。ホホカム文化はCrown（1991）が述べているように、数多くのさらなる段階に分割されている。

（21）Doelle（2009）はCentre for Desert Archaeology から出ているArchaeology Southwest 誌の編集をし、カサ・グランデのさ

まざまな側面について、いくつかの記事を書いている。

（22）Masse（1991, 219）.

10　「睡蓮の怪物」の生と死

（1）Matheny（1976）. 私はまた、一九五八年にマヤ地方でフィールドワークをはじめた Adams（1980）の仕事も認めるべきだろう。ここで挙げた比較には私も少々及び腰にならざるをえない。というのも、グロリエが東南アジアの考古学理解に果たした学問上の貢献は、マセニーのマヤ研究にくらべると、さらに深いものがあると考えられるからだ。

（2）レイ・マセニーの略歴については Jackson（2001）を見よ。

（3）マセニーが長期間エズナで行なった調査の結果は Matheny et al.（1983）の形で刊行されている。また遺跡の説明は、マヤ文明について書かれた標準的な教科書の中で見つけることができる。エズナ遺跡の水利事業に関する要約については Mays and Gorokhovich（2010）を見よ。

（4）以下の記述はマヤ文明に関するいくつかの概説書によっている。とくに参考にしたのは Coe（1999）, Demarest（2004）, Lucero（2006）, Webster（2002）.

（5）カミナリフユ遺跡については Demarest（2004, 72-86）を見よ。

（6）ノーマン・ハモンドがクエロ遺跡を発掘した。その概要については Hammond（2000）を見よ。

（7）このレリーフに注目すべきだとアドバイスしてくれたのはノーマン・ハモンドで、彼には感謝をしている。もちろん、そこには他の解釈もありうるだろう。マヤの球技の中で犠牲の果たした役割については、たとえあったとしてもなおそれは明らかではない。

（8）Lucero（2006, 160）.

（9）古代マヤの崩壊について書かれた文献は数多くある。本文がおもによっているのは Gill（2000）, Gill et al.（2007）, Webster（2002）だ。

（10）Lucero（2006, 190）が描いているのは、サタデー・クリークや他の小さな集落の日常生活で、それは水へのアクセスを持っていたために、「マヤの崩壊」と呼ばれるものに影響を受けずに存続した集落だった。「マヤの低地南部のどこかで起きた政治的変化は、はじめから古典期マヤの政治にあまり関わることのなかったコミュニティに、ほとんど影響を及ぼさなかった」。

（11）Back（1995）はユカタン半島の地質と、それが水管理に対して持つ意味合いについて述べている。

（12）Gill（2000, 255）で引用されている。

（13）Back（1995, 241）から引用。

（14）古代マヤ人の移動性は Lucero（2006）によって強調されてきた。

（15）サタデー・クリークについては Lucero（2006）で述べられている。

（16）Demarest（2004）.

（17）Scarborough（1998, 139）.

（18）以下のテクストは Scarborough（2003, 108–13）, Scarborough and Gallopin（1991）, Lucero（2000）による。

（19）Scarborough（1998; 2003）.

（20）Scarborough（1998; 2003）, Scarborough and Gallopin（1991）.

（21）エズラの水管理について、以下の記述は Matheny（1976）, Matheny et al.（1983）による。

（22）以下の記述は Folan（1992）, Folan et al.（1995）, Gunn et al.（2002）, Gunn, Foss et al.（2002）による。

（23）Davis-Salazaar（2006）.

（24）Davis-Salazaar（2006）.

（25）Dunning et al.（1999）.

（26）Beach et al.（2009）. Fedick et al.（2000）も見よ。

（27）Dunning et al.（1997）.

（28）Beach and Dunning（1997）.

（29）たとえば McAnany（1990）や Johnston（2004）を見よ。

（30）ウシュルの発見は http://www.sciencedaily.com/releases/2010/08/100826083803.htm（accessed on 23 December 2011）で報告された。

（31）Bonnafoux（2011）.

（32）Gill（2000, 264）と Lucero（2006, 160）は睡蓮の意義を強調している。

（33）聖なるセノテの叙述と人骨の研究については Guillermo（2007）を見よ。
（34）Bonnafoux（2011）はマヤ芸術における水のイメージの概要と、それに関連したメソアメリカ文化について述べている。
（35）Scarborough（2003, 126）.
（36）Lucero（2006）.
（37）Scarborough（1998）は、マヤの儀式で行なわれるパフォーマンスでは、水面に映るイメージの役割が重要だと強調している。
（38）Karlén（1984）.
（39）Gill et al.（2007）.
（40）Thompson et al.（1985; 1986; 1998）; Shimada et al.（1991）.
（41）Curtis et al.（1996）; Hodell et al.（1995）も見よ。
（42）Haug（2003）; Gill et al.（2007）.
（43）Webster et al.（2007）.
（44）Hammond と Sabloff の言葉は *New Scientist*, 13 March 2003 に、Gaia Vince が「Intense droughts blamed for the Mayan collapse」というタイトルで書いた記事中で引用されている。
（45）Massey（1986）.
（46）http://news.nationalgeographic.com/news/2005/11/117_051117_maya_massacre.html で報告されている。
（47）Beach and Dunning（1997）.
（48）マヤの儀式における水の役割については Scarborough（1998）と Bonnafoux（2011）を見よ。

11　聖なる谷の水の詩

（1）マチュピチュの放射性炭素による年代測定については Berger et al.（1998）を見よ。
（2）インカ人の詳細な研究や、より一般向けの説明を与えてくれる本は数多くある。とくに明記しないかぎり、本章は Bruhns（1994）と Moseley（2001）による。近刊では Morris and Hagen（2011）がすばらしい。

（3）プレインカの南アメリカ考古学の概要については Bruhns（1994）, Burger（1992）, Moseley（2001）を見よ。

（4）Sandweiss et al.（1998）. アメリカの最古の定住集落に関する議論については Mithen（2005, Chapter 23–29）を見よ。

（5）以下の記述は Dillehay et al.（2005）による。実のところ、フィールドワークが二〇〇五年に行なわれたかどうかははっきりとしない。本の中にそれについて言及されていないからだ。

（6）アスペロ遺跡については Solís et al.（2001）と Haas et al.（2004）によった。

（7）Moseley（1975）.

（8）Solís et al.（2001）.

（9）Haas et al.（2005）.

（10）Haas et al.（2004）. ソリスとハースの間にそれぞれの研究や考えをめぐって、かなりアカデミックな議論があったことを注記しておく。

（11）紀元前三八〇〇年から紀元前一六〇〇年までの間に、エル・ニーニョや地震によって定住集落はダメージを受けたが、それによって生じた断続的な環境変化の事例は Sandweiss et al.（2009）で挙げられている。

（12）ペルーにおけるプレインカの運河システムの研究については、Ortloff et al.（1985）と Nordt et al.（2004）を見よ。

（13）Burger（1992）.

（14）ティアワナコの農業システムについては MacAndrews et al.（1997）と Kolata（1986）を見よ。

（15）ナスカ文化については Silverman and Proulx（2002）を見よ。

（16）Schreiber and Rojas（1995）はナスカのプキオについて述べている。

（17）Fagan（1999）はエルニーニョが古代文明に及ぼした影響について、すぐれた研究を提供してくれる。

（18）Thompson et al.（1985; 1986）.

（19）Barker et al.（2001）.

（20）Verano（2000）——アクセスは http://www.scielo.cl/scielo.php?pid=So717-73562000000100011&script=sci_arttext（24 December 2011）——は頭蓋骨の発見について述べている。一方、Taggart（2010）はモチェの人身御供について幅広い見通しを与えている。

（21）Salazar and Salazar（2004）は聖なる谷の遺跡について、美しい図版入りの研究を行なっている。そこでは考古学上のすばらしい叙述と、洞察力に富んだ解説の組み合わせが見られる。
（22）Bingham（1952）.
（23）以下の記述はWright et al.（1997, 1999）とWright and Valencia Zegarra（2001）による。またWright（2006）も見よ。
（24）マチュピチュで発見された白骨化遺体の最近の分析結果についてはTurner et al.（2009）を見よ。
（25）以下の記述はWright（2006）による。

12　癒されない渇き

（1）ケルカヤ氷帽から得た資料による気候変動の復元作業についてはThompson et al.（1985）を見よ。
（2）ペルーにおける氷河の後退と、不安定な水供給に関する以下の記述はLubovich（2007）による。
（3）http://news.discovery.com/history/roman-aqueduct-emperor.html（accessed 2 January 2012）.
（4）http://www.livescience.com/11171-ancient-mayan-reservoirs-discovered-city-ruins.html（accessed 2 January 2012）.
（5）たとえばArco and Abrams（2006）, Scarborough（2003）, Solomon（2010）, Wilkinson and Rayne（2010）, Scarborough and Lucero（2010）を見よ。
（6）これはScarborough（2003）によって出された結論を補強している。
（7）水とテロリズムの説明についてはGleick（2006）を見よ。
（8）Scarborough and Lucero（2010）.
（9）現在、世界の中で水がどのように使われているのか、そのスナップショットについてはClarke and King（2004）を見よ。
（10）Solomon（2010）を見よ。彼はそこで「水と現代の工業化社会の成り立ち」についてすぐれた報告をしている。
（11）真水の帯水層への塩水の侵入についてはBarlow and Reichard（2009）とTiruneh and Motz（2004）を見よ。
（12）BBC news website 17 December 2011, http://www.bbc.co.uk/news/world-asia-pacific-16229394（accessed 2 January 2012）の報告による。
（13）ヨルダンの水事情についてはMithen and Black（2011）の各章を見よ。
（14）http://www.nytimes.com/2007/08/03/world/europe/03iht-dry.4.6976449.html（accessed 2 January 2012）で報告された。

（15）http://www.wsws.org/articles/2007/aug2007/anka-a22.shtml and http://news.bbc.co.uk/1/hi/world/europe/2137280.stm,accessed 2 January 2012.

（16）中国の水問題の評価については Gleick（2009b）, Solomon（2010）, Watts（2010）を見よ。

（17）http://www.independent.co.uk/news/world/asia/a-poisoned-paradise-water-water-everywhere-798416,html（accessed 2 January 2012）.

（18）http://tucsoncitizen.com/three-sonorans/2010/12/27/arizona-water-crisis-begins-in-2010/（accessed 2 January 2012）.

（19）フェニックス地方やアメリカ合衆国全体における、ポンプによる地下水の過剰な汲み上げの影響については Alley and Reilly（1999）と US Geological Fact Sheet 103–03（2003）を見よ。

（20）http://www.time.com/time/world/article/0,8599,1890623,00.html,（accessed 2 January 2012）.

（21）Plusquellec（1990）.

（22）これは Mathot's 2011 MSc Thesis の抜粋から引用したもので、論文はジャジーラの灌漑構想中の管理改革について、ワーゲニンゲン大学のために書かれた。http://www.iwe.wur.nl/NR/rdonlyres/76AE196F-E01A-473E-A538-F2F682329772/146787/IW1197AbstractThesisKoenMathotvertrouwelijk.pdf.（accessed 28 April 2012）.

（23）実のところ、これはジャジーラへ私といっしょに行った Beth Reed から得た情報だ。たとえこれが状況を不正確に表現したものだとしても、その責任は私にある。

（24）アンマンの水供給問題については Darmame and Potter（2011）を見よ。

謝辞

私が水に関心を持ったのは、南ヨルダンのワジ・フェイナンで新石器時代の集落を発掘していたときだった。いっしょに作業をしたのは、Bill Finlayson, Sam Smith, Emma Jenkins, Darko Maričević である。現場では水について多くの会話が交わされた。話題はワジで過去に鉄砲水の起きた可能性や、われわれの浮揚タンクに水を十分に蓄えることができるかどうか、新石器時代の住人はどんな風に給水を管理していたのか、地元のベドウィンはわずかな飲料水だけで、どのようにして生き延びているのかなど。

水への関心は、二〇〇五年から二〇一〇年に私の指揮の下で実施した、レディング大学の「水、生活、そして文明」プロジェクトの過程でいちだんと強くなった。プロジェクトは、リーバーヒューム・トラストの惜しみない資金援助を受けて実現したもので、大学の考古学者、気象学者、水文学者、地球科学者、地理学者が一丸となって、ヨルダン渓谷の気候、環境、文化史の解明という一つの総合的研究に取り組んだ。このプロジェクトが非常に実りあるものに思えたので、私はさらに広い視野から、古代世界全体で――あるいは、私のカバーできる範囲内で――水が果たした役割をどうしても調査してみたいと思った。リーバーヒュームの資金もすでに尽きていたため、私は人跡もまれな場所で一人、うねを鋤で掘り返さなくては――「自分の溝を掘る」と言った方が、より的確な比喩かもしれない――ならなかった。それにしても私を水の世界に、そして水と過去の気候や社会との関係へと導いてくれた「水、生活、そして文明」プロジェクトの同僚たちには心から感謝している。とりわけ Emily Black, Stuart Black, David Brayshaw, Bill Finlayson, Rebecca Foote, Brian Hoskins, Emma Jenkins, Stephen Nortcliff, Rob Potter, Claire Rambeau, Bruce Sellwood, Julia Slingo, Sam Smith, Andy Wade, Paul Whitehead には。中でもとくに Rob Potter が手がけた研究――アンマンにおける配水の不均等に関する研究――は非常に洞察に富んでいて、私の想像力をかき立てた。

もう一つの「感謝」は、私のアカデミックな生活の残り半分――レディング大学の運営管理だ――を、ともに分かちあった人々に捧げたい。この本は私が大学で副学長代行（国際担当）をしていたときに書かれたものだ。ときおり学生の授業料、就職の統計データ、事業計画などから離れて、他のことを考えるゆとりを見つけることができたのは、ホワイトナイツ・ハウスの「四階」にいた同僚たちのおかげだ。それはひとえに、彼らが私の支援のためにこしらえてくれた環境によるものだった。この点についても Tricia Allen, Dianne Berry, Gavin Brooks, Tony Downes, Cindy Isherwood, Sue Jones, Gordon Marshall, Rob Robson, Wanda Tejada, Christine Williams に感謝の意を伝えたい。とりわけ、私のパーソナル・アシスタントの Sue Jones には特別な「感謝」を捧げたい。彼女はこの本のためにさまざまなサポートをしてくれた。学術論文を探してダウンロードしたり、本の注文、原稿のチェック、海外旅行のアレンジまで。さらに私のスケジュール帳を管理して、スケジュールの合間に、次の会議の資料や考古学上の資料を読む貴重な時間を見つけてくれた。この本の多くを私は、大学の所用で出かけた旅行中に空港や飛行機の中で書いた。ふだんならとても行けない考古学上の遺跡を訪ねることができたのも、大学の仕事のおかげだった。したがって、私を国際担当の副学長代行に任命してくれた人々にも感謝しなければならない。

今は二〇一二年四月二三日の午前三時。私は帰りの飛行機を待ちながら、ここトルクメニスタンのアシガバート空港の机でこの原稿を書いている。それにしても、この机はとても上出来とは言いがたい。

この本の準備段階では、大学の他の同僚たちにも助けてもらった――ときには自分でも気づかない内に。中国に関しては、たえずYinshan Tangにアドバイスを仰いだ。私を北京の紫禁城へ連れて行ったのも彼である。Dr Alex Gongは都江堰や三峡ダムへ行く手はずを整えてくれた上、私に同道してくれた。Beth Reedは草稿中の数章を読み、洞察に富んだコメントをくれた。彼女は私をスーダンの考古学上の遺跡へ連れて行ってくれた。そのおかげで、私の関心はアフリカの古代王国へと向かったのだが、その成果を本書に入れることはほとんどできなかった。大学以外でも、さまざまな考古学者や学者たちの世話になった。彼らは発表した論文や、未発表の論文のコピーに遺跡の写真を添えて提供してくれた。その上、私の疑問にも答えてくれた。中でも感謝しているのは、Patrice Bonnafoux, Michael Boyd, Brendan Buckley, Joh Oleson, Yosef Garfinkel, Sumio Fujii, Tony Wilkinsonだ。とくにペルーのクスコ在住のArnoldoには感謝している。彼がいなければスーと私は、ピサクやオリャンタイタンボへはとても行き着くことなどできなかっただろう。

この本を順調にスタートさせ、準備の期間中も貴重なアドバイスをしてくれたのはEdwin Hawkesである。また本書の中に入れる図の手配をしてくれたLucy Martin, 原稿を速やかに編集してくれたOrionのスタッフたちにも感謝しなければならない。そして名前は挙げないが、編集の最終段階で有益な助言をくれた批評家――南北アメリカの専門家――にも。

最後に私の家族にも感謝したい。妻のスーは、二〇一一年から二〇一二年にかけて取得したサバティカルの大半を使って、私の調査を助けてくれた。彼女の援助がなかったら、私はとてもマヤの年代学をマスターできなかったし、クテシビオスの水時計を理解することもおぼつかなかっただろう。それにマチュピチュの一人歩きもできなかったかもしれない——学問上でも文字通りの意味でも。インカ人の水管理に関して彼女が準備したノートは、詳細に、しかも手際よくまとめられていて、私はそれをほとんどそのまま本書の11章で使用した。考古学上の遺跡を訪れる際には、つねにスーに同道してもらった——彼女は実際に同伴してくれたし、私が思考するときにもつき合ってくれた。水と権力の古代世界への知的な旅——行く先は私が勝手に決めた所ばかりだったが——をともにしてくれたことに、私は彼女に感謝している。娘のハンナと息子のニックは私の仕事に興味を持ってくれ、それほど面倒でないとはいえ、スーを手助けして、ローマの水道橋やカラカラ浴場を調査してくれた。彼らにも感謝している。しかし、私がもっとも感謝しているのは末娘のヘザーだ。ハンナとニックはすでに親元を離れていたため、ヘザーは片親だけではなく、両親がともにいない状態で一人取り残された。両親はあるときはミノアのトイレに、またあるときは中国の運河に夢中になっていた。が、幸いなことに、われわれはヘザーを手元に呼び寄せて、たがいに笑い合うことができた。彼女がいなければとても気がかりで、私は一行の文章さえ書くことができなかっただろう。したがって心からの感謝をこめて、本書をヘザーに捧げたい。

訳者解説

はじめに――著者と本書

本書は、スティーヴン・ミズン氏の“Thirst: Water and Power in the Ancient World”の全訳である。さて、まず著者について簡単に説明しておこう。スティーヴン・ミズン氏は、英国の考古学者・人類学者である。彼は一九九六年に著した“The Prehistory of the Mind”（邦訳書『心の先史時代』青土社、一九九八）において、ヒトの脳の進化をそれまでにない斬新な発想で論じた「モジュール仮説」を世に問い、一躍脚光を浴びた。さらに二〇〇五年には、人類の進化に果たした音楽の役割を論じた「音楽の進化仮説」を説いた“The Singing Neanderthals”（邦訳書『歌うネアンデルタール』早川書房、二〇〇六）を著し、ネアンデルタール人の絶滅の経緯を論じ注目をあつめた。本書は、そのミズン氏が水と人類との長大な歴史を綴ったものである。

人類の歴史は、農耕革命、都市革命、産業革命、そしてＩＴ革命というように相次ぐ革新の歴史である。しかし、そうした人類の歴史のなかでもっとも重要な革新のひとつは「水」を制御する技術を獲得したことなのだ。ミズン氏は彼が「水革命」と呼ぶ、この「水」の制御技術の獲得こそが、人類の文明を飛躍的に革新することにつながったのだと考える。本書はそのミズン氏の仮説を考古学的証拠に基づいて検証することを試みた壮大なミッションといえる書である。

水は人類が生きるにあたって、過去もそして現在ももっとも重要なものである。その水をめぐる問題が現在もいまだに解決されていないことは、昨今でも世界中で水危機が叫ばれることを見ても明らかである。「石油をめぐって争いを繰り返した二〇世紀地球人類。二一世紀地球人は水をめぐって争うことになる」と警鐘をならしている人がいる。地球規模の今日的問題の解決が問われているわれわれにとって、本書でミズン氏が行ったミッションは、きわめて時宜を得たものといえるだろう。

このミッションは、いってみればミズン氏というライターによって書かれたシナリオを、水をテーマとする舞台で、当時の古代の人びとが演じるものと言える。そして、このミッションには三種類の演者が登場する。まず、語られる当時の時代を生きた古代の人びと、次に、その古代の人びととの生活を解き明かし甦らせる考古学者たち、最後に、著者ミズン氏である。

これらの演者たちは、本書のなかでそれぞれのミッションを掲げて水に挑戦するのだが、実際には、同じ舞台に同時に登場することはなかった。そこで、ここでは、それぞれの演者たちが登壇する舞台装置と役回りを、順を追って考えてみる。

第一の演者——古代の人びと

最初に登場する演者は、紀元前五〇〇〇年前のシュメール文明にはじまり、クレタ、ナバテア、ローマ、古代中国、クメール、マヤ、そして、紀元一五七二年に終焉するインカ帝国に至るまで、本書のミッションが訪ねる先々で興った古代文明の数々、その興亡の歩みに直接関わり、井戸を掘り、ダムを造り、運河を掘り、乾いた地を潤し耕し、都市を興した人々である。

本ミッションでは、彼らが、それぞれの地の自然、言い替えれば舞台装置に対峙して、自らの智をどのように活かし、技を磨き、社会文化を創造し、独特の文明を育んで行ったかを明らかにしていく。たとえば、「古代ローマ史をとことん勉強すれば、他の歴史は勉強する必要はない……、なぜなら、歴史のありとあらゆる要素が入っているから」といわれる。ローマ帝国の版図は広大かつ多様だった。私たちは、ローマ人の水に対する巧みな技術の証拠に出会うことになる。水道橋、井戸、貯水池、ダム、貯水槽、噴水、下水道、トイレ、それを維持する集水、貯水、配水と排水の巧みさ、そして最後に、水で楽しむ浴場の凝りように驚くだろう。ミッションは、最盛期に一〇〇万都市といわれたローマの都市文明を育んでいたのが水であり、その繁栄が巧みな技術によって考案された水利システムで支えられていたことを明らかにする。

私は、こうしたかつてのローマ帝国各地に遺る堅牢な水道橋や巨大な貯水槽や貯水池の数々に出会うと、ついついそれと、掘りあてた石油で繁栄を謳歌する近代文明、それを支えるオイルパイプ網と巨大なオイルタンク群とを重ね合わせてしまう。そして、石油技術の行く末まで、つい、考えてしまう。

さて本題にもどろう。こうした古代社会に関する語りは、往々にして偏りがちになる。「もっぱら上流階級のことばかりで、一般の人々の日常生活については、その詳細が聞こえてこない」。どうしても活躍が派手な、しかも多くの記録に残っている上流階級の人びとの歴史は語りやすい。しかし本ミッションは、水利事業を設計し、建造を指揮した技術者たち、「ティースプーンを手に」土木工事に汗を流した無数の人々に触れ、彼らこそ真の主役であると語っている。これはとりもなおさず、水をめぐる問題に直面し、その対応にあたっていた当事者が、階級の別なくすべての人びとであったことの証であるともいえるように思う。

第二の演者——現代の考古学者たち

さて、この最初に登壇する演者たちの営為の数々、とりわけ彼らと水との関わりのさま、その種類内容の具体は、彼らによって直接語られるわけではない。それは、彼らの生活の所産であるさまざまな考古学上の証拠に依拠する、われわれ現代人の解釈によって語られることになる。この考古学上の証拠、往時の演者たちの遺した智と技の証、この黙して語らない物証に語らせるのは次の演者、現代の考古学者たちである。

黙して語らぬ遺跡や遺構、その用途や機能を、それらを遺した往時の演者たちに替わって語る多くの考古学者がミッションには登場する。彼らは考古学的証拠から、往時の社会文化の詳細、水の利用方法や水利事業の具体を語る。私たちはミッションを通して、シュメール、クレタ、ナバテア、ローマ、古代中国、クメール、マヤ、インカにいたる古代遺跡の発掘、その復元作業に携わった多くの考古学者たちの姿に思いを馳せることになるだろう。

考古学者が演じる舞台は、「動物学における動物解剖学にたとえれば、遺跡の解剖といえる。ただ、動物解剖と遺跡解剖の間には決定的な違いがある。動物解剖は途中失敗しても、あるいは解剖所見を検証したいとおもえば、同じことを代替標本を使って容易に実行できる。しかし、遺跡の解剖は同じ場面を二度と見ることはかなわない」と表される。遺跡解剖、それは、過去の社会や文化の魅力的な情報世界を創出するための営為である。しかし同時に、遺跡を解剖してしまう以上、過去の社会の情報の再生を永久に手放す営為ともいえる。それを救うは考古学者であり、彼らが遺す発掘記録である。

シュメール、クレタ、ナバテア、ローマ、古代中国、クメール、マヤ、インカ遺跡群の研究に携わった考古学者の発掘記録から、遺跡解剖によって消えてしまった文明の往時の姿かたち、生活者の世界が甦ってくる。ミッションを通して、遺跡調査に取り組んだ考古学者の情熱と執念、そして生まれた遺跡解剖の所見の数々、さらには所見の違いによる論争の数々、「遺跡との一期一会に賭けて緊張関係を迫られる考古学者」の姿が臨場感をもって語られる。

私たちは本ミッションで登壇する多くの考古学者に混じって一人の日本人、金沢大学の藤井純夫氏に出会うことになる。藤井氏は中東ヨルダンをフィールドにする考古学者である。水をテーマに人類史をひもとくとき、誰もが知りたいのは、古代文明を育むことになった水管理の技術がいつ、どこで始まったのかだろう。その謎を解き明かすために、本ミッションは、藤井氏がヨルダンの砂漠遺跡で見つけた新石器時代の「堰」を訪ねる。こうした考古学者たちこそが、古代の世界をよびさまし、私たちの疑問の答えも探そうとしてくれていることをあらためて感じさせられる。やはり、彼らは本ミッションにおいて欠かすことのできない重要な登場人物なのだ。

第三の演者——スティーヴン・ミズン

さて、ついに本ミッションにおける最後のそしてもっとも重要な演者の登場である。

第二の演者である考古学者たちによって発掘され、復元されてきた遺跡は数知れない。蓄積されてきた考古学上の知見や所見は膨大である。そのなかから、それぞれの文明史を越境し、分断的に蓄積されてきた考古学上の知見・所見の数々を「水」をテーマに結びつけ、「水の文化史に立脚する新たな文明史」を構築してみようとする本ミッション。その舞台を演出するのが最後の演者ミズンである。

そもそもミズン氏が水を掲げて本ミッションを立ち上げた背景は何だろうか。それは実に単純で分かりやすい。水こそ文明を興し、それを育んだ源泉であり、長大な人類史を今日まで支え続けてきたのではないか、とすれば、水こそが人類史を左右する根源なのではないか、という考えである。この仮説を、人類史を彩るさまざまな古代文明の盛衰プロセスと水とを結びつけて検証してみようというのが、ミズン氏の計画した本ミッションの目的であるといえる。

目的を達成するために欠かせない作業、その一つが遺跡記録の発掘である。実際の遺跡の発掘ではない。シュメール、クレタ、ナバテア、ローマ、古代中国、クメール、マヤ、インカ遺跡の調査に関わった多数の考古学者たちの情熱と執念の結晶ともいうべき遺跡記録の発掘である。発掘した記録を、ミズンは、「水」というキーワードをもって再評価し、さまざまな文明の興亡を左右した人類の叡智を水に焦点を当てて俯瞰する。

「低地や高地の文明、砂漠や熱帯雨林の文明、石器時代や鉄器時代の文明……、文字を持った文明や持たない文明……」として記録されてきたさまざまな文明の盛衰に関する膨大な記録は通常、きわめて専門的で、その解読は、フィールドを同じくしないかぎり容易ではない。このような専門的かつきわめて多様な考古学的証拠を水という視点から解きほぐし、編み直して、古代文明の盛衰のドラマを俯瞰して、再構築する。そして、自ら「水革命」と名付ける仮説の検証を試みるのだ。さらにこの検証作業を、より説得力をもつ形に仕上げるためにミズン氏は、さらにもう一つのミッションを計画した。すなわち、遺跡群の解剖所見を自らの足で実地検証する作業である。

彼の長年のフィールドである中東ヨルダンの新石器時代遺跡群を皮切りに、シュメール、クレタ、ナバテア、ローマ、古代中国、クメール、マヤ、インカ遺跡で出会う、水革命を裏付ける人類の営為の数々が多数の写真をバックにして語られる。そして、「考古学的研究によって、われわれは、古代世界で水管理が果たした役割を深める方向へと向かいつつある。それは、現在に対する何らかの教訓を手にする方向へも」という、ミッションが目指す目的に沿う出会いは迫力いっぱいに語られる。このミズン氏自身による実地検証こそ、本書の大きな読みどころのひとつであり、ミズン氏の真骨頂ともいえるものであろう。

たとえば、中国では巨大な灌漑システムに出会う。これは、李冰によって紀元前二五六年に計画され、建設された都江堰灌漑システムである。ミズン氏は「受けた衝撃は、ペトラやローマやイスタンブールで目にしたものより、はるかに印象的な水管理システム……」といった語りでこの灌漑システムを評している。その驚きは、潤す大地の広大さもあるが、それ以上に語りたいのは、建設以来二〇〇〇年以上、今日に至るまで満面の水をたたえて大地を潤し続けている姿、それを可能としている真の姿である。すなわち、この都江堰灌漑システムは境目がつかないほどに自然に溶け込んでいるのだ。実地検証ミッションは、このようにして、自然とのつきあい方を考えるヒントを何気なく発している。しかも随所で。

ミッションが最後に訪ねた南米アンデスに存在するインカ皇帝の隠居地だったと言われるマチュピチュでも同様の衝撃が語られる。スペイン人の侵略によって滅びたインカ文明、そして忘れさられたマチュピチュ。人が住まなくなれば、風雨にさらされ次第に朽ち果て消えてゆくはずの構造物が往時の姿かたちそのままに建ち続けている。もちろん現在の姿の随所に、現代の修復工事に負う部分があるにしても、険しい山腹に建つマチュピチュを未だに支え続けているのは、自然に境目なく溶け込む水利システムの見事さにあるとミズン氏は語る。マチュピチュの住民の生活を潤していた農業用のテラス、それを支える灌漑システムも完璧だと。この巧みな水利事業が、人が住まなくなった後も機能し続け、マチュピチュを守ってきたと語る。ここでも、自然とのつきあい方を考えるヒントを見出すことができる。

さいごに――ミッションの意味を考える

三種類の演者について語りながら本書の構成を読み解いてきた。最後に、本ミッションの意味について考えてみたい。

分断的に蓄積されてきた知見を「水」をテーマに結びつけようという本ミッションの主導者は、その知見の蓄積をつくりあげてきた考古学者たちであったと言えるだろう。しかし、考古学者は現実の問題、例えば水危機や塩害あるいは洪水や土砂災害を技術的な方策でもって対症療法的に是正する専門家ではない。ゆえに、正直なところ、考古学は社会的に有用な学問とは評価されていない。財政事情が悪くなれば真っ先に予算カットの対象となる分野といってもよい。ところが、現実問題の背景を根源にさかのぼって調査することができ、それに基づいてなんらかの具体的な提言が可能な学問はと問われれば、考古学がその一翼、しかも重要な役割を担うことは確かである。

冒頭の繰り返しになるが、「水」が今日的で地球規模の問題であることは周知である。同じように、近年、警鐘が鳴らされ続けている地球規模の環境問題がある。たとえば二酸化炭素などの温暖化ガスが原因で暖かくなっていく地球規模の気候変化である。その状況が今の勢いで進めば、豪雨や豪雪、スーパー台風や竜巻といった極端気象が常態化し、洪水や地滑り、土石流といった土砂災害や干ばつ被害が増加、拡大するだろう。安定を保ってきた自然が極端気象に耐えられなくなっているようだ。そして、その遠因が繰り返されてきた人間の営為にあることは明らかだ。

われわれの社会が抱えているさまざまな今日的問題は、その解決に向けて政治、経済、関連する専門科学それぞれの世界で具体策を検討し講じることが可能であり、社会的にも期待されている。しかし、問題の深刻さは、その根本的治癒につながる道筋を一向に描けないところにある。この種の問題解決に向けての提言としてしばしば触れられる「人間活動の抑制」といった情緒的キーワードにはあまり期待がもてない。今日の世界的状況がそれを物語っている。われわれが現在の状況、進みつつある方向について考え直すために有用な「鏡」を手にしていないからである。今なぜ、鏡が必要か。

今日的問題の背景には複雑な要因が絡み合っており、問題解決に有用な所見を単一の科学の世界で描くことは至難だからである。まして根本的治癒につながる道筋を探るとなるともはや単一の科学を越えた新しい学問環境で行うしかないことは明白である。このような状況を背景に、基礎科学としてのフィールドサイエンスがもたらす情報、とりわけ問題の由縁を根源に遡って語る基盤資料、それを提供する考古学が重視されることになる。それは、現在の状況、進みつつある方向を見つめ直すためのまさに「鏡」となるからである。

ミッションは最後に、メッセージのひとつとして、「木を切るなら覚悟の上で切れ」と発する。人間の営為には必ず自然の改変がともなう。人類はいかにして渇きを癒やしてきたか、その営為の顛末をさまざまな実例で明示することによって、本ミッションは、我々に対して警告を、将来に対して展望を与えていることに気づくことになる。同時に、考古学というフィールドサイエンスの重量感を実感することにもなるだろう。

＊

本書は青土社の菱沼達也氏の企画ではじまった。森夏樹が全体を訳し、赤澤威が全体を通読し、統一を図った。
末尾になったが、本書がひとりでも多くの読者に、古代の人びとの生活を想うことで現代の問題を考えるきっかけを与え、さらには考古学という学問の実際的な意義を知っていただく一助になれば幸いである。

二〇一四年五月二日

赤澤　威

著者

スティーヴン・ミズン　Steven Mithen

1960年イギリス生まれ。レディング大学考古学教授。人間の心の進化に注目した認知考古学の分野で多大なる功績を残している。2004年、英国学士院特別会員に選出。邦訳書に『心の先史時代』（青土社）、『歌うネアンデルタール』（早川書房）。

訳者

赤澤 威（あかざわ・たける）

1938年大阪府生まれ。慶応義塾大学文学部卒業。東京大学大学院理学系研究科人類学専門課程博士課程中退。東京大学教授、国際日本文化研究センター教授などを経て、高知工科大学教授および同総合研究所博物資源工学センター長。専攻は先史人類学・旧石器考古学。編著書に『ネアンデルタール人の正体』など。

森 夏樹（もり・なつき）

翻訳家。訳書にP・ウィルソン『聖なる文字ヒエログリフ』、J・ターク『縄文人は太平洋を渡ったか』、S・C・グウィン『史上最強のインディアン　コマンチ族の興亡』、M・アダムス『マチュピチュ探検記』（以上、青土社）など多数。

索引

か行

さ行

た行

な行

は行

ま行

や行

ら行

わ行・アルファベット

参考文献

Acker, R. 1998. New geographical tests of the hydraulic thesis at Angkor. *South East Asia Research* 6, *5–47*

Adams, R. E. W. 1980. Swamps, canals, and the locations of Ancient Maya cities. *Antiquity* LIV, *206–214*

Adams, R. McC. 1981. *Heartland of Cities*. Chicago: University of Chicago Press

Adams, R. McC. and Nissen, H. J. 1972. *The Uruk Countryside*. Chicago: University of Chicago Press

Akashel, T. S. 2004. Nabataean and modern watershed management around the Siq and Wadi Musa in Petra. In *Men of Dikes and Canals: The Archaeology of Water in the Middle East* (eds. H.-D. Bienert and J. Häser), pp.*108–20*. Orient-Archäologie Band 13

Algaze, G. 2008. *Ancient Mesopotamia at the Dawn of Civilization: The Evolution of an Urban Landscape*. Chicago: University of Chicago Press

Allan, J. A. 2002. *The Middle East Water Question: Hydropolitics and the Global Economy*. London: I. B. Tauris

Alley, W. A. and Reilly, T. E. 1999. Sustainability of ground water resources. *US Geological Survey Circular* 1186

Andrews, J. P. and Bostwick, T. W. 2000. *Desert Farmers at the River's Edge*: *The Hohokam and Pueblo Grande*. Phoenix: Pueblo Grande Museum and Archaeological Park

Angelakis, A. N., Dialynas, E. G. and Despotakis, V. 2012. Evolution of water supply technologies through the centuries in Crete. Greece. In *Evolution of Water Supply through the Millennia* (eds. A. N. Angelakis, L. W. Mays, D. Koutsoyiannis and N. Mamassis), pp.*226–58*. London: IWA Publishing

Angelakis, A. N., Mays, L. W., Koutsoyiannis, D. and Mamassis, N. 2012 (eds.). *Evolution of Water Supply through the Millennia* London: IWA Publishing

Angelakis, A. N., Savvakis, Y. and Charalampakis, G. 2006. Minoan aqueducts: a pioneering technology. *IWA 1st International Symposium on Water and Wastewater Technologies in Ancient Civilisations*. Iraklio, Greece, National Agricultural Research Foundation

Apostol, T. M. 2004, The Tunnel of Samos. *Engineering and Science* 1, *30–40*

Arco, L. J. and Abrams, E. M. 2006. An essay on energetics: the construction of the Aztec chinampa system. *Antiquity* 80, *906–18*

Artzy, M. and Hillel, D. 1988. A defense of the theory of progressive salinisation in Ancient Southern Mesopotamia. *Geoarchaeology* 3, *235–8*

Ashby, T. 1935. *The Aqueducts of Ancient Rome*. Oxford: Clarendon Press

Back, W. 1995. Water management by early people in the Yucatán, Mexico. *Environmental*

Geology 25, *239–42*

Bahr, D. M. 2007. O'odham traditions about the Hohokam. In *The Hohokam Millennium*（eds. S. K. Fish and P. R. Fish）, pp.*123–30*. Santa Fe: School for Advanced Research Press

Balcer, J. 1974. The Mycenaean dam at Tiryns. *American Journal of Archaeology*, Vol. 78, *141–9*

Barker, G. 2006. *The Agricultural Revolution in Prehistory: Why Did Foragers Become Farmers?* Oxford: Oxford University Press

Barker, G., Adams, R., Creighton, O. et al. 2007a. Chalcolithic（c.5000 – 3600 cal.BC）and Bronze Age（c.3600 – 1200 cal.BC）settlement in Wadi Faynan: metallurgy and social complexity. In *Archaeology and Desertification: The Wadi Faynan Landscape Survey, Southern Jordan*（eds. G. Barker, D. Gilbertson and D. Mattingly）. Oxford: Council for British Archaeology in the Levant/Oxbow Books

Barker, G., Gilbertson, D. and Mattingley, D.（eds.）. 2007b. *Archaeology and Desertification: The Wadi Faynan Landscape Survey, Southern Jordan*. Oxford: Council for British Archaeology in the Levant/Oxbow Books

Barker, P. A., Seltzer, G. O., Fritz, S. C., Dunbar, R. B., Grove, M. J., Tapla, P. M., Cross, S. L., Rowe, H. D. and Broda, S. P. 2001. The history of South American tropical precipitation for the past 25,000 years. *Science* 291, *640–43*

Barlow, M. 2007. *Blue Covenant: The Global Water Crisis and the Coming Battle for Rights to Water*. New York and London: New Press（邦訳『ウォーター・ビジネス——世界の水資源・水道民営化・水処理技術・ボトルウォーターをめぐる壮絶なる戦い』作品社、二〇〇八年）

Barlow, P. M. and Reichard, E. G. 2009. Saltwater intrusion in the coastal regions of North America. *Hydrogeology Journal* 18, *247–60*

Bar-Yosef, O. 1996. The walls of Jericho: an alternative explanation. *Current Anthropology* 27, *150–62*

Bar-Yosef, O. 1998. The Natufian culture in the Levant: threshold to the origins of agriculture. *Evolutionary Anthropology* 6, *159–72*

Bar-Yosef, O. and Gopher, A.（eds.）. 1997. *An Early Neolithic Village in the Jordan Valley. Part I : The Archaeology of Netiv Hagdud*. Cambridge, Mass.: Peabody Museum of Archaeology and Ethnology, Harvard University

Bar-Yosef, O., Gopher, A. and Goring-Morris, N. 2010. *Gilgal: Early Neolithic Occupations in the Lower Jordan Valley. The Excavations of Tamar Noy*. Oxford: Oxbow Books

Bar-Yosef, O. and Valla, F. R. 1991（eds.）. *The Natufian Culture in the Levant*. Ann Arbor, Mich.: International Monographs in Prehistory

Barnaby, W. 2009. Do nations go to war over water? *Nature* 458, *282–3*

Bayman, J. M. 2007. Artisans and their crafts in Hohokam society. In *The Hohokam Millennium*（eds. S. K. Fish and P. R. Fish）, pp.*75–82*. Santa Fe: School for Advanced Research Press

Beach, T. and Dunning, N. 1977. An Ancient Maya reservoir and dam at Tamarindito, El Petén,

Guatemala. *Latin American Antiquity* 8, *20–29*

Beach, T., Luzzadder-Beach, S., Dunning, N., Jones, J., Lohse, J., Guderjan, T., Bozarth, S., Millspaugh, S. and Bhattacharya, T. 2009. A review of human and natural changes in Maya lowland wetlands over the Holocene. *Quaternary Sciences Reviews* 28, *1710–24*

Bedal, L.-A. 2004. *The Petra Pool-Complex: A Hellenistic Paradeisos in the Nabataean Capital.* Piscataway: Georgias Press

Bedal, L.-A. and Schryver, J. G. 2007. Nabataean landscape and power: evidence from the Petra garden and pool complex. in *Crossing Jordan: North American Contributions to the Archaeology of Jordan* (eds. T. E. Levy, P. M. M. Daviau and R. W. Youker), pp.*375–83*. London: Equinox Publishing Ltd

Beekman, C. S., Weigand, P. C. and Pint, J., 1999. Old World irrigation technology in a New World context: qanats in Spanish Colonial Mexico. *Antiquity* 73, *440–46*

Bellwald, U. 1999. Streets and hydraulics: the Petra National Trust Siq Project 1996–1999: the archaeological remains. In *Men of Dikes and Canals: The Archaeology of Water in the Middle East* (eds. H.-D. Bienert and J. Häser), pp.*73–94*. Orient-Archäologie Band 13

Berger, R., Chohfi, R., Valencia Zegarra, A., Yepez, W. and Carrasco, O. 1988. Radiocarbon dating Machu Picchu, Peru. *Antiquity* 62, *707–10*

Bienert, H. 2004. The underground tunnel system in Wadi ash-Shellalah, northern Jordan. In *Men of Dikes and Canals: The Archaeology of Water in the Middle East* (eds. H.-D. Bienert and J. Häser). Orient-Archäologie Band 13

Bienert, H.-D. and Häser, J. (eds) 2004. *Men of Dikes and Canals: The Archaeology of Water in the Middle East.* Orient-Archäologie Band 13

Bingham H. 1952. *Lost City of the Incas*. London: Phoenix House

Bonnafoux, P.2011. Waters, droughts, and Early Classic Maya worldviews. In *Ecology, Power, and Religion in Maya Landscapes*, (eds. C. Isendahl and B. L. Person), pp.*31 – 48*. Acta Mesoamerica, Vol. 23

Bono, P. and Boni, C. 1996. Water supply of Rome in antiquity and today. *Environmental Geology* 27, *126–34*

Bono, P., Crow, J. and Bayliss. R. 2001. The water supply of Constantinople: archaeology and hydrogeology of an Early Medieval city. *Environmental Geology* 40, *1325–33*

Brayshaw, D., Black, E., Hoskins. B. and Slingo, J. 2011. Past climates of the Middle East. In *Water, Life and Civilisation: 20,000 Years of Climate, Environment and Society in the Jordan Valley* (eds. S. Mithen and E. Black), pp.*25 – 50.* Cambridge: Cambridge University Press/ UNESCO

Bruhns, K., 1994. *Ancient South America.* Cambridge: Cambridge University Press

Buckley, B. M., Anchukaitis, K. J., Penny, D., Fletcher, R., Cook, E. R., Sano, M., le Canh Lam, Wichienkeeo, A., Minh, T. T. and Hong, T. M. 2010. Climate as a contributing factor in the demise of Angkor, Cambodia. *Proceedings of the National Academy of Sciences* 107, *6748–52*

Burger, R. L. 1992. *Chavín and the Origins of Andean Civilization*. New York: Thames & Hudson
Byrd, B. F. 2005. *Early Village Life at Beidha, Jordan: Neolithic Spatial Organization and Vernacular Architecture*. Oxford: Oxford University Press
Cadogan, G. 2007. Water management in Minoan Crete, Greece: the two cisterns of one Middle Bronze Age settlement. *Water Science and Technology: Water Supply* 17, *103－11*
Cadogan, G., Hatzaki, E. and Vasilakis, A.（eds.）. 2004. *Knossos: Palace, City, State. Proceedings of the Conference in Herakleion Organised by the British School at Athens and the 23rd Ephorate of Prehistoric and Classical Antiquities of Herakleion, in November 2000, for the Centenary of Sir Arthur Evans's Excavations at Knossos*. London: British School at Athens Studies 12
Caran, S. C., Neeby, J. A., Winsborough, B. M., Sorensen, F. R. and Valastros, S., Jr 1996. A late Palaeoindian/early archaic water well in Mexico: possible oldest water management feature in the New World. *Geoarchaeology* 11,*1－35*
Castleden, R. 1992. *Minoan Life in Bronze Age Crete*. London: Routledge
çeçen, K. 1996. *The Longest Roman Supply Line*. Istanbul: Turkiye Sınai Kalkınma Bankası
Childe, V. G. 1936（1965）. *Man Makes Himself*. 4th edn. London: Watts
――. 1957. *The Dawn of European Civilization*. 6th edn. London: Routledge and Kegan Paul
Chiotis, E. D. and Chioti, L. E. 2012. Water supply of Athens in antiquity. In *Evolution of Water Supply through the Millennia*（eds. A. N. Angelakis, L. W. Mays, D. Koutsoyiannis and N. Mamassis）, pp.*407－42*. London: IWA Publishing
Ciniç, N. 2003. *Yerebatan Cistern and Other Cisterns of Istanbul. Istanbul*: Duru Basım Yayın Reklamcılık ve Gıda San, Tic Ltd
Clarke, R. and King, J. 2004. *The Atlas of Water*. Brighton: Earthscan
Clarke, T. H. M. 1903. Prehistoric sanitation in Crete. *British Medical Journal*, September 12, 1903, *597－9*
Coe, M. D. 1999. *The Maya*. 6th edn. New York: Thames & Hudson（邦訳『古代マヤ文明』創元社、二〇〇三年）
――. 2003. *Angkor and the Khmer Civilization*. London: Tames & Hudson
Crouch, D. 1984. The Hellenistic water system of Morgantina, Sicily: contributions to the history of urbanisation. *American Journal of Archaeology*, 88, *353－65*
Crouch, D. P. 1993. *Water Management in Ancient Greek Cities*. Oxford: Oxford University Press
Crow, J., Bardill, J. and Bayliss, R. 2008. *The Water Supply of Byzantine Constantinople*. Society for the Promotion of Roman Studies, *Journal of Roman Studies* Monograph No.11
Crown, P. L. 1991. The Hohokam: current views of prehistory and the regional system. In *Chaco and Hohokam: Prehistoric Regional Systems in the American Southwest*（eds. P. L. Crown and W. J. Judge）, pp.*135－57*. Santa Fe: School of American Research Press
Crown, P. L. and Judge, W. J.（eds.）. 1991. *Chaco and Hohokam: Prehistoric Regional Systems in the American Southwest*. Santa Fe: School of American Research Press
Curtis, J., Hodell, D. and Brenner, M. 1996. Climate variability on the Yucatán Peninsula

(Mexico) during the past 3,500 years and implications for the Maya cultural evolution. *Quaternary Research* 46, *37–47*

Darmame, K. and Potter, R. B. 2011. Political discourses and public narratives on water supply issues in Amman. *Water, Life and Civilisation: 20,000 years of Climate, Environment and Society in the Jordan Valley*, (eds. S. J. Mithen and E. Black), pp.*455–465*. Cambridge: Cambridge University Press/UNESCO

Davis-Salazaar, K. 2006. Late Classic Maya drainage and flood control at Copán, Honduras. *Ancient Mesoamerica* 17, *125–38*

De Deo, G., Laureano, P., Mays, L. W. and Angelakis, A. N. 2012. Water supply management technologies in the Ancient Greek and Roman civilisations. In *Evolution of Water Supply through the Millennia* (eds. A. N. Angelakis, L. W. Mays, D. Koutsoyiannis and N. Mamassis), pp.*351–82*. London: IWA Publishing

DeLaine, J. 1997. The Baths of Caracalla: A Study in the Design, Construction and Economics of Large Scale Building Projects in Imperial Rome. *Journal of Roman Archaeology*, Supplementary Series, N.23

Demarest, A. 2004. *Ancient Maya: The Rise and Fall of a Rainforest Civilizaton*. Cambridge: Cambridge University Press

Dickinson, O. P. T. K. 1994. *The Aegean Bronze Age*. Cambridge: Cambridge University Press

Doelle, W. H. 2009. Hohokam heritage: the Casa Grande community. *Archaeology Southwest* 25, No.4

Doyel, D. E. 1991. Hohokam exchange and interaction. In *Chaco and Hohokam: Prehistoric Regional Systems in the American Southwest*, (eds. P. L. Crown and W. J. Judge), pp.*225–52*. Santa Fe: School of American Research Press

——. 2007. Irrigation, production and power in Phoenix Basin Hohokam society. In *The Hohokam Millennium* (eds. S. K. Fish and P. R. Fish), pp.*83–9*. Santa Fe: School for Advanced Research Press

Du, P. and Koenig, A. 2012. History of water supply in pre-modern China. In *Evolution of Water Supply through the Millennia* (eds. A. N. Angelakis, L. W. Mays, D. Koutsoyiannis and N. Mamassis), pp.*169–226*. London: IWA Publishing

Dunning, N., Beach, T. and Rue, D. 1997. The paleoecology and ancient settlement of the Petexbatún Region, Guatemala. *Ancient Mesoamerica* 8, *255–66*

Edwards, P. C., Meadows, J., Metzgar, M. C. and Sayei, G. 2002. Results from the first season at Zahrat adh-Dhra' 2: a new Pre-Pottery Neolithic A site on the Dead Sea plain in Jordan. *Neo-Lithics* 1/02: *11–16*

El-Gohary, F. A. 2012. A historical perspective on the development of water supply in Egypt. In *Evolution of Water Supply through the Millennia* (eds. A. N. Angelakis, L. W. Mays, D. Koutsoyiannis and N. Mamassis), pp.*127–46*. London: IWA Publishing

Elson, M. D. 2007. Into the earth and up to the sky. In *The Hohokam Millennium* (eds. S. K.

Fish and P. R. Fish), pp.*49–55*. Santa Fe: School for Advanced Research Press
Ertsen, M. W. 2010. Structuring properties of irrigation systems: understanding relations between humans and hydraulics through modeling. *Water History* 2, *165–83*
Evans, D., Pottier, C., Fletcher, R., Hemsley, S., Tapley, I., Milner, A. and Barbetti, M. 2007. A comprehensive archaeological map of the world's largest preindustrial complex at Angkor, Cambodia. *Proceedings of the National Academy of Sciences* 104, *14277–82*
Evans, H. B. 1997. *Water Distribution in Ancient Rome: The Evidence of Frontinus*. Ann Arbor: University of Michigan Press
Evely, D., Hughes-Brock, H. and Momigliano, N. (eds.). 2007. *Knossos: A Labyrinth of History*. London: British School at Athens
Evenari, M., Shanan, L. and Tadmor, N. 1982. *The Negev: The Challenge of a Desert* (2nd edn). Cambridge, Mass.: Harvard University Press
Fabre, G., Fiches, J.-L. and Paillet, J.-L. 1991. Interdisciplinary Research on the Aqueduct of Nîmes and the Pont du Gard. *Journal of Roman Archaeology* 4, *63–88*
Fagan, B. M. 1999, *Floods, Famines, and Emperors: El Niño and the Fate of Civilizations*. New York: Basic Books
Fedick, S. L., Morrison, B. A., Andersen, B. J., Boucher, S., Ceja Acosta, J. and Mathews, J. P. 2000. Wetland manipulation in the Yalahau region of the northern Maya Iowlands. *Journal of Field Archaeology* 27, *131–52*
Fernea, R. A. 1970. *Shaykh and Effendi: Changing Patterns of Authority among the El Shabana of Southern Iraq*. Cambridge, Mass.: Harvard University Press
Finlayson, B., Kuijt, I., Arpin, T., Chesson, M., Dennis, S., Goodale, N., Kadowki, S., Maher, S., Smith, S., Schurr, M. and McKay, J. 2003. Dhra' Excavation Project, 2002 Interim Report. *Levant* 25, *1–38*
Finlayson, B. and Mithen, S. (eds.). 2007. *The Early Prehistory of Wadi Faynan, Southern Jordan: Archaeological Survey of Wadis Faynan, Ghuwayr and al-Bustan and Evaluation of the Pre-Pottery Neolithic A Site of WF16*. Oxford: Council for British Research in the Levant/Oxbow Books
Finlayson, B., Mithen, S. J., Najjar, M., Smith, S., Maričević, D., Pankhurst, N. and Yeomans, L. 2011. Architecture, sedentism and social complexity: communal building in Pre-Pottery Neolithic A settlements: new evindence from WF16. *Proceedings of National Academy of Sciences* doi10. 1073/pnas 1017642108
Fish, P. R. and Fish, S. K. 2007. Community, territory and polity. In *The Hohokam Millennium*, (eds. S. K. Fish and P. R. Fish), pp.*39–47*. Santa Fe: School for Advanced Research Press
Fish, S. K. and Fish, P. R. (eds.). 2007. *The Hohokam Millennium*. Santa Fe: School for Advanced Research Press
Fleagle, J. 2010. *Out of Africa 1: The First Hominin Colonization of Eurasia*. Berlin: Springer Verlag
Fletcher, R., Evans, D., Tapley, I. and Milne, A. 2004. Angkor: extent, settlement pattern and

ecology: preliminary analysis of an AIRSAR survey in September 2000. *Bulletin of the Indo-Pacific Prehistory Association* 24, *133–8*

Fletcher, R., Penny, D., Evans, D., Pottier, C., Barbetti, M., Kummu, M., Lustig, T. and ASPARA. 2008. The water management network of Angkor, Cambodia,. *Antiquity* 82, *658–70*

Folan, W. J. 1992. Calakmul, Campeche: a centralised urban administrative center in the northern Petén. *World Archaeology* 24, *158–68*

Folan, W. J., Marcu, J., Pincemin, S., Carrasco, M. R. D., Fletcher, L. and Lopez, A. M. 1995. Calakmul: new data from an Ancient Maya capital in Campeche, Mexico. *Latin American Antiquity* 6, *310–34*

Foote, R., Wade, A., el Bastawesy, M., Oleson, J. and Mithen, S. J. 2011. A millennium of rainfall, settlement and water management at Humayma, southern Jordan, 2050-11050 BP (100 BC-AD 900). In *Water, Life and Civilisation: Climate, Environment and Society in the Jordan Valley*, (eds. S. J. Mithen and E. Black), pp.*302–33*. Cambridge: Cambridge University Press/UNESCO

Forbes, R. J. 1956. Hydraulic engineering and sanitation. In *A History of Technology* (eds. C. Singer et al.), pp.*663–94*. Oxford: Oxford University Press

Freeman, M. and Jacques, C. 2003. *Ancient Angkor*. Thailand: Amarin Printing and Publishing (Public) Co. Ltd

Frumkin, A. and Shimron, A. 2005. Tunnel engineering in the iron age: geoarchaeology of the Siloam Tunnel, Jerusalem. *Journal of Archaeological Science* 33, *227–37*

Fujii, S. 2007a. Wadi Abu Tulayha: a preliminary report of the 2006 summer field season of the Jafr Basin Prehistoric Project, Phase 2. *Annual of the Department of Antiquities of Jordan* 51, *373–401*

——. 2007b. PPNB barrage systems at Wadi Abu Tulayha and Wadi ar-Ruwayshid Ash-Sharqi: a preliminary report of the 2006 spring field season of the Jafr Basin Prehistoric Project, Phase 2. *Annual of the Department of Antiquities of Jordan* 51, *403–27*

——. 2008. Wadi Abu Tulayha: A Preliminary Report of the 2007 Summer Field Season of the Jafr Basin Prehistoric Project, Phase 2. *Annual of the Department of Antiquities of Jordan* 52, *445–78*

Galili, E. and Nir, Y. 1993. The submerged Pre-Pottery Neolithic water well of Atlit-Yam, northern Israel and its palaeoenvironmental implications. *The Holocene*, 3, *265–70*

Galili, E., Weinstein-Evron, M., Hershkovitz, I., Gopher, A., Kislev, M., Lernau, O., Kolska-Horwitz, L. and Lernau, H. 1993. Atlit-Yam: a prehistoric site on the sea floor off the Israeli coast. *Journal of Field Archaeology*, 20, *133–57*

Garfinkel, Y. 1989. The Pre-Pottery Neolithic A site of Gesher. *(Mitekufat Haeven) Journal of the Israel Prehistoric Society* 22, *145*

Garfinkel, Y., Vered, A. and Bar-Yosef, O. 2006. The domestication of water: the Neolithic well

at Sha'ar Hagolan, Jordan Valley, Israel. *Antiquity* 80, *686–96*

Gebel, H. G. K. 2004. The domestication of water: evidence from early Neolithic Ba'ja. In *Men of Dikes and Canals: The Archaeology of Water in the Middle East* (eds. H.-D. Bienert and J. Häser), pp.*25–35*. Orient-Archäologie Band 13

Geertz, C. 1980. *Negara: The Theatre State in Nineteenth-Century Bali*. Princeton: Princeton University Press

Gibson, M. 1974. Violation of fallow and engineered disaster in Mesopotamian civilization. In *Irrigation's Impact on Society* (eds. T. E. Dowling and M. Gibson), pp.*7–19*. Tucson: University of Arizona Press

Gill, R. B. 2000. *The Great Maya Droughts: Water, Life and Death*. Albuquerque: University of New Mexico Press

Gill, R. B., Mayewski, P. A., Nyberg, J., Haug, G. H. and Peterson, L. C. 2007. Drought and the Maya collapse. *Ancient Mesoamerica* 18, *283–302*

Gillet, K. and Mowbray, H. 2008. *Dujiangyan: In Harmony with Nature*. Beijing: Matric International Publishing House

Gleick, P. H. 2006. Water and terrorism. In *The World's Water 2006–2007: The Biennial Report on Freshwater Resources*, (ed. P. H. Gleick), pp.*1–28*. Washington DC: Island Press

——. (ed.) 2006. *The World's Water 2006–2007. The Biennial Report on Freshwater Resources*, Washington DC: Island Press

——. 2009a *The World's Water 2008–2009. The Biennial Report on Freshwater Resources*, Washington DC: Island Press

——. 2009b China and Water. In *The World's Water 2008–2009: The Biennial Report on Freshwater Resources*, (ed. P. H. Gleick), pp.*79–97*. Washington DC: Island Press

——. 2009c Three Gorges Dam project. In *The World's Water 2008–2009: The Biennial Report on Freshwater Resources*, (ed. P. H. Gleick), pp.*139–49*. Washington DC: Island Press

Goloubew, V. 1936. Reconnaissances aériennes au Camboge. *Bulletin de l'École Française d'Extrême Orient* 36, *465–78*

——. 1941. L'hydraulique urbaine et agricole à l'époque des rois d'Angkor. *Bulletin Economique de l'Indochine* 1, *1–10*

Goodfield, J. and Toulmin, S. 1965. How was the tunnel of Eupalinos aligned? *Isis*, 56, *46–55*

Groslier, B.-P. 1956. Milieu et évolution en Asie. *Bulletin de la Société des Études Indochinoises* 27, *51–83*

——. 1956. *Angkor: Hommes et Pierres*. Paris: Arthaud

——. 1960. Our knowledge of Khmer civilisation: a reappraisal. *Journal of the Siam Society* 48, *1–28*

——. 1966. *Indochina*. London: Methuen and Co.

——. 1974. Agriculture et religion dans l'empire angkorien. Étude Rurales, *53–6*, *95–117*

——. 1979. Le cité hydraulique Angkorienne: exploitation ou surexploitation du sol? *Bulletin de*

l'École Française d'Extrême Orient 66, *161–202*

Gregory, D. A. 1991. Form and variation in Hohokam settlement patterns. In *Chaco and Hohokam: Prehistoric Regional Systems in the American Southwest* (eds. P. L. Crown and W. J. Judge), pp.*159–63*. Santa Fe: School of American Research Press

Guangqian Wang, Baosheng Wu and Tiejian Li 2007. Digital Yellow River mode. *Journal of Hydro-Environment Research* 2007. Doi: *10.*1016/j.jher 2007.03.001

Guillermo, A. A. de. 2007. Sacrifice and ritual body mutilation in Postclassical Maya society: taphonomy of the human remains from Chichén Itzá's Cenote Sagrado. In *New Perspectives on Human Sacrifice and Ritual Body Treatments in Ancient Maya Society* (eds. V. Tiesler and A. Cucina), pp.*190–208*. New York: Springer Verlag

Gunn, J. D., Foss, J. E., Folan, W. J., Carrasco, M. R. D. and Faust, B. B. 2002. Bajo sediments and the hydraulic system of Calakmul, Campeche, Mexico. *Ancient Mesoamerica* 13, *297–315*

Gunn, J. D., Matheny, R. T. and Folan, W. J. 2002. Climate-change studies in the Maya area: a diachronic analysis. *Ancient Mesoamerica* 13, *79–84*

Gutgluede, J. 1987. A detestable encounter, Odyssey VI. *The Classical Journal* 83, *97–102*

Haas, J., Creamer, W. and Ruiz, A. 2004. Dating the Late Archaic occupation of the Norte Chico region in Peru. *Nature* 432, *1020–23*

Haas, J., Creamer, W. and Ruiz, A. 2005. Power and the emergence of complex polities in the Peruvian preceramic, *Archaeological Papers of the American Anthropological Association* 14, *37–52*

Hammond, N. 2000. The Maya lowlands: pioneer farmers to merchant princes. In *The Cambridge History of the Native Peoples of the Americas*, Vol. II: Mesoamerica, part1 (eds. R. E. W. Adams and M. J. Macleod), pp.*197–249*. Cambridge: Cambridge University Press

Haug, G. H., Günther, D., Peterson, L. C., Sigman, D. M., Hughen, K. A. and Aeschlimann, B. 2003. Climate and the collapse of Maya civilization. *Science* 299, *1731–5*

Haury, E. W. 1976. *The Hohokam: Desert Farmers and Craftsmen.* Tucson: University of Arizona Press

Haut, B. and Viviers, D. 2012. Water supply in the Middle East during Roman and Byzantine periods. In *Evolution of Water Supply through the Millennia* (eds. A. N. Angelakis, L. W. Mays, D. Koutsoyiannis and N. Mamassis), pp.*319–50*. London: IWA Publishing

Helbaek, H. 1972. Samarran irrigation agriculture at Choga Mami in Iraq. *Iraq* 34, *35–48*

Helms, S. 1981. *Jawa, Lost City of the Black Desert.* New York: Cornell University Press

——. 1989. Jawa at the beginning of the Middle Bronze Age. *Levant* 21, *141–68*

Higham, C. 2001. *The Civilization of Angkor. London*: Weidenfeld & Nicolson

Hiltzik, M. 2010. *Colossus: The Turbulent, Thrilling Saga of the Building of the Hoover Dam*. New York: Free Press

Hodell, D., Curtis, J. and Brenner, M. 1995. Possible role of climate in the collapse of the Classic Maya civilization. *Nature* 375, *391–4*

Hodge, A. T. 1992. *Roman Aqueducts and Water Supply*. London: Duckworth

Hritz, C. and Wilkinson, T. J. 2006. Using shuttle radar topography to map ancient water channels in Mesopotamia. *Antiquity* 80, *415–24*

Jackson, L. 2001. In the jungle. *Bingham Young University Magazine*, Fall 2001. http://magazine.byu.edu/?act=view&a=729

Jacobsen, T. 1958. *Salinity and Irrigation in Antiquity. Diyala Basin Archaeological Project: Report on Essential Results*. Baghdad

Jacobsen, T. and Adams, R. A. 1958. Salt and silt in Ancient Mesopotamian agriculture. *Science* 3334, *1251–8*

Johnston, K. J. 2004. Lowland Maya water management practices: the household exploitation of rural wells. *Geoarchaeology* 19, *265–92*

Joukowsky, M. S. 2004. The water installations of the Petra Great Temple. In *Men of Dikes and Canals: The Archaeology of Water in the Middle East*, （eds. H.-D. Bienert and J. Häser）, pp.*121–41*. Orient-Archäologie Band 13

Kaptijn, E. 2010. Community and power: irrigation in the Zerqua Triangle, Jordan. *Water History* 2, *145–63*

Karlén, W. 1984 Dendrochronology, mass balance and glacier front fluctuations. In *Climatic Changes on a Yearly Millennia Basis: Geological, Historical and Instrumental Records* （eds. N.-A. Morner and W. Karlén）, pp.*263–71*. Dordrecht: D. Reidel

Kenyon, K. 1957. *Digging up Jericho*. London: Ernest Benn

Kenyon, K. and Holland, T. 1981. *Excavations at Jericho, Volume 3: The Architecture and Stratigraphy of the Tell*. London: British School of Archaeology in Jerusalem

Kidder, T. R., Lii, H. and Li, M. 2012. Sanyangzhuang: early farming and a Han settlement preserved beneath Yellow River flood deposits. *Antiquity* 86, *30–47*

Kienast, Hermann J. （1995）. *Die Wasserleitung des Eupalinos auf Samos （Samos XIX.）*. Bonn: Rudolph Habelt

Kirkbride, D. 1966. Five seasons at the Pre-Pottery Neolithic village of Beidha in Jordan. *Palestine Exploration Quarterly* 98, *8–72*

Kirkbride, G. 1968. Beidha: Early Neolithic village life south of the Dead Sea. *Antiquity* 42, *263–74*

Knauss, J. 1991. Arkadian and Boiotian Orchomenos, centres of Mycenaean hydraulic engineering. *Irrigation and Drainage Systems* 5, *363–381*

Kolata, A. L. 1986. The agricultural foundations of the Tiwanaku state: a view from the heartland. *American Antiquity* 51, *748–62*

Koutsoyiannis, D. and Angelakis, A. 2007. Agricultural hydraulic works in Ancient Greece. *The Encyclopedia of Water Science*. （ed. S. W. Trimble）, pp.*24–77*. London CRC Press

Koutsoyiannis, D., Zarkadoulas, N., Angelakis, A. N. and Tchobanoglous, G. 2008. Urban water management in Ancient Greece: legacies and lessons. *Journal of Water Resources, Planning and*

Management - ASC, 134, *45–54*

Kujit, I., Finlayson, B. and Mackay, J. 2007. Pottery Neolithic landscape modification at Dhra'. *Antiquity* 81, *106–18*

Kujit, I. and Goring-Morris, N. 2002. Foraging, farming and social complexity in the Pre-Pottery Neolithic of the south-cental Levant: a review and synthesis. *Journal of World Prehistory* 16, *361–440*

Li Jinlong and Yi Chang 2005. *The Magnificent Three Gorges Project*

Lindner, M. 2004. Hydraulic engineering and site planning in Nabataean-Roman southern Jordan. In *Men of Dikes and Canals:The Archaeology of Water in the Middle East,* (eds. H.-D. Bienert and J. Häser), pp.*65–9*. Orient-Archäologie Band 13

Lipchin, C. 2006. *A Future for the Dead Sea Basin: Water Culture among the Israelis, Palestinians and Jordanians.* Fondazioni Eni Enrico Mattei (FEEM) Working Paper 22

Liu, L. and Xu, H. 2007. Rethinking Erlitou: legend, history and Chinese archaeology. *Antiquity* 81, *886–901*

Lubovich, K. 2007. The coming crisis: water insecurity in Peru. *Foundation for Environmental Security and Sustainability Issue Brief.* September 2007

Lucero, L. J. 2006. *Water and Ritual The Rise and Fall of the Classic Maya Rulers*. Austin: University of Texas Press

Mabry, J. (ed.) 2008. *Las Capas: Early Irrigation and Sedentism in a Southwestern Floodplain (AP28)*. Archaeology Southwest, Anthropological papers No.28

Mabry, J., Donaldon, L., Gruspier, K., Mullen, G., Palumbo, G., Rawlings, N. M. and Woodburn, M. A. 1996. Early town development and water management in the Jordan Valley: invetigations at Tell el-Handaquq North. *Annual of the American Schools of Oriental Research* 53: *115–54*

Maroukian, H., Gaki-Papanastassiou, K. and Piteros, Ch. 2004. Geomorphological and archaeological study of the broader area of the Mycenaean dam of Megalo Rema and Ancient Tiryns, southeastern Argive Plain, Peloponnesus. *Bulletin of the Geological Society of Greece* XXXVI, *1154–63*

Martini, P. and Drusiani, R. 2012. History of the water supply of Rome as a paradigm of water services development in Italy. In *Evolution of Water Supply through the Millennia* (eds. A. N. Angelakis, L. W. Mays, D. Koutsoyiannis and N. Mamassis), pp.*442 – 65*. London: IWA Publishing

Masse, W. B. 1991. The quest for subsistence sufficiency and civilization in the Sonoran Desert. In *Chaco and Hohokam: Prehistoric Regional Systems in the Amerian Southwest* (eds. P. L. Crown and W. J. Judge), pp.*195–223*. Santa Fe: School of American Research Press

Massey, K. M. 1986. The human skeletal remains of a skull pit at Colha, Belize. Abstract to unpublished thesis, University of Minnesota

Matheny, R. T. 1976. Maya lowland hydraulic systems. *Science* 193, *639–46*

Matheny, R. T., Gurr, D. L., Forsyth, D. W. and Huak, F. R. 1983. *Investigations at Edzná, Campeche, Mexico, Vol. 1: The Hydraulic System,*. New World Archaeological Foundation, Brigham Young Universitiy, Provo, Utah: Papers of the New World Archaeological Foundation 46

Matsuzawa, T., Tomonaga, M. and Tanaka, M. (eds.) 2006. *Cognitive Development in Chimpanzees*. Berlin: Springer

Mays, L. and Gorokhovich, Y. 2010. Water technology in the ancient American societies. In *Ancient Water Technologies*, (ed. L. Mays), pp.*171–200*. Dordrecht: Springer

Mays, L. W. 2010. A brief history of water technology during *antiquity*: before the Romans. In *Ancient Water Technologies* (ed. L. Mays), pp.*1–29*. Dordrecht: Springer

McAnany, P. A. 1990. Water storage in the Puuc region of the northern Maya lowlands: a key to population estimates and architectural variability. In *Precolumbian Population History in the Mayan Lowlands* (eds. T. P. Culbert and D. S. Rice), pp.*263–84* Albuquerque: University of New Mexco

McAndrews, T. L., Albarracin-Jordan, J. and Bermann, M. 1977. Regional settlement patterns in the Tiwanaku Valley of Bolivia. *Journal of Field Archaeology* 24, *67–83*

McCorriston, J. and Weisberg, S. 2002. Spatial and temporal variation in Mesopotamian agricultural practices in the Khabur Basin, Syrian Jazira. *Journal of Archaeological Science* 29, *485–98*

McGuire, R. and Villalpando, C. E. 2007. The Hohokam and Mesoamerica. In *The Hohokam Millennium* (eds. S. K. Fish and P. R. Fish), pp.*57–63*. Santa Fe: School for Advanced Research Press

Mithen, S. 2003. *After the Ice: A Global Human History 20,000–5000 BC*. London: Weidenfeld & Nicolson

Mithen, S. 2005. *The Singing Neanderthals: The Origins of Music, Language, Body and Mind*. London: Weidenfeld & Nicolson (邦訳『歌うネアンデルタール――音楽と言語から見るヒトの進化』早川書房、二〇〇六年)

Mithen, S. J., Finlayson, B., Najjar, M., Jenkins, E., Smith, S., Hemsley, S., Maričević, D., Pankhurst, N., Yeomans, L. and Al-Amarahar, H. 2010. Excavations at the PPNA site of WF16: a report on the 2008 season. *Annual of the Department of Antiquities of Jordan* 53, *115–26*

Mithen, S. J., Finlayson, B., Smith, S., Jenkins, E., Najjar, M. and Maričević, D. 2011. An 11,600-year-old communal structure from the Neolithic of southern Jordan. *Antiquity* 85, *350–64*

Morris C. and von Hagen, A. 2011. *The Incas: Lords of the Four Quarters*. London: Thames & Hudson

Moseley, M. E. 1973. *The Maritime Foundations of Andean Civilization*. Menlo Park: Cummings

——. 2001. *The Incas and Their Ancestors: The Archaeology of Peru*. London: Thames & Hudson.

Mouhot, H. 2001. *Travels in the Central Parts of Indo-China (Siam), Cambodia, and Laos, during the Years 1858, 1859, and 1860: Volume* 1. Boston: Adamant Media Corporation（邦訳『インドシナ王国遍歴記——アンコール・ワットの発見』中央公論新社、二〇〇二年）

Nadel, D., Carmi, I. and Segal, D. 1995. Radiocarbon dating of Ohalo II: archaeological and methodological implications. *Journal of Archaeological Science* 22, *811–22*

Nadel, D. and Hershkowitz, I. 1991. New subsistence data and human remains from the earliest Levantine epipalaeolithic. *Current Anthropology* 32, *631–5*

Nadel, D. and Werker, E. 1999. The oldest ever brush hut plant remains from Ohalo II, Jordan Valley, Israel（19,000 BP）, *Antiquity* 73, *755–64*

Needham, J. 1971（with contributions from Lu Gwei-Dien and Ling Wang）. *Science and Civilisation in China, Vol.4: Physics and Physical Technology*. Cambridge: Cambridge University Press（邦訳『中国の科学と文明』思索社、一九九一年）

Nielsen, I. 1990. *Thermae et Balnea: The Architecture and Cultural History of Roman Public Baths.* Aarhus: Aarhus University Press

Nordt, L., Hayashida, F., Hallmark, T. and Crawford, C. 2004. Late prehistoric soil fertility, irrigation management and agricultural production in northwest coastal Peru. *Geoarchaeology* 19, *21–46*

Oates, J. 1968. Prehistoric investigations near Mandali, Iraq. *Iraq* 30, *1–20*

——. 1969. Choga Mami 1967–68: A preliminary report. *Iraq* 31, *115–52*

Oleson, J. P. 1984. *Greek and Roman Mechanical Water-Lifting Devices. The History of a Technology*. Dordrecht: D. Reidel

——. 1995. The origins and design of Nabataean water-supply systems. In *Studies in the History and Archaelogy of Jordan V*,（ed. G. Bisheh）, pp.*707–19*. Amman: Department of Antiquities

——. 2001. Water supply in Jordan through the ages. In *The Archaeology of Water Management*（ed. B. MacDonald, R. Adams and P. Bienkowski）, pp.*603–34*. Sheffield: Sheffield University Press

——. J. 2007a. Nabataean water supply, irrigation and agriculture: an overview. In *The World of the Nabataeans*（ed. K. D. Politis）, pp.*217–49*. Stuttgart: Franz Steiner Verlag

——. J. 2007b. From Nabataean King to Abbasid Caliph: the enduring attraction of Hawara/al-Humayma, a multi-cultural site in Arabia Petraea. In *Crossing Jordan: North American Contributions to the Archaeology of Jordan*（eds. T. E. Levy, P. M. M. Daviau and R. W. Youker）, pp.*447–55*. London: Equinox

Ortloff, C. 2005. The water supply and distribution system of the Nabataean city of Petra（Jordan）, 200 BC-AD 300. *Cambridge Archaeological Journal* 15, *93–109*

Ortloff, C., Feldman R. A. and Mosely M. E. 1985. Hydraulic engineering and historical aspects of the pre-Columbian intravalley canal system of the Moche Valley, Peru. *Journal of Field Archaeology* 12, *77–98*

Pearce, F. 2006. *When Rivers Run Dry: What Happens When Our Water Runs Out* ? London: Eden

Project Books
Peltenberg, E., Colledge, S., Croft, P., Jackson, A., McCartney, C. and Murray, M. A. 2000. Agro-pastoralist colonization of Cyprus in the 10th millennium BP: initial assessments *Antiquity* 74, *844–53*
Peterson, L. and Haug, G. 2005. Climate and the collapse of the Maya civilization. *American Scientist* 93, *322–9*
Philip, G. 2008. The Early Bronze Age I–III. In *Jordan: A Reader* (ed. R. Adams), pp.*161–226*. London: Equinox Publishing
Piranomonte, M. 1998. *The Baths of Caracalla*. Rome: Soprintendenza Archeologica di Roma
Plusquellec, H. 1990. The *Gezira Irrigation Scheme in Sudan: Objectives, Design and Performance*. World Bank Technical Paper No. 120, p.*106*. Washington: IBRD/World Bank
Pollock, S. 1999. *Ancient Mesopotamia: The Eden That Never Was*. Cambridge: Cambridge University Press
Politis, K. D. (ed.) 2007. *The World of the Nabataeans. Stuttgart*: Franz Steiner Verlag
Poole, C. and Briggs, E. 2005. *Tonle Sap: Heart of Cambodia's Natural Heritage*. Bangkok: River Books
Por, D. F. 2004. The Levantine waterway, riparian archaeology, paleolimnology, and conversation. In *Human Paleoecology in the Levantine Corridor* (eds. I. Goren-Inbar and J. Speth), pp.*5–20*. Oxford: Oxbow Books
Postgate, J. N. 1992. *Early Mesopotamia: Society and Economy at the Dawn of History*. London and New York: Routledge
Powell, M. A. 1985. Salt, seed and yields in Sumerian agriculture: a critique of the theory of progressive salinization. *Zeitshrift der Assyrologie* 75, *7–38*
Rambeau, C., Finlayson, B., Smith, S., Black, S., Inglis, R. and Robinson, S. 2011. Palaeoenvironmental reconstruction at Beidha, southern Jordan (c.18,000 – 8500 BP): implications for human occupation during the Natufian and Pre-Pottery Neolithic. In *Water, Life and Civilisation: Climate, Environment and Society in the Jordan Valley* (eds. S. J. Mithen and E. Black), pp.*245–68*. Cambridge: Cambridge University Press/UNESCO
Rast, W. and Schaub, R. 1974. Survey of the southeastern plain of the Dead Sea. *Annual of the Department of Antiquities of Jordan* 19, *5–53*
——. 2003. *Bab edh-Dhra': Excavations at the Town Site (1975 – 1981)*. Winona Lake: Eisenbrauns
Ravesloot, J. C. 2007. Changing views of Snaketown in a larger landscape. In *The Hohokam Millennium* (eds. S. K. Fish and P. R. Fish), pp.*91 – 7*. Santa Fe: School for Advanced Research Press
Rihil, T. E. 1999. *Greek Science*. Oxford: Oxford University Press
Robinson, S., Black, S., Sellwood, B. and Valdes, P. J. 2011. A review of palaeoclimates and palaeoenvironments in the Levant and Eastern Mediterranean from 25,000 to 5000 years BP:

setting the environmental background for the evolution of human civilisation. In *Water, Life and Civilisation: Climate, Environment and Society in the Jordan Valley* (eds. S. J. Mithen and E. Black), pp.*71–93*. Cambridge: Cambridge University Press/UNESCO

Roddick, A. 2004. *Troubled Water: Saints, Sinners, Truths and Lies about the Global Water Crisis.* Chichester: Anita Roddick Books

Rogge, A. E., Phillips, B. G. and Droz, M. S. 2002. Two Hohokam canals at Sky Harbor International airport. *Pueblo Grande Museum Anthropological Papers* No.12

Rollefson, G. O. 1989. The aceramic Neolithic of the southern Levant: The view from'Ain Ghazal. *Paléorient* 9, *29–38*

Rollefson, G. O. and Kohler-Rollefson, I. 1989. The collapse of early Neolithic settlements in the southern Levant. In *People and Culture Change: Proceedings of the Second Symposium on Upper Palaeolithic, Mesolithic and Neolithic Populations of Europe and Mediterranean Basin* (ed. I. Hershkowitz), pp.*59–72*. Oxford BAR Reports, International Series 508

Salazar, F. and Salazar, E. 2004. *Cusco and the Sacred Valley of the Incas*. Alkamari EIRL Cuesta Santa Ana 528, Cusco

Sandweiss, D. H., McInnis, H., Burger, R., Cano, A., Ojeda, B., Paredes, R., del Carman Sandweiss, M. and Glascock, M. D. 1998. Quebrada Jaguay: early South American maritime adaptations. *Science*, 281, *1830–32*

Sandweiss, D. H., Solís, R. S., Mosely, M. E., Keefer, D. K. and Ortloff, C. 2009. Environmental change and economic development in coastal Peru between 5,800 and 3,600 years ago. *Proceedings of the National Academy of Sciences* www.pnas.org/cgi/doi/10.1073/pnas.0812645106

Scarborough, V. 1998. Ecology and ritual: Water management and the Maya. *Latin American Antiquity* 9, *135–50*

——. 2003. *The Flow of Power: Ancient Water Systems and Landscapes*. Santa Fe: SAR Press

Scarborough, V. L. and Gallopin, G. G. 1991. A water storage adaptation in the Maya lowlands. *Science* 251, *658–62*

Scarborough, V. L. and Lucero, L. J. 2010. The non-hierarchical development of complexity in the semitropics: water and cooperation. *Water History* 2, *185–205*

Schmidt, K. 2002. The 2002 excavations at Göbekli Tepe (Southeastern Turkey) - impressions from an enigmatic site, *Neo-lithics* 2/02: *8–13*

Schreiber, K. J. and Rojas, J. L. 1995. The Puquios of Nasca. *Latin American Antiquity* 6, *229–54*

Shea, J. J. 1999. Artefact abrasion, fluvial processes and 'living floors' from the Early Palaeolithic site of' Ubeidiya (Jordan Valley, Israel). *Geoarchaeology* 14, *191–207*

Shimada, I., Schaar, C. B., Thompson, L. G. and Mosley-Thompson, E. 1991. Cultural impacts of severe droughts in the prehistoric Andes: application of a 1,500-year ice core precipitation record. *World Archaeology* 22, *247–70*

Silverman, H. and Proulx, D. H. 2002. *The Nasca*. Malden: Blackwell

Simmons, A. and Najjar, M. 1996. Current investigations at Ghwair I, a Neolithic settlement in southern Jordan. *Neolithics* 2, *6–7*

——. 1998. Al-Ghuwar I, a pre-pottery Neolithic village in Wadi Faynan, southern Jordan: a preliminary report of the 1996 and 1997/98 seasons. *Annual of the Department of Antiquities of Jordan* 42, *91–101*

Smith, S., Wade, A., Black, E., Brayshaw, D., Rambeau, C. and Mithen, S. 2011. From global climate change to local impact in Wadi Faynan. In *Water, Life and Civilisation*, (eds. S. Mithen and E. Black), pp.*218–44*. Cambridge: Cambridge University Press/UNESCO

Solís, R. S., Haar, J. and Creamer, W. 2001. Dating Caral, a preceramic site in the Supe Valley on the central coast of Peru. *Science* 292, *723–6*

Solomon, S. 2010. *Water: The Epic Struggle for Wealth, Power and Civilization*. New York: HarperCollins

Stekelis, M. 1966. *Archaeological Excavations at 'Ubeidiya 1960–1963*. Jerusalem: Israel Academy of Sciences and Humanities

Stordeur, D., Helmer, D. and Wilcox, G. 1997. Jerf el Ahmar, un nouveau site de l'horizon PPNA sur le moyen Euphrate Syrien. *Bulletin de la Société Préhistorique Française* 94, *282–5*

Stott, P. 1992. Angkor: shifting the hydraulic paradigm. In *The Gift of Water* (ed. J. Rigg), pp.*47–58*. London: School of Oriental and African Studies

Stringer, C. 2011. *The Origin of Our Species*. London: Allen Lane

Taggart, C. 2010. Moche human sacrifice: the role of funerary and warrior sacrifice in Moche ritual organization. *Totem: The University of Western Ontario Journal of Anthropology* Volume 8, Article 10. http://ir.lib.uwo.ca/totem/vol18/iss1/10

Tamburrino, A. 2010. Water technology in Ancient Mesopotamia. In *Ancient Water Technologies* (ed. L. Mays), pp.*29–51*. Dordrecht: Springer

Taylour, W. W. 1983. *The Mycenaeans*. London: Thames & Hudson

Thompson, L. G., Davis, M. E., Mosley-Thompson, E., Sowers, T. A., Henderson, K. A., Zagorodnov, V. S., Lim P.-N., Mikhalenko, V. N., Campen, R. K., Bolzan, J. F., Cole-Dai, J. and Francou, B. 1998. A 25,000-year tropical climate history from Bolivian ice cores. *Science* 282, *1858–64*

Thompson, L. G., Mosley-Thompson, E., Bolzan, J. F. and Koci, B. R. 1985. A 1500-year record of tropical precipitation in ice cores from the Quelccaya ice cap, Peru. *Science* 229, *971–3*

Thompson, L. G., Mosley-Thompson, E., Dansgaard, W. and Grootes, P. M. 1986. The little ice age as recorded in the stratigraphy of the tropical Quelccaya ice cap. *Science* 234, *361–4*

Tiruneh, N. D. and Motz, L. J. 2004. Climate change, sea level rise, and saltwater intrusion. ASCE Conference, Bridging the Gap: Meeting the World's Water and Environmental Resources Challenges. *Proceedings of World Water and Environmental Resources Congress 2001*. Proc. doi:10.1061/40569 (2001) 315

Trigger, B. 2003. *Understanding Early Civilizations.* Cambridge: Cambridge Univeresity Press

Tuplin, C. S. and Rihil, T. E. (eds.) 2002. *Science and Mathematics in Ancient Greek Culture.* Oxford: Oxford University Press

Turner, B. L., Kamenov, G. D., Kingston, J. D. and Armelagos, G. J. 2009. Insights into immigration and social class at Machu Picchu, Peru based on oxygen, strontium, and lead isotope analysis. *Journal of Archaeological Science* 36, *317–32*

UN Water 2007. *Coping with Water Scarcity: Challenges of the Twenty First Century. Prepared for World Water Day 2007.* http://wwww.org/wwdo7/download/documents/escarcity.pdf, Retrieved December 2008

UNEP 2007. *GE04 Global Environment Outlook (Environment for Develpment).* New York: United Nations Environment Programme

US Geological Survey (2003). Fact Sheet 103–03: Ground water depletion across the Nation

Valla, F. R. et al. 1999. Le Natoufien final and les nouvelles fouilles à Mallaha (Eynan), Israël 1966–1977. *Journal of the Israel Prehistoric Society* 28, *105–76*

van der Kooij, G. 2007. Irrigation systems at Dayr Alla. In *Studies in the History and Archaeology of Jordan,* Vol. IX (ed. F. Al-Khraysheh), pp.*133–44.* Amman: Department of Antiquities

Van Liere, W. J. 1980. Traditional water management in the lower Mekong Basin. *World Archaeology* 11, *265–80*

Verano, J. W. 2000. Paleonthological analysis of sacrificial victims at the Pyramid of the Moon, Moche River valley, northern Peru. Chungará (Arica) v.32 n.1 Arica ene. 2000 doi; 10.4067/S0717–73562000000100011

Veyne, P. 1997. *The Roman Empire.* Cambridge, Mass.: Belknap Press of Harvard University Press

Wade, A., Holmes, El-Bastawesy, P., Smith, S., Black, E. and Mithen, S. J. 2011. The hydrology of Wadi Faynan. In *Water, Life and Civilisation: 20,000 Years of Climate, Environment and Society in the Jordan Valley,* (eds. S. J. Mithen and E. Black), pp.*157–74.* Cambridge: Cambridge University Press/UNESCO

Wallace, H. D. 2007. Hohokam beginnings. In *The Hohokam Millennium* (eds. S. K. Fish and P. R. Fish), pp.*13–21.* Santa Fe: School for Advanced Research Press

Warren, P. 1989. *The Aegean Civilizations: From Ancient Crete to Mycenae.* Oxford: Phaidon

Watkins, T. 2010. New light on Neolithic revolution in south-west Asia. *Antiquity* 84, *621–34*

Watts, J. 2010. *When a Billion Chinese Jump.* London: Faber & Faber

Webster, D. L. 2002. *The Fall of the Ancient Maya.* London: Thames & Hudson

Webster, J. W., Brook, G. A., Railsback, L. B., Cheng Hai, Edwards, R. L., Alexander, C. and Roeder, P. P. 2007. Stalagmite evidence from Belize indicating significant droughts at the time of the Preclassic abandonment, the Maya hiatus and the Classic Maya collapse, *Paleogeography, Palaeoclimatology and Palaeoecology* 280, *1–17*

Whitehead, P. G., Smith, S. J., Wade, A. J., Mithen S. J., Finlayson, B. L., and Sellwood, B.

2008. Modelling hydrology and potential population levels at Bronze Age Jawa, northern Jordan: a Monte Carlo approach to cope with uncertainty. *Journal of Archaeological Science* 35, *517–29*

Whittlesey, S. M. 2007. Hohokam ceramics, Hohokam beliefs. In *The Hohokam Millennium* (eds. S. K. Fish and P. R. Fish), pp.*65–74*. Santa Fe: School for Advanced Research Press

Wilcox, D. E. 1991. Hohokam social complexity. In *Chaco and Hohokam: Prehistoric Regional Systems in the American Southwest* (eds. P. L. Crown and W. J. Judge), pp.*253–75*. Santa Fe: School of American Research Press

Wilkinson, T. J. 2000. Regional approaches to Mesopotamian archaeology: the contribution of archaeological surveys. *Journal of Archaeological Research* 8, *219–67*

Wilkinson, T. J. and Rayne, L. 2010. Hydraulic landscapes and imperial power in the Near East. *Water History* 2, *115–44*

Wittfogel, K. 1957. *Oriental Despotism: A Comparative Study of Total Power*. New Haven: Yale University Press（邦訳『オリエンタル・デスポティズム――専制官僚国家の生成と崩壊』新評論、一九九五年）

Wright, K. R. 2006. *Tipón: Water Engineering Masterpieces of the Inca Empire*. Reston: American Society of Civil Engineers

――. 2008. A true test of sustainability: the triumph of Inca civil engineering over scarce water resources survives today. *Water Environment and Technology* 20, *79–87*

Wright, K. R., Kelly, J. M. and Valencia Zegarra, A. 1997. Machu Picchu: ancient hydraulic engineering. *Journal of Hydraulic Engineering* 123, *838–43*

Wright, K. R., Valencia Zegarra, A. and Lorah, W. L. 1999. Ancient Machu Picchu drainage engineering. *Journal of Irrigation and Drainage Engineering* 125. Accessed at http://www.waterhistory.org/histories/machupicchu/ 29 December 2011

Wright, R. M. and Valencia Zegarra, A. 2001. *The Machu Picchu Guidebook*. Boulder: Johnson Books

Zangger, E. 1994. Landscape changes around Tiryns. *American Journal of Archaeology* 98, *189–212*

Zarkadoulas, N., Koutsoyiannis, D., Mamassis, N. and Angelakis, A. N. 2012. A brief history of urban water management in ancient Greece. In *Evolution of Water Supply through the Millennia* (eds. A. N. Angelakis, L. W. Mays, D. Koutsoyiannis and N. Mamassis), pp.*259–70*. London: IWA Publishing

Zhou, Daguan. 1993. *The Customs of Cambodia*. Tranlated from the French by J. Gilman d'Arcy Paul (3rd edn). Bangkok: The Siam Society

渇きの考古学
水をめぐる人類のものがたり

2014年5月30日　第1刷印刷
2014年6月10日　第1刷発行

著者――スティーヴン・ミズン
訳者――赤澤 威＋森 夏樹

発行人――清水一人
発行所――青土社
〒101-0051　東京都千代田区神田神保町1-29　市瀬ビル
［電話］03-3291-9831（編集）　03-3294-7829（営業）
［振替］00190-7-192955

印刷所――双文社印刷（本文）
方英社（カバー・扉・表紙）
製本所――小泉製本

装幀――鈴木一誌

Printed in Japan
ISBN 978-4-7917-6794-6 C0022